中国区域环境保护丛书
北 京 环 境 保 护 丛 书

北京环境管理

《北京环境保护丛书》编委会　编著

中国环境出版社・北京

图书在版编目（CIP）数据

北京环境管理/周扬胜等主编. —北京：中国环境出版社，2017.4
（北京环境保护丛书）
ISBN 978-7-5111-3167-6

Ⅰ. ①北… Ⅱ. ①周… Ⅲ. ①环境管理—概况—北京 Ⅳ. ①X322.102

中国版本图书馆 CIP 数据核字（2017）第 091277 号

出 版 人 王新程
责任编辑 周 煜
责任校对 尹 芳
封面设计 彭 杉

出版发行 中国环境出版社
（100062 北京市东城区广渠门内大街 16 号）
网 址：http://www.cesp.com.cn
电子邮箱：bjgl@cesp.com.cn
联系电话：010-67112765（编辑管理部）
010-67138929（环境科学分社）
发行热线：010-67125803，010-67113405（传真）
印 刷 北京中科印刷有限公司
经 销 各地新华书店
版 次 2017 年 6 月第 1 版
印 次 2017 年 6 月第 1 次印刷
开 本 787×960 1/16
印 张 27.5
字 数 420 千字
定 价 78.00 元

《北京环境保护丛书》

编委会

《北京环境管理》

主要编写人员

主　　编　周扬胜

副 主 编　（按姓氏笔画排序）

文　瑛　王瑞超　王大卫　王小明　冯玉桥

乔淑芳　仲崇磊　杜凤军　芦建茹　张　伟(女)

陈海宁　陈维敏　郭　萌　凌　越　阎育梅

执行编辑　宋英伟

《中国区域环境保护丛书》

办公室

序言

《北京环境保护丛书》（以下简称《丛书》）是按照环境保护部部署、经主管市领导同意由北京市环境保护局组织编纂的。《丛书》分为《北京环境管理》《北京环境规划发展》《北京环境科研与监测》《北京大气污染防治》《北京环境污染治理》《北京生态保护》《奥运环境保护》等七个分册。丛书回顾、整理和记录了北京市环境保护事业40多年发展历程，从不同侧面比较全面地反映了北京市环境规划和管理、污染防治、生态保护、环境科研和监测的发展历程、重大举措和所取得的成就，以及环境质量变化、奥运环境保护工作。《丛书》是除首轮环境保护专业志《北京志·市政卷·环境保护志》（1973—1990年）以外，北京市环境保护领域最为综合的史料性书籍。《丛书》同时具有一定知识性、学术性价值。期望这套丛书能帮助读者更加系统地认识和了解北京市环境保护进程，并为今后工作提供参考。

借此《丛书》陆续编成付梓之际，希望北京市广大环境保护工作者，学史用史、以史资政、继承创新、改革创新，自觉贯彻践行五大发展新理念，努力工作补齐生态环境突出“短板”，为北京市生态文明建设、率先全面建成小康社会，作出应有的贡献。

参编《丛书》的处室、单位和人员，克服困难，广泛查阅资料，虚心请教退休老同志，反复核实校正。很多同志利用业余时间，挑灯夜战、不辞辛苦。参编人员认真负责，较好地完成了文稿撰写、修改、审校任务。这套丛书也为编纂第二轮专业志《北京志·环境保护志》打下良好的基础。在此，向付出辛勤劳动的各位参编人员，一并表示感谢。

我们力求完整系统地收集资料、准确记叙北京市环境保护领域的重大政策、事件、进展，但是由于历史跨度大，本丛书中难免有遗漏和不足之处，敬请读者不吝指正。

北京市环境保护局党组书记　陈　添

北京市环境保护局局长　方　力

二〇一七年一月

目录

第一章　管理体制与机构

20 世纪 70 年代初期，北京市环境保护机构开始起步，随着我国环保事业的发展，环保机构和队伍建设不断得到加强，环境管理、科研、监测网络体系逐步完善。

1972 年 11 月，北京市革命委员会正式成立环境保护专门机构——“三废”治理办公室，1975 年 1 月更名为市环境保护办公室。1979 年 8 月成立北京市环境保护局，成为市政府的职能机构，先后由北京市建设管理委员会、北京市市政管理委员会归口管理。2000 年市政府机构改革，北京市环保局成为市政府主管环境保护工作的直属机构。2010 年市政府机构改革，北京市环保局成为市政府组成部门。

为加强对全市环境保护工作的领导和协调，1976 年 12 月—1979 年 2 月，市革委会设立环境保护领导小组；1984 年起，市政府成立北京市环境保护委员会。

截至 2015 年底，市、区（县）共设置环保行政、监察、监测、科研、宣教、信息、环保所（站）等机构 108 个，其中，环境执法监察机构 34 个、环境监测机构 20 个；全市环保系统共有行政、事业等编制数 3 986 名，其中行政编制 1 276 名，执法监察编制 928 名，事业编制 1 782 名。

经过近 40 年实践，特别是近 20 年发展，北京市环境保护工作逐步形成了“市委、市政府统一领导，市人大法治监督、市政协民主监督，市环保部门综合协调和统一监督管理，市有关部门分工负责，各区、县组织实施、企业履行治理的体制”。

第一节　管理体制

1971年5月，周恩来总理指示北京市革命委员会筹建“三废”治理办公室，1972年11月正式成立，负责督促、检查和管理全市“三废”治理工作。1975年1月更名为市环境保护办公室。各区、县政府相继成立了环境保护机构，有关局、总公司也设置了环境保护专职或兼职机构。为加强环境保护工作的领导，环境保护工作由市建委代管，1976年12月市革委会成立了环境保护领导小组，组织协调全市的“三废”治理工作。

1979年颁布的《中华人民共和国环境保护法（试行）》，明确地方政府应当设置环境保护机构。1979年2月撤销市革委会环境保护领导小组。1979年8月成立北京市环境保护局，成为市政府的职能机构，具有拟定环保法规，参与规划制定，监督、检查、指导、协调全市环境保护工作等职能，业务上受国务院环境保护领导小组办公室指导。

1983年4月，北京市市政管理委员会成立后，市环境保护局由其归口管理，工作中有需要向市委、市政府请示的事项，原则上通过北京市市政管理委员会办理。

1984年2月，市政府决定成立市环境保护委员会，以加强环境保护工作的领导和组织协调。市政府有关委、办作为市环委会的成员单位，明确了各自分管环境保护工作的处室和主要职责，协同市环保局共同开展工作。市环保局通过各区、县环保局和有关局、总公司环保处部署工作，加强指导，并与有关部门密切配合，建立健全环境管理和监测网络，推动了全市环境保护工作的开展。

1989年12月26日颁布的《中华人民共和国环境保护法》第七条明确了环境保护监督管理体制，即：“国务院环境保护行政主管部门，对全国环境保护工作实施统一监督管理。县级以上地方人民政府环境保护行政主管部门，对本辖区的环境保护工作实施统一监督管理。国家海洋行政主管部门、港务监督、渔政渔港监督、军队环境保护部门和各级公安、交通、铁道、民航管理部门，依照有关法律的规定对环境污染防治实施监督管理。”县级以上人民政府的土地、矿产、林业、农业、水利行政主管部门，依照有关法律的规定对资源的保护实施监督管理。”北京市环境保护局和有关委、办、局基本依照环境保护法规定的职责分工负责环境保护工作。

1990年，为迎接第11届亚运会，经市编办批准，各街道、乡镇设置专职环保员，负责辖区内的环保工作，经费由市财政和区县财政共同负担。

1991年以来，北京市的环境保护工作纳入国民经济社会发展规划。每年市政府“为民办实事”“折子工程”（即由北京市主管副市长牵头负责，相关委、办、局及承办单位协调配合的重要工程项目，要求做到任务、时限、责任明确具体到位，确保落实经政府批准的工程）均有环境保护内容并通过签订目标责任书，将任务分解落实到有关部门和区县，向社会做出承诺，主动接受市人大法治监督、市政协民主监督。

特别是1998年以来，北京市的大气环境质量日益受到全社会的关注，市政府组织实施了一系列大气污染综合防治措施，并特别将空气质量改善指标纳入年度经济社会发展计划指标体系。市环保局负责研究提出各阶段大气污染治理措施草案，经征求市有关部门意见后报市政府审定。市政府和市政府办公厅每年专文分别印发大气污染防治阶段措施和任务分解清单，将环境空气质量指标（达标天数）、治理任务清单和保障政策分解至各区县、各有关部门、市属企业。至2012年北京市共实施了十六个阶段的大气污染治理措施。2013年起实施清洁空气行动计划，新《环境保护法》实施后，将各区县环境空气质量目标和治理任务完成情况纳入政府绩效考核体系。在落实大气污染治理任务方面，市环保局还具体承担组织实施燃煤锅炉、城市核心区居民采暖散煤、工业和机动车等领域污染治理。

2000年，市政府机构改革，设置市环境保护局。市环保局是主管本市环境保护的市政府直属机构。主要职责是：

（1）根据国家环境保护法律、法规，起草本市环境保护方面的地方性法规、规章草案；拟订本市环境保护规划；监督实施国家及市政府确定的重点区域、重点流域污染防治规划和生态保护规划。

（2）统一监督管理北京地区内大气、水体、土壤、噪声、固体废物、有毒化学品及机动车等的污染防治工作。

（3）负责北京地区内核安全、辐射环境、放射性废物管理工作，拟订有关法规和标准；参与核事故、辐射环境事故应急工作；对核设施安全和电磁辐射、核技术应用、伴有放射性矿产资源开发中的污染防治工作进行监督管理。

（4）监督对生态环境有影响的自然资源开发利用活动、重要生态环境建设和生态破坏恢复工作；监督检查自然保护区以及风景名胜区、森林公园环境保护工作；监督检查生物多样性保护、野生动植物保护、湿地环境保护、荒漠化防治工作、审核新建市级自然保护区。

（5）协调解决本市重大环境问题；调查处理重大环境污染事故和生态破坏事件；协调解决区、县之间的区域、流域环境污染纠纷；组织和协调重点流域水污染防治工作；负责环境监理和环境保护行政稽查；组织开展全市环境保护执法检查活动。

（6）根据国家标准和本市具体情况，制定污染物排放地方标准和国家规定项目外的地方环境质量标准，并按照规定程序发布；审核城市（含城镇）总体规划中的环境保护事项；组织编报本市环境质量报告书；定期发布本市大气、水等环境质量状况，发布本市环境状况公报，参与编制本市可持续发展纲要。

（7）制订和组织实施各项环境管理制度；按照国家规定审批开发建设活动环境影响报告书；指导城乡环境综合整治；监督农村生态环境保护；指导区县生态示范区建设和生态农业建设。

（8）组织环境保护科技发展、重大科学研究和技术示范工程；管理本市环境管理体系和环境标志认证；组织实施本市环境保护资质认可制度；指导环境保护产业发展。

（9）负责环境监测、统计、信息工作；制定环境监测制度和规范；组织建设和管理本市环境监测网和环境信息网；组织对全市环境质量检测和污染源监督性监测；指导和协调本市环境保护宣传教育工作。

（10）负责本市环境保护系统对外合作和对外交流工作；受市政府和国家环保总局委托处理北京地区内涉外环境保护事务。

（11）负责协调有关区、县落实环保行政管理体制改革工作。

（12）承办市政府交办的其他事项。

同时将制定环境保护产业政策和发展规划的职能，交给北京市经济委员会，对部分职能进行取消、下放。

根据以上职责，市环保局设置 11 个职能处室和机关党委、老干部处。11 个职能处室是：办公室、法制处、综合规划处、科技外经处、污染控制处、大气环境管理处、水环境管理处、建设项目管理处、自然生态保护处、计划财务处、人事处。

2000 年，市政府对与环境保护有关的城市管理体制进行改革。对市市政管理委员会职能进行调整，决定市市政管理委员会不再对原归口单位进行管理，将协调有关环境保护、园林、绿化、邮政、电信、防震减灾等工作，交给相关部门承担，划入原市环境卫生局承担的市容环境卫生的行政管理职能。在改革政府管理体制的同时，为探索和推进市政公用事业市场化，按照政企分开，按照《公司法》，北京市先后组建了自来水集团、热力集团、燃气集团、北京公联公司、首都公路公司、环卫工程集团、排水集团等国有或国有控股公司。通过这次机构改革和企业转制，北京市形成了市政公用事业由政府部门分管，市政公用设施由专业公司负责运行的管理体制。根据政府职能转变、机构改革和向市场经济体制转型的要求，北京市工业局、总公司相继改革为市属国有公司，其相应环境保护行政管理职能相应取消。

2004 年 5 月，市政府设立市水务局，将原市市政管委负责的供水、节水、排水、污水处理、城市地下水、再生水利用、城市防汛等职能划转给水务局，实现水资源、城市防汛、供水和排水统一管理。北京城市排水集团有限责任公司业务统归市水务局领导。

2006 年 2 月，经市政府同意，市政府办公厅依据《放射性同位素和射线装置安全和防护条例》和《中央机构编制委员会办公室关于放射源安全监管部门职责分工的通知》（中央编办发[2003]17 号）有关规定，调整本市放射性同位素与射线装置安全和防护监管部门职责分工：（1）将卫生行政主管部门承担的放射性同位素与射线装置生产、销售、使用等方面的行政许可、监督管理等职责交由环保行政主管部门承担；（2）将公安部门承担的放射性同位素安全登记的职责交由环保行政主管部门承担。市环保局将 2004 年 8 月成立的辐射环境监督管理处更名为辐射安全管理处，各区县环保局也落实了辐射安全监督管理机构、职能、编制。

2009年，市政府机构改革，决定市环境保护局为政府组成部门，职责基本延续了2000年政府机构改革时的“三定方案”，同时强化了市环保局落实污染减排目标的责任等方面职能。

多年来，市环保局依法和按照职能分工，主要从综合协调和规划编制、法规标准制度建设、污染防治监督管理等方面推进环境保护工作。在大气污染防治方面，市环保局组织有关部门拟订大气污染防治阶段性措施，由市政府审议发布，并将环境质量目标和具体任务分解到市环保局、有关部门、市属企业和区县，市环保局会同市政府监察、督查机构督促落实，年终考核向市政府报告任务完成情况。在大气、水主要污染物排放总量削减方面，市环保局会同市发展和改革委员会制定减排指标和工程项目计划，分解到各有关部门、市属企业和区县，协调推动项目进展，实行半年核查、年终考核；在水污染防治方面，市环保局负责区县断面环境质量目标考核，市水务局负责组织城镇污水厂和污水管网建设；在固体废物污染环境防治方面，市环保局对危险废物收集、运输、转移和处置实行统一监督管理，对生活垃圾处置设施排放污染情况实行监督管理，市容市政部门对生活垃圾清扫、收集、运输和处置设施实行行业管理；在农村环境保护方面，市环保局组织推进农村环境综合整治；在辐射安全监管方面，负责辐射环境事故应急处置，监督管理核技术利用、电磁辐射的污染防治，对废弃的放射源、放射性废物处置进行监督管理；在环境保护行政执法方面，市环保局负责对企事业单位污染源排放、机动车排放、生态环境保护实施统一监督管理。

2016年3月，市政府办公厅印发《大气污染防治专项责任清单》，进一步明确各有关部门和各区职责。

经过40多年的发展实践，北京市逐步形成了“市委、市政府统一领导，市人大法治监督、市政协民主监督，市环保局负责综合协调和统一监督管理，有关部门分工负责，区县组织实施，企业履行治理”的环境保护管理体制。北京市环境保护行政管理体制示意，见图1-1。

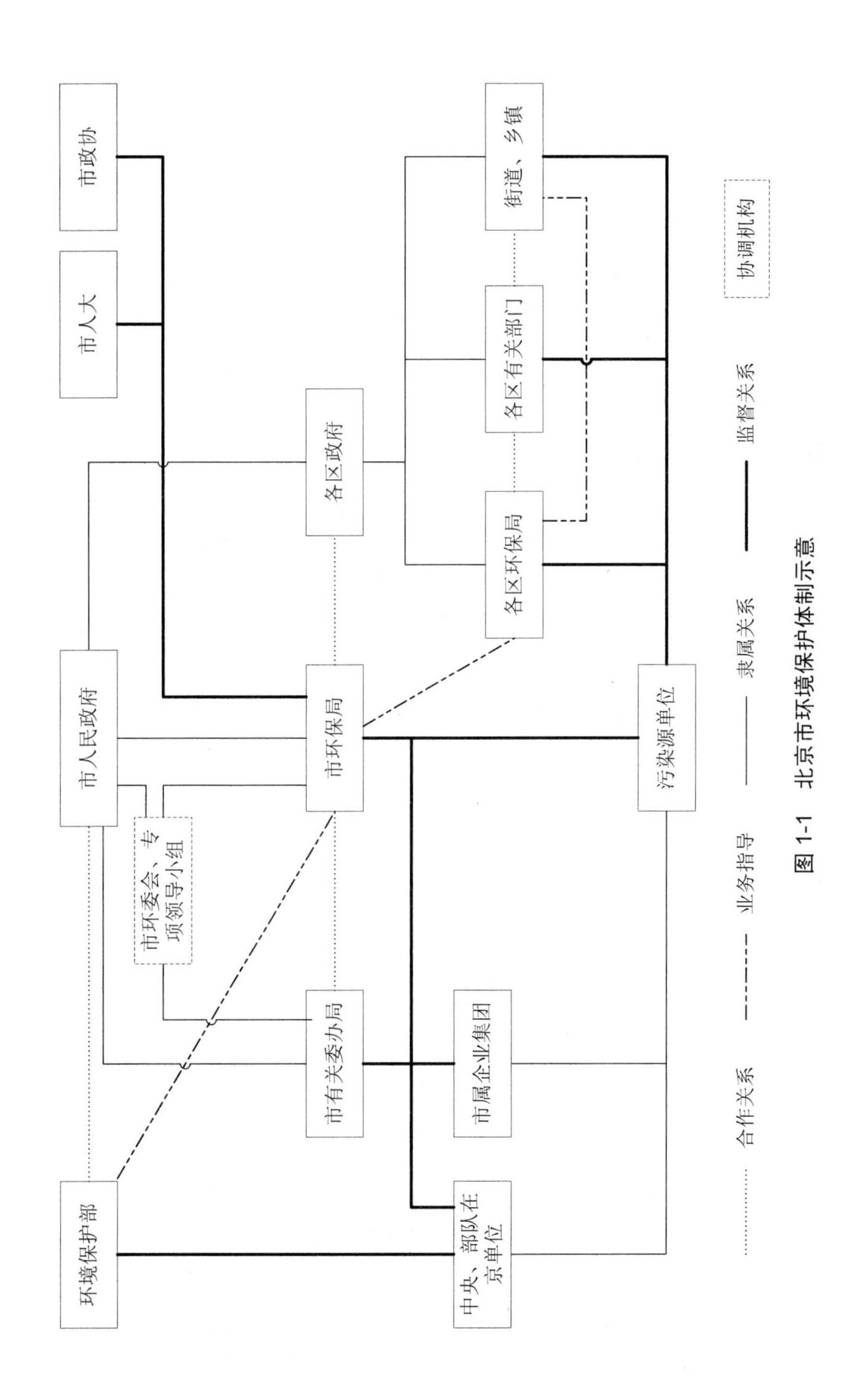

图 1-1 北京市环境保护体制示意

第二节　市级机构

一、领导和协调机构

（一）市环境保护领导小组

1976年12月，经市委批准，市革委会成立环境保护领导小组，由市革委会副主任杨寿山任组长，市建委主任赵鹏飞、副主任张亮任副组长。1979年2月，市革委会决定撤销市环境保护领导小组，环境保护工作由市建委代管，重大问题提交市革委会讨论决定。

（二）市环境保护委员会

1984年2月，市政府第六次市长办公会决定成立市环境保护委员会，由副市长韩伯平任主任。其主要职责：贯彻国家环境保护方针、政策、重大措施和行政法规；研究确定北京市环境保护的发展战略和长远规划；审议确定环境保护年度计划；研究确定北京市重大环境对策，组织协调全市的环境保护工作。1985年1月，韩伯平主持召开市环委会第一次会议，宣布了市环委会的组成人员。副市长张百发、市市政管委副主任陈向远和市环保局局长江小珂担任副主任，委员由10个委、办、局和中国人民解放军总后勤部营房部的领导，共14人组成。办公室设在市环保局。

1988年市政府换届，市环委会成员进行调整，组成第二届委员会。常务副市长张百发任主任，副市长吴仪、市长助理黄纪诚、市市政管委副主任张光汉、市计委副主任曹学坤、市环保局局长江小珂等任副主任。增补市政府法制办、北京市地质矿产局、北京日报社和部分区、县的领导为成员，组成单位由11个增加到27个，委员由14人增至31人。至1990年底，两届环委会共召开11次会议。

1991年，市环委会召开第十二次会议，增补市商委为市环委会委员，市政管委和全军环办所担任的环委会副主任成员进行了调整。

1993年3月30日，市环委会召开第15次会议。审议了1993年北京市环境保护工作重点和荣获1992年度环境保护奖的名单，并就贯彻国务院“关于进一步加强环境保护执法检查，严厉打击违法活动”的实施意见，配合申办奥运会加强环境保护宣传工作等进行了讨论。7 月 7 日，市环委办公室下发《关于开展北京市城市环境综合整治目标管理考核工作的通知》。

1994 年 2 月 25 日，市环委会主任、常务副市长张百发主持召开市环委会第 16 次会议。通过了《关于进一步加强城市环境综合整治考核的意见》。

1995 年 3 月 9 日，市环委会召开第 17 次会议。市环委会主任、常务副市长张百发主持会议并作讲话。

1996 年 7 月 25 日，为加强对环境保护工作的组织协调，尤其是强化参与环境与发展综合决策的职能，经市政府同意，市环委会组成人员进行了部分调整。

1998 年由于市政府换届，由汪光焘副市长接替张百发担任市环委会主任。市环保局局长赵以忻兼任办公室主任。

2001 年 3 月 29 日，汪光焘副市长主持召开市环委会三届三次会议。

2002 年 3 月 29 日，市环委会三届四次会议通过了对 2001 年控制大气污染先进单位的表彰决定，全市 29 个控制大气污染工作成绩突出的单位受到表彰。

2004 年 7 月 5 日，市环委会召开四届一次会议，副市长、市环委会主任吉林出席并讲话。

2005 年 3 月 16 日，市环境保护委员会召开四届二次全体会议，市环委会主任、副市长吉林出席会议并讲话。会议要求继续以控制大气污染为重点，全面推动和加强各项环境污染防治和生态保护建设工作。

2006 年为增强环保工作决策的科学性、合法性，市环委会增设技术专家组和法律专家组；为加强日常工作，各成员单位增设了一名联络员。

2010 年 4 月 8 日　市环委会召开全体（扩大）会议。会议传达了全国环境保护工作会议精神，副市长、市环委会主任黄卫出席会议并讲话。

2015 年 3 月 30 日，市环委会召开全体（扩大）会议暨“首都环境保护奖”表彰大会，对获得“首都环境保护奖”的 200 个先进集体、300 名先进个人进行了表彰。“首都环境保护奖”是经市政府同意，由北京市环境保护局、北京市人力资源和社会保障局联合组织评选表彰的，此次表彰是自 1996 年以来，首次组织评选。副市长、环委会主任张工出席会议并讲话，环境保护部总工程师万本太应邀到会讲话，市环保局局长、市环委会副主任陈添代表市环委会总结2014年工作，部署2015年全市环保工作。

历届市环委会主任名单见表1-1。

表1-1　北京市历届环境保护委员会主任名单

姓　名	性别	职　务	任职时间
韩伯平	男	副市长	1984—1988
张百发	男	副市长	1988－1998
汪光焘	男	副市长	1998—2001.11
刘敬民	男	副市长	2001.10—2012.9
牛有成	男	副市长	2003.1—2008.4
吉林	男	副市长	2004.4—2012.7
赵凤桐	男	副市长	2006.3—2008.12
黄卫	男	副市长	2009.7—2010.12
洪峰	男	副市长	2011.2—2013.1
张工	男	副市长	2012.9起

2008年2月27日，市环境保护委员会会议

（三）市大气污染综合治理领导小组

2013年3月，市机构编制委员会通知，设立北京市大气污染综合治理领导小组，为市政府议事协调机构。市委副书记、市长王安顺任组长，副市长张工、市政府党组成员洪峰为副组长，成员由有关部门和各区

县政府主要负责人担任。市大气污染综合治理领导小组办公室设在市环保局。

（四）京津冀及周边地区大气污染防治协作小组

2013 年 9 月，经中央同意，成立京津冀及周边地区大气污染防治协作小组。协作小组由北京市、天津市、河北省、山西省、内蒙古自治区、山东省以及环境保护部、国家发展和改革委、工业和信息化部、财政部、住房和城乡建设部、中国气象局、国家能源局组成。2015 年 5 月增加河南省、交通运输部为成员单位。中共中央政治局委员、北京市委书记郭金龙任组长。协作小组下设办公室，作为协作小组常设办事机构，负责协作小组的决策落实、联络沟通、保障服务等日常工作。办公室设在北京市，办公地点在北京市环境保护局，办公室主任由北京市主管副市长和环境保护部主管副部长兼任。

（五）北京市空气重污染应急指挥部

2014 年，市机构编制委员会批准设立议事协调机构北京市空气重污染应急指挥部，市政府常务副市长李士祥任总指挥，在市应急委和市大气污染综合治理领导小组领导下开展工作，办公室设在市环保局，成员单位包括市委宣传部、市经信委等 18 个部门及 16 个区政府。

二、市人大和市政协有关环境保护机构

（一）北京市人民代表大会城市建设环境保护委员会

1979 年，北京市人大常委会设立了城市建设工作室，调查研究城市建设方面的工作问题，检查市人民代表大会和市人大常委会决议的执行情况，为常委会讨论决定问题和审议或起草地方性法规承担具体工作。1983 年，北京市八届人大一次会议决定设立市人大常委会城建委员会。1993 年，决定将市人大常委会城建委员会更名为市人大常委会城建环保工作委员会。2006 年，设立北京市人民代表大会城市建设环境保护委员会，将市人大常委会城建环保工作委员会更名为市人大常委会城建环保办公室。

城市建设环境保护委员会的主要职责：在市人民代表大会及其常务委员会的领导下，研究、审议和拟订有关环境和资源保护的议案；对属于市人民代表大会及其常务委员会职权范围内同本委员会有关的问题，进行调查研究，提出建议。

（二）北京市政协城建环境保护委员会

北京市政协城建环境保护委员会成立于 2003 年。其前身是市政协城建和城管工作委员会（1989—1992），1993—2002 年期间曾更名为市政协城建委员会。

北京市政协城建环境保护委员会的主要职能：根据年度协商计划，围绕政协全体会议、议政性常委会议、议政性主席会议、议政会、协商恳谈会的专题协商议题和本专委会专题协商、对口协商、界别协商及提案办理协商等工作任务，组织委员就本市城乡规划、建设和管理及资源环境保护等问题开展调查研究，形成调研报告、建议案、发言材料或提出提案，组织各类协商议政活动。围绕本市城乡规划、建设、管理和资源环境保护中的重要问题和人民群众普遍关心的问题，开展多种形式的参政议政活动，及时有效地提出意见建议。团结和联系关注城乡规划、建设、管理和资源环境保护的委员和各界人士，发扬民主，利用网络议政、座谈、走访等形式，听取意见建议。

三、市环境保护主管部门

（一）早期机构

1964 年 9 月，市环卫局成立，下设“三废”管理处，负责工业废水、废气、废渣的管理。1968 年 10 月，该管理处随市环卫局一并撤销。

1971 年 5 月，北京市革命委员会城市规划领导小组“三废”管理办公室成立，共有职工 4 人。同年 11 月北京市工业疏散办公室并入，由市革委会建设局规划领导小组组长一人分管，共有职工 20 人。1972 年 11 月，市“三废”管理办公室改名为市“三废”治理办公室，并将市革委会清仓节约办公室除尘小组 7 人并入，负责督促、检查和管理全市的“三废”治理工作。1975 年 1 月，市“三废”治理办公室更名为市环保办公室，内设 6 组 1 室：办事组、政治组、治理组、管理组、消烟除尘组、科研检测组和官厅水库水源保护领导小组办公室，编制 65 人。

（二）成立市环境保护局

1979 年 8 月，根据《中华人民共和国环境保护法（试行）》，市环保办公室更名北京市环境保护局，作为市政府的职能机构，主要职责：草拟北京市环境保护政策、法规、管理办法、条例和标准；参与制订国民经济和社会发展计划、城乡规划，组织编制环境保护规划；监督、检查辖区内各部门、各单位执行国家和北京市环境保护方针、政策、法律、法规和规章；审批新建、扩建、改建项目的环境影响报告书及环保设施；组织征收超标准排污费及罚款；组织全市的环境监测、科学研究和宣传教育；指导协调区、县、局、总公司的环境保护工作。1977 年 10 月—1984 年 5 月，市环保局下设：综合处（办公室）、政治处、治理处、管理处、消烟除尘处、科研教育处、行政处等 7 个处室。1980 年 3 月成立大自然保护处，兼管官厅水系水源保护领导小组办公室工作。1981 年 1 月成立政策研究室，编制 97 人。

1983 年 4 月，北京市市政管理委员会成立后，市环境保护局由其归口管理。

1984 年 5 月，根据党政分开，加强法制、规划、宣传教育和区县工作管理的原则，市政府对市环保局内设机构进行了调整。内设机构：办公室、总工程师办公室、第一监察处、第二监察处、第三监察处、第四监察处、第五监察处、科技处、法规处、人事处、教育处和行政处等 12 个处室。1986 年 9 月撤销教育处、行政处，成立计划财务处和宣传教育处。1990 年 7 月成立审计监察保卫处，同年 11 月法规处改为法制处。

至 1990 年底，市环保局共设 13 个处室，行政编制 111 人。直属单位：北京市环境保护研究所，人员 331 人；北京市环保监测中心，人员 230 人；北京市环境保护技术培训中心（前身为市环保技术设备中心）22 人。市环保局全系统共有职工 694 人。

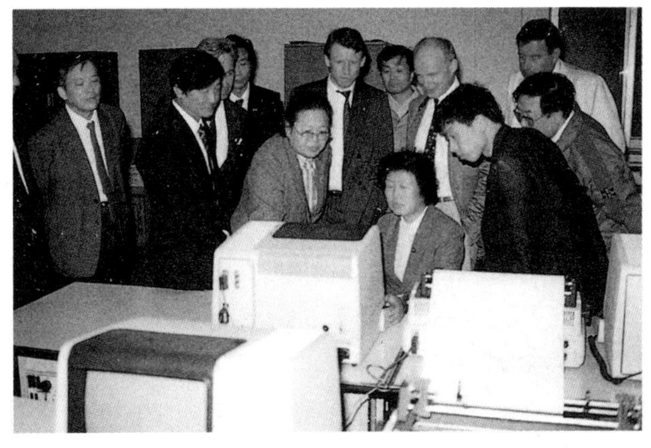

1990 年，市环保局局长江小珂（前中）接待瑞典环境部长访问市环保监测中心

1991 年 3 月，成立北京市环境保护监察队，集中行使环保行政执法职能。

1991 年 7 月 18 日，市环保局成立外经处。内设机构：第一监察处、第二监察处、第三监察处、第四监察处、第五监察处、法制处、宣传教育处、办公室、计划财务处、人事处、科技处、外经处、审计监察保卫处、总工程师办公室。

1992 年 1 月 6 日，市环保局成立临时机构环保志办公室，承担第一轮地方志《北京志·市政卷·环境保护志》编纂工作。

市长刘琪和市环保局局长赵以忻签订环境保护责任书

1993 年 4 月 8 日，科技处、外经处合并为科技外经处。

1994 年，为强化环境保护的宏观调控和执法监督，完善环境保护与经济、社会协调发展的宏观调控机制，对环境保护工作实施统一管理，履行环境保护方面的综合规划、组织协调和执法监督职能，3 月 18 日，局党组决定将第一监察处、第三监察处合并为开发监督管理处，将第二监察处改为大气环境管理处，将第四监察处改为排污收费管理处，将第五监察处改为水环境管理处。临时机构是基本建设办公室。

1995 年 5 月 8 日，按照转变职能、理顺关系、精兵简政、提高效率的原则和要求，市人民政府批准了《北京市环境保护局职能配置、内设机构和人员编制方案》。此次调整重点是强化对北京地区环境保护的调控和执法监督，建设项目环境影响评价报告书审批前的技术评估和计算机的管理服务工作则转移或者下放给有关事业单位。相比 1990 年市环保局内设的13个处室，这次机构改革涉及的名称和数量都有了较大的变动。内设机构分别是：办公室、综合处、法制处、科技外经处、研究室、环境教育处、开发监督处、大气环境管理处、水环境管理处、环境监理处、计划财务处、党组办公室、组织人事处、老干部处等14个处室和机关党委；市环保局机关行政编制由1990年的111人减为108名。其中：局长1名，副局长4名，处级领导职数28名。工勤人员20名转为事业编制。

（三）市环境保护局成为市政府直属机构

2000年市政府“定机构、定职能、定编制”方案规定，市环保局为市政府主管全市环境保护工作的直属机构。按照《中华人民共和国环境保护法》规定，市环保局的基本职能定位为对全市环境保护工作实施统一监督管理，其主要职能：一是参与宏观决策和制度建设。起草本市环境保护地方性法规、规章草案、政策，拟订本市环境保护规划，制定本市环境保护标准、制度等。二是统一监督管理。对本市大气、水体、土壤、噪声、固体废物、辐射、有毒化学品及机动车等的污染防治工作实施监督管理。三是进行综合协调。协调解决本市重大环境问题，协调解决区域、流域环境污染纠纷等。四是开展执法监督。组织开展全市环境保护执法检查活动，对环境违法问题实施处罚。五是组织环境监测。组织对全市环境质量监测和污染源监督性监测等。将制定环境保护产业政策和发展规划的职能交给了北京市经济委员会。将审批外商投资1000万美元以下非房地产开发建设项目的环保事项和核准施工噪声防治措施申报的职能下放给区、县政府。内设机构为：办公室、法制处、综合规划处、科技外经处、污染控制处、大气环境管理处、水环境管理处、建设项目监督处、自然生态保护处、计划财务处、人事处等11个处室和机关党委、老干部处。市环保局机关行政编制为77名（含纪检、监察编制），另核定老干部工作机构行政编制2名。其中：局长1名，副局长4名，处级领导职数28名。另外设市环境保护监察队，主要负责现场执法。

2003年12月，市环保局内设处室：办公室（加挂宣传教育办公室的牌子）、法制处、综合规划处、科技外经处、污染控制处、大气环境管理处、水环境管理处、建设项目监督处、自然生态保护处、计划财务处、人事处。

2004 年 8 月，为适应新形势、新任务的需要，更好地履行环境保护监督管理职责，市环保局部分内设机构、处室职责和名称进行了调整。成立固体废物和噪声管理处，将原由污染控制处负责的固体废物和噪声监管职责划归该处；成立辐射环境监督管理处；撤销水环境管理处和自然生态保护处，成立水和生态环境管理处，将原水环境管理处和自然生态保护处监管职责划归该处；建设项目监督处更名为环境影响评价管理处；科技外经处更名为科技和国际合作处。内设处室：办公室、法制处、综合规划处、科技和国际合作处、污染控制处、固体废物和噪声管理处、大气环境管理处、水和生态环境管理处、环境影响评价管理处、辐射环境监督管理处、计划财务处、人事处等 12 个处室和机关党委、老干部处。

2005 年 9 月，撤销污染控制处，设立机动车尾气排放管理处。具体的职责调整：将原污染控制处的工业大气污染源排放监督管理等方面工作职责调整到大气环境管理处。将原污染控制处的工作水污染源排放监督管理等方面工作职责调整到水和生态环境管理处。将原污染控制处的组织编制工作污染防治规划、年度计划、污染防治目标、对策和措施，组织研究工业污染防治相关政策，组织编制污染物排放总量控制规划和总量削减年度计划等工作职责调整到综合规划处。将大气环境管理处对机动车尾气排放的管理职责调整到机动车尾气排放管理处。12 月，为维护首都环境安全，进一步完善环境污染和生态破坏突发事件应急体系，经局党组研究决定，成立了环境应急工作领导小组及办公室。内设处室：办公室、法制处、综合规划处、科技和国际合作处、固体废物和噪声管理处、大气环境管理处、机动车尾气排放管理处、水和生态环境管理处、环境影响评价管理处、辐射环境监督管理处、计划财务处、人事处等 12 个处室和机关党委、老干部处。临时机构：应急办公室。

2006 年 3 月，市环保局内设的辐射环境监督管理处更名为辐射安全管理处，并增加负责放射性同位素与射线装置方面的行政许可、监督管理职责；增加噪声管理办公室为临时机构。7 月，市环保局增设污染源管理处；同时将固体废物和噪声管理处更名为噪声管理处，并将原承担的固体废物和噪声管理职责调整到污染源管理处。综合规划处更名为研究室；同时将原承担的“起草环境保护年度计划”的职责调整到计划财务处，“环境保护统计工作”的职责调整到污染源管理处，“承办市环境保护委员会的日常工作”的职责调整到办公室。调整后，环保局设置13个职能处室和机关党委、老干部处。2006年11月，经市环保局党组会议研究决定，成立“2008工程”环保工作小组办公室，固体废物管理办公室。市“2008工程”建设指挥部研究决定，成立由市环保局牵头，市建委等部门参加的“2008工程”环保工作小组。2008年11月25日，“2008工程”环保工作小组办公室撤销，2009年2月6日，固体废物管理办公室撤销。

2007年1月，市环保局党组决定成立重点项目协调办公室。6月，在办公室设立督查室。10月，成立安全保卫办公室。11月，成立污染源普查工作办公室。

2008年2月21日，局办公室加挂的宣传教育办公室独立设置，并更名为宣传处，增加处级领导职数1正1副。调整后，局机关设置14个职能处室和机关党委、老干部处。针对机动车污染问题，2008年，市、区（县）两级环保局专门成立了机动车排放监管机构，一次性增加723名执法人员编制。

2009年3月30日，温哥华第8届世界体育与环境大会，
北京市环保局局长史捍民（右）代表北京市领取国际奥委会和联合国环境规划署首次颁发的体育与环境奖（左为环境与体育委员会主席鲍尔·施密特）

（四）市环境保护局成为市政府组成部门

2009年，北京市政府进行机构改革。根据《北京市人民政府关于机构设置的通知》和《北京市人民政府办公厅关于印发北京市环境保护局主要职责内设机构和人员编制规定的通知》，市环保局被列为市政府负责环境保护工作的组成部门。其内设机构：办公室（研究室）、法制处、科技标准处（环境监测处）、污染物排放总量控制处（污染防治处）、环境影响评价处、水和生态环境管理处、大气环境管理处、机动车排放管理处、固体废物和噪声管理处、辐射安全管理处、国际合作处、宣传教育处、规划财务处、人事处等14个处室和机关党委、工会、离退休干部处。临时机构：环境应急办公室、重点项目协调办公室、督查室、污染源普查工作办公室、北京中意合作项目办公室、北京市环境保护志办公室。机关行政编制为119名。

2010年10月14日，北京市机构编制委员会办公室同意市环局科技标准处加挂牌子的环境监测处独立设置。

至2010年底，市环保局机关设15个内设机构和机关党委、工会、离退休干部处，处级领导职数由17正25副增至18正25副。局机关行政编制从119名增至123名。内设处室：办公室（研究室）、法制处、科技标准处、环境监测处、污染物排放总量控制处（污染防治处）、环境影响评价处、水和生态环境管理处、大气环境管理处、机动车排放管理处、固体废物和噪声管理处、辐射安全管理处、国际合作处、宣传教育处、规划财务处、人事处。临时机构新增了局值班室。

2011年10月20日设立污染防治处（声环境和固体废物管理处）。

2012年3月9日独立设置研究室，划入环保规划职能。

2014年1月3日，经市编办同意，市环境保护局增设大气污染综合治理协调处，负责京津冀及周边地区大气污染防治协作小组办公室的日常运转工作，承担京津冀及周边地区大气污染防治协作、联防联控的具体联络协调工作。同时增设应急管理处。9月3日，经市编委批准，增加1名副局长领导职数，兼任京津冀及周边地区大气污染防治协作小组办公室专职副主任。11月28日，增设督查处，加挂北京市人民政府督查室环境保护督查处的牌子，业务上同时接受北京市人民政府督查室的指导。内设机构从16个增加到23个，处级增加到21正28副，行政编制增加到 137 人。

2012 年 4 月 11 日，市环保局局长陈添与市民对话环境保护

2015 年 6 月，环境影响评价处更名为行政审批处（环境影响评价处）。

至 2015 年，北京市环境保护局内设机构共有 23 个。可分为以下四类。

业务机构：环境监测处、污染物排放总量控制处、行政审批处、水和生态环境管理处、大气环境管理处、大气污染治理综合协调处、机动车排放管理处、污染防治处、辐射安全管理处、应急处。

专业支持机构：法制处、科技标准处。

行政管理机构：办公室、研究室、国际合作处、督查处、宣传教育处、规划财务处、人事处，以及机关党委、离退休干部处和监察处（市纪律检查委员会派驻）。

行政执法机构：市环境监察总队（环境监察处）。

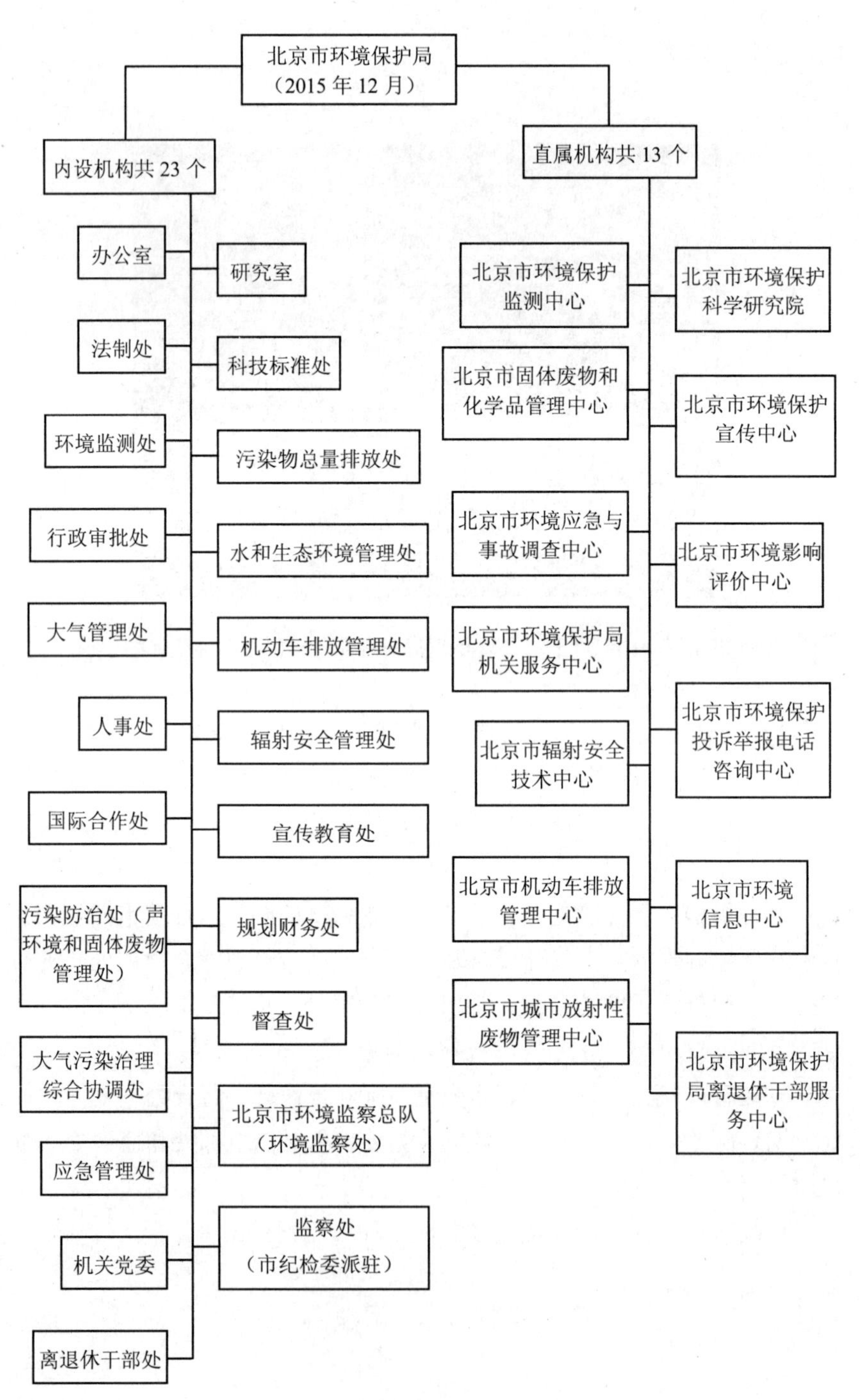

图 1-2　2015 年北京市环境保护局机构设置

附一：负责人更迭情况

1972—2015 年市环境保护主管部门负责人更迭情况见表 1-2 至表 1-8。

表 1-2　北京市革命委员会”“三废”治理办公室负责人更迭情况（1972—1975 年）

姓　名	性别	职　务	党派	任职时间
王海青	男	负责人	中共党员	1972.11—1974.4
孟志元	男	负责人	中共党员	1972.11—1974.12
江小珂	女	负责人	中共党员	1973.5—1974.12
张　潭	男	负责人	中共党员	1973.8—1974.12

表 1-3　北京市革命委员会环境保护办公室负责人更迭情况（1975—1979 年）

姓　名	性别	职　务	党派	任职时间
杨冠飞	男	主　任	中共党员	1977.2—1979.11
孟志元	男	负责人、副主任	中共党员	1975.1—1979.11
张　潭	男	负责人、副主任	中共党员	1975.1—1978.5
江小珂	女	负责人、副主任	中共党员	1975.1—1979.11
高宇声	男	副主任	中共党员	1977.12—1979.11
范松元	男	副主任	中共党员	1977.12—1979.11

表 1-4　北京市革命委员会环境保护办公室党的临时领导小组负责人更迭情况（1977—1979 年）

姓　名	性别	职　务	党派	任职时间
杨冠飞	男	组　长	中共党员	1977.3—1979.11
孟志元	男	副组长	中共党员	1977.3—1979.11

表 1-5　北京市环境保护局主要负责人更迭情况（1979—2016 年 12 月）

姓　名	性别	职　务	党派	任职时间
杨冠飞	男	局长	中共党员	1979.11—1980.9
孟志元	男	副局长	中共党员	1979.11—1980.9
		局长		1980.9—1982.12

姓　名	性别	职　务	党派	任职时间
江小珂	女	副局长	中共党员	1979.11—1983.5
		局长		1983.5—1992.9
赵以忻	男	局长	中共党员	1992.9—2002.7
史捍民	男	副局长	中共党员	1986.7—2002.7
		局长		2002.7—2010.2
陈　添	男	总工程师	中共党员	2006.2—2008.9
		副局长		2008.9—2010.2
		局长		2010.2 起
方　力	男	副局长	中共党员	2010.1—2016.11
		局长		2016.11 起

表 1-6　北京市环境保护局其他负责人更迭情况（1979 年 11 月—2016 年 12 月）

姓　名	性别	职　务	党派	任职时间
高宇声	男	副局长	中共党员	1979.11—1985.6
范松元	男	副局长	中共党员	1979.11—1984.7
过祖源	男	总工程师	九三学社社员	1980.3—1983.5
李宪法	男	副局长	中共党员	1980.9—1984.7
		总工程师		1984.7—1990.12
郑元景	男	副局长	无党派	1984.7—1990.12
		总工程师		1990.12—1994.7
尉淑兰	女	副局长	中共党员	1984.7—1994.6
余小萱	男	副局长	中共党员	1991.8—2003.3
赵永平（回族）	男	副局长	中共党员	1994.6—2003.5
张燕茹	女	总工程师	中共党员	1994.7—2000.3
郑　江	男	副局长	中共党员	1994.10—2010.2
潘曙达	女	总工程师	中共党员	2000.8—2005.5
庄志东	男	副局长	中共党员	2003.3—2016.9
		巡视员		2014.10—2016.9
裴成虎	男	副局长	中共党员	2003.3—2007.1
杜少中	男	副局长	中共党员	2003.9—2012.1
		巡视员		2009.5—2012.5

姓　名	性别	职　务	党派	任职时间
冯惠生	男	助理巡视员	中共党员	2005.2—2007.10
		副局长		2007.10 起
周扬胜	男	副局长	无党派	2006.12—2008.9
		总工程师	农工党员	2008.9—2012.10
		副局级		2012.10 起
李晓华	女	副巡视员	中共党员	2008.6—2012.12
		总工程师		2012.12—2015.6
		副局长		2015.6 起
姚　辉	男	副巡视员	中共党员	2008.11—2012.12
		副局长		2012.12 起
徐　庆	男	副巡视员	中共党员	2009.8 起
刘广明	男	副巡视员	中共党员	2013.12 起
王瑞贤	女	副巡视员	中共党员	2013.12 起
于建华	男	总工程师	中共党员	2015.6 起

表 1-7　中共北京市环境保护局党组负责人更迭情况（1979—2016 年 12 月）

姓　名	性别	职　务	党派	任职时间
杨冠飞	男	北京市基本建设委员会副主任兼书记	中共党员	1979.11—1980.6
孟志元	男	副书记	中共党员	1979.11—1980.9
		书记		1980.9—1983.5
江小珂	女	副书记	中共党员	1979.11—1983.5
		书记		1983.5—1992.7
赵以忻	男	书记	中共党员	1992.9—2002.6
史捍民	男	书记	中共党员	2002.7—2010.2
陈　添	男	书记	中共党员	2010.2—2013.12
高宇声	男	副书记	中共党员	1983.5—1985.6
尉淑兰	女	副书记	中共党员	1986.7—1994.3
赵永平（回族）	男	副书记	中共党员	1994.3—2003.5
杜少中	男	副书记	中共党员	2007.9—2011.12
方　力	男	副书记	中共党员	2014.12 起

表 1-8　中共北京市委纪律检查委员会驻北京市环境保护局纪检组长更迭情况（1979—2015 年）

姓　名	性别	职　务	党派	任职时间
王　虹	女	纪检组长	中共党员	1987.10—1991.6
杜少中	男	纪检组长	中共党员	2000.8—2003.8
周新华	男	纪检组长	中共党员	2003.8—2009.9
吴问平	男	纪检组长	中共党员	2009.9—2012.7
谌跃进	男	纪检组长	中共党员	2012.7 起

附二：先进人物

北京市环境保护局系统获得全国、省部级劳动模范（先进工作者）、荣誉称号人员名单见表 1-9。

表 1-9　获得全国、省部级劳动模范（先进工作者）荣誉称号人员名单

序号	姓名	所在单位、职务	获奖名称	授奖单位	授奖年份
1	吴鹏鸣	北京市环境保护监测中心副站长、总工程师、高级工程师	北京市劳动模范	北京市总工会	1979 1981 1984
2	聂桂生	北京市环境保护科学研究所副所长、副研究员	北京市劳动模范	北京市总工会	1985
3	黄佩琴	北京市环境保护监测中心站长、高级工程师	北京市劳动模范	北京市总工会	1989
4	卞有生	北京市环境保护科学研究所研究员	北京市劳动模范	北京市总工会	1989
5	梁熙彦	北京市环境保护监测中心高级工程师（教授级）	北京市先进工作者	北京市总工会	1995
6	田　刚	北京市环境保护科学研究院院长	全国“五一”劳动奖章	全国总工会	2004
7	陈　添	北京市环境保护监测中心主任、高级工程师	全国环境保护系统先进工作者	人事部 国家环保总局	2006

序号	姓名	所在单位、职务	获奖名称	授奖单位	授奖年份
8	郑孟梅	北京市环境保护局处长	全国环境保护系统先进工作者	人事部 国家环保总局	2006
9	史捍民	北京市环境保护局局长	北京奥运会、残奥会先进个人	中共中央、国务院	2008
10	王大卫	北京市环境保护局处长	全国环境保护系统先进工作者	人力资源和社会保障部、环境保护部	2012
11	李振生	北京市环境保护监测中心高级工程师	全国环境保护系统先进工作者	人力资源和社会保障部、环境保护部	2012
12	刘保献	北京市环境保护监测中心高级工程师	北京市先进工作者	北京市总工会	2016

四、市环境保护局直属单位

至2015年底，北京市环境保护局下辖1个执法机构和13个直属事业单位，分别是北京市环境监察总队、北京市环境保护科学研究院、北京市环境保护监测中心、北京市环境保护宣传中心、北京市辐射安全技术中心、北京市固体废物和化学品管理中心、北京市机动车排放管理中心、北京市环境影响评价评估中心、北京市城市放射性废物管理中心、北京市环境应急与事故调查中心、北京市环境保护投拆举报电话咨询中心、北京市环境保护局机关服务中心、北京市环境信息中心、北京市环境保护局离退休干部服务中心。

按照职能可划分为执行单位、技术支持单位、行政执法单位、行政辅助单位。

行政执法单位：北京市环境监察总队。

履行管理职能单位：北京市环境保护监测中心、北京市辐射安全技术中心、北京市固体废物和化学品管理中心、北京市机动车排放管理中心、北京市城市放射性废物管理中心、北京市环境应急与事故调查中心、北京市环境保护投拆举报电话咨询中心。

专业支持单位：北京市环境保护科学研究院、北京市环境保护宣传中心、北京市环境信息中心、北京市环境影响评价评估中心。

行政辅助单位：北京市环境保护局离退休干部服务中心、北京市环境保护局机关服务中心。

（一）北京市环境监察总队

1991 年 3 月，成立北京市环保监察队，为局直属事业单位（相当正处级），经费从环保补助资金中列支，编制 10 人。

2006 年 3 月，市环保监察队由事业单位改为行政执法机构。

2007 年 12 月，北京市环保监察队加挂环境监察处的牌子，同时增加“协调、指导和监督检查区县环保执法工作”的职责。

2009 年 8 月 6 日《北京市环境保护局主要职责内设机构职能编制规定》增加了“环境保护应急工作的职责”。

2010 年 10 月，北京市环保监察队更名为北京市环境监察总队，仍加挂环境监察处的牌子。2012 年 3 月，核定行政执法专项编制 66 名。2013 年 2 月，核定行政执法专项编制 71 名。至 2013 年 12 月，在职职工 73 人。

主要职责：受市环保局委托，依据环境保护法律、法规、标准，对污染源进行执法检查，对违法行为依法进行查处；协调、指导和监督、检查区县环境保护执法工作，开展环境执法的稽查工作；负责与周边省市建立环境执法联动机制，指导和协调解决区县之间的区域、流域环境污染纠纷；负责建设项目竣工环境保护验收，组织开展建设项目“三同时”的监督检查和建设项目施工期的环境监理工作；组织开展排放污染物申报登记、排污费核定和征收工作。

（二）北京市环境保护科学研究院

北京市环境保护科学研究院的前身是 1957 年成立的城市建设部城市建设科学研究所，重点从事给水、排水及其相关技术研究，具有全国市政工程研究中心的地位。

自 1971 年 1 月起，下放北京市革委会领导，并更名“北京市给排水研究所”。1973 年 4 月，为了加强北京市环境保护的科学研究工作，划归北京市“三废”治理办公室领导，改名为北京市环境保护科学研究所，为全额拨款事业单位。

1987年改为差额拨款单位。

1994年9月，北京市环境保护科学研究所更名为北京市环境保护科学研究院（以下简称北京市环科院），事业编制400名。2011年12月，核定差额拨款事业编制340名。截至2015年12月，在职职工316人，其中在编职工280人；在编专业技术人员243人，其中研究员及教授级高级工程师9人、副研究员及高级工程师65人。

主要职责：开展环境科学研究，促进科技发展。环境科学研究、环境工程研究、污染治理技术研究、环境影响评价污染治理产品开发，环境咨询服务、大气、水、噪声等污染源检测、土壤检测、土壤环境保护技术研发与服务。

北京市环科院主要专业机构：大气污染防治研究所、水环境与水资源保护研究所、固废污染防治研究所、污染场地评价与修复研究所、生态与城市环境研究所、环境规划政策研究中心、环境分析测试中心、环境模拟与信息中心、污染源研究中心、环境工程设计所、环境技术咨询所等。

北京市环科院具有硕士学位授予权，设有博士后科研工作站。

以北京市环科院为依托单位的工程中心和重点实验室：国家城市环境污染控制工程技术研究中心（国家科学技术部）、国家环境保护工业废水污染控制工程技术（北京）中心（国家环境保护部）、污染场地风险模拟与修复北京市重点实验室（北京市科学技术委员会）、北京水环境技术与设备研究中心（北京市科学技术委员会）。

北京市环科院具有工程咨询甲级资质证书、市政行业排水工程专业甲级设计资质、环境工程（水污染防治工程）专项甲级设计资质、固体废物处理处置工程专项乙级设计资质。

（三）北京市环境保护监测中心

1974年3月开始筹建北京市环境保护监测中心。1975年4月监测中心筹建处改名为北京市环境保护监测科学研究所筹建处。1977年10月，北京市环保监测科学研究所改名为北京市环境保护监测站。1980年7月，北京市环境保护监测站改名为北京市环境保护监测中心。2012年7月，核定全额拨款事业编制195名。至2015年12月，在职正式职工 188 人，其中，研究员及教授级高级工程师 7 人、高级工程师 37 人。

主要职责：为环境保护提供监测保障。环境质量监测、专项环境监测、污染源监测、环境监测科研、环境监测服务、环境监测网运行管理、环境监测人员培训、环境监测仲裁。

市环保环境保护监测中心设置技术质量管理室、信息化室、综合计划室、现场监测室、分析实验室、遥感监测室、自动监测室、大气室（北京市空气质量预报预警中心）、水室、污染源室（统计室）以及行政管理类 15 个科室。

以北京市环境保护监测中心为依托、与清华大学共建的“大气颗粒物监测技术北京市重点实验室”，2015 年 5 月通过北京市科学技术委员会认定。

成立于 1974 年的北京市环境保护监测中心

（四）北京市环境保护宣传中心

1990 年 6 月，北京市环境保护技术设备中心更名为北京市环境保护技术培训中心，为局所属自收自支事业单位，编制 40 人（含北戴河环保职工休养所 6 人）。

1998 年 7 月，北京市环境保护技术培训中心更名为北京市环境保护宣传教育中心。2004 年 9 月，北京市环境保护宣传教育中心的经费形式改为全额拨款。2010 年 4 月，北京市环境保护宣传教育中心更名为北京市环境保护宣传中心。

2006 年 5 月，市环境保护宣传教育中心加挂北京市环境保护投拆举报电话咨询中心的牌子，并增加负责本市环境保护方面电话投诉及咨询服务的职责。2012 年 11 月，市环境保护宣传中心不再加挂北京市环境保护投拆举报电话咨询中心的牌子，不再承担本市环境保护方面电话投拆及咨询服务的职责。

2012 年 4 月，核定全额拨款事业编制 51 名。至 2012 年 12 月，在职人员 97 人，正式职工 48 人。

主要职责：负责《北京市空气质量播报》等有关电视片、新闻片、公益广告的制作工作，组织编写环保宣传资料，参与本市环保新闻宣传和报道工作，负责北京环保公众网的管理和维护，负责本系统教育培训工作，指导民间环保组织和志愿者参与环保工作。

（五）北京市环境保护局机关服务中心

1993 年 1 月，成立北京市环境保护局后勤服务部，为局所属相当正处级全民所有制事业单位，事业编制 50 人，经费独立核算。

2011 年 10 月，北京市环境保护局后勤服务部更名为北京市环境保护局机关服务中心。2011 年 10 月，机关服务中心为纳入规范管理事业单位。2014 年 4 月，核定全额拨款事业编制 53 名。2014 年 5 月，核减后勤服务机构中工勤人员占用的事业编制 9 人。

主要职责：为机关办公与职工生活提供后勤服务。机关交通、通信、文印、会议室服务；机关办公用房、办公设备、办公文具用品管理服务；机关办公区及生活区环境卫生服务、职工住房、餐饮、医保、福利等服务。

（六）北京市环境信息中心

1996 年 1 月，成立北京市环保信息服务中心，为局所属相当正处级全民所有制事业单位，编制 15 名，经费自收自支。

1998 年 11 月，北京市环保信息服务中心更名为北京市环境信息中心。2003 年 12 月，经费形式由自收自支改为全额拨款。2011 年 10 月，市环境信息中心为纳入规范管理事业单位。2012 年 4 月，核定纳入规范管理编制 16 名，至 2012 年 12 月，在职人员 15 人，正式职工 15 人。

主要职责：为环境保护事业发展提供信息服务。建立维护全市环保信息网络；为市环保局机关办公自动化提供服务；负责环保信息系统计算机软件开发；向社会提供环保信息服务。

（七）北京市辐射安全技术中心

1998 年 3 月，成立北京市辐射环境管理中心，为局所属相当正处级全额拨款事业单位，人员编制 20 名。

2006 年 3 月，北京市辐射环境管理中心更名为北京市辐射安全技术中心，人员编制由 20 名增加到 32 名。

2012 年 11 月，核定全额拨款事业编制由 32 名增加到 50 名，至 2012 年 12 月，在职人员 31 人。

主要职责：承担辐射安全方面的监测、审评、科研等技术工作，为辐射安全提供技术支持与保障。

（八）北京市固体废物和化学品管理中心

2001 年 4 月，撤销市经委所属的北京市工业有害固体废物管理中心，其职责、设备和人员整建制划归市环保局，成立北京市固体废物管理中心。

北京市固体废物管理中心，为局所属相当正处级全额拨款事业单位，编制 30 名。2011 年 12 月，北京市固体废物管理中心更名为北京市固体废物和化学品管理中心。2012 年 4 月，核定全额拨款事业编制 30 名。至 2012 年 12 月，在职人员 20 人。

主要职责：承担本市固体废物、危险废物、化学品监督管理方面的技术性、事务性、辅助性工作。

（九）北京市机动车排放管理中心

2003 年 12 月，成立北京市机动车尾气排放管理中心，为局所属相当正处级全额拨款事业单位，核定人员编制 30 名。

2007 年 11 月，北京市机动车尾气排放管理中心更名为北京市机动车排放管理中心。2012 年 4 月，核定全额拨款事业编制 88 名，内设 9 个职能科室。2015 年 1 月 14 日，北京市机动车排放管理中心纳入规范管理事业单位。人员编制和机构设置不变。至 2015 年 12 月，在职职工 73 人。

主要职责：受市环保局委托，负责对本市机动车尾气排放检测的监督管理；负责机动车环保标志的发放管理；会同有关部门开展机动车尾气排放的道路检查等工作。

（十）北京市环境影响评价评估中心

2006 年 9 月，成立北京市环境影响评价评估中心，为局所属相当正处级全额拨款事业单位，人员编制 10 名。

2012 年 4 月，核定全额拨款事业编制 20 名，至 2012 年 12 月，在职人员 11 人。

主要职责：承担本市环境影响评价的技术审核工作；承担环境影响评价相关技术及政策的研究咨询工作。

（十一）北京市城市放射性废物管理中心

2007 年 3 月，成立北京市城市放射性废物管理中心，为局所属相当正处级全额拨款事业单位，人员编制 20 名。

2014 年 4 月，核定全额拨款事业编制 24 名，2014 年 12 月，核定为公益一类事业单位，至 2015 年 12 月，在职人员 24 人。

主要职责：承担我市城市放射性废物的收集、运输、贮存及废物库的日常管理工作，承担废物库的安全保卫、环境及辐射防护监测工作，承担行政辅助性工作，参与核与辐射事故应急工作。

（十二）北京市环境保护局离退休干部服务中心

2010 年 10 月，成立北京市环境保护局离退休干部服务中心，为局所属相当正处级全额拨款事业单位，人员编制 12 名。

2011 年 10 月，局离退休干部服务中心纳入规范管理事业单位。2012 年 4 月，核定纳入规范管理编制 12 名，至 2015 年 12 月，在职人员 9 人，正式职工 9 人。

主要职责：承担市环保局机关及所属单位离退休干部的政治待遇落实、党支部建设、思想政治建设和具体实施工作；协助开展离退休干部的精神文化活动；组织引导离退休干部发挥作用；承担离退休干部的生活待遇落实工作。

（十三）北京市环境应急与事故调查中心

2012 年 10 月，成立北京市环境应急与事故调查中心，为局所属相当正处级全额拨款事业单位，人员编制 18 名。

主要职责：受市环保局委托，承担本市环境应急处置和事故调查的事务性工作。

（十四）北京市环境保护投诉举报电话咨询中心

2006年5月，在局所属北京市环境保护宣传教育中心加挂北京市环境保护投诉举报电话咨询中心牌子，人员编制15名。

2012年11月，将在局所属北京市环境保护宣传中心加挂牌子的北京市环境保护投诉举报电话咨询中心独立设置，为局所属相当于正处级全额拨款事业单位，人员编制18名。

2014年12月，投诉举报中心纳入规范管理事业单位。至2015年12月，在职人员16人，劳务派遣人员27人。

主要职责：负责受理本市环境保护方面违法行为的投诉举报，分析处理投诉举报信息，转办、跟踪投诉举报案件并反馈处理结果，统计、分析和上报投诉举报数据；受市环保局委托，具体承担本市环境保护方面的信访、咨询、政府信息公开、非紧急救助服务等事务性工作。

随着首都环境保护事业的发展，北京市环保局系统的职工队伍不断壮大，人员素质不断提高。截至2012年12月，市环保局系统机关公务员132人，行政执法65人。事业单位共有职工824人，其中正式在册职工676人，非正式在册工作人员（含劳务派遣）148人，离退休职工405人。事业单位管理人员212人，专业技术人员485人，其中正高级称职10人、高级称职92人、中级称职181人、初级称职118人。

附：北京市环境保护技术开发中心（环境保护技术咨询公司）

1992年10月，为了贯彻党的十四大精神和国务院关于加快发展第三产业决定，转变政府职能，发挥我局系统人才技术优势，更好地为环境保护和经济发展服务。成立了北京市环境保护技术开发中心，后更名为环境保护技术咨询公司，为市环保局领导下的全民所有制事业单位，实行企业化管理，独立核算，自负盈亏，具有法人地位。主要经营范围是：环境保护技术咨询、技术开发、技术转让、技术培训和环境管理一条龙服务。1997年10月，北京市环境保护技术咨询公司更名为北京市新境环境保护咨询公司。2001年12月，北京市新境环保技术咨询公司申请注销。

五、市级有关部门环保机构

（一）市重点工业部门环保机构

根据 1972 年市革命委员会决定，各局、总公司及工矿企业设立环境保护专门机构或人员，负责本部门或本企业的“三废”治理工作。1973 年首钢公司设立综合利用处，市机械局及建材局设立“三废”管理机构。1975 年市化工局和仪表局成立综合利用处，北京铁路局、铁路分局、石油化工总厂成立“三废”办公室，市一轻、二轻、纺织、电力、建工、交通、公用、矿务等局分别设置环境保护专职或兼职机构。1976 年以后，部分非工业局相继设置专职或兼职的环境保护管理机构，重点工矿企业建立环境保护科室，一般企业设置专职或兼职环保人员。

各局、总公司环境保护机构主要负责管理本系统的环境保护工作，组织落实市政府及本行业上级主管部门下达的环境保护工作计划，制订本系统中长期环保规划和年度计划，组织本系统的污染防治、科研、监测和宣传教育等工作。至 1990 年底，北京市重点工业部门共有环保人员 7 823 人，其中专职 5 591 人，兼职 2 232 人（见表 1-10）。

表 1-10　1990 年北京市重点工业部门环保机构情况

单　位	环保机构		全系统环保设施固定资产原值/万元	全系统环保人员		
	名　称	人员/人		小计/人	其中	
					专职	兼职
北京市一轻工业总公司	环境保护处	6	2 331.68	262	165	97
北京市二轻工业总公司	环保技安处	5	146.12	225	87	138
北京市纺织工业总公司	基建处	2	2 529.36	534	413	121
北京市电子工业办公室	环保技安中心 环保科	3	1 481.41	235	114	121
北京市化学工业总公司	环保安全处	6	9 066.28	972	747	225
北京市建材工业总公司	劳动保护处	4	3 165.54	456	292	164
北京市机械工业管理局	规划环保处	3	2 931.57	384	238	146
首都钢铁公司	环境保护处	31	14 572.62	1 126	948	178

单　　位	环保机构		全系统环保设施固定资产原值/万元	全系统环保人员		
	名　称	人员/人		小计/人	其中	
					专职	兼职
北京燕山石油化工公司	环境保护处	8	13 387.18	835	445	390
华北电业管理局	科技环保处	5	5 774.50	44	26	18
小计		73	55 386.26	5 073	3 475	1 598
其他				2 750	2 116	634
合计		73		7 823	5 591	2 332

1991 年以后，由于机构改革、企业搬迁等原因，北京市重点工业部门在名称、机构管理、环保人员的配备上都发生了较大的变化。1998 年国务院机构改革，工业部门撤销。2000 年北京市实施政府机构改革，加强环境保护主管部门，市环境保护局成为市政府直属机构，市有关委办局承担相关环境保护职能。

（二）有关委办局环保机构

2000 年市政府机构改革后，在市级层面，市环境保护局成为全市环境保护主管部门，对环境保护工作实施统一监督管理，按照法律法规和市政府关于部门职能分工规定承担有关环境保护职能。主要有北京市发展和改革委员会、北京市科学技术委员会、北京市经济和信息化委员会、北京市市政市容管理委员会、北京市交通委员会、北京市农村工作委员会、北京市水务局、北京市园林绿化局。

北京市发展和改革委员会有关环境保护职能：有关内设机构：资源节约和环境保护处（应对气候变化处）、市经济运行领导小组的能源处、煤炭管理处（北京市煤炭管理办公室）以及所属机构北京节能环保中心。有关职能：负责本市节能减排的综合协调工作；组织拟订发展循环经济、全社会能源资源节约和综合利用的规划及政策措施，并协调实施；参与编制生态建设、环境保护规划，协调生态建设、能源资源节约和综合利用的重大问题；综合协调节能环保产业和清洁生产促进有关工作，组织实施节能监察和考核工作。提出人口与经济、社会、资源、环境协调可持续发展的政策建议。

北京市科学技术委员会有关环境保护职能：有关内设机构：社会发

展处、新能源与新材料处。有关职能：拟定本市社会领域科技发展的规划和政策；促进本市节能环保领域的科技发展……指导可持续发展实验区的建设和发展。

北京市经济和信息化委员会有关环境保护职能：有关内设机构有节能与环保产业处。2009 年 2 月，市政府机构改革，设立北京市经济和信息化委员会（简称市经济信息化委），挂北京市国防科学技术工业办公室（简称市国防科工办）的牌子。有关职能：拟订并组织实施本市工业、软件和信息服务业、信息化领域的能源节约和资源综合利用、清洁生产促进政策；参与拟订能源节约和资源综合利用、清洁生产促进规划。

北京市市政市容管理委员会有关环境保护职能：有关内设机构：固体废弃物管理处、环境建设规划处、环境建设协调处、环境卫生管理处、市容环境卫生监督检查处、市容环境整治处；直属机构：北京市垃圾渣土管理处、北京市锅炉供暖节能中心（北京市供热服务中心）、北京市环境卫生设计科学研究所（环境卫生监测站）、北京市使馆清洁运输管理处。2000 年市政府机构改革，设立市市政管理委员会，2009 年 2 月，更名为市市政市容管理委员会（首都城市环境建设委员会办公室），是负责本市城乡环境建设综合协调、城市综合管理协调和相关市政公用事业、市容环境卫生管理的市政府组成部门。有关职能：起草本市关于市容环境卫生、城市环境建设等方面的地方性法规草案、政府规章草案；负责市容环境综合整治工作；负责本市环境卫生的组织管理和监督检查工作；承担生活垃圾清扫、收集、贮存、运输和处置的监督管理责任；会同市环境保护部门核准生活垃圾处置设施、场所的关闭、闲置或拆除；制定工程施工过程中产生的固体废物利用或处置规定，并组织实施；承担综合协调、督促落实本市城乡环境建设、环境秩序整治责任；承担首都城市环境建设委员会的具体工作。负责本市相关市政公用和市容环境卫生行业科技发展和信息化建设工作。

北京市交通委员会有关环境保护职能：有关内设机构：缓堵处、规划设计处。有关职能：指导交通行业节能减排工作。

北京市农村工作委员会有关环境保护职能：有关内设机构：发展规划处、产业发展处（北京市农业产业化办公室、社会发展处、农村改革与经营管理处、村镇建设处、山区建设处、新农村建设协调联络处。有关职能：参与编制、修订本市村镇建设规划，组织协调农村环境、能源建设，协调、推进村镇建设和小城镇试点工作。负责本市新农村建设的宣传工作；组织协调社会力量参与新农村建设工作；督促检查区县政府和市属工作部门新农村建设的工作情况。

北京市水务局有关环境保护职能：有关内设机构：水资源管理处、排水管理处以及所属机构河湖管理处。2004 年，市政府机构改革，设立市水务局（前身为水利局），加强统筹北京市城乡水资源的节约、保护和合理配置，促进水资源的可持续利用；加强应急水源地管理、再生水利用、污水处理和水资源循环利用等工作，保障供水安全。有关职能：统一管理本市水资源（包括地表水、地下水、再生水、外调水）；会同有关部门拟订水资源中长期和年度供求计划，并监督实施；发布水资源公报；指导饮用水水源保护和农民安全饮水工作；负责水文管理工作；负责本市供水、排水行业的监督管理；组织实施排水许可制度；拟订供水、排水行业的技术标准、管理规范，并监督实施。

北京市园林绿化局（首都绿化委员会办公室）有关环境保护职能：有关内设机构：有义务植树处、规划发展处、造林营林处（生态林建设管理办公室）、城镇绿化处、林政资源处（木材管理办公室）、公园风景区处、林场处（花卉产业处）、野生动植物保护处。2006 年，市政府机构改革，设立市园林绿化局（由原市园林局和原市林业局整合）。有关职能：负责本市城乡绿化美化、植树造林、封山育林、防沙治沙、古树名木、公园和风景名胜区、湿地和陆生野生动植物保护与利用的行业管理；贯彻落实相关法律、法规、规章和政策，起草本市相关地方性法规草案、政府规章草案，并组织实施；组织制定本市园林绿化行业管理标准和规范，并监督实施；依法组织开展生物多样性保护和林木种质资源保护工作；组织、指导、协调林业碳汇工作。负责本市园林绿化的普法教育和宣传工作；负责首都全民义务植树活动的宣传发动。

第三节　区县环保主管部门

1972 年 2 月市革委会决定，各区、县设立环境保护专门机构和人员，负责本地区的“三废”治理工作。

1972－1979年，全市19个区、县陆续成立了“三废”治理办公室。至1987年，各区县环保机构陆续更名为环境保护局。同年，由于撤销燕山区及房山县行政建制，成立房山区，原燕山区与房山县环保局合并，成立房山区环保局。各区县环保局是区、县政府在环境保护方面的职能部门，主要职责：执行国家和市环保法律、法规、规章，对辖区内企、事业单位的环保工作进行监督、检查和管理，征收超标准排污费，组织宣传、教育、培训环保人员，编制区域环境规划（草案），负责区、县属以下企业及部分中央、市属单位开发建设、技术改造项目的审批，与有关部门共同对水源保护区、风景游览区、名胜古迹和自然保护区进行管理等，业务上受市环保局指导。各区县环保局还成立了环保监测站。至1990年底，18个区、县环保局共有职工702人。

为加强区、县环境保护工作的领导，至1990年底，东城、西城、宣武、朝阳、海淀、丰台及房山等7个区和通县、密云、延庆3个县政府成立了环境保护委员会，以组织协调本地区的环境保护工作。

2010年6月，北京市撤销原东城、西城、崇文、宣武四区，组建新的东城区、西城区。原东城、崇文区环保局合并组成新的东城区环保局，原西城、宣武区环保局组成新的西城区环保局。

2012年底，16个区县、1个开发区环保局共有职工1 811人，其中行政编制377人，事业编制（参公）265人，事业编制1 117人，其他编制52人。

2010年7月23日，北京市区县环保局长会议

表 1-11　1990 年北京市各区县及环保局简况

单位		区、县情况		区、县环保局简况和科室设置		
		面积/km²	人口/万人	成立时间	职工人数/人	科室设置
城区	东城区环保局	24.7	64.2	1972.4	39	办公室、治理科、监理科、技术规划室、监测站
	西城区环保局	30.0	77.2	1974	32	办公室、监察管理科、科技科、规划科、监测站
	崇文区环保局	15.9	42.9	1975.5	36	办公室、水、气、声管理科、烟尘管理科、监测站
	宣武区环保局	16.5	58.1	1978	37	办公室、监察管理科、综合规划科、宣传教育科、监测站
近郊区	朝阳区环保局	470.8	128.1	1974.7	79	办公室、排污收费监理站、综合治理科、政工科、宣教科、财务科、监测站
	海淀区环保局	426.0	129.9	1974	56	办公室、监察科、规划管理科、宣传教育科、组干科、监测站
	丰台区环保局	304.2	69.5	1975.6	56	办公室、监察科、综合治理科、财务科、宣传教育科、监测站
	石景山区环保局	81.8	28.8	1972.4	52	办公室、监理科、综合技术科、监测站
远郊区	门头沟区环保局	1 331.3	25.5	1972.7	28	办公室、监察科、业务科、监测站
	房山区环保局	1 866.7	74.2	1972.8	47	办公室、监察科、管理科、财务科、监测站
	大兴县环保局	1 012.0	48.8	1972.5	30	办公室、监察科、管理科、技术科、监测站
	通县环保局	870.0	58.4	1974	36	办公室、监察科、综合管理科、监测站
	顺义县环保局	980.0	53.1	1978	30	办公室、管理科、监测站
	昌平县环保局	1 430.0	40.9	1972.4	37	办公室、监察一科、监察二科、综合科、监测站

<table>
<tr><th colspan="2" rowspan="2">单位</th><th colspan="2">区、县情况</th><th colspan="3">区、县环保局简况和科室设置</th></tr>
<tr><th>面积/km²</th><th>人口/万人</th><th>成立时间</th><th>职工人数/人</th><th>科室设置</th></tr>
<tr><td rowspan="4">远郊区</td><td>平谷县环保局</td><td>1 075.0</td><td>38</td><td>1975.5</td><td>22</td><td>办公室、监察科、管理科、监测站</td></tr>
<tr><td>密云县环保局</td><td>2 335.6</td><td>42.2</td><td>1974.7</td><td>29</td><td>办公室、管理科、一科、二科、政法科、监测站</td></tr>
<tr><td>怀柔县环保局</td><td>2 557.3</td><td>25.5</td><td>1974</td><td>27</td><td>办公室、监察科、管理科、监测站</td></tr>
<tr><td>延庆县环保局</td><td>1 980.0</td><td>26.9</td><td>1975.6</td><td>29</td><td>政工办公室、监察科、管理科、监测站</td></tr>
<tr><td colspan="2">合　　计</td><td>16 807.8</td><td>1 032.2</td><td></td><td>702</td><td></td></tr>
</table>

注：成立时间为“三废”治理办公室成立时间。

表 1-12　2012 年北京市各区县及环保局简况

<table>
<tr><th colspan="2" rowspan="2">单位</th><th colspan="2">区、县情况</th><th colspan="3">区、县环保局简况和科室设置</th></tr>
<tr><th>面积/km²</th><th>户籍人口/万人</th><th>成立时间</th><th>职工人数/人</th><th>科室设置</th></tr>
<tr><td rowspan="2">城区</td><td>东城区环保局（原东城区、崇文区合并）</td><td>41.86</td><td>96.8</td><td>2010.6</td><td>109</td><td>8 个行政科室：办公室、综合规划科（信息中心）、环境影响评价科、污染减排科、环境监理科、辐射安全监管科、法制宣教科、纪检监察科。6 个直属事业单位：东城区环境保护局监察队一队、东城区环境保护局监察队二队、东城区环境保护局监测一站、东城区环境保护局监测二站、东城区机动车排放管理一站、东城区机动车排放管理二站</td></tr>
<tr><td>西城区环保局（原西城区、宣武合并）</td><td>50.53</td><td>138.5</td><td>2010.6</td><td>166</td><td>9 个行政科室：办公室、综合法制科、环境影响评价科、总量减排科、污染源管理科、环境安全管理科、辐射监管科、监察科、离退休干部科。5 个直属事业单位：环境保护监察队一队、环境保护监察队二队、环境保护监测站、宣教中心、机动车排放管理站</td></tr>
</table>

单位		区、县情况		区、县环保局简况和科室设置		
		面积/ km^2	户籍人口/万人	成立时间	职工人数/人	科室设置
城区	朝阳区环保局	455.08	197.4	1974.7	137	6 个行政科室：办公室、综合科、审批科、管理科、辐射安全监管科、组宣科。3 个直属事业单位：环境执法监察大队、环境保护监测站、机动车排放管理站
城区	海淀区环保局	430.73	230.7	1974	116	8 个行政科室：办公室、综合科、法制宣传科、管理科、监理科、辐射环境监督科、生态科、环境保护监察支队。3 个直属事业单位：环境保护监测站、机动车排放管理站、环境保护科学技术咨询服务中心
城区	丰台区环保局	305.80	109.7	1975.6	136	7 个行政科室：办公室、财务科、环境管理科、污染减排科、法制科、环境影响评价科、辐射安全管理科。4 个直属事业单位：环境保护监察支队、环境保护监测站、机动车排放管理站、环境影响评价评估中心
城区	石景山区环保局	84.32	37.1	1972.4	70	7 个行政科室：办公室、综合管理科、宣传法制科、环境评价科、环境保护监理科、辐射安全管理科、监察科。3 个直属事业单位：环境保护监察队、环境保护监测站、机动车排放管理站
远郊区	门头沟区环保局	1 450.70	24.8	1972.7	70	5 个行政科室：办公室、综合管理科、污染源控制科、建设项目监督科、辐射和固体废物监管科。3 个直属事业单位：环境监察支队、环境保护监测站、机动车排放管理站
远郊区	房山区环保局	1 989.54	78.0	1972.8	115	5 个行政科室：办公室、综合管理科、总量控制科、规划和环境影响评价科、大气污染防治办公室。5 个直属事业单位：环境保护监察队、环境保护监测站、辐射安全监督管理所、机动车排放管理站、环境保护机关服务部

<table>
<tr><th colspan="2" rowspan="2">单位</th><th colspan="2">区、县情况</th><th colspan="3">区、县环保局简况和科室设置</th></tr>
<tr><th>面积/km^2</th><th>户籍人口/万人</th><th>成立时间</th><th>职工人数/人</th><th>科室设置</th></tr>
<tr><td rowspan="5">远郊区</td><td>大兴区环保局</td><td>1 036.32</td><td>62.2</td><td>1972.5</td><td>121</td><td>4个行政科室：办公室、综合科、管理科、污染源控制科。4个直属事业单位：环境保护监察支队、环境保护监测站、辐射安全管理站、机动车排放管理站</td></tr>
<tr><td>通州区环保局</td><td>906.28</td><td>68.3</td><td>1974</td><td>91</td><td>4个内设科室：办公室、综合管理科、环境影响评价科、环境执法监察科。2个事业单位：环境监测站、机动车尾气排放管理站</td></tr>
<tr><td>顺义区环保局</td><td>1 019.89</td><td>59.4</td><td>1978</td><td>114</td><td>5个行政科室：办公室、环境影响评价管理科、环境综合管理科、大气环境管理科，全程办。6个事业单位：环境保护监察队、环境保护研究所、环境监测站、辐射安全监督管理站、机动车排放管理站</td></tr>
<tr><td>昌平区环保局</td><td>1 343.54</td><td>56.1</td><td>1972.4</td><td>130</td><td>6个行政科室：办公室、综合管理科、法制宣传教育科、环境影响评价科、污染物排放总量控制科、辐射安全管理科。9个直属单位：环境保护监察支队、城区直属环保监察大队、东小口环保监察大队、回龙观环保监察大队、南口环保监察大队、小汤山环保监察大队、沙河环保监察大队、环保监测站、机动车尾气排放管理站</td></tr>
<tr><td>平谷区环保局</td><td>950.13</td><td>39.8</td><td>1975.5</td><td>100</td><td>4个行政科室：办公室、建设项目审批科、辐射监察科、生态建设办公室。4个直属事业单位：环境保护监察队、环境保护研究所、环境保护监测站、机动车排放管理站</td></tr>
</table>

单位		区、县情况		区、县环保局简况和科室设置		
		面积/km^2	户籍人口/万人	成立时间	职工人数/人	科室设置
远郊区	密云县环保局	2 229.45	43	1974.7	107	7 个内设科室：办公室、法制科、财务科、监察科、总量科、大气科、污染控制科。5 个事业单位：环境监察队、水库执法队、环境监测站、尾气办公室、环保学会
	怀柔区环保局	2 122.62	27.8	1974	108	5 个内设科室：办公室、综合科、生态科、环境影响评价科、污染控制科。4 个事业单位：环境保护监察队、环境保护监测站、辐射站、机动车尾气排放管理站
	延庆县环保局	1 993.75	28.0	1975.6	96	4 个内设科室：办公室、生态科、管理科、综合科。6 个事业单位：环境保护监察队、科学技术研究所、环境保护监测站、辐射科、机动车尾气排放管理站、ISO10004 管理办公室
经济开发区环保局					25	4 个内设科室：办公室、审批科、监察科、总量科。3 个事业单位：环境保护监测站、环境保护管理站、机动车尾气排放管理站
合计					1811	

注：由于全国第二次土地调查结果尚未公布，本表土地面积是截止到 2008 年（资料来源：市国土资源局）。

第四节　中央、军队在京环保机构

一、中央在京环保机构

（一）国务院环境保护主管部门

1971 年，国家计委成立“三废”利用领导小组。1972 年，由国家计委牵头，成立国务院环境保护领导小组筹备办公室，1973 年 8 月 5

日—20日，国家计委受国务院委托召开全国第一次环境保护会议。会议行将结束时，在人民大会堂召开了有首都各界代表参加的万人大会，对会议作了总结，向全国发出了消除污染、保护环境的动员令。1974年10月，成立国务院环境保护领导小组，余秋里任组长，谷牧任副组长，下设办公室，由国家基本建设委员会管理。1982年，成立中华人民共和国城乡建设环境保护部，原国务院环境保护领导小组办公室撤销，并入城乡建设环境保护部，成为城乡建设环境保护部的一个内设机构—环境保护局，曲格平任局长。1984年，国务院成立环境保护委员会，由24个部、委负责人组成，李鹏副总理兼任主任，1993年起国务委员宋健兼任主任。1984年底，城乡建设环境保护部环境保护局改为国家环境保护局，成为相对独立的政府职能部门，也是国务院环境保护委员会的办事机构，但仍归城乡建设环境保护部领导。

1988年3月，国务院机构改革，撤销城乡建设环境保护部，成立中华人民共和国建设部，同时将原隶属城乡建设环境保护部的国家环境保护局独立为国务院的直属机构，曲格平任首任局长。

1993年6月，解振华任国家环境保护局局长。

1998年3月，国务院机构改革，成立国家环境保护总局，为国务院正部级直属机构。解振华任国家环境保护总局局长。撤销国务院环境保护委员会，国家科学技术委员会管理的国家核安全局并入国家环境保护局，国家环境保护总局对外加挂国家核安全局的牌子。

2005年12月，周生贤任国家环境保护总局局长。

2008年3月15日，十一届全国人民代表大会第一次会议决定成立中华人民共和国环境保护部，为国务院组成部门。周生贤任环境保护部部长。环境保护部对外保留国家核安全局牌子。环境保护部设14个内设机构：办公厅、规划财务司、政策法规司、科技标准司、污染物总量控制司、环境影响评价司、环境监测司、污染防治司、自然生态保护司、核安全管理司（辐射安全管理司）、环境监察局、国家合作司、宣传教育司和机关党委。2011年8月，核安全管理司（辐射安全管理司）扩编设置为核电安全监管司、核设施安全监管司、辐射源安全监管司。

2015年1月，陈吉宁任中共环境保护部党组书记；3月陈吉宁任环境保护部部长。

环境保护部主要职能：

（1）负责建立健全环境保护基本制度。拟订并组织实施国家环境保护政策、规划，起草法律法规草案，制定部门规章。组织编制环境功能区划，组织制定各类环境保护标准、基准和技术规范，组织拟订并监督实施重点区域、流域污染防治规划和饮用水水源地环境保护规划，按国家要求会同有关部门拟订重点海域污染防治规划，参与制订国家主体功能区划。

（2）负责重大环境问题的统筹协调和监督管理。牵头协调重特大环境污染事故和生态破坏事件的调查处理，指导协调地方政府重特大突发环境事件的应急、预警工作，协调解决有关跨区域环境污染纠纷，统筹协调国家重点流域、区域、海域污染防治工作，指导、协调和监督海洋环境保护工作。

（3）承担落实国家减排目标的责任。组织制定主要污染物排放总量控制和排污许可证制度并监督实施，提出实施总量控制的污染物名称和控制指标，督查、督办、核查各地污染物减排任务完成情况，实施环境保护目标责任制、总量减排考核并公布考核结果。

（4）负责提出环境保护领域固定资产投资规模和方向、国家财政性资金安排的意见，按国务院规定权限，审批、核准国家规划内和年度计划规模内固定资产投资项目，并配合有关部门做好组织实施和监督工作。参与指导和推动循环经济和环保产业发展，参与应对气候变化工作。

（5）承担从源头上预防、控制环境污染和环境破坏的责任。受国务院委托对重大经济和技术政策、发展规划以及重大经济开发计划进行环境影响评价，对涉及环境保护的法律法规草案提出有关环境影响方面的意见，按国家规定审批重大开发建设区域、项目环境影响评价文件。

（6）负责环境污染防治的监督管理。制定水体、大气、土壤、噪声、光、恶臭、固体废物、化学品、机动车等的污染防治管理制度并组织实施，会同有关部门监督管理饮用水水源地环境保护工作，组织指导城镇和农村的环境综合整治工作。

（7）指导、协调、监督生态保护工作。拟订生态保护规划，组织评估生态环境质量状况，监督对生态环境有影响的自然资源开发利用活动、重要生态环境建设和生态破坏恢复工作。指导、协调、监督各种类型的自然保护区、风景名胜区、森林公园的环境保护工作，协调和监督野生动植物保护、湿地环境保护、荒漠化防治工作。协调指导农村生态环境保护，监督生物技术环境安全，牵头生物物种（含遗传资源）工作，组织协调生物多样性保护。

（8）负责核安全和辐射安全的监督管理。拟订有关政策、规划、标准，参与核事故应急处理，负责辐射环境事故应急处理工作。监督管理核设施安全、放射源安全，监督管理核设施、核技术应用、电磁辐射、伴有放射性矿产资源开发利用中的污染防治。对核材料的管制和民用核安全设备的设计、制造、安装和无损检验活动实施监督管理。

（9）负责环境监测和信息发布。制定环境监测制度和规范，组织实施环境质量监测和污染源监督性监测。组织对环境质量状况进行调查评估、预测预警，组织建设和管理国家环境监测网和全国环境信息网，建立和实行环境质量公告制度，统一发布国家环境综合性报告和重大环境信息。

环境保护部派出机构：华北、华东、华南、西南、西北、东北等区域环境督察中心，承担所辖区域内的环境保护督察工作；北方、东北、西北、上海、广东、四川等核与辐射安全监管站，承担所辖区域内的核与辐射安全监督管理工作。

环境保护部直属事业单位主要包括环境应急与事故调查中心、中国环境科学研究院、中国环境监测总站、环境规划院、南京环境保护科学研究所、华南环境保护科学研究所、中日友好环保中心（环境发展中心）、环境与经济政策研究中心、核与辐射安全中心、环境保护对外合作中心、环境工程评估中心、卫星环境应用中心、固体废物与化学品管理技术中心。管理的企业：中国环境报社、中国环境出版社。

环境保护部管理的社会团体：中国环境科学学会、中国环境保护产业协会、中华环保基金会、中国环境新闻工作者协会、中国环境文化促进会、中华环保联合会。

（二）全国人大环境与资源保护委员会

1993 年 3 月，第八届全国人民代表大会第一次会议成立环境与资源保护委员会，曲格平为首任主任委员。第九、第十、第十一、第十二届全国人民代表大会环境与资源保护委员会主任委员分别为曲格平、毛如柏、汪光焘、陆浩。

环境与资源保护委员会的主要职责是，在全国人大及其常委会的领导下，研究、审议和拟订有关议案。具体职责：（1）审议全国人大主席团或者全国人大常委会交付的议案；（2）向全国人大主席团或者全国人大常委会提出属于全国人大或者全国人大常委会职权范围内同本委员会有关的议案；（3）审议全国人大常委会交付的被认为同宪法、法律相抵触的国务院的行政法规、决定和命令，国务院各部、各委员会的命令、指示和规章，省、自治区、直辖市的人民政府的决定、命令和规章，提出报告；（4）审议全国人大主席团或者全国人大常委会交付的质询案，听取受质询机关对质询案的答复，必要时向全国人大主席团或者全国人大常委会提出报告；（5）对属于全国人大或者全国人大常委会职权范围内同本委员会有关的问题，进行调查研究，提出建议。协助全国人大常委会行使监督权，对法律和有关法律问题的决议、决定贯彻实施的情况，开展执法检查，进行监督。

（三）全国政协人口资源环境委员会

1998 年 3 月全国政协成立人口资源环境委员会。主要职能是根据《中国人民政治协商会议章程》的要求，以及全国委员会全体会议和常务委员会议提出的相关任务，联系有关部门和社会团体，组织委员主要围绕国家人口、资源、环境和可持续发展领域的战略性、综合性、全局性、前瞻性的重大问题开展调查研究，并通过调研报告、提案、政协信息等形式，向党中央、国务院提供决策参考意见和建议。

（四）国务院有关部门环境保护机构

1973 年全国第一次环境保护会议后，国务院各有关部、委相继成立环境保护专门或兼管机构。至 1990 年底，国务院 41 个部、委中，有 17 个设置了环保专门或兼管机构，即国家计划委员会、国家科学技术委员会、地质矿产部、建设部、能源部、机械电子工业部、航空航天工业部、冶金工业部、化学工业部、轻工业部、纺织工业部、铁道部、交通部、水利部、农业部、林业部、卫生部。国务院 19 个直属机构中，有 5 个设置环保机构，即国家建筑材料工业局、国家医药管理局、国家海洋局、国家气象局、国家地震局。这些环保机构除负责本系统的环境保护工作外，还负责组织在京单位完成北京市的环境保护任务。所属部分中央企业也设有环保专门或兼管机构。上述部门有关负责人为国务院环境保护委员会成员。

1998年国务院机构改革，撤销冶金、化工、机械、电力、电子、煤炭等工业经济部门，所属环境保护机构随之撤销。

至2015年底，国务院25个部、委中，有9个部门设置了有关环境保护机构。

1．中华人民共和国国家发展和改革委员会有关环境保护职能机构：资源节约和环境保护司，内设机构有综合处、节能减排处、节能处、节水处、循环经济发展处、综合利用处、环境保护处。具体职责：（1）综合分析经济社会与资源、环境协调发展的重大战略问题，促进可持续发展。（2）承担国务院节能减排工作领导小组日常工作，负责节能减排综合协调，拟订年度工作安排并推动实施，组织开展节能减排全民行动和监督检查工作。（3）组织拟订并协调实施能源资源节约、综合利用和发展循环经济的规划和政策措施，组织拟订资源节约年度计划。（4）拟订节约能源、资源综合利用和发展循环经济的法律法规和规章；履行《节约能源法》《循环经济促进法》《清洁生产促进法》规定应由我委承担的有关职责。（5）研究提出环境保护政策建议，负责委内环境保护工作的综合协调，参与编制环境保护规划，组织拟订促进环保产业发展和推行清洁生产的规划和政策，指导拟订相关标准。（6）提出资源节约和环境保护相关领域及城镇污水、垃圾处理中央财政性资金安排意见，以及能源资源节约、综合利用、循环经济和有关领域污染治理重点项目国家财政性补助投资安排建议；审核相关重点项目和示范工程，组织新产品、新技术、新设备的推广应用。（7）负责节约型社会建设工作，组织协调指导推动全社会节约资源和可持续消费相关工作。（8）组织开展能源资源节约、综合利用和循环经济宣传工作。（9）组织开展能源资源节约、综合利用、循环经济和环境保护的国际交流与合作。

2．中华人民共和国科学技术部的有关环境保护职能机构：社会发展科技司，有关处：环境与资源处（气候变化处）。

3．中华人民共和国公安部有关环境保护职能机构：交通管理局。有关职能：指导、监督……机动车辆……管理等工作。

4．中华人民共和国工业和信息化部有关环境保护职能机构：节能与综合利用司，主要职能：拟订并组织实施工业、通信业的能源节约和资源综合利用、清洁生产促进政策，参与拟订能源节约和资源综合利用、清洁生产促进规划和污染控制政策，组织协调相关重大示范工程和新产品、新技术、新设备、新材料的推广应用。内设：综合处、节能处、资源综合利用处、环境保护处。

5．中华人民共和国国土资源部有关环境保护职能机构：地质环境司，有关业务处：地质环境保护处、地质环境监测处。有关职能：承担监督管理古生物化石、地质遗迹、矿业遗迹等重要保护区、保护地的工作；依法管理水文地质、工程地质、环境地质勘查和评价工作；组织监测、监督防止地下水过量开采引起的地面沉降和地下水污染造成的地质环境破坏。

6．中华人民共和国住房和城乡建设部有关环境保护职能机构：城市建设司。主要职责：拟订城市建设和市政公用事业的发展战略、中长期规划、改革措施、规章；指导城市供水、节水、燃气、热力、市政设施、园林、市容环境治理、城建监察等工作；指导城镇污水处理设施和管网配套建设；指导城市规划区的绿化工作；承担国家级风景名胜区、世界自然遗产项目和世界自然与文化双重遗产项目的有关工作。

7．中华人民共和国交通运输部有关环境保护职能机构：综合规划司；有关处：环境保护处。有关职责：指导公路、水路环境保护和节能减排工作。

8．中华人民共和国水利部有关环境保护职能机构：水资源司（全国节约用水办公室），内设处：水资源规划处、水资源管理处、水资源保护处、节水处、城市水务处。有关职责：按照有关规定指导城市供水、排水、节水、污水处理回用等方面的有关工作，指导城市污水处理回用等非传统水资源开发工作。组织编制水资源保护规划，组织指导水功能区的划分并监督实施，指导饮用水水源保护和水生态保护工作，指导湿地生态补水；组织审定江河湖库纳污能力，提出限制排污总量的意见；组织指导省界水量水质监督、监测和入河排污口设置管理工作。组织指导地下水资源开发利用和保护工作，指导水利建设项目环境保护、水利规划环境影响评价工作，负责水利建设项目环境影响报告书（表）预审工作。

9．中华人民共和国农业部有关环境保护职能机构：科技教育司，有关处：资源环境处、能源生态处。有关职责：起草农业资源环境和农村可再生能源的法律、法规、规章，拟订发展战略、规划和计划，提出相关政策建议，拟订有关技术规范，并组织实施；指导农业面源污染防治，负责农产品产地环境监测和农产品禁止生产区域划定工作；指导生态农业、循环农业、农业应对气候变化和农业农村节能减排工作。

另外，国家林业局、国家能源局、国家海洋局、中国民用航空局等也承担有关环境保护职能。

二、军队在京环保机构

1973 年 8 月，中国人民解放军成立环境保护机构——解放军环境保护领导小组，并在总后勤部营房部设立全军环境保护办公室。其职责是统一管理全军环境保护工作，制订军队系统的环境保护计划、规划，组织军队系统开展环保科研、监测、污染防治以及宣传教育等工作，组织驻京部队完成北京市政府下达的环境保护工作计划。

1977—1985 年，驻京的海军、空军、第二炮兵、国防科工委、总政治部、北京军区等，均先后建立了环境保护办公室，部分军兵种还成立了环境保护委员会，领导、协调本军兵种的环境保护工作。至 1990 年底，全军在京单位共有专职环境保护干部 169 人。

1990 年后，驻京部队编设了专门环境保护机构和人员。在军队团以上单位都设有环境保护委员会，在北京军区、海军、空军、第二炮兵以及四总部均设立了专职环境管理办公室（环保绿化处）和环境监测机构。同时，还设立了全军环境保护科学研究中心、全军环境监测技术研究中心、环境工程设计研究中心和全军环境信息中心。根据环境影响评价工作需要，成立了相应的环境影响评估中心，建立了环境影响评价机构，其中有 4 个环评机构分别取得国家甲级和乙级环评资质。

2005 年 1 月，成立解放军环境工程设计与研究中心。该中心是为适应全军污染治理形势需要，全面推进部队生态营区建设，提高生态营区建设质量，在全军环保绿化委员会办公室领导下，依托总装备部工程设计研究总院成立的，中心将行使全军环办赋予的全军环境工程与研究技术总体职能。环境工程设计与研究中心成立后，将正式作为全军环境保护的总体技术单位开展工作。主要职能是跟踪国内外环境污染治理理论与工程技术的最新进展，开展科学与应用技术研究；协助全军环办开展环境污染治理规划，完成全军污染治理项目的总体技术方案及确定工程技术指标的制定，编制有关标准与规范；为全军环办营区污水治理重点项目的立项、设计、实施、运行管理、人员培训等提供全过程的技术保障；建立全军环境污染治理工程的资料档案。

至 2010 年底，全军在京单位从事环境保护工作人员 1 217 名。

第二章 环保法制

1978年修订的《中华人民共和国宪法》明确规定：“国家保护和改善生活环境和生态环境，防治污染和其他公害”。1979年9月，第五届全国人民代表大会常务委员会第十一次会议审议通过了中国第一部环境保护法律《中华人民共和国环境保护法（试行）》，使环境保护有法可依。自此，全国的环境保护工作开始进入法制管理的新阶段，随后，国家陆续制定了大气污染防治法、水污染防治法、环境噪声污染防治法、固体废物污染环境防治法、环境影响评价法和放射性污染防治法，北京市也先后制定和实施了相应的地方性环保法规，形成并不断完善符合北京市实际情况的地方环保法规体系。北京市环境保护工作始终在国家和北京市环境保护法律法规体系内开展，始终坚持依法行政学习，不断提高全市环保工作者依法行政意识和依法行政能力；始终重视环保制度建设质量，不断完善科学决策、民主决策制度，及时出台法规配套实施制度并不断修正完善；始终重视公众参与，不断健全各类公众参与形式，逐步丰富环境法制宣传形式；始终坚持严格执法，不断完善行政执法行为规范、充分运用各类法定手段，严厉查处环境违法行为，努力营造良好的环境法治氛围。

第一节 依法行政十年

2004年，国务院发布《全面推进依法行政实施纲要》，对依法行政工作提出了明确的目标和具体的工作任务，对立法、行政执法、决策等提出了全方位的要求。2004年12月，北京市人民政府发布了《关于全面推进依法行政的实施意见》，明确了北京市推进依法行政的主要任务和措施，从转变政府职能、完善决策机制、提高制度建设质量、规范行政执法行为等 7 个方面，提出了近 30 项具体推进措施。北京市环境保护工作依照国务院、市政府的依法行政要求，历经十年依法行政建设，取得显著成效。

一、组织领导

从“一五”（1986—1990 年）普法开始，北京市环保局即成立了以局长为组长的依法行政工作领导小组，副组长由主管法制工作的副局长担任，各有关处室负责人为领导小组成员，法制处负责依法行政领导小组办公室的具体工作。2004 年《全面推进依法行政实施纲要》（以下简称《纲要》）颁布以后，北京市环保局依据《纲要》的要求，不断对领导小组的成员、职责、工作规则进行完善，2009 年增加主管纪检监察的副局长作为副组长，完善了在制定依法行政计划、建立和完善依法行政工作制度、依法行政考核等方面的职责，确立了会议、文件审批、调查研究等基本工作制度。2011 年，为了强化依法行政意识，保持依法行政领导小组的稳定性，将领导小组的组成由组成人员调整为成员单位，并按照市政府加强行政执法协调的统一要求，对领导小组的执法协调职责进行了完善。

二、提高依法行政意识和能力

从 1986 年“一五”普法开始，市环保局将提高环境保护工作人员依法行政意识和能力作为普法的重点，并不断完善法制学习培训方式、制度，由最初的每年制定培训计划到形成培训制度，由最初的笼统学习到分对象、分专业学习，环保系统工作人员的法律知识不断充实、能力和素养也在不断提高。

“一五”至“二五”普法期间，市环保局法制学习培训以《宪法》以及《行政诉讼法》《赔偿法》等行政类法律为主，兼顾开展《婚姻法》《国旗法》等法律的普法工作。

自“三五”普法开始，市环保局开始有针对性地开展法制学习培训，特别是针对执法人员的法律法规培训提出了具体目标。1996 年后，市环保局每年定期对全系统执法人员进行培训考核，重点为《行政处罚法》

及水、气、声、固体废物、辐射等方面的专业法律法规，并于 1998 年编制了《北京市环保系统行政执法人员环保法律知识培训考核大纲》。2008 年依据《北京市行政处罚执法资格管理办法》，市环保局每年对环保系统新任执法人员进行培训，并编制了《北京市环境保护行政处罚执法资格考试（专业法律部分）》的试卷库。

领导干部带头学习法律法规，并参加重要法律法规的考核。《行政诉讼法》《行政许可法》《行政强制法》实施后，市环保局领导带头学法，组织专题研讨，并主动参加考核。另外，市环保局自“三五”普法开始，定期对区县环保局主管法制和环境监察工作的局长进行培训。

三、建立和完善地方环保制度体系

（一）构建地方环保法规体系

从 1972 年 6 月颁布《关于“三废”管理试行办法》开始，在环境保护领域，北京市先后制定 33 部地方性法规和政府规章，内容涉及水污染防治、大气污染防治、环境噪声污染防治以及固体废物污染防治等。截至 2015 年底，本市现行有效的环境保护专项地方性法规和规章共 10 部，主要包括《北京市水污染防治条例》《北京市大气污染防治条例》《北京市生活垃圾管理条例》《北京市密云水库怀柔水库和京密引水渠水源保护管理条例》《北京市环境噪声污染防治防治办法》《北京市限制销售、使用塑料袋和一次性塑料餐具管理办法》。此外，还与河北省人民政府联合发布一部规章《官厅水系水源保护管理办法》。

（二）建设法规配套措施制度

为切实贯彻落实国家和本市各项环境保护法规规章，各项配套措施的制定落实必不可少，在本市环境保护工作中，市政府以及市环保局等部门针对具体的事项，相继出台了一系列具体措施。1. 自 1998 年起，针对北京市严重的大气污染形势，市政府出台一系列针对大气污染防治的规范性文件，作为大气污染防治法律法规的配套落实措施和制度，成为本市大气污染防治法规制度体系的重要组成部分。具体包括“十六个阶段大气污染防治措施”《第 29 届奥运会空气质量北京市保障措施》《北京市清洁空气行动计划（2011—2015 年大气污染控制措施）》《北京市 2012—2020 年大气污染治理措施》等文件。2. 市环保局作为环境保护统一监督管理部门，针对管理实践，可以在法律法规的授权和规定范围内制定规范性文件，作为法规规章实施的配套支撑措施，但是需要严格遵守法律法规的有关规定，并且及时进行清理，避免与新颁布的法律法规和不断变化的实践产生冲突。2001 年，为适应我国加入世界贸易组织新形势的需要，按照党中央、国务院和市政府的要求，市环保局对不符合国家法律法规以及与实际情况不符的进行清理，共废止 68 件规范性文件；2006 年至 2012 年，市环保局共制定发布了 36 件规范性文件，并按照《纲要》的要求，自 2007 年起，进行了 4 次规范性文件清理工作，先后对 2010 年底之前发布的 231 件规范性文件进行了清理，废止 133 件。截至 2012 年底，市环保局共有规范性文件 47 件。

四、提高立法质量

1982 年《中华人民共和国宪法》对全国人大、国务院和地方各级人大及政府的立法权限作了明确的划分，2000 年《中华人民共和国立法法》颁布实施后，对各级人大和政府的立法权限、程序又作了具体的规定，市政府也于 2002 年制定颁布了《北京市人民政府规章制定办法》，对本市规章制定的程序和部分分工作出了具体规定，本市各项地方环保立法工作均严格按照《宪法》和国家法律法规规定的权限、程序开展。特别是 2004 年国务院《纲要》对立法工作提出了新要求后，本市在地方法规规章制定过程中，不断创新立法方式，提高立法的科学性、民主性。

（一）畅通公众参与立法渠道

在《北京市环境噪声污染防治办法》的起草初期，市环保局网站上开辟了“欢迎各界人士建言制定《北京市环境噪声污染防治办法》”专栏，征求群众意见和建议。在一个月的时间内，共收到信件 105 封、电子邮件 91 封，网上论坛共产生 58 个讨论主题，一些主题的点击数达 200 次以上。许多领导、专家、学者及普通群众根据自身的经历与感受，提出了许多好的意见和建议。原化工部部长秦仲达专门写出《关于增加防治住宅装修噪声污染立法实施细则的建议》；全国政协委员、“自然之友”协会会长梁从诚、中国石油化工科学研究院李道宏教授等对防治噪声问题提出了详细建议；市民张亮用近 4000 字的篇幅，对建筑施工噪声扰民问题进行详细分析，并提出了具体的法规内容建议。还有许多群众打电话或亲自到市环保局，对立法工作和内容提出自己的意见和看法。市民来信除反映噪声问题，积极提出解决噪声污染的方法和建议外，也对环保局立法之初就广泛征求市民意见的做法给与了高度评价。

2011 年市政府颁布了《北京市制定政府规章征求意见办法》，对规章和地方性法规在起草过程中征求意见的对象、形式提出了具体要求，在此后的《北京市水污染防治条例》《北京市大气污染防治条例》的起草过程中，均通过市政府门户网站向社会公众公开征求意见，其中《北京市大气污染防治条例》共收到 334 位网民的意见。

（二）打破传统的部门立法惯例

2004 年以前，本市各专项法规规章基本采取的是部门起草、政府审查报送、人大审议的立法模式，在起草阶段，基本以职能部门为主。2008 年至 2010 年《北京市水污染防治条例》的制定工作打破了这一传统惯例，在调研起草阶段，本市就成立了包括市人大常委会城建环保办和法制办、市政府法制办、市环保局、市水务局、部分区县环保局等单位在内的工作组，成立了包括技术专家和法律专家内的专家顾问组，全程提供专家咨询和论证工作，改变了过去由环保部门一家单独起草的局面。2010 年底启动的《北京市大气污染防治条例》制定工作，也在立项阶段就组织市发改委、市规委、市住建委等部门和 16 个区县环保部门座谈，征集立法意见，共同提出法规主要内容。

（三）立法思路从单一的污染防治到综合治理的转变

2008 年《北京市水污染防治条例》制定时，北京市面临水资源短缺、水污染物排放总量大、河流超标严重的实际情况，需要统筹节约水资源、污水资源化、水污染防治等多方措施，因此，《水污染防治条例》的立法思路由单一的水污染防治向水污染防治和水资源利用有机组合转变，由分段分块治理向流域综合治理转变，由污水治理无害化向资源化转变，由重视城镇污染防治向城乡统筹转变。

（四）开展环保法规规章实施评估

2008 年，市环保局按照《北京市关于法规规章实施准备和评估报告工作的若干规定》的规定，在《北京市环境噪声污染防治办法》实施一年后，对该规章进行了认真评估，从法规的实施情况、社会各界的反映和建议、存在的问题和解决对策等三个方面入手，完成了本市第一个法规规章评估报告。

五、规范行政执法行为

（一）推行行政执法责任制

2000年，结合机构改革，重新划分局内各处的职责，交叉的职能合并，明确规定各处的权限。各处室将责任制分解、落实到人，充分调动每个执法人员的责任感和积极性，同时，重新划定了市、区两级的审批权限，落实执法责任。

2006年，市环保局根据《国务院办公厅关于推行行政执法责任制的若干意见》和《北京市人民政府办公厅贯彻落实国务院办公厅关于推行行政执法责任制若干意见的通知》的要求，完成了对环境保护执法依据和执法职权的全面梳理、分解，并公布执法主体、依据、职权和工作流程。同时，根据法律法规立、改、废情况，进行动态管理，于2008年、2009年、2011年对执法职权进行了三次梳理，共对80多部有关环境保护的法规进行了梳理，截至2012年底，市环保局共有400多项行政执法职权。同时，根据《北京市人民政府办公厅关于印发北京市环境保护局主要职责内设机构和人员编制规定的通知》，结合行政执法职权，定岗定责，设定执法岗位，将执法事项分解到各有关部门，并明确主要事项的工作流程。

（二）规范行政处罚行为的制度

2004年国务院《纲要》颁布实施前，市环保局严格按照原国家环保总局和北京市有关规定对行政处罚的文书、程序进行规范，2004年国务院《纲要》颁布实施后，从程序、文书以及自由裁量等多方面对行政处罚行为进行全方位规范。

实行行政处罚查处分离。按照环境保护部《环境行政处罚办法》中“查处分离”的规定，市环保局自2010年起，实施行政处罚查处分离制度，制定《北京市环境保护局行政处罚查处分离适用程序》，明确各部门在行政处罚工作中的职责分工、工作程序、时限等内容，全面实施行政处罚查处分离。建立行政处罚信息系统，将立案、调查取证、事先告知、行政处罚决定、送达、执行等环节以及领导审批的程序，以网上办案节点的形式加以明确和规范。实现行政处罚信息共享，其他部门工作人员可以根据工作需要随时查询行政处罚全过程信息，同时还实现了与市工商管理局和市监察局的信息共享。

规范行政处罚自由裁量行为。针对目前我国法律法规中普遍存在处罚规定不具体、罚款额度跨度大的问题，为避免执法人员滥用自由裁量权，2004年国务院《纲要》提出了要制定自由裁量基准规范的要求。自2009年起，市环保局严格执行环境保护部印发的《规范环境行政处罚自由裁量权若干意见》和《北京市关于规范行政处罚自由裁量权的若干规定》，并在工作中开始研究本市环境保护行政处罚自由裁量规范。2012年，市环保局针对北京市环境保护实际情况，制定了《北京市环境保护局行政处罚自由裁量权规范（试行）》，对违反水、大气、噪声、固废、辐射、环评等法律法规的30类常见违法行为的处罚裁量基准进一步细化，并对应当考虑的从重、从轻以及综合裁量情节予以明确和规范。

（三）规范行政审批和许可行为的制度

建立和坚持了审批项目会签制度。成立了建设项目环保审查委员会，对城市污水处理厂建设，地下水源防护区的重大项目、重污染的工业项目及其他重要项目，由环境影响评价处与有关业务处室会签后，再报建设项目环保审查委员会审查批准。

完善行政许可制度。2003年《中华人民共和国行政许可法》（以下简称《行政许可法》）颁布后，市环保局按照市政府统一部署，对当时的所有行政许可行为进行清理，经过两个阶段，历时8个月的清理和确认，最终确认由法律、行政法规、国务院决定以及地方性法规设定的应当由市环保局实施的行政许可事项为11项。同时，依据《行政许可法》的“公开原则”以及便民原则，对各项行政许可事项的相关制度进行构建完善，制定了《北京市环境保护局行政许可规定》，并在网站上公布了所有行政许可的事项名称、设定依据、许可条件、申请人应当提交的材料目录、相关的示范文本、审查方式、许可程序、许可形式、许可期限以及许可的变更和延续等行政许可相关制度，规范行政许可行为，同时也让公众了解办事流程和相关规范，对行政许可工作进行监督。

2004年《行政许可法》正式实施后，市环保局每年根据环保法律法规的制定修改情况，对行政许可事项进行清理，截至2012年底，市环保局共有15项行政许可事项。

第二节 环保立法

清朝乾隆皇帝曾下旨令煤烟污染严重的琉璃厂迁出北京。民国时期，制定了一些有关环境卫生的规章制度，1933年2月，制定《管理清道班规则》；1934年5月，颁布了《户外清洁规则》，同年，还修订了《饮用水井取缔规则》及《管理售水夫规则》，制定了《整顿水井办法》；1936年2月，制定了《逐渐普收秽水办法》；1938年，制定了《城区粪夫管理规则》；1939年3月，公布了《修正粪夫管理规则》16条等。

新中国建立后，市政府为加强城市管理，整顿城市秩序，相继颁布了交通管理规则、减少噪声污染等规定。

1972年6月，市革委会颁布了《关于“三废”管理试行办法》，市有关部门也相继颁布了控制噪声、河湖管理、综合利用等规定。

1978年修订的《中华人民共和国宪法》明确规定：“国家保护和改善生活环境和生态环境，防治污染和其他公害”。1979年9月，第五届全国人民代表大会常务委员会第十一次会议审议通过了中国第一部环境保护法律《中华人民共和国环境保护法（试行）》，使环境保护有法可依。自此，全国的环境保护工作开始进入法制管理的新阶段。

20世纪80年代，第六届全国人大常委会先后审议通过了《中华人民共和国水污染防治法》及《中华人民共和国大气污染防治法》等环境保护法律，国务院及有关部、委也颁布了环境保护法规及规章。北京市人大常委会及市政府根据国家环保法律和有关行政法规，结合本市的具体情况，制定颁布了相关地方性法规和规章，并根据实际情况不断进行修改完善，使环境保护工作从单纯的行政管理步入行政、法制和经济相结合的管理轨道。

截至2015年底，本市现行有效的环境保护专项地方性法规和规章共10部，见表2-1。

表 2-1　北京市环境保护专项地方性法规和规章一览表

名　称	发布机关	发布日期	实施日期	修订日期
北京市密云水库怀柔水库和京密引水渠水源保护管理条例	市人大常委会	1995 年 7 月 27 日	1995 年 11 月 1 日	1999 年 7 月 30 日
北京市水污染防治条例	市人大常委会	2010 年 11 月 19 日	2011 年 3 月 1 日	
北京市生活垃圾管理条例	市人大常委会	2011 年 11 月 18 日	2012 年 3 月 1 日	
北京市河湖保护管理条例	市人大常委会	2012 年 7 月 27 日	2012 年 10 月 1 日	
北京市湿地保护条例	市人大常委会	2012 年 12 月 27 日	2013 年 5 月 1 日	
北京市大气污染防治条例	市人大常委会	2014 年 1 月 22 日	2014 年 3 月 1 日	
北京市水土保持条例	市人大常委会	2015 年 5 月 29 日	2016 年 1 月 1 日	
北京市人民政府关于百花山和松山自然保护区管理暂行规定	市人民政府	1986 年 3 月 15 日	1986 年 4 月 15 日	1997 年 12 月 31 日
北京市限制销售、使用塑料袋和一次性塑料餐具管理办法	市人民政府	1999 年 3 月 31 日	1999 年 5 月 1 日	
北京市环境噪声污染防治办法	市人民政府	2006 年 11 月 27 日	2007 年 1 月 1 日	

一、早期地方环境保护规定

为控制工业“三废”（废水、废气、废渣）的污染，加强对工业污染源的治理，在尚无国家有关法规的情况下，市革委会于 1972 年 6 月颁布了《关于“三废”管理试行办法》。办法规定：各厂矿企业、事业等单位要充分发动群众，加强企业管理，防止跑、冒、滴、漏；积极进行工艺改革，大搞综合利用；各单位要建立“三废”排放检验制度，经常进行检验；各单位排出废水、废气中有害成分的浓度，应符合 1962

年制定的国家标准《工业企业设计卫生标准》（GBJ 1—62），凡不符合的，应采取措施使其无害化；对锅炉、退火炉、加热炉等必须采取消除烟尘措施；新建、扩建、改建的单位，凡排放有害“三废”的，均应安排治理措施，否则不准施工；已建成投产的单位，有害“三废”没有治理的，要按期解决；严禁各单位采用渗井、渗坑排放有害废水、废渣；凡排出含有病菌废水的单位，必须进行严格消毒，确保无害方可排出。办法对工业废渣的排放、剧毒废渣的处理以及含放射性废物的排放等也都做出具体规定。该办法的颁布实施，对环境保护初始阶段的管理起到重要的指导作用。

为防止社队企业生产对环境的污染，1976 年 2 月，市计委、市建委、市革委会农林组、财贸组联合发出《关于印发〈北京市农村社队企业登记管理暂行规定〉的通知》，要求“对有易燃、恶臭、放射性、腐蚀、震动、爆炸及污染环境，危害人体健康和作物生长的工厂，必须保证做到安全生产并经有关部门鉴定同意后，方准登记发照”。

为防治工业污染，1977 年 6 月，市革委会向各区、县、局转发了国家计委、国家建委、财政部、国务院环境保护领导小组联合颁发的《关于治理工业“三废”开展综合利用的几项规定》的通知，要求各区、县、局，把治理工业“三废”，开展综合利用纳入规划和议事日程。1978 年 5 月，市革委会转发国家计委、国家建委、财政部《关于试行加强基本建设管理几个规定的通知》。通知指出：“所有工业建设项目的设计，都要认真考虑资源的综合利用，都要认真解决废水、废气、废渣的处理，防止污染环境。‘三废’处理要和生产车间同时设计、同时施工、同时投产。”通知还规定，凡是“三废”处理措施不落实的项目，不能开工，已经建成投产的，要作为生产企业技术改造的主要内容，采取有效措施，限期解决。重大的综合利用工程要列入国家的建设计划。通知的颁布，对贯彻预防为主，控制新污染源发挥了重要作用，提供了管理依据。

为严格控制电镀行业对环境的污染，1981 年 11 月，市政府颁发了《北京市关于严格控制新建和扩建电镀厂点的通知》，规定“各部门以及农村社队，未经批准，一律不准再建和扩建电镀厂点”。1982 年 7 月，市政府办公厅转发了市经委关于《北京市调整电镀厂点若干问题的暂行规定》，规定“任何部门和单位，一律不准在北京地区新建和扩建电镀厂点；特殊需要者，要报市人民政府调整工业办公室、市环保局和市规划局共同审查批准；已建的电镀厂点，由各有关区、县、局和在京的中央、部队企业的主管部门，提出压缩电镀厂点的调整规划，并按规划实行关、停、并、转；被撤销厂点的电镀任务不准擅自向本市农村或外省、市农村转移”。规定的实施，有效地控制了电镀厂点的盲目发展。

为控制日益严重的乡镇及街道企业的污染，1986 年 6 月，市政府颁布了《北京市乡镇、街道企业环境保护管理暂行办法》。办法规定：禁止乡镇和街道企业生产和经营汞制品、砷制品、铅制品、放射性制品、联苯胺、多氯联苯等剧毒或含强致癌成分的产品，禁止从事石棉制品、土硫黄、电镀、制革、漂染、有色金属冶炼等污染严重的生产项目。

为规范排污费征收及使用，1982 年 5 月，市政府颁布了《北京市执行国务院〈征收排污费暂行办法〉的实施办法》。办法规定：凡在北京地区的一切企业、事业单位都应当执行国家发布的《工业“三废”排放试行标准》等有关标准；市政府发布了北京市排放标准的，改按北京市的排放标准执行；对超过上述标准排放污染物的企业、事业单位，要征收排污费。1989 年 10 月，市政府颁布了《北京市污染源治理专项基金有偿使用实施办法》。办法将原环保部门征收的超标准排污费 80%全部用于补助重点排污单位治理规定，改为从中提取 25%，以贷款方式实行有偿使用。贷款对象为缴纳超标准排污费的企业事业单位，还贷时间自贷款之日起，最长不得超过 3 年。对按期完成治理项目、验收合格并且治理效果显著的单位，经市环保局批准，可以豁免一定数额的贷款本金。

为规范建设项目准入行为，1988 年 2 月，市政府批准发布由市计委、市经委、市环保局联合制定的《北京市实施〈建设项目环境保护管理办法〉细则》。细则规定：建设项目一律实行环境影响报告书审批制度，执行防治污染和其他公害的设施与主体工程同时设计、同时施工、同时投产，实行新、老污染源一同治理。细则明确了市、区县环保部门以及计划、规划等管理部门对建设项目实施监督管理的范围和职责；规定了建设项目在规划选址、立项审批、可行性研究、设计、施工以及投产使用等不同阶段必须遵守的有关环保法规，并对违反该办法和实施细则的行为，规定了处罚办法。

二、防治大气污染法规规章

（一）地方性法规

1988年以后，为了落实国家出台的大气污染防治法律法规，本市的大气污染防治法规效力层级有所提高，开始以地方性法规形式发布。

《北京市实施〈中华人民共和国大气污染防治法〉条例》。这一时期的大气污染防治法规仍以煤烟型污染防治为主，但对机动车污染控制出台了专门的政府规章。

为贯彻《中华人民共和国大气污染防治法》，保护和改善北京市大气环境，1988年7月7日，北京市第九届人大常委会第三次会议审议通过了《北京市实施〈中华人民共和国大气污染防治法〉条例》，于7月15日起颁布实施。条例规定：向大气排放污染物的单位，必须向所在区、县环境保护局如实申报拥有的污染物排放设施，处理设施和正常作业条件下排放污染物的种类、数量、浓度等情况；对向大气排放污染物造成严重污染的单位要限期治理或搬迁。为防治烟尘污染，条例还规定：各级人民政府及有关部门要采取措施，发展清洁燃料；制定城市集中供热、区域供热和联片供热的规划，并组织实施；煤炭供应部门要大力发展蜂窝煤、烟煤成型煤，成型煤中应当加固硫剂；在生产过程中产生有毒有害废气、粉尘和恶臭气味的单位，应当采用无污染、少污染的工艺和设备；排放有毒有害废气、粉尘，必须设置排放装置和净化装置，不得非正常排放；任何单位不得在人口集中地区从事经常性的露天喷漆、喷砂或者其他散发大气污染物的作业；施工单位必须加强施工现场和运输车辆的管理，防止扬尘污染大气环境。条例进一步明确了法律责任，对拒不履行行政处罚的当事人，作出处罚决定的机关可以申请人民法院依法强制执行；规定各级环保部门和其他监督管理部门的工作人员滥用职权、玩忽职守、徇私舞弊的，给予行政处分直至依法追究刑事责任。

《北京市实施〈中华人民共和国大气污染防治法〉办法》。2000年，面临1998年以来严重的大气污染状况未得到根本性转变、为申办2008年奥运会，作为地方法规上位法依据的《大气污染防治法》（以下简称《大气法》）已修订实际情况，按照中央领导对北京市加强大气污染防治的要求，本市对大气污染防治法规规章及各类措施进行整合修订，形成了一部综合性的符合本市实际情况的大气污染防治法规。2000 年 12 月 8 日北京第十一届人民代表大会常务委员会第二十三届会议审议通过了《北京市实施〈中华人民共和国大气污染防治法〉办法》（以下简称《实施办法》），并废止了 1988 年至 1990 年间制定的《北京市实施〈中华人民共和国大气污染防治法〉条例》《北京市防治机动车排气污染管理办法》《北京市实施〈中华人民共和国大气污染防治法〉条例行政处罚办法》。

新的《实施办法》共 43 条，其中管理措施 29 条，说明条款 4 条，罚则 10 条。新的《实施办法》一方面对《大气法》中的一些大气污染防治措施（5 条）加以细化，以增强可操作性，从严管理；另一方面根据北京市防治大气污染实际情况，补充了一些行之有效的管理措施（9 条），特别是强化了防治机动车污染排放污染的措施（6 条），这些管理措施在国务院批准实施的《北京市人民政府关于采取紧急措施控制北京大气污染的通告》和《北京市环境污染防治目标和对策（1998—2002）》中均有明确规定，主要包括销售新车车型的目录管理制度、保持排气净化装置正常使用的规定、机动车限行制度、环保检验前置制度、机动车路检制度、严重超标治理无效强制报废制度等。另外，《实施办法》设 10 条 16 项处罚，其中与《大气法》相同的 9 项，在补充的 9 条管理内容下，6 项设定处罚条款，并增设 1 项。

新的《实施办法》是一部综合性的大气污染防治地方性法规，不仅有对工业污染防治措施的规定、对餐饮、居民生活等领域的大气污染防治也设置了相应的义务；不仅对煤烟型污染有明确规定，对机动车排气污染、扬尘、油烟污染等方面也有明确规定。自 2001 年 1 月 1 日实施至 2011 年，《实施办法》为北京市防治大气污染、改善空气质量提供了有力的法制保障，首都空气质量连年改善，二级和好于二级天数从 2000 年的 177 天增加到 2011 年的 286 天；2011 年空气中二氧化硫、二氧化氮、可吸入颗粒物等主要污染物年均浓度分别比 2000 年下降了 60%、22.5%和 36.7%，其中二氧化硫和二氧化氮年均浓度稳定达到国家标准；2008 年奥运会和残奥会期间，北京市空气质量天天优良，圆满兑现了申奥空气质量承诺。

《北京市大气污染防治条例》（以下简称《条例》）。该条例于 2014

年 1 月 22 日，市十四届人大第二次会议通过，自 2014 年 3 月 1 日起施行，原《实施办法》同时废止。《条例》与原有《办法》相比，更加符合北京市现阶段大气污染防治工作的需要。一是针对细颗粒物（$PM_{2.5}$）污染突出的实际，明确本市大气污染控制重点目标是降低细颗粒物（$PM_{2.5}$）浓度，细化了机动车污染防治规定，增加防治挥发性有机物污染、非道路移动机械污染防治内容，专章设置“防治扬尘污染”。二是在治理战略措施上实现了由单纯的排放标准控制向排放标准与总量控制并重转变，设置了“重点污染物排放总量控制”专章，并明确了对机动车数量和燃煤总量进行控制。三是在管理手段上实现了多措并举、多管齐下，不仅加强了处罚等经济惩罚手段，还规定了公布违法行为、纳入企业信用信息系统等非经济惩罚手段；同时，还有试行排污交易、鼓励高排放机动车淘汰等经济鼓励措施。总体来说，《条例》为新阶段大气污染防治工作提供了有力的法律保障。

（二）政府规章

1988 年之前，本市大气污染防治立法以政府规章为主，没有制定相应的地方性法规，内容多为治理煤烟和工业污染。

1981 年 3 月，市政府颁布了《北京市加强炉窑排放烟尘管理暂行办法》。办法规定：凡在北京市生产、销售、购置和使用各种锅炉、茶炉、工业窑炉等燃煤装置的单位，都必须采取有效的消烟除尘措施；炉窑排放烟尘必须符合国家《工业“三废”排放试行标准》（GBJ 4—73）的有关规定：炉窑烟尘排放浓度和排烟黑度超过规定标准者，应按当月实耗燃料费的 5%～10%缴纳烟尘排放费。该办法还规定，对消烟除尘设施弃置不用或擅自拆除，违反“三同时”规定等造成环境污染者，视情节轻重处以 500 元以上的罚款。

1983 年 10 月，市环保局、市园林局、市环卫局联合发布《关于禁止焚烧树叶和枯草的通知》。

1984 年 3 月，市政府颁布了《北京市防治大气污染管理暂行办法》和《北京市废气排放标准〈试行〉》，自 5 月 1 日起执行。该办法针对北京地区防治煤烟型污染和机动车尾气污染提出了要求，对锅炉、窑炉、茶炉和大灶排放的烟尘制定了地方排放标准。为控制煤烟型污染，大气污染管理暂行办法规定：市区范围内，一般不得新建分散采暖锅炉房，实行联片供热，推广大院式集中供热。为制止不合格产品的流通，办法还规定了生产单位制造、加工、销售锅炉、茶炉及工业窑炉，必须有消烟除尘装置，并将设计和测试资料报市环保局审查同意后，方准制造、加工和销售。

1989 年 8 月，为控制机动车尾气污染，市政府颁布了《北京市防治机动车排气污染管理办法》。办法规定：机动车、车用发动机排放污染物超过排放标准和排气净化装置不合格的，不准出厂；机动车初检时排放污染物不符合排放标准的，不予核发车辆牌照；年检不符合排放标准的，不予核发年检合格证。

1990 年 5 月，市政府颁布了《北京市实施〈中华人民共和国大气污染防治法〉条例行政处罚办法》，规定环境保护部门依据该办法，对违反国家大气污染防治法条例的违法行为实施行政处罚。

三、防治水污染法规规章

（一）地方性法规

1984 年 5 月，第六届全国人大常委会第五次会议审议通过了《中华人民共和国水污染防治法》后，本市水污染防治法规效力级别有所提高，均以地方性法规形式发布。

《北京市实施〈中华人民共和国水污染防治法〉条例》。1985 年 9 月 28 日，北京市第八届人大常委会第二十三次会议审议通过了《北京市实施〈中华人民共和国水污染防治法〉条例》，10 月 11 日颁布实施。该条例专列了防治饮用水水源污染一章，把保护城市饮用水水源放在重要地位。根据本市辖区内水体的主要功能、水质现状及其所处的位置，将地表水体分为三类，按照国家标准《地面水环境质量标准》（GB 3838—83）进行规划、评价和管理：第一类水体主要是作为饮用水水源和饮用水水源输水河道的水体，在该类水体流域范围内，不得建设石棉制品、硫黄、电镀、制革、造纸制浆、炼焦、漂染、炼油、有色金属冶炼、磷肥和染料等对水体有严重污染的项目；第二类水体主要是作为风景观赏的水体，在该水体流域范围内排放污水，执行《北京市水污染物排放标准（试行）》中规定的第二级标准；第三类水体主要是第一、第二类水体以外作为其他用途的水体，向该水体内排放污水，执行

《北京市水污染物排放标准（试行）》中规定的第三级标准。条例还对防治地下水污染及污染源的监督管理和奖励与惩罚等作了详细的规定。

《北京市实施〈中华人民共和国水污染防治法〉办法》。该办法于2002年5月15日北京市第十一届人民代表大会常务委员会第三十四次会议审议通过，自2002年9月1日起施行。1985年9月28日北京市第八届人民代表大会常务委员会第二十三次会议通过的《北京市实施〈中华人民共和国水污染防治法〉条例》同时废止。

该办法在贯彻国家水法预防和治理水污染的原则基础上，突出了北京市解决生活污水污染、加强饮用水水源保护等特点，明确要求水环境质量限期达标，将城市污水处理作为单独的一章处理，纳入了实施水污染物排放总量控制、防治畜禽养殖污染等多项内容，同时强化法律责任，增强了针对性和可操作性。为贯彻实施《中华人民共和国水污染防治法》，全面落实《海河流域水污染防治规划》和《北京市环境污染防治目标和对策》，提供了有力的法律支持。

《北京市水污染防治条例》（以下简称《条例》）。《北京市实施〈中华人民共和国水污染防治法〉条例》颁布后，北京市经济社会快速发展和城市人口不断增长，水资源持续短缺，2002—2009年全市水资源总量常年有缺口，造成了农业和生活用水量不足，加上水污染物排放量总量远大于水环境容量，成为制约北京市水环境进一步改善的主要因素。另外，2008年2月，全国人大对《中华人民共和国水污染防治法》进行了修订，并于6月开始实施，对照新法律的要求，北京市在流域管理、饮用水水源保护、农村和农业水污染防治方面的制度亟须进行完善。因此，为进一步提升水污染防治水平、改善水环境质量，北京市于2009年启动《北京市水污染防治条例》的制定工作，并于2010年11月19日经市第十三届人大常委会第二十一次会议审议通过。

《条例》共7章95条，与《实施办法》比，具有以下特点：一是确立了流域管理思路，水污染治理原则由“按照行政区域管理”向“按流域治理”转变。《条例》规定，要制定全市及各流域的重点水污染物排放总量控制指标、分解方案和削减计划（流域总量控制）；要逐步建立流域水环境资源区域补偿机制（上下游补偿机制）；对未完成重点水污染物排放总量控制指标的区、县，环保部门应当暂停审批该区、县未达标流域内新增水污染物排放总量的建设项目的环境影响评价文件，发展改革、规划等项目审批部门不得批准其建设（流域限批）。二是完善了总量控制制度。《条例》增加了流域总量控制，同时规定对未完成重点水污染物排放总量控制指标的区域和流域，环境保护、发展和改革、规划部门都要进行项目限批。三是明确了水污染防治由无害化向资源化转变，实行用水总量控制、鼓励使用再生水。《条例》专门设立一章十条，对生态环境用水保障与污水再生利用进行规范，设定了住宅小区、单位、市政、工业企业等主体在利用再生水方面应承担的义务。四是加强了农业和农村水污染防治。《条例》规定，区、县和乡镇政府保障集中污水处理设施的建设及运转资金；规模化畜禽养殖场、养殖小区应配套建设集中式畜禽粪污综合利用或者无害化处理设施；规划禁养区内的养殖场、养殖小区限期拆除。五是增加了对污泥处理处置的规定。《条例》规定，禁止采用倾倒、堆放、直接填埋的方式处置污泥；污水处理单位将产生的污泥委托给其他单位处置的，应当与被委托单位约定双方的污染防治责任。六是加大了对违法企业的处罚力度。《条例》规定，违规排污超过排放标准或者超过排放总量控制指标的，由市或区、县环保部门责令限期治理，并处应缴纳排污费数额二倍以上五倍以下的罚款，应缴纳排污费数额按年计算。与现在实践中的“按月计算”相比，严厉了12 倍。七是细化了水污染损害赔偿制度。《条例》规定，因水污染受到损害的当事人，有权要求排污方排除危害和赔偿损失；环保部门可以在确定污染源、污染范围及污染造成的损失等事故调查方面为当事人提供支持；北京市法律援助机构应将经济困难公民因水污染受到损害请求赔偿的案件，纳入法律援助的事项范围。

《北京市密云水库怀柔水库和京密引水渠水源保护管理条例》（以下简称《两库一渠条例》）。1995 年 7 月 27 日北京市第十届人民代表大会常务委员会第十九次会议通过了《北京市密云水库、怀柔水库和京密引水渠水源保护管理条例》（以下简称《两库一渠条例》）。该条例对饮用水水源保护区的范围进行了调整，将二级保护区内的内湖区调整为一级保护区、将环库公路外侧的近水地带由二级保护区调整为一级保护区、将原一级保护区的四块地区改为二级保护区；进一步明确了规划、环保等部门的管理职责；加大了处罚力度，最高罚款额度由 5 万元提高至 10

万元；建立了库区移民发展基金。

《两库一渠条例》实施至1999年的三年间，本市还配套制定了《密云水库怀柔水库工作用机动船只许可证管理规定》《密云水库网箱养鱼管理办法》等文件。环保、水利、规划、工商、公安等部门查处各类违法行为568起、取缔无照商贩22个、拆除违法建设7 300多平方米、暂扣非法载客船只35条，并对5名妨碍执行公务的违法者予以行政拘留。此外，做好水库移民工作，搬迁2400多户，7 300多人，使密云水库成为国内水源保护的最好水库之一。但是，三年间，情况也发生了一些变化，旅游者增多、水库出现非工作用船只、牲畜，非法载客到一级保护区，京密引水渠内放养畜禽等情况。因此，为了更好地保护饮用水水源，1999年7月30日北京市第十一届人民代表大会常务委员会第十二次会议对《两库一渠条例》进行了修改完善，一是规定“在一级保护区内的重点地段设置防护网，禁止旅游者和其他无关人员越过网界”；二是增加对未经批准下水的船只或者改变用途的船只设置5 000元至5万元的罚款；三是对非法游泳的人将罚款额度下限下调至20元，以便可以实行简易处罚程序。

（二）规章

早期规章。1984年之前，由于国家未制定专项的水污染防治法规，本市水污染防治综合性法规以市政府发布的规章为主。

1974年3月，市革委会转发市水利气象局关于《北京市城市河湖管理暂行规定》，规定：“为保护水质清洁，工业污水和生活污水必须严格按照国家规定的排放标准，采取净化措施；雨水和经过处理符合排放标准的污水，均须经市政工程管理处审查同意，并由北京市河道管理单位批准，方可排入河湖，未经批准不得任意排入”。该规定成为20世纪70年代综合治理河湖污染，限期治理整顿河湖周边污染源的依据。

1981年3月，市政府颁布了《北京市排放废水收费暂行办法》。办法规定：各单位排放废水，不论其排放方式和排水设施如何，凡废水中任何一种有害物质的浓度超过国家《工业“三废”排放试行标准》的规定，均需缴纳废水排放费。办法将废水按所含有害物质分为五类，规定了不同的收费标准；并分别对违反有关规定或造成污染事故者作出罚款、赔偿损失等处罚规定。

官厅水系水源保护管理规定。为了更好地保护即将成为北京市饮用水的地表水源——官厅水系，1984 年 12 月，北京市、河北省、山西省人民政府联合颁布《官厅水系水源保护管理办法》。该办法把官厅水系流域划分为一级、二级、三级保护区。一级保护区内不得新建排污口；不得向水体排放污水和有毒有害液体，倾倒工业废渣、垃圾和其他固体废弃物；不得在水体内清洗装贮过油类、农药或有毒物质的车辆和容器，以及向水体排放残油、废油；不得在滩地和岸坡及引水渠沿岸堆放、存贮固体废弃物和其他可能导致水体污染的物质；不得使用炸药、毒品、电流捕杀鱼类；不得使用剧毒和高残留农药。二级保护区内不得新建、扩建、改建直接或者间接向水体排放污染物的工程项目；不得使用有机氯农药；直接或者间接向水体排放污染物的原有的企业事业单位，其排放的污水超过国家《工业“三废”排放试行标准》（G8I4—73）和国家有关排放标准的，由当地环境保护部门按照国家有关规定，决定对其限期治理；对污染严重又难于治理的，责令其停业或者关闭。三级保护区内的延庆县、怀来县境内，不准建设电镀、制革、造纸制浆、土炼焦、漂染、炼油、有色金属冶炼，土磷肥和染料等污染水源的企业；直接或者间接向水体排放污染物的原有的企业事业单位，其排放的污水应符合国家《工业“三废”排放试行标准》（G8J4—73）和有关排放标准的规定。对污染严重的，当地环境保护部门按照国家有关规定决定对其限期治理；对于污染严重又难于治理的，按有关规定责令其关、停、并、转、迁。

密云、怀柔水库和京密引水渠保护管理规定。1985 年 7 月，市政府颁布了《北京市密云水库、怀柔水库和京密引水渠水源保护管理暂行办法》。该办法把两库及其上游流域划分为一级、二级和三级保护区，一级、二级保护区为非旅游区。一级保护区内，禁止一切单位新建、改建、扩建水利工程以外的其他工程项目；禁止直接或间接向水体排放污水、废液和倾倒固体废弃物；禁止游泳、水上训练以及其他水上体育和娱乐活动等。二级保护区内，不得建设直接或间接向水体排放污水的建设项目。三级保护区内，不得建设化工、造纸等对水体有严重污染的建设项目。1986 年，为了进一步细化密云水库和怀柔水库的管理措施，市政府发布了《〈北京市密云水库、怀柔水库及京密引水渠水源保护管理暂行办法〉实施细则》，并自 1986 年 5 月 1 日起施行。细则规定，“两库一渠”保护区内一切排放污水的单位，必须服从保护水源的要求。在一级保护区内不得新建排污口，已有的排污口，排放污染物超过国家或者地方标准的，应当治理；危害饮用水水源的排污口，应当搬迁。在二、三级保护区内，执行《北京市水污染物排放标准》，其中二级保护区执行一级排放标准，三级保护区执行二级排放标准。细则还规定了水源保护各管理部门的职责，对违反“两库一渠”管理办法和实施细则的行为，制定了惩罚条款。

《暂行办法》和《实施细则》实施十年间，北京市拆除了密云水库的旅游设施、商业网点、停建了铁矿、迁出了怀柔水库的水上运动学校，移出了所有旅游船只、对网箱养鱼进行限制、加强水土保持、植树造林和生防林工作，使“两库一渠”的水质一直保持清洁，符合国家饮用水水源标准。然而，随着客观情况的发展，“两库一渠”管理面临着新问题：一是密云水库饮用水水源功能进一步加强，由防洪灌溉为主变为防洪和城市供水为主；二是保护区的划分不符合实际，需要调整；三是保护范围广、难度大，需要进一步规范各部门、区县的职责，强化执法；四是水库淹没区农民生存矛盾亟须解决。因此，上述情况亟须以一部更高层次的地方法规来解决，1995 年 7 月 27 日北京市第十届人民代表大会常务委员会第十九次会议通过了《北京市密云水库、怀柔水库和京密引水渠水源保护管理条例》，并废止了原由市政府发布的《暂行办法》和《实施细则》。

地下水源保护管理规定。市政府于 1986 年 6 月 10 日发布《北京市城市自来水厂地下水源保护管理办法》（以下简称《办法》），7 月 1 日起开始施行。该办法根据各水厂所处的地理位置、地貌以及环境水文地质条件，划定地下水源保护区，并在保护区内划分核心区、防护区和主要补给区；在核心区内，禁止建设取水构筑物以外的其他建筑，禁止堆放垃圾、粪便和其他废弃物，禁止挖设渗坑、渗井、污水渠道；在防护区内，禁止新建除居住设施和公共服务设施以外的其他建设项目，禁止用渗坑、渗井等方式排放污水，禁止设置城市垃圾、粪便、废弃物堆放场和转运站，禁止利用污水灌溉农田等；在主要补给区内，应严格控制建设规模，禁止建设石棉制品、电镀、造纸制浆等对水体有严重污染的生产项目等。2015 年 6 月 15 日，市政府重新调整市级地下饮用水水源保护区范围，同时废止该《办法》。

四、控制环境噪声污染规定规章

1978 年以前，以控制扩音器、喇叭等生活噪声为主。为控制日益增多的工地、机关、团体、商店等装设的收音机或扩音器噪声过大，时间过长，影响居民睡眠、休息的问题，1953 年 10 月，市政府发布《关于减少城市嘈杂现象的通告》。通告规定："凡无必要，而又扰乱四邻的广播声音应立即停止；其确有广播扩音必要者，亦应严格控制广播时间……娱乐场所和各种晚会的演奏，一般应于夜晚 11 点半以前结束，至迟不得超过 12 时"。1954 年 3 月，市政府统一规定了全市工间操的时间，要求使用广播喊操时尽量压低音量，工间操前后不得播放其他音乐歌曲。1954 年 7 月，市政府再次发出通告，要求继续减少城市噪声扰民。1955 年 5 月，北京市人民委员会发布《关于减少城市嘈杂声音的规定》，规定各种机动车行驶的时候，在不妨碍交通又不致发生危险的情况下，不得按喇叭；如确需按喇叭时，应尽量减少次数，缩短时间；严禁汽车司机在夜间按喇叭叫门；各种机动车在设有"禁声"标志的地区附近，不得按喇叭，并须减速行驶等。1972 年 8 月，市革委会发出《关于在市区、近郊区禁止使用高音喇叭的通知》。

1978 年之后，由交通噪声开始，逐步将工业、施工噪声纳入防治范围。

交通噪声污染防治规定。1978 年 9 月，根据交通噪声日益严重的状况，市公安局、市环保办公室发布《关于减少城市噪声的通告》。通告规定：市区和近郊区禁止在室外安装使用高音喇叭；各种机动车必须安装有效的消声器，没有消声器或消声器失效的车辆，严禁在街道上行驶；禁止用喇叭叫门呼人；对违反者，由执行机关给予批评教育，教育不改的，可没收其扩音器或吊销司机驾驶证。1982 年 3 月，市政府颁布实施的《北京市道路交通管理暂行规则》规定：机动车喇叭音量不得超过 105 分贝；机动车 22 时至次日 5 时在三环路以内或郊区城镇行驶时，不准鸣喇叭；机动车在非禁止鸣喇叭的时间、地区内行驶，如需按喇叭时，一次时间不准超过半秒钟，连续按鸣不准超过 3 次，不准用喇叭叫门、叫人等。1983年9月，市政府办公厅转发《北京市公安局关于严格控制交通噪声的通告》，规定凡在本市行驶的各种机动车，1983年底以前一律改用低噪声喇叭；在安装禁止鸣喇叭标志的街道、路段，从10月1日起，严禁机动车鸣喇叭；1984年1月1日后，未改用低噪声喇叭的机动车，不准在市区道路上行驶等。

《北京市环境噪声管理暂行办法》。1984年3月，市政府发布《北京市环境噪声管理暂行办法》，自5月1日起执行。办法规定了工业噪声、交通噪声、施工噪声以及社会生活噪声标准；并对工业噪声、施工噪声实行超标收费和累计加倍收费，从而推动了噪声污染源治理。

《北京市环境噪声污染防治办法》。1996年国家制定《中华人民共和国环境噪声污染防治法》后，本市的《暂行办法》一直未进行修改，但本市的噪声投诉却成为环境投诉的热点，其中，2005年，社会生活噪声扰民投诉占噪声投诉总量的49%，建筑施工噪声扰民投诉占噪声投诉总量的31%。此外，随着城市道路建设的不断发展，大约有100万人生活在交通干线、次干线附近，大约15万人生活在铁路两侧50米范围之内。因此，2006年11月17日，市政府第56次常务会议审议通过了《北京市环境噪声污染防治办法》，并自2007年1月1日起实施。

《办法》主要内容包括：一是明确环保、公安、道路行政主管部门、质量技术监督等部门的职责。二是强化规划建设环节的噪声污染防治，规定各区县政府根据城市规划划定声环境质量标准使用区域、规划行政主管部门在确定建设布局时，应当合理划定防噪声距离、可能产生噪声污染项目的，建设单位应当征求所在区域居民和单位的意见。三是加强对夜间施工噪声污染防治管理，明确中考、高考期间以及市政府规定的特殊时段禁止从事产生噪声污染的施工作业，并设定了相应处罚；明确采取噪声污染防治措施所需的费用列入工程造价；要求施工单位必须在夜间施工开始前公告施工起止时间、施工内容。四是按照后建者承担防治责任的原则，防止交通噪声污染，规定新、改、扩建的高速路、快速路、主干路、城市高架、铁路和城市轨道交通在经过已有的噪声敏感建筑物集中区域时，应当采取噪声污染防治措施，在已有的道路、铁路、轻轨两侧建设噪声敏感建筑物的，建设单位应当采取必要的噪声污染防治措施。五是重点规范商业经营活动、机动车报警器使用和家庭装修活动、防治社会生活噪声污染，禁止经营活动在室外使用音响器材招揽顾客，要求经营者采取有效措施，防止使用的空调器、冷却塔等设备、设施产生噪声污染。六是对机动车防盗报警生产、流通、安装、使用多环节控制。

五、控制固体废物污染环境法规规章

《北京市限制销售、使用塑料袋和一次性塑料餐具管理办法》（以下简称《办法》）。该办法于 1999 年 3 月 31 日由北京市人民政府第 25 号令公布，自 1999 年 5 月 1 日实施。《办法》规定：凡在本市行政区域内销售和在经营中使用塑料袋，以及生产、销售和在经营中使用一次性塑料餐具（以下简称塑料餐具）的单位和个体工商户，均须遵守本办法；禁止销售和在经营中使用厚度在 0.025 mm 以下的塑料袋；市场开办单位应当加强对市场内的经营者销售和使用塑料袋情况的监督检查；塑料餐具的生产者、销售者和在经营中使用塑料餐具的经营者，对塑料餐具负有回收利用的责任；分别由工商行政管理部门处罚的和由环境保护管理部门责令限期改正，并予以处罚的违反本办法的行为等。

《北京市生活垃圾管理条例》（以下简称《条例》）。北京市第十三届人民代表大会常务委员会 2011 年 11 月 18 日第二十八次会议通过，该条例自 2012 年 3 月 1 日起施行。

《条例》共八章，包括总则、规划与建设、减量与分类、收集运输和处理、监督管理、法律责任及附则等内容。《条例》明确了生活垃圾集中收集、转运和处理设施的规划和建设要求；明确了减量化的要求，特别是生产者和销售者在减量化方面承担的回收、提示等义务。《条例》特别在垃圾分类方面作了详细规定：明确了餐厨垃圾、废旧家具、建筑垃圾等分类的原则；明确了居住小区、村民委员会、部队、机关、企事业单位等主体的分类管理人和应遵守的规定。《条例》指出，禁止使用未经无害化处理的餐厨垃圾饲养畜禽；禁止生产、销售、使用以餐厨废弃食用油脂为原料的食用油；禁止无资质的单位和个人收集、运输餐厨垃圾。北京市政市容行政主管部门应当组织生活垃圾集中收集、运输、处理设施对公众开放，建立生活垃圾管理宣传教育基地。此外，该地方法规明确：北京市鼓励净菜上市，提倡有条件的居住区、家庭安装符合标准的厨余垃圾处理装置。危险废物、废弃电器电子产品应当单独收集，不得混入生活垃圾。

《条例》的实施，意味着北京市生活垃圾管理工作走上法制化道路，极大推动了北京市生活垃圾源头减量和分类投放、收集、运输、处理全过程的管理。

第三节　执法监督

一、检查法律法规实施情况

20 世纪 80 年代以来，全国人大和北京市人大经常组织人大代表，视察北京市环境保护工作，监督检查国家及地方各项环境保护法律、法规的执行情况，有力地促进了环保工作的开展。

（一）全国人大常委会执法检查

视察环保工作。1986 年 2 月，全国人大常委会第五视察组视察北京市环境保护工作，听取了北京市环保工作情况汇报，观看了“污染威胁着北京”和“环境保护事业蓬勃发展”录像，还视察了市环保监测中心空气质量自动监测系统。同年 7 月，全国政协无党派组和市政协城建组、文化组视察北京市环境保护工作，委员们对北京市水污染问题十分关心，对水资源紧张感到担忧，提出了进一步加强水源保护的意见。为此，市人大、市政府连续 3 年将《北京市实施〈中华人民共和国水污染防治法〉条例》的执行情况列为检查重点。

王丙乾带队检查环保执法情况。1996 年 5 月，全国人大常委会副委员长王丙乾、全国人大环境与资源委员会主任曲格平率领的环保执法检查组对北京市环保执法情况进行了检查。检查组指出：北京市能耗、水耗、污染大的工业比重过大，建议严格按照城市总体规划要求，加大产业结构和布局的调整力度，采取有效措施，改善市区环境质量。检查组认为，北京市重视环境保护工作，认真贯彻环境保护法律法规，大力开展环境综合整治，在经济高速增长、人口大量增加的情况下，城市总体环境质量没有相应恶化，局部地区还有一定程度的改善，环境保护工作走在了全国的前列。同时指出：北京市的环境状况与首都的地位相比，与国务院要求的目标相比，与北京市人民和全国人民的希望相比，尚有很大差距，环境保护任务还十分艰巨。王丙乾副委员长希望北京的环保工作越做越好，为全国的环保工作起到示范和表率作用。

视察调研水资源保护。1998 年 9 月，由全国人大常委会委员、全国人大常委会环境与资源保护委员会副主任委员张皓若、全国人大常委会委员、全国人大环资委委员胡敏、钱易，全国人大环资委委员江小珂、沈静珠等一行十人，来到北京市视察调研水资源保护情况。调研组一致认为：北京市水资源所面临的形势十分严峻。北京市委、市政府，对此有清醒认识，作了大量的工作，措施得力、可行，保持了北京的水源、水质良好，成绩显著。市政府及不少生产企业对治理污染、保护环境采取的措施比较得力，效果也是明显的。调研组在肯定北京市所取得成绩的同时，提出了健全法规，促进防治的建议。

检查大气污染防治法执行情况。1998 年 10 月，全国人大常委会委员、全国人大环资委副主任张皓若、李蒙率视察团对北京市大气污染防治法执行情况进行视察。视察团对市委、市政府为保护首都大气环境所作的工作予以充分肯定，也对大气中总悬浮颗粒物、二氧化硫、氮氧化物等污染物居高不下表示忧虑，并提出了防治大气污染的五项建议。委员们一致认为近两年来，北京市委、市政府对保护首都大气环境进行了卓有成效的工作。但是对北京市的大气中总悬浮颗粒、二氧化硫居高不下、氮氧化物持续上升，空气污染形势十分严峻表示担忧。建议国务院要像整治淮河那样，成立专门协调机构来抓北京市的环境污染防治工作。要研究如何支持北京市立法、促进大气污染防治的具体办法，尽最大努力帮助北京市实现环境目标。

邹家华带队检查贯彻《大气污染防治法》。1999 年 5 月，以全国人大常委会副委员长邹家华为团长、全国人大环资委主任曲格平为组长的检查团，对北京市贯彻实施大气污染防治法情况进行为期 5 天的检查。邹家华副委员长充分肯定了北京市治理大气污染的成绩，曲格平主任代表检查组提出 5 点建议：①尽可能多使用低硫煤和天然气、电等清洁燃料；②在市中心划定一定范围的禁煤区，尽快解决局部地区的燃煤污染；③优化产业结构，增强企业的综合治污能力；④发展燃气汽车，控制机动车尾气污染，大力发展公共交通，控制城市汽车总量；⑤加强施工管理，开展城市绿色建设。

1999 年 5 月 22 日，全国人大常委会执法检查首钢电厂工业污染治理情况

专项检查治理大气污染。1999 年 9 月和 2000 年 9 月，以全国人大环资委副主任委员张皓若为组长的全国人大执法检查组分别对北京落实《大气污染防治法》及治理大气污染情况进行检查。检查组充分肯定了这两年来北京市大气污染治理工作取得的成绩，认为市委、市人大、市政府高度重视，态度坚决，行动果断，措施得力，法制建设和监督管理保障体系健全，环境保护工作取得了明显的进展。同时建议北京市继续发展清洁能源；大力发展环保产业；坚持交管局和环保局联合执法，加强机动车路检工作；加强绿化，严格扬尘管理。检查组表示，将就改善北京周边地区生态环境、进京车管理和车用油品质量等问题向国务院和中央有关部委反映，以支持北京工作。

组织记者团报道《固体废物污染环境防治法》(以下简称《固废法》)执法。2003 年 6 月，为配合全国人大常委会对《固废法》的执法检查，以全国人大环资委调研室副主任何嘉平为团长的中华环保世纪行记者团一行 17 人赴北京市，就北京市贯彻执行《固废法》取得的成绩及存在的问题进行采访报道。重点就工业企业开展清洁生产，加强资源综合利用，促进北京工业经济可持续发展；北京市生活垃圾管理；北京市固体废物污染防治等方面的工作情况进行了采访。采访记者团认为：一、北京市在贯彻《固废法》方面做了大量认真细致的工作，在配套法规建设、加强宣传提高全民环保意识、加强机构建设等方面建立了有特点、有成效的工作机制和办法。二、突出了北京市的工作重点，推动了北京市医疗垃圾集中处理工作，在非典疫情爆发后抓得及时，措施到位，效果显著；在工业固废的综合利用方面，通过推行清洁生产，促使企业通过技术改造、结构调整，实行源头减量和固废资源化；在危险废物处置方面，依托定点危险废物处置企业进行集中处置，从技术上、规范上都非常好。

综合检查污染防治执法。2006 年 5 月，以全国人大常委会委员、全国人大环资委主任委员毛如柏为组长的全国人大常委会执法检查组，对本市贯彻执行《中华人民共和国大气污染防治法》、《中华人民共和国水污染防治法》和《中华人民共和国固体废物污染环境防治法》情况进行了执法检查。检查组指出，多年来，北京市委、市人大、市政府高度重视环境保护工作，特别是 1998 年以来，把大气污染防治作为环保工作的重中之重，采取了一系列得力措施，分阶段、分步骤地开展了环境综合整治，取得了明显成效。在经济快速增长、人口规模不断扩大的基础上，环境污染得到了基本控制，主要污染物排放量持续、稳定下降，为 2008 年绿色奥运的召开奠定了良好的基础。检查组建议，要清醒地认识到北京市污染防治工作的长期性、艰巨性和复杂性。

（二）北京市执法检查

市政府、市人大检查环境综合治理。1985 年，市政府重点检查了环境噪声管理暂行办法、调整电镀厂点暂行规定和征收排污费暂行办法等 6 个法规、规章的执行情况。同年 12 月，市人大常委会组织部分代表，先后视察了北京站前两个餐厅的锅炉消烟除尘、灯市口地区分散建设锅炉房造成污染的情况和民族印刷厂的铅烟、噪声治理情况，视察了市环保所的化验室、中水道和城市生态仿真模型。

加大环境治理执法力度。1987 年 6 月，市人大常委会和城建委领导检查《水污染防治法》执行情况，同年 7 月，市政府部署全市对《水污染防治法》执行情况进行检查，要求各部门、各单位认真进行自查，消除事故隐患。

1995 年的执法检查规格之高，规模执法是前所未有的。市区县各级人大、政府领导亲自执法共326次，执法力度也有所突破。

1995年6月和8月，市人大城建环保委和市环委会组织检查团和部分环委会委员对部分区县和局、总公司环境保护法规的执行情况进行两次检查。

专项检查出租车尾气排放。1995年，“6·5”世界环境日，李润五副市长带队对出租汽车公司尾气排放进行执法检查，对达标率高的“首汽”给予表扬，对达标率低的“皇苑”“海特”出租汽车公司提出了批评，并罚款处理。

对企业进行环保现场检查。1995年8月，北京市常务副市长张百发、副市长李润五、市长助理郑一军带领市环委会部分委员，对部分区县的企业进行了执法检查。

1995年10月，市人大副主任孟志元带领市人大常委会部分组成人员、副秘书长、市人大代表和城建环保委委员组成的检查团，对房山区和燕山石化公司的环保工作进行了现场检查。

积极落实《国务院关于环境保护若干问题的决定》（以下简称《决定》）。1997年，为了保证国务院《国务院关于环境保护若干问题的决定》的贯彻实施，国家环境保护局和监察部发出《关于监督检查〈国务院关于环境保护若干问题的决定〉贯彻执行情况的通知》（以下简称《通知》），要求各级政府加强《决定》贯彻执行情况的监督检查。市政府成立了由常务副市长张百发担任组长的领导小组，负责监督检查工作。市监察局和市环保局联合发出《通知》，并召开动员大会进行部署，要求各区、县、局、总公司认真开展自查。张百发副市长、市长助理郑一军等领导同志带领由有关部门组成的检查组，重点抽查了海淀区政府、化工集团公司和市机械局，对全市贯彻落实国务院《决定》起到了积极的推动作用。

重点推进大气和水污染防治。1999年10月，结合制定大气污染防治法实施办法，市人大常委会副主任汪统及部分市人大代表视察了大气污染防治工作。代表们对近两年治理大气污染采取的措施和效果表示满意，认为有必要对行之有效的措施通过法规形式予以确定，使实施办法成为便于操作、高质量、有利于大气污染防治工作的法规。

2005年4月，市人大常委会副主任赵久合率检查组到市环保局就北京市执行《中华人民共和国水污染防治法》和《北京市实施〈中华人民共和国水污染防治法〉办法》情况进行了调研。就跨区域协调、执法中的差距、现场检查等问题提出了建议。

大气和水污染防治专项评议。2006 年 6 月，市人大常委会副主任赵久合带领市人大常委会委员、市人大代表一行 34 人，对本市大气和水污染防治工作情况进行了专项评议调研。赵久合指出，前不久全国人大执法检查对本市执行大气、水和固体废物污染防治法情况进行了检查，给予了很高评价。市人大常委会非常重视环保工作，把专项评议工作同全国人大执法检查结合起来，希望通过这次专项评议进一步推进全市环保工作。

二、行政执法规范化

从 20 世纪 80 年代成立环保执法队伍起，北京市环保执法队伍逐渐发展壮大，依托职业资格管理、业务技能培训和一系列的制度建设，环境行政执法日益规范，对落实环保各项法规，依法治理环境污染起到了不可替代的作用。

（一）执法人员法律法规培训

1984 年，为加强法制建设，市环保局在全市率先成立法规处，负责环保法规、规章的拟定，法制教育和重要案件的处理等，并对全市 2 000 多名环保干部进行了法律培训，重点学习了市政府新颁布的《北京市防治大气污染管理暂行办法》《北京市环境噪声管理暂行办法》和《北京市废气排放标准（试行）》等 3 个规章。

1985 年，市环保局举办了市、区县环保干部法规培训班，并对市环保局新招收的 130 名环保监察员进行培训和考试合格上岗。

1988 年，国家大气污染防治法颁布后，市环保局组织市、区、县环保干部学习，还举办烟尘测试学习班，提高了执法人员的业务能力和技术水平。

1990 年 4 月国家颁布行政诉讼法，同年 7 月，市环保局发布实施《北京市执行环境保护法规行政处罚程序若干规定》，促进了环保执法工作进一步规范化、制度化。市环保局组织市、区县环保干部集中学习培训，整顿执法队伍，重新核发执法监察证。

1994年，市政府实施《北京市执行行政处罚若干规定》（北京市人民政府令1993年第18号），市环保局按照《北京市人民政府关于贯彻实施〈北京市执行行政处罚若干规定〉的通知》（京政法制复字[1994]3号）的要求，组织对全系统262名执法人员进行培训，并将考试成绩作为复核北京市环保监察证的条件之一。自1994年起，每年对新上岗的环境执法人员进行培训，考试合格后发证上岗。

2009年，制定了《北京市环境保护行政执法证件管理办法》，对全市环保系统行政执法人员的执法资格、公共法律知识和专业法律知识的培训考试制度、执法证件的发放和管理制度作了明确规定。建立了环保专业法律知识考试大纲和题库，对全市环保执法人员开展了公共法律知识和专业法律知识培训。按照环境保护部的规定和安排，完成了北京市环保系统700多名执法人员证件的换发工作。同年，为加强对行政执法工作的考核，制定了《北京市环境监察工作年度考核办法（试行）》。为落实责任追究制度，印发了《北京市环境保护局关于学习和贯彻实施〈环境保护违法违纪行为处分暂行规定〉的通知》，要求北京市各级环保部门要对照《环境保护违法违纪行为处分暂行规定》的要求，加强对环境保护执法行为的监督。

（二）实施查处分离制度

1990年7月，市环保局发布实施《北京市执行环境保护法规行政处罚程序若干规定》，促进环保执法工作进一步规范化、制度化。为规范执法程序，市环保局对执法中的现场调查、取证，适用的法规以及法律文书等，提出规范要求。市环保局规定，对一切违法行为的行政处罚，必须由业务处提出意见，经法制处审查会签后，报局长签发；重大案件由局务会讨论决定，任何个人不得自行作出处罚处理。各区、县环保局按照市环保局要求，进一步公开办事制度，建立接待日和举报制度，接受群众监督，增强了自我约束能力和接受群众监督的意识。

按照环境保护部2010年颁布实施的《环境行政处罚办法》中“查处分离”的规定，市环保局2011年制定了《北京市环境保护局行政处罚查处分离适用程序》，将环境行政处罚中调查取证与决定处罚分开、决定罚款与收缴罚款分离，明确各部门在行政处罚工作中的职责分工、工作程序、时限等内容，全面实施行政处罚查处分离。

同年 10 月，为配合“查处分离”制度的实施，提高行政处罚效率，市环保局依据“查处分离适用程序”开发了网上“行政处罚系统”，将立案、调查取证、事先告知、行政处罚决定、送达、执行等环节以及领导审批的程序，以网上办案节点的形式加以明确和规范。截至 2015 年底，市环保局通过网上“行政处罚系统”办理环境行政处罚案件 951 件，处罚金额达 4 600 余万元。

（三）规范自由裁量权

为贯彻落实国务院《全面推进依法行政实施纲要》和《国务院办公厅关于推行行政执法责任制的若干意见》，做好规范行政处罚自由裁量权工作，2009 年，在认真贯彻环境保护部《关于印发〈规范环境行政处罚自由裁量权若干意见〉的通知》和《北京市关于规范行政处罚自由裁量权的若干规定》的基础上，市环保局研究制定了环境影响评价、大气污染防治、水污染防治、噪声污染防治和固体废物污染防治方面的自由裁量权标准。同时，印发了《北京市环境保护局行政处罚自由裁量权监督管理办法（试行）》，并于 2012 年综合制定了《北京市环境保护局行政处罚自由裁量权规范（试行）》，对违反水、大气、噪声、固废、辐射、环评等法律法规的 30 类常见违法行为的处罚裁量基准进一步细化，并对应当考虑的从重、从轻以及综合裁量情节予以明确和规范。2014 年和 2015 年，又根据新修订的《北京市大气污染防治条例》《中华人民共和国环境保护法》和《中华人民共和国大气污染防治法》对处罚裁量基准进行了修订，于 2015 年底正式对社会公开。

三、行政处罚行政许可案卷评查

（一）参加市政府法制办行政处罚案卷评查

为贯彻落实国务院《全面推进依法行政实施纲要》和《国务院办公厅关于推行行政执法责任制的若干意见》，规范行政处罚案卷评查工作，2004 年 8 月起，市政府法制办组织每年对全市各级行政执法主体的行政处罚案卷开展评查。评查结果予以通报，并纳入各部门本年度依法行政情况的考核。市环保局每年参加评查的案卷均被评为优秀卷。

（二）组织区县环境行政处罚和行政许可案卷评查

1990 年 7 月，市环保局发布实施《北京市执行环境保护法规行政处罚程序若干规定》，为规范执法程序，市环保局组织市、区、县环保局对以往作出的行政处罚决定，从处理文书、处罚依据、处罚决定逐项进行审查。

2007 年，依据《北京市行政处罚案卷评查办法》（京政发[2007]17号），市环保局制定了《北京市环境保护行政处罚案卷评查和案卷管理办法》，对行政许可和行政处罚案卷进行规范，并明确了行政处罚案卷评查的主体、方法、时间、标准、要求。

2004 年起，市环保局按照《北京市环境保护行政许可案卷评查办法》，共开展了 3 次行政许可案卷评查工作，对各区县环保局的 169 卷行政许可案卷进行了评查；开展 13 次行政处罚案卷评查，对局系统和区县环保局的 175 卷行政处罚案卷进行评查。通过评查，对于突出的文书不规范、程序不完整等情况，给予通报，并提出改正要求。

第四节　行政复议与诉讼

行政复议和行政诉讼都属于行政争议的解决机制。行政复议强调自我纠错、内部监督，相较于行政诉讼制度，具有不收费、审查范围宽、审理周期短、效率高等特点，其在规范行政职权行使、推进依法行政方面起到了巨大的促进作用。

一、制度和案件办理

（一）国家制度

1．行政复议制度

行政复议是与行政行为具有法律上利害关系的人，认为行政机关所作出的行政行为侵犯其合法权益，依法向具有法定权限的行政机关申请复议，由复议机关依法对被申请行政行为合法性和合理性进行审查并作出决定的活动和制度。

1990 年 12 月 24 日国务院第 70 号令公布《行政复议条例》（1991 年 1 月 1 日实施），标志着我国统一行政复议制度的建立。市政府随即颁布了《北京市人民政府关于实施行政复议制度的若干规定》（1991 年 1 月 8 日北京市人民政府第 2 号令发布，1995 年 8 月 2 日北京市人民政府第22号令第一次修改，1997年12月31日北京市人民政府第12号令第二次修改）。

1999年4月29日全国人大通过《中华人民共和国行政复议法》(1999年10月1日实施)，标志着我国统一行政复议法律制度的建立。

2007年5月29日国务院公布《行政复议法实施条例》(2007年8月1日施行)，标志着行政复议制度建设从内容到程序，逐渐趋于完善。我国规范意义上的行政复议制度已走过20多年的历程。

2．行政诉讼制度

行政诉讼是指公民、法人或者其他组织认为行政机关或法律、法规授权的组织的行政行为侵犯其合法权益，依法向人民法院请求司法保护，人民法院通过对被诉行政行为的合法性进行审查，在双方当事人和其他诉讼参与人的参与下，对该行政争议进行受理、审理、裁判等，从而解决特定范围内行政争议的司法活动的总和。

1982年10月1日公布的《中华人民共和国民事诉讼法（试行）》第3条第2款规定：法律规定由人民法院审理的行政案件，适用本法规定。1987年1月1日起生效的《治安管理处罚条例》规定，治安行政案件可以向法院起诉。1989年4月4日中华人民共和国第七届全国人民代表大会第二次会议通过并公布、1990年10月1日起施行的《中华人民共和国行政诉讼法》，进一步使行政诉讼制度化。

2014年11月1日，十二届全国人民代表大会常务委员会第十一次会议表决通过关于修改行政诉讼法的决定，修改后的行政诉讼法于2015年5月1日施行。此次修改工作将针对现实中的突出问题，强调依法保障公民、法人和其他组织的诉讼权利，维护行政权依法行使和公民、法人和其他组织寻求司法救济渠道畅通的平衡，保障人民法院依法独立行使审判权。“立案难、审理难、执行难”是此次修法的重点。扩大受案范围、明确可以口头起诉、强化受理程序约束、明确原被告资格、对“红头文件”的附带审查、明确行政机关拒不履行判决将拘留负责人等，是此次修法的亮点。

（二）市环保局相应配套制度和机制

加强制度建设。1990年11月在市环保局法规处设立行政复议科，先后制定了《行政复议申请书》等十余种行政复议文书，下发了《关于应用市环保局行政复议专用章的通知》（[1994]京环保法制 209 号），于 1994 年 7 月 15 日正式应用“北京市环境保护局行政复议专用章”。1997 年印发了《北京市环保局行政复议程序》，对行政复议申请书的内容、格式，申请复议的程序、时限、受理条件等进行细化和明确。2009 年 12 月下发了《〈北京市环境保护局行政诉讼（复议）案件应诉、行政复议案件审理及相关责任追究暂行办法（试行）〉的通知》。之后，又于 2012 年 6 月将其修订为《北京市环境保护局行政诉讼（复议）案件应诉、行政复议案件审理及相关责任追究办法》。2010 年 1 月开通了网上受理系统，进一步方便当事人申请环境行政复议。局法制部门还加强了同局信访部门的配合，对一些事实清楚，可以通过当场说明、多方协调和沟通解决的环境污染纠纷，进行认真细致的解答、协调，及时解决问题，化解矛盾。

畅通行政复议渠道。市环保局认真贯彻行政复议法及其实施条例、《北京市人民政府关于进一步加强本市行政复议工作的意见》（京政发[2007]5 号）文件，充分发挥行政复议在解决环境行政争议、推进首都环境质量持续改善和构建和谐社会中的重要作用，努力把环境行政争议化解在基层、化解在初发阶段、化解在环保系统内部，审理的行政复议案件均达到“定纷止争、案结事了”要求。坚持将进一步畅通行政复议渠道作为加强行政复议工作的着力点和突破口，不断加大宣传力度，将印制的申请环境行政复议的条件、审理程序、受理机构、行政复议申请书、行政复议授权委托书、行政复议告知书等行政复议文书和宣传材料放置于行政复议接待场所，供当事人自由索取，并在政府网站公告。

加强重大疑难案件研究。市环保局领导每年听取法制部门关于行政复议工作的专题汇报，参与研究重大疑难案件，及时解决行政复议工作中遇到的困难和问题，积极支持和督促法制部门依法审理行政复议案件，认真负责地签署行政复议法律文书。分管局领导能够出庭应诉、参加行政诉讼旁听活动和听取典型案例评析情况，将行政复议纳入依法行政考核内容。

努力化解重大活动环境行政争议。针对 2008 年举世瞩目的北京奥运盛会的空气质量焦点问题，局领导要求法制部门紧紧围绕改善大气环境、奥运会保障工作的中心任务，耐心接待前来申请环境行政复议的当事人，依法尽快协调解决当事人反映的问题，努力把环境行政争议化解在初发阶段，确保“绿色奥运、平安奥运”目标的实现。据不完全统计，2008 年虽没有正式受理行政复议案件，但在正式立案前，经当场向当事人解释有关法律政策、耐心说服和环保系统内部协调，撤回行政复议申请的案件近 40 件。

（三）市环保局案件办理情况

1．行政复议案件审理情况

受理的第一件行政复议案件。某地震局地球物理所不服海淀区环保局[1990]004 号行政处罚决定案。

1991 年至 2010 年，市环保局共审理 56 件行政复议案件。其中，决定维持具体行政行为的 23 件，决定撤销的 4 件，确认违法的 1 件，决定变更的 6 件，决定不予受理的 3 件，申请人撤回复议申请的 19 件（含经调解撤回），纠错率近 20%。

2011 年至 2015 年，共审理 24 件行政复议案件。其中，决定维持的 11 件，决定撤销、变更、不予受理的 5 件，申请人撤回复议申请的 8 件（含经调解撤回）。数据表明，随着行政复议渠道的畅通，申请复议的行政相对人逐年增加，市环保局有复议过程中的调解、纠错力度明显加大。

2．被行政复议和行政诉讼应诉情况

市环保局在审理好行政复议案件的同时，做好行政复议答复和行政诉讼应诉工作。实行局长领导下的委托代理人负责制，由局法制处、相关业务处室人员组成应诉小组，作为诉讼代理人参加诉讼。有重大影响的行政诉讼案件，局主要负责人出庭应诉。接到人民法院送达的起诉状副本或上一级行政机关送达的行政复议答复通知书后，应诉小组对主体资格、法定时效、管辖权等进行审查，3 日内写出相应的报告材料，确定应诉方案上报局领导。应诉小组负责办理诉讼代理手续，搜集、整理有关应诉材料，在法定期限内向法院或行政复议机关提交答辩状和相关证据材料。多年来，应诉小组作为诉讼代理人准时出庭，依法充分阐明有关具体行政行为的合法性、准确性，认真做好举证工作，提供作出具体行政行为的证据和所依据的法律、法规、文件等，必要时召开专家论证会。

1991 年至 2010 年，共发生复议市环保局的案件 18 件、诉讼市环保局的案件 10 件。在复议市环保局的案件中，向上级环保行政机关（原国家环保总局、国家环境保护部）和市政府申请复议分别为 12 件、6 件，其中决定维持市环保局原具体行政行为的 15 件，决定市环保局责令被许可人补办手续的 1 件，申请人撤回复议申请的 2 件；在诉讼市环保局的案件中，人民法院驳回原告起诉或诉讼请求的 9 件，责令被告履行职责的 1 件。

2011 年至 2015 年，共发生复议市环保局的案件 20 件、诉讼市环保局的案件 19 件。可以看出，随着环境保护执法力度的增加，产生的复议和诉讼案件数量呈上升趋势。

历年行政复议案件、行政复议答复案件和行政诉讼应诉案件统计见表 2-2、表 2-3。

表 2-2　1991—2010 年行政复议、诉讼案件统计表

年份	市环保局审理复议案件/件	办理结果					市政府复议市环保局	国家环境保护总局（含原国家环境保护局）复议市环保局	行政诉讼
		维持原决定	撤销原具体行政行为	申请人自行撤回	变更决定	未予受理			
1991	1			1					
1992	2	1		1					
1993	10	2	1	1	5	1			
1994	4	3		1					
1995	3	2		1			1（撤回）		
1996	8	4	1	2	1				
1997	6	1		5					
1998	0								
1999	0							1	
2000	3	1	1	1			2	3	
合计	37	14	3	13	6	1	3	4	
2001	4	3		1					
2002	2			2			1（维持）		

年份	市环保局审理复议案件/件	办理结果					市政府复议市环保局	国家环境保护总局（含原国家环境保护局）复议市环保局	行政诉讼
		维持原决定	撤销原具体行政行为	申请人自行撤回	变更决定	未予受理			
2003	3	1		1		1		1（维持）	
2004	3	2	1				2（撤回1件）	1（维持）	3（驳回）
2005	2			1		1			2（驳回）
2006	1	1						1（责令补办手续）	2（责令履行1件）
2007	2	1		1（调解）				2（维持）	
2008	0							3（维持）	1(驳回)
2009	2	1	1确认违法						
2010	0								2（驳）
合计	19	9	2	6		2	3	8	10

表2-3　2011—2015年行政复议、诉讼案件统计表

年份	市环保局审理复议案件/件	办理结果					市政府复议市环保局	环境保护部复议市环保局	行政诉讼
		维持原决定	撤销原具体行政行为	申请人自行撤回	变更决定	未予受理			
2011	4	3		1					
2012	3	1				2	1	1（撤回）	1（撤诉）
2013	8	4	1	1（调解）	责令履行2件		1	1	5（驳回4件，责令履行1件）
2014	4	3		1			1	6	11（撤诉4件，驳回7件）
2015	5			5（调解1件）			7	2（撤回）	2（驳回）
合计	24	11	1	8	2	2	10	10	19

二、行政复议案例

某发电股份有限公司不服某区环保局征收排污费复议案。2000 年 11 月 13 日，申请人某发电股份有限公司不服被申请人某区环保局作出的《关于限期交纳排污费的通知》（×环保[2000]21 号，限期交纳排污费 2 491.73 万元）的具体行政行为，向我局申请行政复议。

申请人称：根据《中华人民共和国环境保护法》第二十八条和《中华人民共和国大气污染防治法》((以下简称《大气污染防治法》，1987 年 9 月 5 日中华人民共和国主席令第五十七号公布）第十一条之规定，应按照国家规定缴纳超标排污费，不应按排放总量缴纳 1999 年 9 月至 12 月（部分）及 2000 年 1 月至 8 月的二氧化硫排污费。2000 年 9 月的排污费，虽然可以按照国务院法制办 2000 年 10 月发布的《对〈关于向大气排放污染物征收排污费有关问题的函〉的复函》（国函[2000]128 号，以下简称“国函 128 号文件”）的规定，执行按排放总量进行缴费，但不应执行北京市每公斤二氧化硫 1.2 元的征收标准。因为国函 128 号文件对北京市提高燃煤二氧化硫排污费征收标准没有明确说明。

被申请人答复称：国务院关于在二氧化硫控制区开展二氧化硫排污费按照排放总量收费的决定，符合原《大气污染防治法》第八条第一款“国家采取有利于大气污染防治以及相关的综合活动的经济、技术政策和措施”的规定，征收二氧化硫排污费即是国务院依法采取的有利于大气污染防治的经济政策，收费的依据合法有效。北京市关于二氧化硫排污费的征收标准已经国家计委即调整各项收费标准的国务院行政主管部门批准。因此，北京市征收二氧化硫排污费执行每公斤二氧化硫 1.2 元的标准，也是合法有效的。申请人依据国务院及北京市的有关规定作出的征收申请人二氧化硫排污费的决定正确、合法，请求予以维持。

复议结果：根据审理查明的事实、证据和法律依据，申请人不按二氧化硫排放总量和北京市征收二氧化硫排污费标准缴纳相应排污费的理由不成立，对其请求复议机关不予支持。根据《中华人民共和国行政复议法》第二十八条第一项的规定，北京市环保局作出维持被申请人有关征收排污费具体行政行为的决定。

分析点评：《中华人民共和国环境保护法》第二十八条和《大气污

染防治法》（1987 年 9 月 5 日中华人民共和国主席令第五十七号公布）第十一条虽然规定排放污染物超过国家或者地方规定的污染物排放标准的企业事业单位，依照国家规定缴纳超标准排污费，并负责治理。但国务院根据全国人大的授权，决定开展二氧化硫排污收费试点，提高了二氧化硫排污收费标准。被申请人根据国务院和北京市的有关文件，按照提高后的排污费征收标准和核定的排放二氧化硫的数量、浓度，确定申请人应缴纳的排污费数额合法有效。

全国人大及时修订《大气污染防治法》，完善了相关制度。本法 1987 年由全国人大常委会通过，1995 年 8 月第一次修订，2000 年 4 月 29 日第二次修订。为什么要再次修改《大气污染防治法》？从客观情况看，全国的大气污染物排放量居高不下，第一次修订后的大气法，由于制度方面的不完善，在解决上述污染方面显然难有大的作为。本次修订的主要内容及其理由：一是对重点城市的大气污染防治提出了新要求。二是对燃煤污染加大了控制力度。我国城市能源消费是以煤炭为主，一般占整个能源消耗的 70%～80%。以北京为例，年消耗煤炭达 2 800 万 t，而且所用的煤炭大多是高硫、高灰分的煤炭，由此直接燃烧就排放出大量的二氧化硫、氮氧化物和烟尘，致使城市大气中的三项污染指标长期居高不下。三是严格控制机动车船排放污染物。四是严格控制扬尘污染。五是鼓励和支持新能源、新技术的研究和推广。六是进一步健全了环境管理制度。第二次修订在解决大气法的执法手段方面，取得了突破性的进步：1. 明确超标排污是违法行为。2. 建立了总量控制制度和排污许可证制度。3. 建立按照排污总量收费的制度。4. 强化了法律责任。5. 强化了对环保部门和其他有关部门的监督。

第二次修订《大气污染防治法》后，该公司因二氧化硫排放超标受到严厉处罚。2002 年 9 月 12 日，市环保局对该发电股份有限公司燃煤锅炉排放情况进行检查，经北京市环境保护监测中心监测，其锅炉排放的二氧化硫为 1 680 mg/m^3，大大超过本市排放标准规定的二氧化硫排放限值。市环保局依法作出责令改正违法行为，处以 10 万元罚款的决定。但该公司收到市环保局处罚决定书后，在法定期间既未申请复议，也未提起诉讼，又不履行处罚决定。市环保局为维护生效行政处罚决定书的权威性，依法向法院申请强制执行，除执行罚款，还要求依法执行逾期缴纳加处罚款，即逾期每日加处罚款总数 3%的罚款。最终，海淀区人民法院对该公司强制执行 37 万余元。在行政复议、行政处罚和申请强制执行的过程中，我局领导和有关执法人员多次同该公司的相关人员进行说明、讲解有关法律、法规等规定，使其提高了遵守环保法规的意识，之后再也没有出现违反环保法规的行为。

某酒楼不服某区环保局行政处罚案前和解复议案。基本案情：某区环保局接到群众投诉后，于 2007 年 4 月 28 日、5 月 28 日先后对××酒楼使用的油烟净化系统进行了现场检查，认定该酒楼于 2003 年 12 月初私自将油烟净化器拆除，导致排放的油烟污染扰民，违反《北京市实施〈中华人民共和国大气污染防治法〉办法》（以下简称《办法》）第十条第三款之规定，依据该办法第三十五条第一款第（一）项规定，于 2007 年 6 月 25 日作出责令××酒楼立即对油烟净化系统进行治理，确保达标排放；处以人民币 5 万元罚款的决定。该酒楼不服，认为认定的事实不实、处罚过重，申请行政复议。市环保局于同年 8 月 24 日依法受理。

复议结果：案件承办人员经现场查看、向有关人员调查和听取申请人、被申请人的意见，查明了案件的基本事实：申请人××酒楼油烟净化设备老化严重，有一排油烟口内侧安装了排风扇，外侧已用砖头堵死，但周围的墙壁上还留有大量的油烟污染的痕迹，地面聚积了流淌下来的油泥，用沙土进行了遮盖。

在案件承办人员的指导下，申请人和被申请人双方有关负责人及代理人进行了交流沟通，分析了申请人环境违法行为的成因。申请人认识到由于管理疏漏，未采取有效防治污染措施，致使排放的油烟对附近居民的居住环境造成污染，依法应受到相应的行政处罚，并承诺在 2007 年 10 月底前完成油烟治理工作。因经营状况不好，希望被申请人免除其到期不缴纳罚款的每日 3%的加处罚款。被申请人根据申请人近期采取了防治油烟污染的行动、企业面临困难等情况，本着有利于促进环境保护，推进污染治理，不损害社会公众利益和他人合法权益，构建和谐社会的原则，根据《中华人民共和国行政复议法实施条例》第四十条的规定，于 2007 年 9 月 24 日与申请人达成和解协议。

北京市环境保护局于 2007 年 10 月 10 日收到了被申请人提交的与申请人达成的和解协议书，经审查，和解的内容不损害社会公共利益和他人合法权益，根据《中华人民共和国行政复议法实施条例》第四十二条第一款第（四）项的规定，于2007年10月16日决定终止行政复议。

分析点评：本案是新颁布的《中华人民共和国行政复议法实施条例》施行后，市环保局受理的第一起行政复议案件。在各方面的共同努力下，于党的十七大召开的前夕得到了较好的处理，既依法维护了环境保护行政处罚的权威，又妥善化解了行政争议，实现了促进环境保护，构建和谐社会的目的，被市政府法制办作为典型案例，刊登在《法制建设》2008年第3期上，之后又被选登在《中国环境报》上。

1. 高度重视，防止矛盾激化。在查处××酒楼环境违法行为的过程中，该酒楼不予配合，法定代表人不出面，也不委托代理人接受调查询问、签收相关法律文书，某区环保局依据《办法》给予其最高额的经济处罚。收到环境保护行政处罚决定书后，该酒楼又不及时缴纳罚款，表明其既不懂法又有严重的对立情绪。在十七大召开前夕申请行政复议，引起我局领导的高度重视，要求行政复议机构在查明违法事实的基础上，依据行政复议法及其实施条例，依法进行审理，并做到案结事了，定纷止争。

2. 依法指导，促成和解。从化解行政争议，构建和谐社会的宗旨出发，根据2007年8月1日施行的《中华人民共和国行政复议法实施条例》第四十条的规定，建议被申请人主动与申请人进行和解。同时，指出申请人在环保机关查处其环境违法行为时相关人员不出面接受调查询问、签收相关法律文书是不对的，表明改正违法行为的态度不好；申请行政复议不影响执行，不及时缴纳罚款会受到加处罚款的处罚，并告之依法可以与被申请人和解，也可以在双方自愿的基础上由我局进行调解。双方经过沟通，相互作了让步，经我局准许达成和解协议。

3.以案说法，研究交流。本案审结后，我们结合本案同某区环保局的有关领导和一线执法人员进行了座谈交流，以案说法，研究了具体行政行为事实清楚、证据确凿、定性正确、适用依据准确要求之间的相互关系和如何遵循比例原则、横向比较原则、纵向比较原则、内部比较原则等确保具体行政行为内容适当，并探讨了和解的范围。

利害关系人不服建设项目环境影响评价审批许可请求撤销复议案。

基本案情：申请人乙是本市B区桥梓镇村民，以被申请人某区环境保护局作出的《关于××电气焊加工部项目的环评审批》，未征求建设项目所在地单位和居民的意见，《公众参与调查表》内容不实为由于2009年10月19日向市环保局申请行政复议，请求依法撤销本区环境保护局作出的行政许可决定。被申请人答复提出，《中华人民共和国环境影响评价法》并未要求报告表、登记表项目要征求公众意见，且本项目履行了公众参与程序，申请人主张环评批复文件未严格执法与事实不符。市环保局依法受理后，认为该项目负责人甲与被审查的具体行政行为有利害关系，通知其作为第三人参加行政复议，但未能联系到甲本人。行政复议期间，被申请人北京市某区环境保护局于2009年10月27日发出×环许撤字[2009]1 号撤销行政许可决定书，撤销了《关于北京××电气焊加工部项目环境影响登记表的批复》（×环保审字[2009]0437号），抄送本案申请人乙，并提交本复议机关。

复议结果：受理行政复议申请后，承办人员对行政复议申请书、被申请人行政复议答复书及相关证据等依法进行了审查，并实地调查核实了相关证据，询问了有关当事人，查明了相关事实，依法作出了相应的处理决定。

被申请人B区环保局作出的《关于××电气焊加工部项目的环评审批》属登记表项目，项目申请人按要求征求周围单位及住户意见，未获得住户的同意，冒充该住户在《环保征求意见函》上签字，以欺骗的手段获得环评审批。B区环保局依据《中华人民共和国行政许可法》第六十九条第二款“被许可人以欺骗、贿赂等不正当手段取得行政许可的，应当予以撤销”的规定，依法撤销了该项许可。行政复议期间被申请人虽改变了原具体行政行为，但申请人未撤回行政复议申请，复议机关继续本案的审理，根据《中华人民共和国行政复议法》第二十八条第一款第（三）项，最终作出了确认《关于××电气焊加工部项目的环评审批》违法的决定。

分析点评：环境影响评价审批专业性强、人员编制少，但建设项目逐年增多、工作量大、时限要求严，要求环保行政机关在广泛征求意见与及时审批之间寻求平衡。目前，对可能造成重大环境影响，应当编制环境影响报告书的建设项目比较重视公众的意见，能够保障公众的知情权、参与权、决策权，但在审批可能造成环境影响较小，只需编制环境影响报告表、填报环境影响登记表的建设项目时，对利害关系人的意见重视不够，甚至还有一部分人存在认识上的误区，认为《环境影响评价法》没有要求这类项目要征求利害关系人的意见，也无法界定谁是利害关系人。这是不正确的，应引起重视。

1. 对环境可能造成重大影响、应当编制环境影响报告书的建设项目必须征求公众意见。根据《中华人民共和国环境影响评价法》第二十一条第一款规定，除国家规定需要保密的情形外，对环境可能造成重大影响、应当编制环境影响报告书的建设项目，建设单位应当在报批建设项目环境影响报告书前，举行论证会、听证会，或者采取其他形式，征求有关单位、专家和公众的意见。该条第二款规定，建设单位报批的环境影响报告书应当附具对有关单位、专家和公众的意见采纳或者不采纳的说明。从以上规定可以看出，应当编制环境影响报告书的建设项目需要征求有关单位、专家和公众的意见，其意见可以采纳，也可以不采纳，但需要附具相应的说明。

2. 环评审批过程中必须听取利害关系人的意见。根据《中华人民共和国行政许可法》第三十六条规定，行政机关对行政许可申请进行审查时，发现行政许可事项直接关系他人重大利益的，应当告知该利害关系人。申请人、利害关系人有权进行陈述和申辩。行政机关应当听取申请人、利害关系人的意见。本法第七十二条第一款还规定，违反本法的规定，在受理、审查、决定行政许可过程中，未向申请人、利害关系人履行法定告知义务的，由其上级行政机关或者监察机关责令改正；情节严重的，对直接负责的主管人员和其他直接责任人员依法给予行政处分。从以上规定可以看出，环保行政机关实施环评审批行政许可，无论是应当编制环境影响报告书、报告表的建设项目，还是应当填报环境影响登记表的建设项目，只要直接关系他人重大利益都必须向利害关系人履行告知义务，听取其意见。

3. 应从宽掌握利害关系人的范围。在环境影响评价审批实践中，利害关系人的范围不好掌握，要求我们深入贯彻落实科学发展观，坚持以人为本，充分履行法定告知义务，从宽把握利害关系人的范围。随着社会经济的发展，环保宣传的深入，人们的环境意识不断增强，越来越关心周围拟建的建设项目对自己和家人的生命建康、生活学习、房产价值等产生的影响，不仅关心对环境可能造成重大影响的建设项目，对环境影响相对较小的报告表项目、登记表项目也要求听取他们的意见，由此引发的复议、诉讼案件呈上升的趋势。所谓“环境影响较小的建设项目”只是相对的，对相关的利害关系人来说环境影响不一定小。因此，环保行政机关应根据建设项目可能排放的污染物和对周边环境产生的影响等具体情况，按照《行政许可法》的规定，要求建设单位在报批环评文件时，提供建设项目周围相关利害关系人的概况、征求意见的方式、相关书面意见、联系电话等材料，必要时进行电话回访、实地调查核实，征求、听取他们的意见，确保利害关系人对相关建设项目环境影响评价的知情权和充分表达意见的权利（该案例被选登在《中国环境报》上）。

三、行政诉讼案例

小客车车主不服尾气治理通告行政诉讼案。基本案情：1999 年 10 月 29 日，车主张某和王某向国家环保总局提出行政复议，拒绝对其私车进行治理，理由是已安装了韩国的“马哥马”。市环保局于 11 月 29 日向国家环保总局领导报告了实际情况，但总局于 12 月 10 日分别作出复议决定，允许其按照双怠速标准进行年检。2000 年 1 月 12 日，市环保局以京环保气字[2000]9 号文件向总局紧急请示，解释“新标准”，“本标准对达到 DB11/105—1998《轻型汽车排气污染物排放标准》的车辆及其他车辆确定了双怠速排气污染物不同的排放限值”。1 月 13 日，赵以忻局长带队向解振华局长进行了汇报。国家环保总局于 2000 年 1 月 14 日，就姚远复议决定发函进行了解释，即同意市环保局的做法。1 月 20 日，市环保局尾气办向张某正式转达了总局的“解释”。

审理结果：2000 年 2 月，张某向海淀区人民法院提起行政诉讼，海淀法院裁定不予受理，继而又上诉到市第一中级人民法院。2000 年 8 月 9 日，市第一中级人民法院作出二审终审裁定：驳回上诉，维持海淀区人民法院原裁定。

继张某和王某案之后，车主李某因拒绝对其车按要求进行治理，于 1999 年 12 月底向国家环保总局提出复议申请；2000 年 2 月 28 日，总局下达了《行政复议决定书》。同年 3 月 7 日，李某持总局的复议决定书到市环保局，要求市环保局尽快执行复议决定，对其安装了“马哥马”

的车进行复检。市环保局有关同志当即表示要认真执行复议决定，但须按规定的复检程序执行，李某拒绝。4月初，李某向海淀法院提出行政诉讼。2000年12月20日，海淀区人民法院在开庭休庭后再次开庭审理，法庭在进行了一般性的调查后，又对相关事实进行了核对，最后宣判了长达19页的《行政判决书》，驳回了原告的诉讼请求。李某不服，提起上诉，二审法院裁定予以维持。至此，该案在经历了两年的时间后终结。

分析点评：1998年底，为遏制本市大气污染加重的趋势，市政府采取了控制大气污染的紧急措施。在党中央、国务院和中央驻京单位的支持下，经过全市人民的共同努力，到1999年2月底，紧急措施得到了较好落实，阻止了本市大气质量继续恶化。为巩固前一阶段的治理成果，在继续认真执行《北京市人民政府关于采取紧急措施控制北京大气污染的通告》的同时，市政府决定，1999年3月至9月为本市采取措施控制大气污染的第二阶段。第二阶段的目标和任务是：以控制扬尘污染为重点，加大治理煤烟型污染和机动车排气污染力度，进一步改善大气质量，以清洁优美的环境迎接建国50周年。

根据市政府第二阶段通告要求，市环保局与市交通局、市公安交通管理局分别于1999年5月7日和1999年7月7日联合发布了《关于对1995年以后领取牌证的小客车进行尾气治理的通告》《关于对具备治理条件的轻型小客车执行新的尾气排放标准的通告》。要求对具备治理条件的九种车型进行治理，达到规定的排放标准的予以年检。自此，拉开了在用车治理序幕。北京市环保局的这一举动在汽车领域引起了巨大的振动，各媒体竟相发表评论，褒少贬多。多数人认为“对在用车治理缺乏科学依据”,“治理在用车是侵犯车主利益”等。为此，一些小客车车主向上级行政机关申请复议我局，有的还将我局诉至人民法院。

随着国家经济的发展，汽车进入普通家庭，排放的污染物总量不断增加，成为我市大气污染的主要污染源之一。为了保护北京市的大气环境和公众健康，需要借鉴发达国家通行的做法，在改善燃油品质、不断提高汽车污染物排放标准、加大对在用的老旧车辆治理力度的同时，完善公共交通体系，方便市民出行。近年来，人们的环保意识不断增强，对市政府采取的限号政策、黄标车限行和鼓励淘汰奖励办法等一系列的机动车污染防治措施都给予了大力支持。

小区业主不服环保审批、诉不履行法定职责行政诉讼案。基本案情：2004年3月2日，朝阳区“东润枫景”业主万某、刘某等6人以不服我局环保审批、不履行法定职责为由，向海淀区人民法院提起行政诉讼。诉称自2001年5月入住东润枫景小区后，相继出现了不明原因的脱发、全身乏力、睡眠质量差、记忆力减退、抵抗力明显下降等症状，经调查证实是由两座广播电台中波发射塔产生的电磁辐射所致，遂提出判令我局认真履行法定职责、撤销作出的环保批复、调查解决东润枫景小区严重的电磁辐射污染事故等诉讼请求。

审理结果：在一审中，我局提交了原始监测记录、公文、公证书等证据，并经法庭举证质证。一审法院在查明我局依据《中华人民共和国环境保护法》和《建设项目环境保护条例》的有关规定，在法定的职权范围内，对一审第三人提交的《关于东润枫景住宅小区环境影响报告书》依法进行审查，并经过法定程序作出了审批决定，认为作出批复的行为认定事实清楚、适用法律法规正确、程序合法；依据《中华人民共和国环境保护法》的规定，确认我局对辖区内环境污染问题负有监管职责。在查明我局“针对污染源进行一系列的调查和监测活动，并开始着手进行现有条件下的防护工作和电台发射塔的选址工作，履行了法律赋予的环境监管职责”后，根据《中华人民共和国行政诉讼法》第五条“人民法院审理行政案件，对具体行政行为是否合法进行审查”的规定，于2009年12月20日作出本案所争议的电磁辐射污染问题仍然没有能够在根本上得到解决，属于行政行为的合理性问题，不属于人民法院审查范围，驳回原告的全部诉讼请求行政判决。原告不服，向北京市第一中级人民法院提出上诉，二审法院最终于2010年12月20日维持了一审判决。

分析点评：北京人民广播电台的（804）中波发射台及发射塔建成于1968年，当时并未对周边环境和群众生活产生不良影响，后来因城市发展才逐渐产生环境纠纷。在我国现行的法律和行政法规中，规范环境影响评价的有《环境保护法》《环境影响评价法》和《建设项目环境保护管理条例》。《广播电视设施保护条例》规定的执法机关为“负责广播电视行政管理工作的部门或者机构”以及“城市规划主管部门”，并未包括环境保护行政主管部门。在本案中，涉案项目已经得到了规划部门的批准，有理由相信该项目符合条例的规定。环保行政机关在对该项目作出批复时，仅应就东润枫景小区项目是否产生污染以及可能对周围环境造成的影响作出评价，否则就有越权之嫌。随着北京人口的增加，市区不断扩容，房地产开发见缝插针，房屋建设密度增大，原有规划建设的一些公共设施，如输变电站、无线电发射塔、传染病医院等都成为后建小区居民投诉的热点，环保部门也成了被告之一。据了解，市政府有关部门、朝阳区人民政府已将该中波发射台及发射塔”列入搬迁计划。为了妥善处理本案，消除社会不安定因素，我局建议相关单位抓紧协调落实搬迁事宜。

赵某不服有关危险废物监管信息公开诉讼案。基本案情：2010 年 3 月，某区万象新天小区居民赵某分别以不服市环保局向其公开的临时危险废物经营许可证的依据、未向其公开高安屯医疗垃圾焚烧场换发经营许可证提交的监测报告为由，向海淀区人民法院提出了行政诉讼。

原告诉称是居住在高安屯医疗垃圾焚烧场附近的居民，自 2006 年入住以来，一直受到高安屯医疗垃圾焚烧场的烟气和臭味的侵害，严重影响了正常生活。原告了解到该医疗垃圾焚烧场试运行达 4 年之久，烟气检测系统未按国家《建设项目环境保护管理条例》的规定同时投入使用。2009 年 11 月 9 日，原告向被告申请公开有关信息。2009 年 11 月 27 日，被告作出书面回复，回复中对于原告提出的第一项申请只字未提，且其中所提到的两部法律并没有关于《临时危险废物经营许可证》的相关规定。2010 年 1 月 7 日，原告又向被告提出了信息公开的申请，原告填写了 3 份申请，并要求分别予以答复。2010 年 2 月 23 日，被告依然合并回复了原告的 3 份申请。因此，原告请求人民法院判决被告向原告公开关于颁发《临时危险废物经营许可证》的相关法律依据；如果该信息不存在，请被告书面回复信息不存在。

被告辩称原告赵某居住的万象新天小区距离高安屯医疗垃圾焚烧场约 3 km，原告当庭自认其居住的万象新天小区距离高安屯医疗垃圾焚烧场约 2.5 km。原告与本案被诉行政行为没有法律上的利害关系，不具备提起本诉的原告主体资格，对其起诉应予驳回，并提供了相关的证据材料。

审理结果：海淀区人民法院经审理认为，依照最高人民法院《关于执行〈中华人民共和国行政诉讼法〉若干问题的解释》第十二条之规定，提起行政诉讼的原告，应当是与被诉具体行政行为有法律上的利害关系的公民、法人或者其他组织。《医疗废物管理条例》（中华人民共和国国务院令第 380 号）第 24 条规定，医疗废物集中处置单位的贮存、处置设施，应当远离居（村）民居住区、水源保护区和交通干道，与工厂、企业等工作场所有适当的安全防护距离，并符合国务院环境保护行政主管部门的规定。《医疗废物集中处置技术规范》（试行）（原国家环境保护总局环发[2003]206 号）第五章 5.1.3 规定，处置厂选址应遵守《医疗废物管理条例》第 24 条规定，远离居（村）民区、交通干道，要求处置厂厂界与上述区域和类似区域边界的距离大于 800 m。本案中，原告赵某已在庭审中自认其居住的万象新天小区距离高安屯医疗垃圾焚烧场约 2.5 km，该距离已经远远大于前述《医疗废物集中处置技术规范》（试行）规定的 800 m 的距离。鉴于原告居住小区与高安屯医疗垃圾焚烧场的距离并非在 800 m 之内，故被告市环保局对原告提出的“公开关于颁发《临时危险废物经营许可证》的相关法律依据”的政府信息公开申请，是否进行答复以及如何答复，对原告的权利义务不产生实际影响，原告与本案被诉行政行为没有法律上的利害关系，不具备提起本诉的原告主体资格，对其起诉应予驳回。2010 年 5 月 21 日，下达裁定驳回了原告赵某的起诉。

分析点评：原告因在买房之前考察不周，待入住后才发现小区附近有高安屯医疗垃圾焚烧场，感觉受骗上当了，找有关开发商要求退房未果，遂将环保部门告上法庭，希望达到关闭该垃圾焚烧场、提高生活质量的目的。危险废物的处置主要有填埋法、焚烧法等方法，要求严、代价高。如果处理技术不过关、财政投入不足、宣传不到位，人们会产生“邻避效应”，即谁也不愿意生活、居住在其附近。市委市政府和环保部门对此项工作一直都很重视，不断加大投入、管理和宣传，逐步得到了附近居民的接受和认可。

在向高安屯项目颁发临时危险废物经营许可证时，并未降低其取得危险废物经营许可证的条件，只是为了敦促其尽快达到环保验收的条件，将法规规定的 5 年期限缩短为 3 个月或半年。为便于区分，将此短期限的危险废物经营许可证标注为“临时”许可证。颁发临时危险废物经营许可证的做法，对原告有益无害。以颁发临时许可证的形式缩短项目在试运行期间的许可证期限的做法，完全是为了保护包括原告在内的广大人民群众的利益，客观上也不可能对其造成任何伤害。

四、启示

随着本市经济社会的发展，人们对环境质量越来越重视，环境保护工作的压力不断增大，环保行政机关加大了行政执法力度，产生的行政复议和行政诉讼案件也在增加。在办理的案件中，有不服行政处罚、环评审批许可和信息公开等案由，涉及拆迁补偿、污染损害赔偿、罚款等当事人切身利益，处理难度较大。为了将环境行政争议化解在初始阶段、化解在环保系统内部，在审理复议案件和行政应诉过程中，认真听取申请人或原告的诉求，耐心细致地讲解环保法律法规，做好矛盾化解工作。主要有以下体会和启示。

（一）畅通复议案件受理渠道，注重解决实际问题，才能充分发挥行政复议化解争议的功能。在开通和完善网上受理程序、局全权代理室接待通知、法制处指定专人负责等方面相互衔接，进一步畅通行政复议案件受理渠道，不断方便当事人申请行政复议。坚持“以人为本、复议为民”的办案宗旨，在办案过程中充分发挥行政复议便捷、高效解决问题的优势，联合区县环保局做好有关工作，努力提高办案效率和质量，受到申请人的好评。

（二）耐心细致地做好解释说服工作是处理好有关社会热点、敏感问题的关键。有关申请人以生产、生活和科研等需要为由，申请公开相关政府敏感环保信息，案件处理难度较大。2011 年底和 2012 年 7 月，某报记者、环保志愿者（NGO 组织成员）不服我局不予公开 2011 年年底前 $PM_{2.5}$ 监测数据、“2010 年及 2011 年度北京市强制性清洁生产审核的二噁英重点排放源企业名单”环境信息的决定，分别向环境保护部申请行政复议，请求责令我局立即向申请人提供上述环境信息。虽然申请人申请获取的上述政府环境信息不存在，但为了避免环保机关是否应该履行制作或者获取并公开有关敏感环境信息义务成为媒体炒作的热点，我局多次同申请人沟通，获得了申请人的理解与支持，使其撤回了行政复议申请。

（三）以案说法是不断推进依法行政工作的重要环节。为深化案件办理效果，在案件审结后，结合行政复议法的规定和案件的具体情况，我局同有关区县环保局领导、一线执法人员进行了座谈交流，以案说法，研究具体行政行为事实清楚、程序合法、证据确凿、适用依据准确等要求之间的相互关系，探讨了政府信息公开、履行查处环境违法行为职责、淘汰落后产能过程中遇到的热点和难点问题，收到了既宣传行政复议法等法规，又从源头上预防环境行政争议，减少环境行政复议案件的效果。

第五节　环保普法

1985 年 11 月，中共中央、国务院转发了中宣部、司法部《关于用五年左右时间向全体公民基本普及法律常识的五年规划》。同年 12 月，全国人大常委会作出了《关于在公民中基本普及法律常识的决定》。由此展开了一场全民普法活动。这是在“文革”后拨乱反正的特殊时期和计划经济体制下开展的全民活动，具有启蒙式的扫盲运动性质。自 1980 年以来，先后经历了“一五”普法前（1980—1985 年）、“一五”普法（1986—1990 年）、“二五”普法（1991—1995 年）、“三五”普法（1996—2000 年）、“四五”普法（2001—2005 年）、“五五”普法（2006—2010 年）和“六五”普法（2011—2015 年）七个法制宣传教育阶段。

一、“一五”普法前

1980—1985 年，市环保局重点组织开展了对新出台环保法律法规文件的宣传教育活动。

1980 年 3—4 月，结合贯彻实施《中华人民共和国环境保护法（试行）》，根据国务院环境保护领导小组的通知，北京市首次开展了环境保护宣传月活动。市环保局以宣传环保法为重点，转发了“全国环境保护宣传月宣传提纲”，印发《环境保护法》2 万份，组织放映环保科技电影 58 场，观众达 5 万多人。城近郊区展出环境保护宣传图片 20 套、800 多张，举办报告会和学术讲座，宣传环保法规，普及环境保护科学知识。

1981—1984 年，国环办、建设部先后发出通知，要求结合贯彻国务院《关于加强国民经济调整时期环境保护工作的决定》和第二次全国环境保护会议的精神，集中时间和力量开展环境保护宣传活动。市环保局转发通知，制订宣传计划，重点宣传中央书记处对首都建设方针的四项指示，以及环境保护方针、政策、典型经验、环保科学知识等。各区县和有关部门广泛运用报纸、杂志、电视、电影、图片、展览、咨询、专题讲座、征文比赛等多种形式，组织宣传环保法规，吸引广大群众参加。

1982 年 5 月，市政府颁布了《北京市执行国务院〈征收排污费暂行办法〉的实施办法》，《北京日报》全文刊登，《环境保护》杂志以答记者问形式，详细介绍了办法的内容。

1984 年，市政府颁布了《北京市防治大气污染管理暂行办法》《北京市环境噪声管理暂行办法》和《北京市废气排放标准》等 3 个行政规章。市环保局和有关部门联合召开记者招待会，通报有关情况和行政规章的主要内容，《北京日报》全文刊登，北京市的报纸、广播电台、电视台和部分中央新闻媒体也及时报道了实施的情况。

二、“一五”普法

1986—1990 年，市环保局结合局中心工作，对新颁布实施的地方环保法律法规开展宣传教育活动，同时在局内部积极提供法律服务，将环保相关法律法规、文件资料及时汇编成册。

对水相关法律法规开展宣传活动。1985 年 7 月，市政府发布《北京市密云水库、怀柔水库和京密引水渠水源保护管理暂行办法》，同年 9 月，市人大常委会颁布《北京市实施〈中华人民共和国水污染防治法〉条例》。为贯彻实施有关地方法规，市环保局组织各区县通过举办讲座、广播、幻灯、录像、展览等各种方式，宣传水污染防治法规，普及防治水污染、保护水资源的知识。

对大气相关法律法规开展宣传活动。1988 年 7 月，为配合《北京市实施〈中华人民共和国大气污染防治法〉条例》的颁布实施，市环保局拟定宣传口号、宣传提纲，编印了大气污染防治法宣传手册和《防治大气污染，改善环境质量》录像片，各区、县开展了多种形式的宣传活动。

及时汇编环保法律法规。为使环保干部和有关单位掌握国家和地方法规，至 1990 年，市环保局编辑出版了《北京市人民政府颁布的三个环境保护法规专辑》《环境保护法规选编》（第一、二集）、《水污染防治法规选编》《环境保护法规手册》《环境保护政策选编》（第一、二集）等文件资料和法规汇编，供市、区县及有关部门学习使用。

三、“二五”普法

1991—1995 年，市环保局围绕工作中心，成立了局法制宣传领导小组，并制定了《关于在职工中开展法制宣传教育第二个五年规划》。按照规划，突出加强行政法规和环保相关法规的学习，开展了多次法律法规宣传培训。

成立领导小组，制定法宣规划。1991 年，根据中共中央、国务院批转的《中央宣传部、司法部〈关于在公民中开展法制宣传教育的第二个五年规划〉的部署》和北京市委、市政府批转的《市委法制宣传领导小组〈关于贯彻落实全国“二五”法制宣传教育规划〉深入开展法制宣传教育的意见》，市环保局为全面落实“二五”普法教育，成立了局法制宣传领导小组，制定了《关于在职工中开展法制宣传教育第二个五年规划》，对法制宣传教育的对象、内容、目的、要求和方法步骤等进行了规定。

组织开展法律法规宣传培训。根据《规划》安排，采取定期授课辅导和考试、组织集体阅读、举办知识竞赛、编辑板报等多种方式，完成了全市环保系统职工关于《宪法》《行政诉讼法》《义务教育法》《国旗法》《国徽法》《游行示威法》《婚姻法》《残疾人保障法》《保密法》《反不正当竞争法》《档案法》和《劳动法》《关于禁毒的决定》《关于惩治走私、制作、传播淫秽物品犯罪分子的决定》《北京市计划生育条例》《北京市反不正当竞争条例》等法律法规的宣传培训。同时，组织 57 名处级干部集体学习了《社会主义法制建设讲话》和《宪法讲话》，并完成了 610 名职工关于《宪法》《国旗法》等法律的考试。针对青年职工，举办了三期青工轮训班，35 岁以下职工全部参加了轮训。

突出加强行政法规和环保相关法规的学习。在“二五”普法教育中，特别加强了全体职工，特别是局系统各级领导干部和执法人员对行政法律和环保法律、法规、规章的学习，系统学习了《环境保护法》《行政诉讼法》《国家赔偿法》《行政复议条例》和《北京市执行行政处罚若干规定》等。针对上述法律、法规举办了专题培训班、研讨班，请国家部委、市政府相关委办局、法院等部门的领导、专家讲课，就国家赔偿、行政诉讼、行政复议的证据、被告方应作的工作、开庭审理、提高胜诉率和规范法律文书等问题，进行了专题讲解和研讨，并对执法处罚中存在的具体问题给予指导和纠正。学习培训后，组织执法人员进行统一考试，考试合格后，由市局法制处发给经市政府批准的《环保监察证》。对于考试不合格者，暂停执法资格。

四、“三五”普法

1996—2000年，市环保局结合环保中心工作，成立局法制宣传领导小组，制订普法计划，重点完成了对全市环保系统各级领导、政府其他部门以及基层执法人员的法制培训教育工作，并抓住时机对外做好相关法制宣传工作。

成立“三五”法制宣传领导小组，制定普法计划并做好总结工作。为更好开展“三五”法制宣传教育工作，市环保局成立了工作领导小组。按照中共中央《1996—2000年全国干部教育培训规划》要求，在《北京市环保局“九五”干部教育计划》中，制定了“三五”普法工作的年度计划和宣传规划，提出了突出宣传教育，引导公众参与；推进法规落实，促进污染防治；力求务实进取的宣传工作思路。对公务员、专业技术干部的法律法规培训、教育提出了具体目标，要求所有业务处室的公务员必须熟练掌握并准确运用环保法规和行政法规，提高执法水平。并对经费投入、考核机制等作出了具体要求。在“三五”普法总结验收阶段，按照市依法治市领导小组《北京市“三五”法制宣传教育总结验收工作意见》要求，市环保局成立了以赵以忻局长为组长的检查验收领导小组，负责指导全系统“三五”普法工作的自查、总结和验收，并专门下发了《关于做好“三五”普法工作总结的通知》，要求各区县环保局和直属各单位按照要求，结合实际，在规定时间内做好自查。总体来看，“三五”普法期间，市环保局始终强调要依法行政，必须先懂法、知法、学法、宣传法，在每年的工作计划中对法制工作提出要求，坚持法制宣传与中心工作共同研究、共同布置、共同检查、共同总结评比。班子主要成员带头守法和依法办事，坚持原则，对说情者明确拒绝；有问题领导带头深入执法一线处理难题；重大事项集体讨论，不搞“一言堂”；在法制宣传上敢于投入，尽量满足法制宣传工作需要，“三五”期间每年用于法制宣传教育的费用均在50万元以上，收到了良好的法制宣传效果。

定期组织全系统执法人员培训考试。“二五”期间，市环保局每年定期对全系统执法人员进行培训考核。1998年，市环保局编制了《北京市环保系统行政执法人员环保法律知识培训考核大纲》，对北京市环保执法人员进行培训考核的时间、内容、方法和效果作出规定。按照大纲要求，对全系统执法人员分别进行了《中华人民共和国大气污染防治法》《中华人民共和国固体废物污染环境防治法》《中华人民共和国噪声污染环境防治法》《中华人民共和国水污染防治法》《中华人民共和国行政处罚法》《行政复议法》及《统计法》《档案法》《保密法》等行政法律基础知识和环保法律知识的系统培训。经过培训和考试，北京市环保执法人员 100%持证上岗。同时创新培训模式，采取集中和分散相结合的培训方法，由市环保局集中培训局机关行政执法人员和各区县环保局局长、主管法制工作的副局长和执法科长；各区县环保局分别培训本单位的执法人员，市环保局统一命题进行考核。建立了北京市环保执法人员法律知识考核“个人成绩档案卡”，执法人员每次法律知识考试的成绩都登记在档案卡上，作为核发环保监察证件的依据之一。

各级领导带头参加普法培训，认真学习有关法律法规。“二五”普法期间，结合机构改革后的人员变化，43位区县环保局长接受了岗位培训，强化了基层领导的环保知识和法律意识。

做好政府其他部门各级领导关于环保相关法律法规的普法工作。市委、市政府领导和理论中心组多次举办专题讲座，请唐孝炎院士、赵以忻局长、市环保监测中心潘曙达主任等专家分别介绍北京市环境污染防治及环保法律法规贯彻情况。市环保局在市委党校、北京行政学院开设了环保课程，加强各级领导和国家公务员的环境法律意识的教育。各区县环保局也与各级党校联合做好环境保护知识教育，将环保法律、法规内容列入领导干部培训大纲，使领导干部的环保法规培训进一步制度化、规范化，提高领导依法决策水平。

利用首都的特殊地位，抓住时机做好相关法制宣传工作。一是在1996年全国人大常委会在京检查时，北京市对大气和水污染防治法、噪声污染防治条例、建设项目管理办法、排污收费管理办法、森林法、野生动物保护法、水土保持法、土地法等法规的实施情况进行了认真的自查。全国人大环保执法检查组在京8天中，充分结合法律法规执行情况进行宣传，11家中央新闻单位发稿44篇，北京新闻单位发稿74篇，专项报道8篇，由于联系实际，收到极好效果。检查组对北京的宣传工作给予了充分肯定。二是1996年，国务院在《关于环境保护若干问题的决定》中，提出“取缔、关闭和停产15种污染严重企业（以下简称取缔、关停‘十五小’）。取缔、关闭污染严重的“十五小”企业，工作难度大，困难多，北京市有关部门和各区县在执法中做好普法宣传，强化相对人的守法观念，深入关停企业进行环保法律法规宣传，采取措施妥善安置生活困难人员，保证了北京市取缔、关闭、停产36家污染严重的企业的任务按时完成，市政府领导小组邀请部分特约监察员，对海淀区政府、化工集团和机械局进行了重点抽查。由于宣传到位，措施落实，被关停企业无死灰复燃现象。三是1997年，结合对占北京市污染负荷80%的200多家排污大户进行的排污申报登记，对重点企业深入进行了环保法律法规的宣传教育，为排污申报登记奠定了良好的基础，保证了排污申报登记工作的顺利进行。2000年5月，市环保局举办了专题法规培训班，对25家未按期做到污染物达标排放而被再次限期治理的工业企业负责人进行了环境保护法规的培训。

五、“四五”普法

2001—2005年，市环保局根据中宣部、人事部、司法部《关于在公务员中开展学法用法活动和进行依法行政培训的意见》的要求和国家环保总局《关于开展环境法制宣传教育的第四个五年规划》的安排，制订普法规划、明确工作思路，面对基层执法人员、环保系统工作人员和政府其他部门开展多次法律培训，并注重在执法中做好普法宣传，强化行政相对人的守法观念，同时做好环保新法规的公众宣传工作。

制订法宣工作规划，明确“四五”普法思路、指导思想。2001年9月19日，市环保局印发了《关于开展环境法制宣传教育的第四个五年规划》，明确了环保系统“四五”普法的指导思想，确定了“四五”普法的总体目标，提出了突出宣传教育，引导公众参与，推进法规落实，促进污染防治，力求务实进取的宣传工作思路，将各级环境保护部门公务员特别是行政执法人员、环境保护行政管理相对人特别是具有较大环境影响的企业事业单位和社会公众作为环境法制宣传教育的重点对象。

聘请法律专家讲授法律知识，提高工作人员的素质。为提高环保系统工作人员的法律水平，坚持每年聘请法律专家为执法人员讲解有关法律，要求环境管理人员认真学习、深入研究有关法律法规，弄通弄懂法律规范的内涵和外延。2002 年，针对“入世”后现行环境管理观念、体制、方式、手段需要进行深刻变革的实际情况，结合加入 WTO 后形势的需要，聘请全国人大环资委法案室孙佑海主任和中国政法大学马怀德教授等讲授行政法律法规、WTO 规则及入世后依法行政的要求。2003 年，邀请国家环保总局法规司司长彭近新对《中华人民共和国环境影响评价法》进行专题讲座，局领导及所有处室的负责人和审批工作人员参加了学习。2004 年，《中华人民共和国宪法修正案》通过后，请宪法讲师团成员李林教授讲授宪法的原则、精神实质、科学内涵和主要内容，努力提高机关工作人员的宪法和法制意识，牢固树立党的领导、人民当家作主和依法治国有机统一的观念，增强切实按照宪法和法律赋予的权力，自觉维护宪法的权威，履行自己的职责，严格执法。为加强环保系统工作人员的法制观念，提高依法行政能力，2004 年 4 月 23 日，市环保局组织局机关全体公务员以及直属单位人员学习了国务院法制办汪永清副主任和全国人大法律委员会委员张春生的行政许可法讲座，并于 7 月 19 日召开了“北京市环保系统贯彻实施行政许可法会议”，由市环保局法制处和环境影响评价处的负责人对环境保护所涉及的行政许可事项进行逐一讲解。2004 年 10 月 22 日，市环保局举行“水污染防治”讲座，由庄志东副局长主讲，并由此拉开了市环保局“领导讲法”系列讲座的序幕。2004 年 10 月 29 日，邀请北京市第一中级人民法院副院长李新生作有关“依法行政”的讲座。李新生院长结合行政诉讼案例，重点讲述了公务员应当具备的职权法定观念、率先垂范观念、行政机关无终局裁判权的观念、遵守程序的观念和违法必究的观念，同时指出了行政机关在执法中普遍存在的一些问题。五年来，市环保局先后聘请全国人大、国家环保总局、清华大学、中国政法大学、北京大学等机关、院校的 20 多位专家、教授为工作人员进行了各类法律法规的培训，有效地提高了全体工作人员自觉守法和依法行政的意识和水平。

加强基层执法人员的法制培训。一是创新培训方式和内容，全方位开展法制培训。“四五”普法期间，市环保局每年定期采取集中与分散相结合的方法，对全系统执法人员进行培训考核。市环保局集中培训局机关行政执法人员和各区县环保局局长、主管法制工作的副局长和执法科长；各区县环保局分别培训本单位的执法人员。法制培训的内容不仅包括环境法规，还扩展到行政法规、经济法规、民事法规、刑事法规以及有关司法解释；在培训中注重实效，特别注意结合环境执法的工作实际和典型案例。二是重视培训实效，严格执法证获取条件。2002 年，结合换发执法证件，市环保局编制了统一教材，对全市环保执法人员进行了行政法和环保专业法规的全面培训，分别进行了《行政诉讼法》《中华人民共和国行政处罚法》《行政复议法》《中华人民共和国水污染防治法》《中华人民共和国大气污染防治法》《中华人民共和国固体废物污染环境防治法》《中华人民共和国噪声污染环境防治法》《北京市实施〈中华人民共和国大气污染防治法〉办法》和《北京市实施〈中华人民共和国水污染防治法〉办法》等行政法律基础知识和环保法律知识的系统培训。培训工作完成后，市环保局编制了 A、B、C 三份不同考卷，对北京市 612 名环保行政执法人员进行了统一考试，将成绩作为核发环保监察证件的条件之一。通过培训，增强了执法人员的业务素质，提高了环保部门依法行政的能力和水平。三是结合执法需要，开展专题培训。为保证环境保护行政执法人员处罚合法、合理并符合程序要求，市环保局邀请北京市高级人民法院和市法制办的领导为北京市执法人员讲授了《最高人民法院关于行政诉讼证据若干问题的规定》和行政案卷评查标准。

保证执法效果，做好其他政府部门环保法规培训。2002 年，市政府将 7 项环境保护执法职能划归城管监察部门，为了更好地执行环保法律法规，2003 年应城管监察部门的要求，市环保局法制部门针对这 7 项职能为城管监察部门详细介绍了执法所依据的法律法规情况、环保部门以前执法过程中经常遇到的一些问题和执法中应当注意的主要问题。累计进行了 20 多场，共有 3000 多名城管监察干部和执法人员系统进行了学习。

在执法中做好普法宣传，强化行政相对人的守法观念。执法需要管理相对人的支持，通过宣传教育和普法，加强对企业负责人、环保管理人员的培训，使管理相对人知法、懂法、守法，在行政执法活动中能够积极配合行政机关纠正违法行为。在市环保局每年组织的“严肃查处环境保护违法行为专项行动”和其他环境执法检查中，通过查处环境违法案件，开展生动的环境法制宣传教育，利用身边的事，教育周围的人，收到了查处一案，教育一片的良好效果。对一些突出的环境违法行为，及时通过广播、电视、报纸等新闻媒体，给予批评和“曝光”，促进了环境违法案件的解决，增强了环境法制的威慑力，起到了很好的环境法制宣传教育效果。

结合新法实施，做好社会公众普法宣传工作。2005 年，为配合《固体废物污染环境防治法》（以下简称《固废法》）的实施，编辑印制《固废法》宣传手册、画册各 1 万套，发放给企事业单位和社区百姓；开展了“建设新北京，办绿色奥运，百万纸袋送百姓”活动，向社会各界人士免费发放 500 万个印有《固废法》相关内容的环保纸袋，4 月初又组织了大型社会宣传活动，在北京市 300 多家加油站发放环保纸袋和宣传材料，对新法实施起到了较好的宣传效果。

六、“五五”普法

2006—2010 年，市环保局根据市委宣传部、市司法局《关于在北京市开展法制宣传教育的第五个五年规划》、国家环境保护总局《关于开展环境法制宣传教育的第五个五年规划》的安排，紧紧围绕实现“新北京、新奥运”战略构想和建设“人文北京、科技北京、绿色北京”的新要求，在局法宣领导小组领导下，按照工作计划，加强工作人员对新颁布环保法规的培训学习，特别是突出对执法人员的专门培训、规范执法行为，同时注重面向社会公众的深度普法，广泛开展“法律六进”活动，收到了较好的法制宣传培训效果。

成立“五五”法制宣传领导小组，制订工作规划。为保障“五五”法制宣传教育阶段各项工作的顺利开展，成立了由局长任组长的领导小组，组织制订了环保法制宣传教育规划，健全法制宣传教育制度，全面加强法制宣传教育工作，为成功举办有特色、高水平的奥运会和全面推进首都环境质量持续改善、促进首都现代化建设营造良好的法治环境。

针对环保系统工作人员加强新颁布环保法规的宣传培训。采取自学与集中学、专家授课与专题讲座、条款学习与案例分析等多种形式，先后培训 2 万余人次，取得了良好的效果。在做好宣传培训的同时，先后向北京市环保系统下发环保法规、标准汇编和法规、标准单行本 2.5 万余册。一是贯彻实施《中华人民共和国水污染防治法》，市环保局特邀全国人大环境资源保护委员会法案室孙佑海主任为全市环保系统负责人、执法人员、法制工作者及有关技术人员作了水污染防治法修订报告。收集整理修订后的《水污染防治法》在实施中遇到的问题，联合市人大常委会法制办和城建环保办、市法制办、市水务局开展调研，为北京市制定《北京市水污染防治条例》奠定了良好的基础。二是加强宣传和贯彻《北京市环境噪声污染防治办法》，为提高广大干部和执法人员对该办法理解和运用，开展了一系列宣传和培训工作。召开《噪声防治办法》培训工作会议，邀请市政府法制办王金山副主任结合《噪声防治办法》的制定过程和背景，详细介绍了噪声污染防治的具体措施，重点讲解了各有关部门在环境噪声污染防治工作中的监管职责。编制相应的宣传材料（包括《防治办法》单行本和社会普及读本），及时向有关工作人员和社会公众发放。在噪声立法中引入了公众参与程序，通过局网站进行了为期一个月的广泛征求群众意见。共收到信件 105 封、电子邮件 91 封，网上论坛产生了 58 个讨论主题，一些主题的点击量达到 200 次以上。三是举办《限期治理管理办法（试行）》讲座培训。为有效实施修订后的《水污染防治法》关于限期治理的规定，加大水环境执法力度，2009 年 8 月 19 日，邀请《限期治理管理办法（试行）》的主要起草人为市环保局机关、直属各单位和各区县环保局相关人员近 200 人进行了讲解辅导。四是组织《规划环境影响评价条例》宣传培训。国务院《规划环境影响评价条例》颁布后，市环保局分别于 2009 年 9 月 29 日、10 月 9 日邀请该条例的主要起草人为市环保局机关及直属各单位相关人员进行讲解辅导，并组织市发展改革委、市经济信息化委、市规划委、市国土局、市交通委、市农委、市水务局、市旅游局、市园林绿化局举办专题研讨会。参加研讨会的各单位主管领导及法制、规划部门负责人，针对如何贯彻实施《规划环评条例》进行了认真讨论。五是讲解《消耗臭氧层物质管理条例》。2010 年 4 月 8 日，国务院令公布《消耗臭氧层物质管理条例》。为准确理解和贯彻落实该条例，7 月 23 日特邀请环境保护部、北京市环科院的专家对条例的主要内容和北京市的具体情况进行讲解。六是其他相关法规的宣传和培训。重点学习了《宪法》《行政诉讼法》《国家赔偿法》《行政处罚法》《劳动合同法》《公司法》《合同法》《公务员条例》《信访条例》等。

突出对执法人员的专门培训，严格执法证领取条件。一是开展《环境行政处罚办法》讲座。2010 年 3 月 5 日，邀请环境保护部环境监察局有关领导为市环保系统 300 余名环境行政执法人员，详细讲解了《环境行政处罚办法》修订的必要性、起草过程、需要重点说明的问题等方面内容。通过案例分析，对涉及的立法、法律适用方面的法学原理进行了剖析，并解答了大家提出的问题。二是组织法律知识培训考核工作，严格执法证申领管理。为贯彻落实市政府《北京市行政处罚执法资格管理办法》，配合北京市环境保护行政执法人员执法证件的管理，根据《北京市环境保护行政执法证件管理办法》的规定，市环保局启动了环保系统行政执法人员法律知识培训考核工作。邀请有关专家学者为全体执法人员讲解公共法律知识和机动车等流动源污染控制、辐射污染防治等方面的专业知识。培训结束后，需领取执法证件的 800 余人全部参加并通过了公共法律知识和专业知识考试。三是进一步规范行政处罚具体行政行为。为进一步规范环保行政处罚执法行为，不断提高环保行政执法水平，2010 年 11 月 4 日邀请市政府法制办公室有关领导讲解《北京市行政处罚案卷标准》和《北京市行政处罚案卷评查评分细则》。

加强对社会公众的环保法制宣传，认真开展“法律六进”活动。一是以阵地建设为抓手，开展“法律进机关”活动。在机关大厅安装电子屏，定期更新宣传环保及相关法律知识；设立自由索取处，免费发放有关环保法规、文件、行政许可服务指南等；开设环保法律咨询热线，及时解答群众咨询。二是以送法下乡为抓手，开展“法律进乡村”活动。在公路两侧设置环保宣传灯箱、道旗，创办普法专刊，利用广播、电视等广泛宣传黄标车淘汰等环保政策、法规。三是以提供服务为抓手，开展“法律进社区”活动。通过申报国家级绿色社区、到社区开设环保课堂、宣传节能环保法规、提供节水小窍门等推动绿色社区建设。丰台区环保局举办环保知识进社区赠书活动，投资十万余元，惠及 100 个社区几十万群众。四是以环保课堂为抓手，开展“法律进学校”活动。在北京市大中小学开展环保法律知识答题、演讲比赛、首都高校环境文化周、“千名青年环境特使”培训等活动，定期对中小学环境教育开课情况进行检查。五是以提高环境意识为抓手，开展“法律进企业、进单位”活动。每年定期组织企业法定代表人、负责人进行环保法规培训，推行企业聘请法律顾问制度，提高企业经营管理人员的环保法律意识和依法经营的能力。宣武区环保局紧紧围绕本市各阶段控制大气污染措施的重点工作和中心任务，加强了对本区工业企业、餐饮服务业等行业和居民的法制宣传教育力度，先后向全区 1 000 余家企事业单位发放了《排放污染物申报登记管理规定》，向群众发放《黄标车政策宣传》等宣传材料 7 万余册，《煤改电 35 问》《致居民的一封信》等 7 万余份，《致企业经营者的一封信》《致子站周边居民的一封信》近 5 000 封。

七、“六五”普法

2011 年“六五”普法开展以来，市环保局紧紧围绕市委、市政府的中心工作和“十二五”规划，紧密结合环保工作实际，通过总结“五五“普法工作，加强领导干部和公务员、特别是执法人员的法制培训，积极利用环保法制宣传新媒介，广泛开展以环境保护相关法律法规为重点的法制宣传活动，积极营造浓厚的法治氛围。

坚持抓好组织领导，做好“五五”普法总结表彰和“六五”普法启动工作。2011 年正值“六五”普法工作的启动之年，市环保局及时调整了依法行政领导小组和法制宣传领导小组成员，进一步明确了领导小组职责、工作制度，并制定了《北京市“十二五”时期环境保护依法行政规划》，其中对“六五”期间的法制培训、宣传等工作进行了部署。同时，按照市法宣办和市人力社保局的要求，在局内组织开展法制宣传工作先进集体和个人评选，宣传先进事迹，树立典型。领导小组的调整、规划的制定和先进评选总结，使“六五”普法工作有了良好的开端。

提高工作人员法律素养，加强领导干部和公务员法制培训工作。一是局领导带头加强依法行政学习。建立局依法行政工作小组集体学习和局务会会前学法的长效机制，制定年度学习计划。按照计划，局领导先后学习了新颁布法律法规以及国务院、环境保护部、市委、市政府下发的重要文件，具体包括《水污染防治法》《刑事诉讼法（第二次修正案）》《行政强制法》《国务院关于加强法治政府建设的意见》《北京市人民政府关于加强法治政府建设的实施意见》《北京市大气污染防治条例》《中华人民共和国环境保护法》《中华人民共和国固体废物污染环境防治法》《中华人民共和国行政复议法》等法律法规和文件。特别是2013年，为贯彻落实党的十八大精神和市政府绩效管理工作要求，提高依法行政水平，市环保局将领导干部学法计划纳入了局中心组2013年度学习安排。二是组织开展新出台和与重点工作相联系法律法规的宣传培训工作。具体工作：2011年举办了《北京市水污染防治条例》《中华人民共和国行政强制法》《刑法修正案（八）讲座》，推进行刑衔接、环境执法后督查办法等讲座；2012年组织了《刑事诉讼法（第二次修正案）》和《中华人民共和国招标投标法实施条例》讲座；2013年上半年针对目前全国水污染事件频发、北京市水污染信访急剧增加的形势，组织市环境监察总队执法人员开展了《水污染防治条例》讲座培训，以及《最高人民法院、最高人民检察院关于办理环境污染刑事案件适用法律若干问题的解释》专题培训讲座，共约160人次工作人员参加了培训；2014年举办《北京市大气污染防治条例》《中华人民共和国环境保护法》《中华人民共和国行政诉讼法》专题讲座；2015年组织举办2015年度全市环保系统依法行政培训班，邀请天津大学法学院、北京市第四中级人民法院副院长、

2014年，大气污染防治条例宣传工作座谈会

环保部政策法规司法规处和中国政法大学法学院负责人、专家，分别对《环境保护法》《行政诉讼法》《大气污染防治法》和十八届四中全会精神建设法治政府等问题进行深度解读。三是认真组织局系统和区县环保局工作人员参加市法宣办、市政府法制办和环境保护部等单位举办的法制培训。为进一步提高我局工作人员政策法制业务水平，增强依法行政能力，我局每年积极参加市法宣办、市政府法制办开展的专题培训，并组织相关处室及区县环保局工作人员参加环境保护部举办的全国环境法制岗位培训班和环境经济政策培训班。四是认真做好基层执法人员法律专业知识培训工作。按照《北京市环境保护局法制培训办法》和《北京市环境保护行政执法证件管理办法》的规定，为做好基层执法人员的法制培训，我局每年定期组织全市环保系统基层执法人员的环保专业法律知识培训。培训内容紧密围绕本市环境监察工作实际，从环境监察基础知识和实际应用两方面聘请相关专家进行授课，涉及环境监察、行政处罚、排污申报、在线监控应用、稽查和督查、国外环境执法等内容，培训采取集中授课、分组讨论、互动交流、案例分析等形式，取得了良好的效果。培训后还组织参训人员进行了考试，该成绩将作为申领环境监察证的重要依据。

结合环保中心工作，加强对新出台环保法律法规的宣传教育工作。一是加强对《北京市水污染防治条例》（以下简称《条例》）的宣传教育。针对本市地方性法规《北京市水污染防治条例》，特别开展了全方位的宣传工作：包括与北京人民广播电台合作，在《北京空气质量播报》广播节目中制作了“关注水环境，解读《北京水污染防治条例》”六期系列节目。在市环保局网站设立了“《北京市水污染防治条例》专题解读”专栏，分八期对条例进行了深入、专业的解读。同时向市民发放《条例》宣传手册、向企业发放《条例》单行本近万册，并出版发行了《〈北京市水污染防治条例〉条文解读》。通过多形式、多角度、内容丰富的宣传，加深了市民对《条例》内容的了解，提高了市民节水、爱水的意识，同时也为《条例》的实施营造了较好的舆论氛围。二是配合《北京市大气污染防治条例》的立法起草工作，同步开展相关宣传活动。在起草《条例（草案）》过程中，通过反复征求各方意见的方式，对要采取的措施进行充分宣传，使相关部门、企业、社会公众积极参与大气污染防治，共同担负起改善首都空气质量的责任。同时积极推动大气环境监测信息的公开工作。我市于 2012 年 1 月 23 日在全国率先发布 $PM_{2.5}$ 研究性监测数据，按照“监测为民、监测惠民”的原则，积极推进 $PM_{2.5}$ 监测网络建设。从 2013 年 1 月 1 日起，全市 35 个自动监测站正式按照国家新的《环境空气质量标准》规定发布污染物监测数据，完善提升空气质量信息发布方式，实时发布包括 $PM_{2.5}$ 在内的空气质量信息，预报未来 24 小时的空气质量，公众还可以通过网络、电视、手机软件等方式查询相关信息。另外，突出鼓励全民参与，自觉减污。倡导绿色消费、拒绝露天烧烤、鼓励绿色出行、积极参与“无车日”活动、节油驾驶、停车熄火、及时维修保养车辆等，营造绿色生活、减少污染、保护环境的良好氛围。

创新渠道，利用节日节点开展形式多样的环保法制宣传教育活动。（一）“六五”世界环境日期间，先后组织开展了一系列主题鲜明、内容新颖、形式活泼、贴近市民的宣传活动。一是在北京电视台、北京城市服务管理广播、北京市环保局微博“环保北京”、环保公众网等媒体推出《北京市清洁空气行动计划》解读、区县环保局长谈“十二五”系列节目；二是大力倡导绿色出行，举行了“做文明有礼的北京人——健康步行月”系列宣传实践活动，包括评选并发布北京“10 条最佳步行路线”、组织开展“做文明有礼的北京人，绿色出行文明交通从我做起——健康步行月”第 4 个主题推动日活动、揭晓“做文明有礼的北京人——健康步行月”百名“步行达人”；三是启动以“绿色出行看北京”“绿色城市、生态北京”等不同主题开展的环保摄影比赛“自然与生命的瞬间”；四是结合我局工作重点和公共关注热点，举办《关注 $PM_{2.5}$，携手污染减排》主题展览；同时，组织推出了“北京环保公益大使”活动，聘请社会名人和媒体人士作为首任“北京环保公益大使”等活动。（二）“12 •4”法制宣传日期间，开展法律“六进”活动，送法到基层、到学校。2011 年，我局领导受邀走进清华大学“时事大讲堂”，与青年学子一起探讨如何动员公众参与，并通过法律法规等措施大力推进污染减排。2012 年，到北京工业大学开展普法讲座，讲解了国家及本市环保法律法规建设情况、环保法律的基本原则和制度，并共同关注了《环境保护法》的最新修改动态。（三）针对不同宣传主体和对象，结合节日节点，开展主题宣传活动。一是结合“世界无车日”，针对广大车主这一对象，我局与首都文明办、市交通委和市公安交通管理局等相关委办局在东单路口共同举办了“做文明有礼的北京人——路口畅行月暨第八个文明出行推动日”活动，“全市千万市民文明交通百题测试”活动也同时启动，题目中包含与机动车相关法律法规内容；二是针对高校广大青年学子，组织开展了首都高校环境文化季活动，以“关爱环境，绿色消费”为主题，通过开展环保主题辩论赛、环保沙龙、环保涂鸦、环保法制宣传等丰富多彩的环保实践活动，进一步增强青年大学生的环保意识和责任意识。活动历时近 1 个月，共吸引了全市 57 所高校、81 个高校环保社团参加。（四）2013 年上半年，市环保局还积极组织参与了“5·12 防灾减灾”主题宣传活动、信访条例宣传月等活动。

加强法治文化建设，拓宽环保法制宣传新媒介。2011 年以来，市环保局法制宣传工作积极推进新兴媒体的研究与运用，逐步建立覆盖传统媒体与新兴媒体的宣传平台。一是建立官方微博。2011 年 3 月 31 日，市环保局官方微博新浪微博“环保北京”和人民微博“绿色北京”正式开通，这标志着市环保局网络发言制度的正式建立，也成为全国地方环保系统开通的第一家微博。官方微博内容涉及面广，包括环保法律法规解读、行政处罚信息公示、法律法规制定修改的最新动态、空气质量日报及预报、日常工作动态信息等内容。二是建立“六五”普法宣传平台。该平台依托市环保局内部综合办公平台，采用信息化手段，创新普法形式，为工作人员提供法律法规解读服务。每月更新 1～2 次；发布内容较为广泛，涵盖宪法、行政法、环境法等方面，包括公民基本权利义务，行政许可、强制、处罚、诉讼，特别是环境保护等相关法律法规知识。三是在公交移动电视开播《北京空气质量播报》《绿动北京》等栏目。两档环保电视栏目于 2011 年 9 月 1 日起在公交移动电视正式开播。该栏目的开播，不仅借助了公交移动电视受众广泛的优势，更在北京电视台原有节目的基础上，开辟了一个新的宣传平台。

第三章　环保标准

我国环保标准分级：国家标准、环境保护行业标准（环境保护部成立后改为国家环境保护标准）、地方标准；标准分类：环境质量标准、污染物排放标准、环境监测规范（方法标准、标准样品标准、监测技术规范）、管理标准、基础标准等。

环境质量标准是指为保护人体健康和生存环境，维护生态平衡和自然资源的合理利用，对环境中污染物和有害因素的允许含量所作的限制性技术规定；如地表水质量标准、环境空气质量标准、土壤环境质量标准，以及环境噪声、振动等环境质量标准。污染物排放标准是为了达到环境质量标准的要求，对污染源排入环境的污染物质或各种有害因素所作的限制性技术规定。污染物排放标准可分为大气污染物排放标准、水污染物排放标准、固体废弃物等污染控制标准。环境监测方法标准是为了监测环境质量和污染物排放，规范采样、分析测试、数据处理等技术，所制定的试验方法标准。环境标准样品标准是为了保证环境监测数据的准确、可靠，对用于量值传递或质量控制的材料、实物样品，所制定的标准样品。环境基础标准是为了对环境保护工作中，需要统一的技术术语、符号、代号（代码）、图形、指南、导则及信息编码等所制定的标准。

《中华人民共和国环境保护法》规定：国务院环境保护行政主管部门制定国家环境质量标准。省、自治区、直辖市人民政府对国家环境质量标准中未作规定的项目，可以制定地方环境质量标准，并报国务院环境保护行政主管部门备案。国务院环境保护行政主管部门根据国家环境质量标准和国家经济、技术条件，制定国家污染物排放标准。省、自治区、直辖市人民政府对国家污染物排放标准中未作规定的项目，可以制定地方污染物排放标准；对国家污染物排放标准中已作规定的项目，可以制定严于国家污染物排放标准的地方污染物排放标准。地方污染物排放标准须报国务院环境保护行政主管部门备案。凡是向已有地方污染物排放标准的区域排放污染物的，应当执行地方污染物排放标准。2014年修订的新《环境保护法》增加了省、自治区、直辖市人民政府可以制定严格于国家的地方环境质量标准的规定。

我国环保标准是与环境保护事业同步发展起来的。1973 年 8 月召开的第一次全国环境保护工作会议审查通过了我国第一项环保标准——《工业“三废“排放试行标准》（GBJ4—73），为我国刚刚起步的环保事业提供了管理和执法依据，在建设项目环境影响评价、“三同时”、排污收费、污染防治、环境执法等方面发挥了历史性作用。经过 40 年的发展，已初步形成了以环境质量标准、污染物排放标准和环境监测方法标准为核心，包含环境基础标准、标准制修订规范、管理规范类环境保护标准等类标准的标准体系。适用范围已涵盖水、气、土壤、声与振动、固体废物与化学品、生态、核与辐射等要素。

北京市 1984 年发布实施了首个地方环保标准《北京市废气排放标准（试行）》，经过多年发展，截至 2015 年底，现行有效标准 57 项，其中大气污染物排放控制标准 39 项（固定源 21 项，移动源 18 项），水污染物排放控制标准 3 项，噪声与振动污染控制标准 3 项，涉及土壤污染控制标准 4 项，涉及医疗废物防护标准 1 项，涉及辐射安全防护标准 3 项，清洁生产标准 3 项，初步形成了以污染物排放标准为主体的地方环保标准体系。北京市地方环保标准体系具有体系完善、要素齐全、限值总体严格等特点。

第一节 发展沿革与规划

一、发展沿革

北京市地方环境保护标准经历了 20 世纪 80 年代固定源和点源综合型排放标准先行起步、90 年代移动源机动车排放标准跟进、2000 年后快速发展三个阶段。

20 世纪 80 年代，北京市地方环保标准工作开始起步。先后制定发布了两项地方大气、水污染物综合性排放标准。

1984 年 3 月 8 日，北京市人民政府发布了《北京市废气排放标准（试行）》，是北京最早发布的地方排放标准。该标准规定了炉窑烟尘、工业粉尘和工业废气的排放限值。炉窑包括了生产用锅炉、采暖用锅炉、生活用锅炉、工业炉窑、电站锅炉、炼钢炉和茶炉、大灶，其中对于电站锅炉仅规定对应烟囱高度的小时排放量，没有规定浓度限值，这样，通过加高烟囱而不需要治理也可以达标，其他锅炉和炉窑规定了 200～600 mg/m^3 不等的烟尘排放标准，同时还规定了对应锅炉总额定出力的烟囱最低高度要求；工业粉尘是工矿企业在生产、加工过程排入大气环境的粉尘，标准规定了最低排气筒高度为 30 m，对于水泥尘、煤尘和一般粉尘排放浓度为 200 mg/m^3，对于石棉、玻璃棉、矿渣棉铝化物粉尘以及含 10%以上游离二氧化硅尘，排放浓度为 50～200 mg/m^3；工业废气则指工矿企业生产过程排入环境的废气，包括 13 种污染物，其中对于二氧化硫、硫化氢、二硫化碳、氟化物、氮氧化物、氯气、氯化氢和一氧化碳等 8 种污染物，只规定了对应排气筒高度的小时排放量没有规定浓度限值，对于铍化物、汞、硫酸（雾）、铅、苯（甲苯、二甲苯）5 种污染物规定了对应排气筒高度的排放浓度以及最低高度要求。该标准后来被不同标准所替代，锅炉部分被《锅炉大气污染物排放标准》（DB 11/109—1998）、《燃煤锅炉氮氧化物排放标准》（DHJB 1—1999）、《北京市火电厂二氧化硫排放标准》（DHJB 4—2000）替代；工业炉窑曾执行相应国家排放标准，后被《冶金、建材行业及其他行业大气污染物排放标准》（DB 11/237—2004）替代；工业粉尘和工业废气部分被《炼油与石油化学工业大气污染物排放标准》（DB 11/447—2007）和《大气污染物综合排放标准》（DB 11/501—2007）替代。

1985 年 10 月 15 日，北京市人民政府发布了《北京市水污染物排放标准（试行）》。该标准分别规定了直接排入地表水体及其汇水范围和排入城市下水道的水污染物排放标准。根据《北京市实施〈中华人民共和国水污染防治法〉条例》对地表水体的分类，排入地表水体及其汇水范围的水污染物排放标准划分为三级，规定了 28 种水污染物的最高允许排放浓度；在第一类水体及其汇水范围内，向《北京市密云水库、怀柔水库和京密引水渠水源保护管理暂行办法》和《官厅水系水源保护管理办法》规定的一级保护区和二级保护区内水体排放的水污染物执行一级标准，向一、二级保护区外的其他第一类水体及其汇水范围排放的水污染物执行二级标准；向第二类水体及其汇水范围和向通惠河、莲花河、凉水河排放的水污染物执行二级标准；向第三类水体及其汇水范围排放的水污染物执行三级标准。排入城市下水道的水污染物排放标准又分为A标准和B标准，规定了31种水污染物的最高允许排放浓度；下水道最终出口排出的污水不能进入城市污水处理厂的执行A标准，下水道最终出口排出的污水进入城市污水处理厂的执行B标准。

20世纪90年代，开始制定机动车排放标准。北京市机动车保有量迅速增加，从1990年的40万辆，到1997年突破百万辆，成为全国拥有机动车最多的城市，机动车尾气的污染日趋严重。已有的国家排放标准已不能满足北京市机动车排放污染控制工作的需求，根据《中华人民共和国大气污染防治法》《北京市实施〈中华人民共和国大气污染防治法〉条例》的相关规定，北京市开始制定地方机动车排放控制标准。1994年6月，北京市首次发布了《汽油车双怠速污染物排放标准》《柴油车自由加速烟度排放标准》《汽车柴油机全负荷烟度排放标准》三项地方机动车排放标准。为了进一步控制机动车污染物排放，1998年8月北京市在全国率先制定发布了相当于欧Ⅰ和欧Ⅱ标准的《轻型汽车排放污染物排放标准》（DB 11/105—1998），1999年7月制定发布了《车用汽油机排气污染物排放标准》（DHJB 2—1999）和《车用柴油机排气污染物排放标准》（DHJB 3—1999）两项有关重型车的排放标准。这三项标准的发布实施，使北京市的机动车污染控制由怠速法过渡到工况法，同时也引导了国家机动车排放标准的“更新换代”。

大气污染综合治理阶段措施对地方环保标准提出新需求。20世纪90年代末，北京市大气污染十分严重。为此，在国务院主要领导的直接领导下，本市开始实施一系列大气污染防治措施。为满足大气污染治理阶段措施的需求，2000年后北京市地方标准进入了快速发展阶段。2001年北京市申办奥运会成功，环境问题再次成为世界关注的焦点，加严、扩展地方排放标准更加急迫。先后制（修）订发布实施了锅炉、冶金、建材行业及其他工业炉窑、炼油和石油化工、大气综合等大气污染物排放标准，以及《水污染物排放标准》等多项地方环境保护标准。从笼统的综合型排放标准发展到相对精细化的行业型排放标准，从单一的大气、水发展到土壤、噪声与振动、辐射等多个环境要素，标准涉及的领域不断拓宽，标准的排放限值也不断加严。目前，北京市的多项地方排放标准为国内最严，基本达到了同期国际先进水平。

二、发展规划

为实施绿色奥运战略，北京市地方环保标准从零星制定逐步过渡到通过编制体系发展规划（2008—2012 年）有计划系统性地安排标准制定。“十二五”时期又修编了规划。

（一）《北京市地方环保标准体系发展规划（2008—2012 年）》

为了落实科学发展观，充分发挥标准化工作对构建社会主义和谐社会首善之区的支撑作用，实现北京市标准化工作的跨越式发展，2007 年 4 月，北京市质量技术监督局印发了《关于开展北京市重点行业、重点领域标准发展规划（2008—2012 年）编制工作的通知》。此后，北京市环境保护局设立专项课题，组织北京市环科院开展了北京市环保标准发展规划研究，分析了国家和地方强制性环保标准的现状，针对环境污染防治各领域存在的问题，提出了相应标准的需求。同时还编制了规划文本，确立了 2008—2012 年地方环保标准体系发展的指导思想和目标、原则、主要任务和保障措施。

2009 年 9 月 4 日，北京市环境保护局、北京市质量技术监督局联合发布了《北京市地方环保标准体系发展规划（2008—2012 年）》（以下简称《2008—2012 年规划》）。《2008—2012 年规划》立足于北京作为国家首都、宜居城市的特点和定位，在分析本市环境状况、存在问题以及环境管理需求的基础上，结合国家环保标准的现状与发展趋势，确定了未来几年本市地方环保标准体系发展建设的总体目标和基本原则，提出了地方环保标准建设的重点任务和保障措施，并编制了北京市环保标准体系表。该环保标准规划和标准体系表为全国首个正式发布，北京市环境保护局因此获得了“2009 年北京市政府行政管理创新创优奖”。

《2008—2012 年规划》主要内容如下。

1．指导思想

针对本市污染物排放特征和环境管理的特殊需求，借鉴国际先进经验，进一步完善地方环保标准体系，落实环保制度，促进科技进步，推动经济与环境协调发展。

2．总体目标

到 2012 年，建立比较完善的、具有首都特色的地方环保标准体系，标准的技术水平和要求与本市污染减排、环境质量目标以及经济社会发展相适应。原则上，2012 年北京市的污染控制标准水平不低于欧盟有关环境指令规定的 2008 年标准限值。

3．基本原则

（1）充分考虑首都城市特点。环保标准制（修）订工作要结合北京市社会经济发展状况，从环境质量现状、排放污染特点及环境目标出发，充分考虑北京城市功能定位，真正发挥环保标准在经济与环境协调发展中的引导、调控作用。

（2）体现首都环保标准体系的先进性与科学性。以先进的科学技术带动环境保护标准水平的提高，以严格的地方环保标准推动技术的进步。环保标准技术指标设置与要求应科学、合理、有效、便于操作。制定具有先进性、前瞻性并达到国内领先水平或者发达国家（地区）相当水平的地方环境保护标准。

（3）充分发挥环保标准对法规的技术支撑作用。将环保标准和环保法律法规紧密结合，用环保标准来支撑环保法律法规的技术要求，以环保法律法规保证环保标准的实施和效力，确保各项环境管理制度和措施落实到位，为环境管理提供切实有效的技术手段。

（4）与国家环保标准相协调。北京市地方环保标准体系发展建设要在国家环保标准体系框架下，结合本市特殊需求，重点制（修）订污染物排放标准、控制技术规范，以及相应配套的监测方法。北京环保标准控制要求应当严于国家环保标准。

4．重点任务

根据北京市环保标准体系发展的目标和原则，在分析国家环保标准现状、本市环境状况与存在问题以及环境管理需求的基础上，确定了北京市环保标准体系表（见表 3-1 至表 3-10）。2009—2012 年北京市地方环保标准体系建设，分为强制执行的标准（包括污染物排放与控制、监测规范）和指导环境管理的技术规范（包括环境影响评价、环境监察、清洁生产等）两种性质，以大气、水、固体废物、土壤与污染场地、环境噪声与振动、放射性和电磁的污染防治等 7 个领域为重点。主要任务如下：

（1）大气污染物排放（控制）标准

固定污染源方面。严格控制施工扬尘污染，制定《建筑施工扬尘污染控制标准》，研究道路管线施工、园林绿化施工、拆迁工程、渣土运输和消纳等相关行业扬尘污染控制标准与规范。全面控制挥发性有机物（VOCs）排放，研究制订彩钢板、玻璃钢、防水卷材制造业以及建筑外墙涂料的挥发性有机物（VOCs）等排放标准的可行性，适时补充或修订《大气污染综合排放标准》等现行标准。进一步削减固定源氮氧化物（NO_x）排放，对燃气电厂、水泥窑等氮氧化物（NO_x）排放状况和控制技术进行调查研究，适时修订相关排放标准。控制生物质能源生产装置污染排放，研究制订大气污染物排放标准的可行性。

移动污染源方面。加强机动车排放标准及相关标准的研究制订。进一步完善和修订在用车排放标准，完成《在用汽油车稳态加载污染物排放限值及测量方法（DB 11/122—2006）》《在用柴油车加载减速烟度排放限值及测量方法（DB 11/121—2006）》《装用压燃式发动机的在用三轮汽车和低速货车加载减速烟度排放限值及测量方法（DB 11/183—2006）》的修订。提高机动车路检效率，研究制订《柴油车排气烟度限值及测量方法（遥测法）》。开展实施机动车国Ⅴ排放标准的油品质量试验等可行性研究，制定相应标准。提高重型车的监管技术，研究重型车辆整车排放测试试验方法。加强施工机械、农用机械等非道路用柴油机排放控制，修订非道路用动力机械排放标准，加快与国际先进标准接轨。研究保证车用油品质量的清净剂技术要求。

（2）水污染物排放标准。提高城镇污水处理厂排水水质，研究制定《城镇污水处理厂污染物排放标准》。结合国家行业水污染排放标准，研究采用国家标准中的特别限值或者补充制定北京市行业水污染物排放标准。适时修订《水污染物排放标准》。

（3）固体废物污染控制标准。建立完善垃圾转运和填埋场污染控制技术体系和措施，研究制订《生活垃圾填埋场恶臭控制标准》《垃圾转运站污染控制标准》。研究制订城镇污水处理厂污泥控制标准，推进污水处理厂污泥减量化和稳定化；控制污泥处置过程中的二次污染，研究制订污泥处置装置污染控制标准。

（4）污染场地治理环保标准。妥善解决工业企业搬迁后遗留的场地污染问题，规范场地评价、治理恢复以及验收工作，制定《场地环境评价导则》《场地环境风险评价筛选指导值》《污染场地修复验收技术规范》《污染土壤填埋场选址、建设与运行技术规范》等相关环保标准。

（5）环境噪声控制标准。建立低噪声路面评价技术方法，制定《轮胎/路面噪声检测规范》。加强交通噪声污染控制，研究制定隔声屏障应用规范和适应不同声环境功能区的隔声窗应用规范；研究城市轨道交通噪声与振动控制规范。

（6）放射性和电磁污染防治标准。完善移动通信建设项目环评规范，制订《移动通信项目环境影响评价技术导则》。根据北京市核技术利用辐射安全管理和电磁辐射环境保护工作需要，研究核技术利用和电磁辐射项目环境保护验收监测及监督性监测技术规范，核技术利用辐射安全防控导则，电离、电磁辐射源豁免及放射性废物清洁解控技术规范等辐射安全环境保护标准。

（7）环境监测规范。结合执行本市污染物排放标准需要，研究制订锅炉烟气中低浓度污染物和固定源挥发性有机物（VOCs）在线监测规范。贯彻垃圾填埋场污染控制国家标准，研究制定地下水采样井设置与采样规范。根据减排考核和实施本市环保标准的需要，结合环保污染处理技术水平，研究制订污染物排放总量核算技术方法。对国家尚未制定监测方法标准的污染物，加快研究制订排放监测规范与方法标准，跟踪研究国内外先进监测技术和方法，地方监测方法标准原则上应采用国际标准或国外先进标准。

（8）环境管理技术规范。加强污染源现场监察的技术指导，研究环境监察技术规范体系结构，重点针对技术相对复杂的工业行业及其生产工艺，研究制定污染源现场监察技术规范；规范清洁生产审核工作，研究制订清洁生产审核技术系列指南。

（二）《北京市“十二五”时期地方环保标准体系发展规划》

2010年，北京市环境保护局启动了“十二五”规划编制工作，在编制《北京市“十二五”时期环境保护和建设规划》的同时，还要求编制15个专题规划，标准体系规划也被列入其中。因此，为明确“十二五”时期北京市地方环保标准体系发展的指导思想、基本原则、目标、重点任务及保障措施，依据《北京市“十二五”时期环境保护和建设规划》《北京市“十二五”时期标准化规划》，北京市环境保护局制定了《北京市“十二五”时期地方环保标准体系发展规划》（以下简称《“十二五”规划》），并于2012年1月5日与市质量技术监督局联合发布了该规划。

《“十二五”规划》在《2008—2012年规划》的基础上，根据环保形势的变化及环境管理需求，重新确定了“十二五”期间北京市地方环保标准体系发展建设的总体目标和基本原则，提出了地方环保标准建设的重点任务和保障措施。同时还提出了“十二五”时期地方环保标准制修订项目计划表。

第二节 北京市环保标准体系

一、标准体系框架

根据环境保护和标准化相关法律规定，结合北京市环境管理的实际，通过地方环保标准体系发展规划，将北京市环保标准体系框架确定为“两种性质、七个重点领域”，如图3-1所示。

性质	内容	领域
性质一：强制性标准	环境质量标准（国家标准） 污染物排放（控制）标准 环境监测规范	领域1：大气 领域2：水 领域3：固体废物 领域4：土壤与污染场地 领域5：噪声与振动 领域6：放射性 领域7：电磁辐射
性质二：非强制性规范	环境影响评价技术导则 环保竣工验收技术规范 ……	

图3-1 北京市环保标准体系框架

“两种性质”分别为强制性标准和非强制性（推荐性）管理技术规范。其中强制性标准以国家和地方污染物排放（控制）标准、国家环境质量标准为主体，并包括配套的环境监测规范；非强制性管理技术规范包括环境影响评价、环境监察等方面。

“七个重点领域”是指按环境要素划分的大气、水、固体废物、土壤与污染场地、噪声与振动、放射性、电磁辐射等污染防治的七个领域。

北京市环保标准体系中的标准项目由国家标准、行业标准和地方标准共同构成。当缺乏可适用的国家标准、行业标准，或国家标准、行业标准限值或控制措施不够严格，不能满足北京市地方需求的时候，通过制定地方标准完善北京市环保标准体系。

二、标准体系表

在研究编制《2008—2012 年规划》的同时，还对北京市环保标准进行了系统的分析归类，完成了北京市环保标准体系表的编制，该体系表也是全国地方性环保标准工作首创。

在体系框架的基础上，通过系统地分析研究不同性质、不同领域的地方标准需求，编制了北京市环保标准体系表，见表 3-1 至表 3-10。体系表按照《国家标准化体系建设工程指南》的规则进行类目编码，具备可扩展性，能够根据环境形势的变化和环境保护工作的新特点、新要求进行动态调整。

标准体系的结构和各项标准的组成采用标准体系表的方式表达。编制北京市地方环境标准体系表的方法是：

1．在地方环境标准需求分析的基础上，提出需要制（修）订的标准项目名称、适用范围，结合环境法规确定标准的属性是强制性还是推荐性标准。

2．北京市地方环境标准体系不仅包括本市需要制定发布的地方标准，也包括直接采用的环境保护国家标准或环境保护行业标准，在体系表中采用字体进行区分。

3．将北京市地方环境标准体系中每项标准按照性质（强制性标准、指导性规范）和领域（水、气、声、固废、土壤与场地、放射性、电磁）进行排列。参照《国家标准体系建设工程指南》提出的体系表类目编码方法，对每项标准进行编码，每项标准只有唯一编码。

4．体系表编制说明：

（1）黑体字为地方标准。

（2）北京市标准体系表代码 11 表示北京市，001 中第一个 0 表示基础性和公共事业标准，后面 01 表示环境保护标准。

（3）体系类目代码：按照《国家标准化体系建设工程指南》的规则进行类目编码，代码结构与含义如下：

代码分五层，结构为：×-×-×-××-××。

第一层为 1 位数字码，表示标准的强制属性类别。强制性标准以 1 表示，推荐性标准以 2 代表。

第二层为 1 位数字码，表示标准的专业领域类别。强制性标准中表示环境要素分类：大气以 1 表示，水以 2 表示，固体废物以 3 表示，土壤与污染场地以 4 表示，噪声与振动以 5 表示，放射性以 6 表示，电磁辐射以 7 表示，其他以 9 表示；推荐性标准中表示环境管理工作分类：环境影响评价以 1 表示，环保竣工验收以 2 表示，清洁生产以 3 表示，环境监察以 4 表示，其他以 9 表示。

第三层为 1 位数字码，表示标准的用途种类类别。强制性标准中，基础通用性标准以 0 表示，环境质量标准以 1 表示，污染物排放（控制）标准、放射性和电磁辐射安全防护标准以 2 表示，环境监测规范和标准、环境样品标准以 3 表示；推荐性标准中，基础通用性标准以 0 表示，不同用途种类以 1 到 8 表示，其他类别以 9 表示。

第四层为 2 位数字码，表示标准的具体行业类别。第 1 位表示一级行业，第 2 位表示二级行业。基础通用性标准以 0 表示，其他类别以 9 表示，1 到 8 代表环境质量标准类目或污染源行业类目，其具体含义参见体系表中类目代码和分类名称。如 1 表示能源工程与工业炉窑，2 表示废物处理工程，3 表示挥发性有机物与有毒污染物，4 表示扬尘。

第五层为 2 位数字码，第 1 位表示第四层行业类别下的细分类目序号，第 2 位表示标准的顺序号，从 1 到 9 顺序排列；当没有细分类目时，两位数字码均表示标准在第四层类目下的顺序号，从 01 到 99 顺序排列。按照以上方法，《锅炉大气污染物排放标准》的编码为：1-1-2-11-01，表示强制性—大气—排放—能源与工业炉窑—电站与工业锅炉中第 1 项标准。

表 3-1　北京市大气环保标准体系表（1-1）

序号	体系类目代码	分类名称（括号内为第四层具体行业类别）		标准名称	标准编号	地标需求	备注
1-1-1 大气环境质量标准							
1	1-1-1-00-01	通用（00）		环境空气质量标准	GB 3095—2012	执行国标	
2	1-1-1-11-01	专用（11）		保护农作物的大气污染物最高允许浓度	GB 9137—88	执行国标	
1-1-2 大气污染物排放（控制）标准							
1-1-2-1x 固定源大气污染物排放标准							
3	1-1-2-11-01	能源工程与工业炉窑（11）	电站与工业锅炉	锅炉大气污染物排放标准	DB 11/139—2007	已有地标	
4	1-1-2-11-02			固定式燃气轮机大气污染物排放标准	DB 11/847—2011	已有地标	
5	1-1-2-11-03			固定式内燃机大气污染物排放标准	DB 11/1056—2013	已有地标	
6	1-1-2-11-21		工业炉窑	冶金、建材行业及其他工业炉窑大气污染物排放标准	DB 11/237—2004	已有地标	
7	1-1-2-11-22			铸锻工业大气污染物排放标准	DB 11/914—2012	已有地标	
8	1-1-2-11-23			防水卷材工业大气污染物排放标准	DB 11/1055—2013	已有地标	
9	1-1-2-11-24			水泥工业大气污染物排放标准	DB 11/1054—2013	已有地标	
10	1-1-2-12-01	废物处置(12)	危险废物	危险废物焚烧大气污染物排放标准	DB 11/ 503—2007	已有地标	
11	1-1-2-12-11		生活垃圾	生活垃圾焚烧大气污染物排放标准	DB 11/ 502—2007	已有地标	

序号	体系类目代码	分类名称（括号内为第四层具体行业类别）		标准名称	标准编号	地标需求	备注
12	1-1-2-13-01	挥发性有机物与有毒物质（13）	有机溶剂使用装置与生产工艺	大气污染物综合排放标准	DB 11/ 501—2007	已有地标，修订	
13	1-1-2-13-02			工业涂装工序挥发性有机物排放标准	DB 11/	制订地标	
14	1-1-2-13-03			汽车制造行业挥发性有机物排放标准	DB 11/	制订地标	
15	1-1-2-13-04			汽修行业挥发性有机物排放标准	DB 11/	制订地标	
16	1-1-2-13-05			有机化学制品制造业挥发性有机物排放标准	DB 11/	制订地标	
17	1-1-2-13-06			木质家具制造业大气污染物排放标准	DB 11/	制订地标	
18	1-1-2-13-07			包装印刷行业挥发性有机物排放标准	DB 11/	制订地标	
19	1-1-2-13-11		有机溶剂使用活动	建筑用外墙涂料中有害物质限量	GB 24408—2009	执行国标	
20	1-1-2-13-12			建筑类涂料及胶黏剂挥发性有机物含量限值标准	DB 11/	制订地标	
21	1-1-2-13-21		炼油与石化	炼油与石油化学工业大气污染物排放标准	DB 11/447—2007	已有地标，修订	
22	1-1-2-13-31		汽油储运销	储油库油气排放控制和限值	DB 11/206—2010	已有地标	
23	1-1-2-13-32			油罐车油气排放控制和检测规范	DB 11/207—2010	已有地标	
24	1-1-2-13-33			加油站油气排放控制和限值	DB 11/208—2010	已有地标	

序号	体系类目代码	分类名称（括号内为第四层具体行业类别）		标准名称	标准编号	地标需求	备注
25	1-1-2-13-41	挥发性有机物与有毒物质（13）	恶臭	恶臭污染物排放标准	GB 14554-93	执行国标	
26	1-1-2-13-51		饮食业	饮食业油烟排放标准（试行）	GB 18483—2001	目前执行国标	
27				餐饮业大气污染物排放标准	DB 11/	制订地标	
28	1-1-2-13-61		殡葬业	遗体火化机大气污染物排放标准	DB 11/	制订地标	
29	1-1-2-14-01	扬尘（14）		建筑施工扬尘控制标准	DB 11/	研究制订地标	
30	1-1-2-14-02			道路交通扬尘排放检测方法及限值	DB 11/	研究制订地标	

1-1-2-2x 移动源大气污染物排放（控制）标准

序号	体系类目代码	分类名称（括号内为第四层具体行业类别）		标准名称	标准编号	地标需求	备注
31	1-1-2-21-01	道路车辆(21)	新车	轻型汽车（点燃式）污染物排放限值及测量方法（北京Ⅴ阶段）	DB 11/946—2013	已有地标	
32	1-1-2-21-02			车用压燃式、气体燃料点燃式发动机与汽车排气污染物排放限值及测量方式（中国Ⅲ、Ⅳ、Ⅴ阶段）	GB 17691—2005	执行国标	
33	1-1-2-21-03			重型车用汽油发动机与汽车排气污染物排放限值及测量方法（中国Ⅲ、Ⅳ阶段）	GB 14762—2008	执行国标	

序号	体系类目代码	分类名称（括号内为第四层具体行业类别）		标准名称	标准编号	地标需求	备注
34	1-1-2-21-04	道路车辆(21)	新车	装用点燃式发动机重型汽车燃油蒸发污染物排放限值及测量方法（收集法）	GB 14763—2005	执行国标	
35	1-1-2-21-05			装用点燃式发动机重型汽车曲轴箱污染物排放限值及测量方法	GB 11340—2005	执行国标	
36	1-1-2-21-06			摩托车污染物排放限值及测量方法（工况法，中国第III阶段）	GB 14622—2007	执行国标	
37	1-1-2-21-07			摩托车、轻便摩托车排气污染物排放标准	DB11/ 120—2000	已有地标，修订	
38	1-1-2-21-08			农用运输车自由加速烟度排放限值及测量方法	GB 18322—2002	执行国标	
39	1-1-2-21-09			车用压燃式、气体燃料点燃式发动机与汽车排气污染物限值及测量方法（台架工况法）	DB 11/ 964—2013	已有地标	
40	1-1-2-21-10			重型汽车排气污染物排放限值及测量方法（车载法）	DB 11/ 965—2013	已有地标	

序号	体系类目代码	分类名称（括号内为第四层具体行业类别）		标准名称	标准编号	地标需求	备注
41	1-1-2-21-21	道路车辆（21）	在用车	在用汽油车稳态加载污染物排放限值及测量方法	DB 11/ 122—2010	已有地标，修订	
42	1-1-2-21-22			轻型汽油车简易瞬态工况污染物排放标准	DB 11/ 123—2000	已有地标	
43	1-1-2-21-23			在用柴油车加载减速烟度排放限值及测量方法	DB 11/ 121—2010	已有地标，修订	
44				汽油车双怠速污染物排放标准	DB 11/ 044—1999	已有地标，修订	
45	1-1-2-21-24			柴油车自由加速烟度排放标准	DB 11/ 045—2000	已有地标，修订	
46	1-1-2-21-25			装用点燃式发动机汽车排气污染物限值及检测方法（遥测法）	DB 11/ 318—2005	已有地标，修订	
47	1-1-2-21-26			在用柴油汽车排气烟度限值及测量方法（遥测法）	DB 11/ 832—2011	已有地标	
48	1-1-2-21-27			摩托车、轻便摩托车稳态加载排气污染物排放限值及测量方法	DB 11/ 182—2003	已有地标	
49	1-1-2-21-28			在用三轮汽车和低速货车加载减速烟度排放限值及测量方法	DB 11/ 183—2010	已有地标	

序号	体系类目代码	分类名称（括号内为第四层具体行业类别）		标准名称	标准编号	地标需求	备注
50	1-1-2-22-01	道路车辆燃料（22）	油品	车用柴油	DB 11/ 238—2012	已有地标	
51	1-1-2-22-02			车用汽油	DB 11/ 239—2012	已有地标	
52	1-1-2-22-11		处理系统	车用尿素溶液	DB 11/ 552—2008	已有地标	
53	1-1-2-23-01	非道路移动机械用发动机（23）		在用非道路柴油机械烟度排放限值及测量方法	DB 11/ 184—2013	已有地标	
54	1-1-2-23-02			非道路机械用柴油机排气污染物限值及测量方法	DB 11/ 185—2013	已有地标	

1-1-3 监测规范

序号	体系类目代码	分类名称	标准名称	标准编号	地标需求	备注
55	1-1-3-11-01	环境质量（11）	环境空气质量监测规范（试行）	国家环保总局公告 2007 年第 4 号	执行行标	
56	1-1-3-11-02		环境空气质量自动监测技术规范	HJ/T 193—2005	执行行标	2013 年 8 月 1 日已废止
57	1-1-3-11-03		环境空气质量手工监测技术规范	HJ/T 194—2005	执行行标	
58	1-1-3-11-04		环境空气质量指数（AQI）技术规定（试行）	HJ 633—2012	执行行标	
59	1-1-3-11-05		环境空气质量评价技术规范（试行）	HJ 663—2013	执行国标	
60	1-1-3-11-06		环境空气质量监测点位布设技术规范（试行）	HJ 664—2013	执行行标	

序号	体系类目代码	分类名称（括号内为第四层具体行业类别）	标准名称	标准编号	地标需求	备注
61	1-1-3-21-01	固定源（21）	固定源废气监测技术规范	HJ/T 397—2007	执行行标	
62	1-1-3-21-02		固定污染源颗粒物测定和气体污染物采样方法	GB/T 16157—1996	执行国标	
63	1-1-3-21-03		大气污染物无组织排放监测技术导则	HJ/T 55—2000	执行行标	
64	1-1-3-21-04		固定污染源监测质量保证与质量控制技术规范（试行）	HJ/T 373—2007	执行行标	
65	1-1-3-21-05		固定污染源烟气排放连续监测技术规范（试行）	HJ/T 75—2007	执行行标	
66	1-1-3-21-06		固定污染源烟气排放连续监测系统技术要求及检测方法（试行）	HJ/T 76—2007	执行行标	
67	1-1-3-21-07		**锅炉烟气中低浓度污染物监测规范**	**DB11/**	**研究制订地标**	
68	1-1-3-21-08		**固定污染源挥发性有机物（VOCs）连续监测规范**	**DB11/**	**研究制订地标**	
69	1-1-3-21-09		固定污染源监测质量保证与质量控制技术规范（试行）	HJ/T 373—2007	执行行标	
70	1-1-3-21-10		**污染源监测点位设置技术规范**	**DB11/**	**制订地标**	

表 3-2　北京市水环保标准体系表（1-2）

<table>
<tr><th>序号</th><th>体系类目代码</th><th colspan="2">分类名称（括号内为第四层具体行业类别）</th><th>标准名称</th><th>标准编号</th><th>地标需求</th><th>备注</th></tr>
<tr><td colspan="8">1-2-1 水环境质量标准</td></tr>
<tr><td>1</td><td>1-2-1-10-01</td><td rowspan="3">地表水（1x）</td><td>通用（10）</td><td>地表水环境质量标准</td><td>GB 3838—2002</td><td>执行国标</td><td></td></tr>
<tr><td>2</td><td>1-2-1-11-01</td><td rowspan="2">专用（11）</td><td>农田灌溉水质标准</td><td>GB 5084—92</td><td>执行国标</td><td></td></tr>
<tr><td>3</td><td>1-2-1-11-02</td><td>渔业水质标准</td><td>GB 11607—89</td><td>执行国标</td><td></td></tr>
<tr><td>4</td><td>1-2-1-20-01</td><td colspan="2">地下水通用（20）</td><td>地下水质量标准</td><td>GB/T 14848—93</td><td>执行国标</td><td></td></tr>
<tr><td colspan="8">1-2-2 水污染物排放（控制）标准</td></tr>
<tr><td colspan="8">1-2-2-1x 工业行业水污染物排放（控制）标准</td></tr>
<tr><td>5</td><td>1-2-2-10-01</td><td colspan="2">工业园区（10）</td><td>水污染物综合排放标准</td><td>DB 11/ 307—2013</td><td>已有地标</td><td></td></tr>
<tr><td>6</td><td>1-2-2-11-01</td><td colspan="2">非重点工业行业（11）</td><td>水污染物综合排放标准</td><td>DB 11 /307—2013</td><td>已有地标</td><td></td></tr>
<tr><td>7</td><td>1-2-2-12-01</td><td colspan="2" rowspan="6">重点工业行业（12）</td><td>肉类加工工业水污染物排放标准</td><td>GB 13457—1992</td><td rowspan="6">目前执行《水污染物综合排放标准》</td><td rowspan="6"></td></tr>
<tr><td>8</td><td>1-2-2-12-02</td><td>啤酒工业污染物排放标准</td><td>GB 19821—2005</td></tr>
<tr><td>9</td><td>1-2-2-12-03</td><td>钢铁工业水污染物排放标准</td><td>GB 13456—1992</td></tr>
<tr><td>10</td><td>1-2-2-12-04</td><td>煤炭工业污染物排放标准</td><td>GB 20426—2006</td></tr>
<tr><td>11</td><td>1-2-2-12-05</td><td>电镀污染物排放标准</td><td>GB 21900—2008</td></tr>
<tr><td>12</td><td>1-2-2-12-06</td><td>羽绒工业水污染物排放标准</td><td>GB 21901—2008</td></tr>
</table>

序号	体系类目代码	分类名称（括号内为第四层具体行业类别）	标准名称	标准编号	地标需求	备注
13	1-2-2-12-07	重点工业行业（12）	发酵类制药工业水污染物排放标准	GB 21903—2008		
14	1-2-2-12-08		化学合成类制药工业水污染物排放标准	GB 21904—2008		
15	1-2-2-12-09		提取类制药工业水污染物排放标准	GB 21905—2008		
16	1-2-2-12-10		中药类制药工业水污染物排放标准	GB 21906—2008		
17	1-2-2-12-11		生物工程类制药工业水污染物排放标准	GB 21907—2008		
18	1-2-2-12-12		混装制剂类制药工业水污染物排放标准	GB 21908—2008		
19	1-2-2-19-01	其他行业（19）	**埋地油罐防渗技术规范**	**DB 11/ 588—2008**	**已有地标**	
1-2-2-2x 生活服务业水污染物排放（控制）标准						
20	1-2-2-21-01	城镇污水处理厂（21）	**城镇污水处理厂水污染物排放标准**	**DB 11/ 890—2012**	**已有地标**	
21	1-2-2-22-01	医疗机构（22）	医疗机构水污染物排放标准	GB18466—2005	执行国标	
22	1-2-2-23-01	垃圾填埋场（23）	生活垃圾填埋场污染控制标准	GB16889—2008	执行国标	
1-2-2-3x 农业农村水污染物排放（控制）标准						
23	1-2-2-31-01	农村生活污水（31）	**水污染物综合排放标准**	**DB 11/ 307—2013**	**已有地标**	
24	1-2-2-32-01	畜禽养殖（32）	畜禽养殖业污染物排放标准	GB18596—2001	执行国标	

序号	体系类目代码	分类名称（括号内为第四层具体行业类别）	标准名称	标准编号	地标需求	备注
25	1-2-2-33-01	水产养殖（33）	地表水环境质量标准	GB 3838—2002	执行国标	按受纳功能区

1-2-3 监测规范

序号	体系类目代码	分类名称（括号内为第四层具体行业类别）	标准名称	标准编号	地标需求	备注
26	1-2-3-11-01	地表水（11）	地表水和污水监测技术规范	HJ/T 91—2002	执行行标	
27	1-2-3-12-01	地下水（12）	地下水环境监测技术规范	HJ/T 164—2004	执行行标	
28	1-2-3-21-01	污染源（21）	水污染源在线监测系统安装技术规范（试行）	HJ/T 353—2007	执行行标	
29	1-2-3-21-02		水污染源在线监测系统验收技术规范（试行）	HJ/T 354—2007	执行行标	
30	1-2-3-21-03		水污染源在线监测系统运行与考核技术规范（试行）	HJ/T 355—2007	执行行标	
31	1-2-3-21-04		水污染源在线监测系统数据有效性判别技术规范（试行）	HJ/T 356—2007	执行行标	
32	1-2-3-21-05		水污染物排放总量监测技术规范	HJ/T 92—2002	执行行标	

表 3-3　北京市固体废物环保标准体系表（1-3）

序号	体系类目代码	分类名称（括号内为第四层具体行业类别）	标准名称	标准编号	地标需求	备注
1-3-0 危险废物鉴别标准						
1	1-3-0-01-01	鉴别标准通则（01）	危险废物鉴别标准通则	GB 5085.7—2007	执行国标	
2	1-3-0-02-01	鉴别规范（02）	危险废物鉴别技术规范	HJ/T 298—2007	执行行标	
3	1-3-0-11-01	鉴别系列标准（11）	危险废物鉴别标准腐蚀性鉴别	GB 5085.1—2007	执行国标	
4	1-3-0-11-02		危险废物鉴别标准急性毒性初筛	GB 5085.2—2007	执行国标	
5	1-3-0-11-03		危险废物鉴别标准浸出毒性鉴别	GB 5085.3—2007	执行国标	
6	1-3-0-11-04		危险废物鉴别标准易燃性鉴别	GB 5085.4—2007	执行国标	
7	1-3-0-11-05		危险废物鉴别标准反应性鉴别	GB 5085.5—2007	执行国标	
8	1-3-0-11-06		危险废物鉴别标准毒性物质含量鉴别	GB 5085.6—2007	执行国标	
1-3-2 固体废物污染控制标准						
9	1-3-2-11-01	危险废物 化学废物（11）	危险废物贮存污染控制标准	GB 18597—2001	执行国标	
10			危险废物填埋污染控制标准	GB 18598—2001	执行国标	
11	1-3-2-12-01	危险废物 医疗废物（12）	医疗废物集中处置技术规范（环发[2003]206）	正在修订	执行国标	
12	1-3-2-12-02		医疗废物转运车技术要求（试行）	GB 19217—2003	执行国标	
13	1-3-2-12-03		医疗废物焚烧炉技术要求（试行）	GB 19217—2003	执行国标	

序号	体系类目代码	分类名称（括号内为第四层具体行业类别）		标准名称	标准编号	地标需求	备注
14	1-3-2-12-04	危险废物	医疗废物(12)	医疗废物专用包装、容器和标志标准	HJ 421—2008	执行国标	
15	1-3-2-12-05			**医疗废物一次性包装箱**	**DB 11/T 1032—2013**	**已有地标**	
16	1-3-2-13-01		共处置（13）	水泥窑共处置危险废物污染控制标准（a）	GB 正在制订	执行国标	
17	1-3-2-21-01	一般工业废物（21）		一般工业固体废物贮存、处置场污染控制标准	GB 18599—2001	执行国标	
18	1-3-2-31-01	生活垃圾（31）		生活垃圾填埋场污染控制标准	GB 16889—2008	执行国标	
19	1-3-2-31-02			**生活垃圾填埋场恶臭污染控制技术规范**	**DB 11/ 835—2011**	**已有地标**	
20	1-3-2-41-01	污水处理厂污泥（41）		**城市生活污水处理厂污泥出厂标准**	**DB 11/**	**制订地标**	
21	1-3-2-41-02			**城市污水处理厂污泥处置装置污染控制标准**	**DB 11/**	**制订地标**	
22	1-3-2-51-01	废弃产品处理	汽车（51）	报废机动车拆解环保技术规范	HJ 348—2007	执行行标	
23	1-3-2-52-01		家用电器(52)	废家用电器处理与利用污染控制技术规范	正在制订行标	执行行标	
24	1-3-2-53-01		电子电器(53)	废电子电器产品处理污染控制技术规范	正在制订行标	执行行标	

序号	体系类目代码	分类名称（括号内为第四层具体行业类别）		标准名称	标准编号	地标需求	备注
25	1-3-2-61-01	综合利用	农业（61）	城镇垃圾农用控制标准	GB 8172—87	执行国标	
26	1-3-2-61-02	综合利用	农业（61）	农用粉煤灰中污染物控制标准	GB 8173—87	执行国标	正在修订
27	1-3-2-61-03	综合利用	农业（61）	农用污泥中污染物控制标准	GB 4284—84	执行国标	正在修订
28	1-3-2-62-01	综合利用	建材（62）	工业固体废物生产建筑材料环保控制标准	GB 正在制订	执行国标	
1-3-3 监测规范							
29	1-3-3-11-01	工业固废（11）		工业固体废物采样制样技术规范	HJ/T 20—1998	执行行标	

表 3-4　北京市土壤与污染场地环保标准体系表（1-4）

序号	体系类目代码	分类名称（括号内为第四层具体行业类别）	标准名称	标准编号	地标需求	备注
1-4-1 环境质量与评价标准						
1	1-4-1-11-01	农林（11）	土壤环境质量标准	GB 15618—1995	执行国标	
2	1-4-1-12-01	工业企业（12）	工业企业土壤环境风险评价基准	HJ/T25—1999	执行国标	
3	1-4-1-13-01	展览会（13）	展览会用土壤环境质量评价标准（暂行）	HJ/T350—2007	执行国标	
4	1-4-1-14-01	建筑（14）	建筑土壤环境质量标准	GB	执行国标	正在制订

<table>
<tr><th>序号</th><th>体系类目代码</th><th colspan="2">分类名称（括号内为第四层具体行业类别）</th><th>标准名称</th><th>标准编号</th><th>地标需求</th><th>备注</th></tr>
<tr><td>5</td><td>1-4-1-15-01</td><td colspan="2" rowspan="2">场地（15）</td><td>场地土壤环境风险评价筛选值</td><td>DB 11/811—2011</td><td>已有地标</td><td></td></tr>
<tr><td>6</td><td>1-4-1-15-02</td><td>污染场地治理后土壤再利用标准</td><td>DB 11/</td><td>制订地标</td><td></td></tr>
<tr><td colspan="8">1-4-2 污染场地治理控制标准</td></tr>
<tr><td>7</td><td>1-4-2-11-01</td><td rowspan="4">治理</td><td>填埋（11）</td><td>重金属污染土壤填埋场建设与运行技术规范</td><td>DB 11/810—2011</td><td>已有地标</td><td></td></tr>
<tr><td>8</td><td>1-4-2-12-01</td><td>焚烧（12）</td><td>大气污染物综合排放标准</td><td>DB 11/501—2007</td><td>已有地标，修订</td><td></td></tr>
<tr><td>9</td><td>1-4-2-13-01</td><td>热解脱（13）</td><td>大气污染物综合排放标准</td><td>DB 11/501—2007</td><td>已有地标，修订</td><td></td></tr>
<tr><td>10</td><td>1-4-2-14-01</td><td>生物堆（14）</td><td>大气污染物综合排放标准</td><td>DB 11/501—2007</td><td>已有地标，修订</td><td></td></tr>
<tr><td>11</td><td>1-4-2-21-01</td><td colspan="2">验收（21）</td><td>污染场地修复验收技术规范</td><td>DB 11/T 783—2011</td><td>已有地标</td><td></td></tr>
<tr><td colspan="8">1-4-3 监测规范</td></tr>
<tr><td>12</td><td>1-4-3-11-01</td><td colspan="2">环境质量（11）</td><td>土壤环境监测技术规范</td><td>HJ/T 166—2004</td><td>执行行标</td><td></td></tr>
<tr><td>13</td><td>1-4-3-12-01</td><td colspan="2" rowspan="2">场地（12）</td><td>污染场地治理修复过程监测与监督技术规范</td><td>DB 11/</td><td>研究制订地标</td><td></td></tr>
<tr><td>14</td><td>1-4-3-12-02</td><td>场地调查采用技术规范</td><td>DB 11/</td><td>研究制订地标</td><td></td></tr>
</table>

表 3-5 北京市环境噪声与振动环保标准体系表（1-5）

序号	体系类目代码	分类名称（括号内为第四层具体行业类别）		标准名称	标准编号	地标需求	备注
1-5-1 环境质量标准							
1	1-5-1-10-01	声环境（1x）	声环境质量（10）	声环境质量标准	GB 3096—2008	执行国标	调整功能区
2	1-5-1-11-01		功能区划分（11）	城市区域环境噪声适用区域划分技术规范	GB 15190—1994		
3	1-5-1-20-01	振动（20）		城市区域环境振动标准	GB 10070—88		正在修订
1-5-2 环境噪声与振动排放（控制）标准							
4	1-5-2-11-01	排放（1x）	工业（11）	工业企业厂界噪声排放标准	GB 12348—2008	执行国标	
5	1-5-2-12-01		建筑（12）	建筑施工场界环境噪声排放标准	GB 12523—2011	执行国标	
6	1-5-2-13-01		机场（13）	机场周围飞机噪声环境标准	GB 9660—88	执行国标	
7	1-5-2-14-01		铁路（14）	铁路边界噪声限值及其测量方法	GB 12525—90	执行国标	公告修改单
8	1-5-2-15-01		道路及轨道（15）	道路及轨道交通噪声排放标准	GB	执行国标	正在制订
9	1-5-2-16-01		社会生活（16）	社会生活环境噪声排放标准	GB 22337—2008	执行国标	
10	1-5-2-17-01		机动车（17）	汽车加速行驶车外噪声限值及测量方法	GB 1495—2002	执行国标	
11	1-5-2-17-02			汽车定置噪声限值	GB 16170—1996	执行国标	

序号	体系类目代码	分类名称（括号内为第四层具体行业类别）		标准名称	标准编号	地标需求	备注
12	1-5-2-17-03	排放（1x）	机动车（17）	摩托车和轻便摩托车加速行驶噪声限值及测量方法	GB 16169—2005	执行国标	
13	1-5-2-17-04			摩托车轻便摩托车定置噪声限值及测量方法	GB4569—2005	执行国标	
14	1-5-2-17-05			三轮汽车和低速货车加速行驶车外噪声限值及测量方法（中国 I、II 阶段）	GB 19757—2005	执行国标	
15	1-5-2-21-01	控制（2x）	轨道交通（21）	地铁噪声与振动控制规范	DB 11/ 838—2011	已有地标	
16	1-5-2-21-02			城市轨道交通上盖建筑噪声与振动控制规范	DB 11/	制订地标	
17	1-5-2-22-01		道路（22）	交通噪声缓解工程技术规范 第 1 部分 隔声窗措施	DB 11/T 1034.1—2013	已有地标	
18	1-5-2-22-02			交通噪声缓解工程技术规范 第 2 部分 声屏障措施	DB 11/T 1034.1—2013	已有地标	
1-5-3 监测规范							
19	1-5-3-12-01	建筑（12）		建筑施工场界环境噪声排放标准	GB 12523—2011	执行国标	
20	1-5-3-13-01	机场（13）		机场周围飞机噪声测量方法	GB 9661—88	执行国标	
21	1-5-3-17-01	机动车（17）		声学 机动车辆定置噪声测量方法	GB/T 14365—93	执行国标	
22	1-5-3-18-01	城市区域（18）		城市区域环境振动测量方法	GB 10071—88	执行国标	

表 3-6　北京市放射性环保标准体系表（1-6）

序号	体系类目代码	分类名称（括号内为第四层具体行业类别）	标准名称	标准编号	地标需求	备注
1-6-0 基本标准						
1	1-6-0-00-01	通用（00）	电离辐射防护与辐射源安全基本标准	GB 18871—2002	执行国标	
1-6-2 放射性安全与防护标准						
2	1-6-2-11-01	核技术利用（11）	拟开放场址土壤中剩余放射性可接受水平规定（暂行）	HJ 53—2000	执行行标	
3	1-6-2-11-02	核技术利用（11）	操作开放型放射性物质的辐射防护规定	GB 11930—1989	执行国标	
4	1-6-2-11-03	核技术利用（11）	钴-60 辐照装置的辐射防护与安全标准	GB 10252—1996	执行国标	
5	1-6-2-11-04	核技术利用（11）	粒子加速器辐射防护规定	GB 517285	执行国标	
6	1-6-2-11-05	核技术利用（11）	**工业射线探伤辐射安全和防护分级管理要求**	**DB 11/T 1033—2013**	**已有地标**	
7	1-6-2-11-06	核技术利用（11）	**放射性物品库风险等级和安全防范要求**	**DB 11/412—2007**	**已有地标**	
8	1-6-2-20-01	放射性废物（2x） 通用（20）	放射性废物的分类	GB 9133—1995	执行国标	
9	1-6-2-20-02	放射性废物（2x） 通用（20）	放射性废物管理规定	GB 14500—2002	执行国标	
10	1-6-2-21-01	放射性废物（2x） 污染控制（21）	低、中水平放射性固体废物暂时贮存规定	GB 11928—1989	执行国标	
11	1-6-2-21-02	放射性废物（2x） 污染控制（21）	建筑材料用工业废渣放射性物质限制标准	GB 6763—86	执行国标	
12	1-6-2-21-03	放射性废物（2x） 污染控制（21）	低、中水平放射性固体废物包装安全标准	GB 12711—1991	执行国标	
13	1-6-2-21-04	放射性废物（2x） 污染控制（21）	**核技术利用放射性废物废放射源收贮准则**	**DB 11/639—2009**	**已有地标**	

序号	体系类目代码	分类名称（括号内为第四层具体行业类别）	标准名称	标准编号	地标需求	备注
14	1-6-2-31-01	放射性事故（31）	放射事故个人外照射剂量估计原则	GB/T 16135—1995	执行国标	
15	1-6-2-31-02		电离辐射事故干预水平及医学处理原则	GB 9662—1998	执行国标	
1-6-3 监测规范						
16	1-6-3-11-01	监测规范（11）	电离辐射监测质量保证一般规定	代替 GB 899—1988 和 GB 11216—1989	执行国标	修订中
17	1-6-3-11-02		环境核辐射监测规定	GB 12379—1990	执行国标	
18	1-6-3-11-03		辐射环境监测技术规范	HJ/T 61—2001	执行行标	
19	1-6-3-11-04		核辐射环境质量评价一般规定	GB 11215—89	执行国标	

表 3-7 北京市电磁辐射环保标准体系表（1-7）

序号	体系类目代码	分类名称（括号内为第四层具体行业类别）	标准名称	标准编号	地标需求	备注
1-7-2 电磁辐射安全与防护标准						
1	1-7-2-00-01	通用（00）	电磁辐射防护规定	GB 8702—88	执行国标	
2	1-7-2-00-02		电磁辐射防护规定	GB 8702—88	执行国标	
3	1-7-2-11-01	专用（11）	电磁环境保护技术规范	DB 11/	研究制订地标	

序号	体系类目代码	分类名称（括号内为第四层具体行业类别）	标准名称	标准编号	地标需求	备注
1-7-3 监测规范						
4	1-7-3-11-01	监测规范（11）	辐射环境保护管理导则电磁辐射监测仪器和方法	HJ/T10.2—1996	执行行标	
5	1-7-3-11-02	监测规范（11）	移动通信基站电磁辐射环境监测方法（试行）	环发[2007]114号	执行行标	

表 3-8　北京市环境影响评价标准体系表（2-1）

序号	体系类目代码	分类名称（括号内为第四层具体行业类别）	标准名称	标准编号	地标需求	备注
2-1-1 一般项目技术导则						
1	2-1-1-00-01	总纲（00）	环境影响评价技术导则总纲	HJ/T 2.1—93	执行行标	
2	2-1-1-11-02	环境要素（1x）大气环境（11）	环境影响评价技术导则大气环境	HJ 2.2—2008	执行行标	
3	2-1-1-12-03	环境要素（1x）水环境（12）	环境影响评价技术导则地面水环境	HJ/T 2.3—93	执行行标	
4	2-1-1-14-01	环境要素（1x）土壤与污染场地（14）	场地环境评价技术导则	DB11/T 656—2009	已有地标	
5	2-1-1-14-02	环境要素（1x）土壤与污染场地（14）	场地土壤环境风险评价筛选值	DB11/T811—2011	已有地标	
6	2-1-1-14-03	环境要素（1x）土壤与污染场地（14）	典型行业污染场地调查技术导则	DB11	研究制订地标	
7	2-1-1-14-04	环境要素（1x）土壤与污染场地（14）	VOCs 污染场地风险评价技术导则	DB11	研究制订地标	

序号	体系类目代码	分类名称（括号内为第四层具体行业类别）		标准名称	标准编号	地标需求	备注
8	2-1-1-14-05	环境要素（1x）		**污染场地修复可行性研究机修复方案编制导则**	**DB11**	**研究制订地标**	
9	2-1-1-14-06			**污染场地修复竣工报告编制指南**	**DB11**	**研究制订地标**	
10	2-1-1-15-01		声环境（15）	环境影响评价技术导则 声环境	HJ/T 2.4—1995	执行行标	
11	2-1-1-17-01		电磁辐射（17）	500kV超高压送变电工程电磁辐射环境影响评价技术规范	HJ/T 24—1998	执行行标	
12	2-1-1-17-02			辐射环境保护管理导则 电磁辐射环境影响评价方法与标准	HJ/T 10.3—1996	执行行标	
13	2-1-1-18-01		生态环境（18）	环境影响评价技术导则 非污染生态影响	HJ/T 19—1997	执行行标	
14	2-1-1-21-01	行业（2x）	交通（21）	环境影响评价技术导则 民用机场建设工程	HJ/T 87—2002	执行行标	
15	2-1-1-22-01		工业（22）	环境影响评价技术导则 石油化工建设项目	HJ/T 89—2003	执行行标	
16	2-1-1-23-01		通信（23）	**移动通信基站建设项目电磁环境影响评价技术导则**	**DB11/T 784—2011**	**已有地标**	
17	2-1-1-31-01	区域（3x）	规划（31）	规划环境影响评价技术导则（试行）	HJ/T 130—2003	执行行标	
18	2-1-1-32-01		区域（32）	开发区区域环境影响评价技术导则	HJ/T 131—2003	执行行标	
19	2-1-1-41-01	风险评价	风险（41）	建设项目环境风险评价技术导则	HJ/T 169—2004	执行行标	

序号	体系类目代码	分类名称（括号内为第四层具体行业类别）		标准名称	标准编号	地标需求	备注
2-1-2 核辐射项目							
20	2-1-2-11-01	核技术（1x）	核技术应用（11）	辐射环境保护管理导则 核技术应用项目环境影响报告书（表）的内容和格式	HJ/T 10.1—1995	执行行标	
21	2-1-2-12-01		核技术（12）	核设施环境保护管理导则 研究堆环境影响报告书的格式与内容	HJ/J 5.1—93	执行行标	
22	2-1-2-21-01	放射性废物（21）		核设施环境保护管理导则 放射性固体废物浅地层处置环境影响报告书的格式与内容	HJ/J 5.2—93	执行行标	

表 3-9　北京市建设项目环保竣工验收标准体系（2-2）

序号	体系类目代码	分类名称（括号内为第四层具体行业类别）		标准名称	标准编号	地标需求	备注
1	2-2-1-11-01	交通	轨道交通(11)	建设项目竣工环境保护验收技术规范 城市轨道交通	HJ/T 403—2007	执行行标	
2	2-2-1-21-01	工业（2x）	火电（21）	建设项目竣工环境保护验收技术规范 火力发电厂	HJ/T 255—2006	执行行标	
3	2-2-1-22-01		石油（22）	建设项目竣工环境保护验收技术规范 石油炼制	HJ/T 405—2007	执行行标	
4	2-2-1-23-01		乙烯（23）	建设项目竣工环境保护验收技术规范 乙烯工程	HJ/T 406—2007	执行行标	

序号	体系类目代码	分类名称（括号内为第四层具体行业类别）		标准名称	标准编号	地标需求	备注
5	2-2-1-24-01	工业（2x）	汽车（24）	建设项目竣工环境保护验收技术规范 汽车制造	HJ/T 407—2007	执行行标	
6	2-2-1-81-01	生态	生态（81）	建设项目竣工环境保护验收技术规范 生态影响类	HJ/T 394—2007	执行行标	

表 3-10 北京市清洁生产标准体系表（2-3）

序号	体系类目代码	分类名称（括号内为第四层具体行业类别）	标准名称	标准编号	地标需求	备注
2-3-1 清洁生产标准						
1	2-3-1-11-01	水泥（11）	清洁生产标准 水泥工业	HJ 467—2009	执行行标	
2	2-3-1-12-01	钢铁（12）	清洁生产标准 钢铁行业（铁合金）	HJ 470—2009	执行行标	
3	2-3-1-12-02		清洁生产标准 钢铁行业（中厚板轧钢）	HJ/T 318—2006	执行行标	
4	2-3-1-13-01	电子（13）	清洁生产标准 印制电路板制造业	HJ 450—2008	执行行标	
5	2-3-1-14-01	炼油与石油化工（14）	清洁生产标准 石油炼制业	HJ /T125—2003	执行行标	
6	2-3-1-14-02		清洁生产标准 石油炼制业（沥青）	HJ 443—2008	执行行标	
7	2-3-1-14-03		清洁生产标准 基本化学原料制造业（环氧乙烷/乙二醇）	HJ/T 190—2006	执行行标	
8	2-3-1-15-01	机械（15）	清洁生产标准 汽车制造业（涂装）（a）	HJ/T 293—2006	执行行标	

序号	体系类目代码	分类名称（括号内为第四层具体行业类别）	标准名称	标准编号	地标需求	备注
9	2-3-1-15-02	机械（15）	清洁生产标准　电镀行业	HJ/T 314—2006	执行行标	
10	2-3-1-15-03		**清洁生产标准　金属切削加工**	**DB 11/T 673—2009**	**已有地标**	
11	2-3-1-16-01	食品（16）	清洁生产标准　白酒酿造业	HJ/T 402－2007	执行行标	
12	2-3-1-16-02		清洁生产标准　啤酒制造业	HJ/T 183—2006	执行行标	
13	2-3-1-16-03		清洁生产标准　葡萄酒制造业	HJ 452　—2008	执行行标	
14	2-3-1-16-04		清洁生产标准　乳制品制造业（纯牛乳及全脂乳粉）	HJ/T 316—2006	执行行标	
15	2-3-1-16-05		清洁生产标准　食用植物油工业（豆油和豆粕）	HJ/T 184—2006	执行行标	
16	2-3-1-16-06		清洁生产标准　淀粉工业	HJ 445—2008	执行行标	
17	2-3-1-16-07		**清洁生产标准　果蔬汁及果蔬汁饮料制造**	**DB 11/T 674—2009**	**已有地标**	
18	2-3-1-17-01	木材加工（17）	清洁生产标准　人造板行业（中密度纤维板）	HJ/T 315—2006	执行行标	
19	2-3-1-18-01	煤炭采选（18）	清洁生产标准　煤炭采选业	HJ 446—2008	执行行标	
20	2-3-1-21-01	造纸（21）	清洁生产标准　造纸工业（废纸制浆）	HJ 468—2009	执行行标	
21	2-3-1-22-01	中药（22）	**清洁生产标准　中药饮片加工和中成药制造**	**DB 11/T 675—2009**	**已有地标**	

第三节　重点标准简介

截至 2015 年底，北京市现行有效地方环保标准 51 项，其中大气污染物排放控制的标准 34 项（固定源 16 项，移动源 18 项），水污染物排放控制的标准 3 项，噪声与振动污染控制的标准 3 项，涉及土壤污染控制的标准 4 项，涉及医疗废物防护的标准 1 项，涉及辐射安全防护的标准 3 项，清洁生产的标准 3 项。本节重点介绍主要的水、大气污染物排放标准。

一、水污染物排放标准

经过修订，北京市地方水污染物排放标准体系由专用的《城镇污水处理厂水污染物排放标准》和适用工业园区、工业行业等其他单位污染源的《水污染物综合排放标准》构成。由于本市为最缺水城市之一，水污染物排放标准为全国最严，新、扩、改建项目主要污染物排放限值与地面水环境质量标准Ⅲ（排入地表水Ⅱ、Ⅲ类水体）、Ⅳ（排入地表水Ⅳ、Ⅴ类水体）类水质相当。

（一）《城镇污水处理厂水污染物排放标准》（DB11/890—2012）

该标准为强制性标准，2012 年 5 月 28 日首次发布，2012 年 7 月 1 日正式实施。

适用：城镇污水处理厂的水污染物排放。

主要内容：标准发布实施后，北京市行政区域内的城镇污水处理厂水污染物排放控制执行该标准，不再执行 DB 11/307—2005《水污染物排放标准》中关于城镇污水处理厂的排放限值。根据北京市城镇污水和城市水环境的特点，标准规定了 73 项水污染物的排放限值、监测和监控要求，包括基本控制项目 19 项，所有城镇污水处理厂均应执行；选择控制项目 54 项，按接纳工业废水中污染物种类按该标准表 3 选择项目及限值，并由主管部门确认。标准中规定新（改、扩）建城镇污水处理厂主要污染物排放限值分别相当于地表水Ⅲ、Ⅳ类功能区水质标准，要求中心城城市污水处理厂自 2015 年 12 月 31 日起执行新的标准限值；现有城镇污水处理厂在升级改造之前仍然执行原来的标准限值。

排放限值：

表 3-11　新（改、扩）建城镇污水处理厂基本控制项目排放限值

单位：mg/L（注明的除外）

序号	基本控制项目	A 标准	B 标准
1	pH/无量纲	6～9	6～9
2	化学需氧量（COD）	20	30
3	生化需氧量（BOD_5）	4	6
4	悬浮物（SS）	5	5
5	动植物油	0.1	0.5
6	石油类	0.05	0.5
7	阴离子表面活性剂	0.2	0.3
8	总氮（以 N 计）	10	15
9	氨氮（以 N 计）①	1.0（1.5）	1.5（2.5）
10	总磷（以 P 计）	0.2	0.3
11	色度/稀释倍数	10	15
12	粪大肠菌群数/（MPN/L）	500	1000
13	总汞	0.001	
14	烷基汞	不得检出	
15	总镉	0.005	
16	总铬	0.1	
17	六价铬	0.05	
18	总砷	0.05	
19	总铅	0.05	

注：①12 月 1 日—3 月 31 日执行括号内的排放限值。

注：A 标准适用于排入Ⅱ、Ⅲ类水体，B 标准适用于排入Ⅳ、Ⅴ类水体。

表 3-12 现有城镇污水处理厂基本控制项目排放限值

单位：mg/L（注明的除外）

序号	基本控制项目	A 标准	B 标准
1	pH/无量纲	6～9	6～9
2	化学需氧量（COD）	50	60
3	生化需氧量（BOD_5）	10	20
4	悬浮物（SS）	10	20
5	动植物油	1.0	3.0
6	石油类	1.0	3.0
7	阴离子表面活性剂	0.5	1.0
8	总氮（以 N 计）	15	20
9	氨氮（以 N 计）①	5（8）	8（15）
10	总磷（以 P 计）	0.5	1.0
11	色度/稀释倍数	30	30
12	粪大肠菌群数/（MPN/L）	1 000	10 000
13	总汞	0.001	
14	烷基汞	不得检出	
15	总镉	0.01	
16	总铬	0.1	
17	六价铬	0.05	
18	总砷	0.1	
19	总铅	0.1	

注：①12 月 1 日至 3 月 31 日执行括号内的排放限值。

注：A 标准适用于排入Ⅱ、Ⅲ类水体，B 标准适用于排入Ⅳ、Ⅴ类水体。

表 3-13 选择控制项目排放限值

单位：mg/L（注明的除外）

序号	选择控制项目	排放限值	序号	选择控制项目	排放限值
1	总镍	0.02	28	2,4-二氯酚	不得检出
2	总铍	0.002	29	2,4,6–三氯酚	不得检出
3	总银	0.1	30	可吸附有机卤化物（AOX 以 Cl 计）	不得检出
4	总硒	0.02	31	三氯甲烷	0.06
5	总锰	0.1	32	1,2-二氯乙烷	不得检出
6	总铜	0.5	33	四氯化碳	0.002
7	总锌	1.0	34	三氯乙烯	0.07
8	苯并[*a*]芘	0.000 002	35	四氯乙烯	0.04
9	总α放射性/（Bq/L）	1.0	36	氯苯	0.05
10	总β放射性/（Bq/L）	10	37	1,4-二氯苯	不得检出
11	挥发酚	0.01	38	1,2-二氯苯	不得检出
12	总氰化物	0.2	39	1,2,4-三氯苯	不得检出
13	硫化物	0.2	40	对硝基氯苯	不得检出
14	氟化物	1.5	41	2,4-二硝基氯苯	不得检出
15	甲醛	0.5	42	邻苯二甲酸二丁酯	0.003
16	甲醇	3.0	43	邻苯二甲酸二辛酯	0.008
17	硝基苯类	0.015	44	丙烯腈	不得检出
18	苯胺类	0.1	45	彩色显影剂	1.0
19	苯	0.01	46	显影剂及其氧化物总量	2.0
20	甲苯	0.1	47	有机磷农药（以 P 计）	不得检出
21	乙苯	0.2	48	马拉硫磷	不得检出
22	邻-二甲苯	0.2	49	乐果	不得检出
23	对-二甲苯	0.2	50	对硫磷	不得检出
24	间-二甲苯	0.2	51	甲基对硫磷	不得检出
25	苯系物总量	1.2	52	五氯酚及五氯酚钠（以五氯酚计）	不得检出
26	苯酚	0.01	53	总有机碳（TOC）	12
27	间-甲酚	0.01	54	可溶性固体总量	1 000

（二）《水污染物综合排放标准》（DB 11/307—2013）

该标准为强制性标准，2005 年 7 月 22 日首次发布，2005 年 9 月 1 日正式实施。2013 年 12 月 20 日第一次修订发布，2014 年 1 月 1 日开始实施。

适用：工业园区、工业企业，以及除城镇污水处理厂、医疗机构以外的其他单位和个体工商户的水污染物排放。

主要内容：2005 版标准是在《北京市水污染物排放标准》（试行）（北京市人民政府 1985 年 10 月 15 日发布）的基础上，依据 GB 8978—1996《污水综合排放标准》制定的，2013 版标准是对 2005 版标准的修订。

2013 版标准将名称修改为《水污染物综合排放标准》，主要修订内容为：1. 调整了污染物控制项目。根据本市现有水污染源排放污染物的种类，结合国家已发布的水污染物排放标准，以及我国有关优先控制环境污染物的最近研究成果，在原标准 75 项污染物控制项目的基础上，删除 2 项，增加 28 项，修订后控制项目增至 101 项，强化了对有毒污染物的控制。2. 加严了排放限值。排入地表水体的水污染物排放限值表 1 中 A 排放限值与原标准一级限值 B 相比，加严 37 项，主要污染物排放限值相当于地表水Ⅲ类功能区水质标准；B 排放限值与原标准二级限值相比，加严 26 项，主要污染物排放限值相当于地表水Ⅳ类功能区水质标准。本标准表 3 与原标准表 2 相比，加严 34 项。3. 单独制订了村庄生活污水处理站的排放限值表。根据农村污水的水质特性和国家有关的技术政策和技术指南，单独制订了村庄生活污水处理站的排放限值表 2，含 11 项污染物控制项目。4. 规定了排入公共污水处理系（城镇生活污水处理厂，园区污水处理厂）的排放限值，但生活垃圾填埋场执行相应标准 GB 16889—2008 表 2 的规定。

标准限值分级：直接向地表水体排放废水的单位（村庄生活污水处理站除外），其水污染物排放限值分为 A 排放限值、B 排放限值；排入Ⅱ、Ⅲ类水体及其汇水范围执行 A 排放限值，排入Ⅳ、Ⅴ类水体及其汇水范围执行 B 排放限值。新（扩、改）单位自本标准实施之日（2014 年 1 月 1 日）起执行。现有单位自 2015 年 12 月 31 日起执行，之前执行原标准 DB 11/307—2005 的排放限值。

主要排放限值：

表 3-14 排入地表水体的水污染物排放限值

单位：mg/L（凡注明者除外）

序号	污染物或项目名称	A 排放限值	B 排放限值	污染物排放监控位置
1	pH 值	6.5～8.5	6～9	单位废水总排放口
2	水温/℃	35	35	单位废水总排放口
3	色度/倍	10	30	单位废水总排放口
4	悬浮物（SS）	5	10	单位废水总排放口
5	五日生化需氧量（BOD_5）	4	6	单位废水总排放口
6	化学需氧量（COD_{Cr}）	20	30	单位废水总排放口
7	总有机碳（TOC）	8	12	单位废水总排放口
8	氨氮①	1.0（1.5）	1.5（2.5）	单位废水总排放口
9	总氮	10	15	单位废水总排放口
10	总磷（以 P 计）	0.2	0.3	单位废水总排放口
11	石油类	0.05	1.0	单位废水总排放口
12	动植物油	1.0	5.0	单位废水总排放口
13	阴离子表面活性剂（LAS）	0.2	0.3	单位废水总排放口
14	挥发酚	0.01	0.1	单位废水总排放口
15	总氰化物（以 CN^- 计）	0.2	0.2	单位废水总排放口
16	硫化物	0.2	0.2	单位废水总排放口
17	氟化物	1.5	1.5	单位废水总排放口
18	总汞	0.001	0.002	车间或生产设施废水排放口
19	烷基汞	不得检出	不得检出	车间或生产设施废水排放口
20	总镉	0.01	0.02	车间或生产设施废水排放口
21	总铬	0.2	0.5	车间或生产设施废水排放口
22	六价铬	0.1	0.2	车间或生产设施废水排放口
23	总砷	0.04	0.1	车间或生产设施废水排放口
24	总铅	0.1	0.1	车间或生产设施废水排放口
25	总镍	0.05	0.4	车间或生产设施废水排放口
26	总铍	0.002	0.005	车间或生产设施废水排放口

序号	污染物或项目名称	A 排放限值	B 排放限值	污染物排放监控位置
27	总银	0.1	0.2	车间或生产设施废水排放口
28	总钒	0.3	0.3	车间或生产设施废水排放口
29	总钴	0.05	0.1	车间或生产设施废水排放口
30	总铜	0.3	0.5	单位废水总排放口
31	总锌	1.0	1.5	单位废水总排放口
32	总锰	0.5	1.0	单位废水总排放口
33	总铁	2.0	3.0	单位废水总排放口
34	总硒	0.02	0.02	单位废水总排放口
35	甲醛	0.5	0.5	单位废水总排放口
36	甲醇	3.0	5.0	单位废水总排放口
37	可吸附有机卤化物（AOX）（以 Cl 计）	0.5	1.0	单位废水总排放口
38	二氯甲烷	0.02	0.2	单位废水总排放口
39	三氯甲烷	0.06	0.3	单位废水总排放口
40	四氯化碳	0.002	0.02	单位废水总排放口
41	三氯乙烯	0.07	0.3	单位废水总排放口
42	四氯乙烯	0.04	0.1	单位废水总排放口
43	1,2-二氯乙烷	0.03	0.1	单位废水总排放口
44	苯系物总量	1.0	1.5	单位废水总排放口
45	苯	0.01	0.05	单位废水总排放口
46	甲苯	0.1	0.1	单位废水总排放口
47	乙苯	0.2	0.4	单位废水总排放口
48	1,2-二甲苯	0.2	0.4	单位废水总排放口
49	1,3-二甲苯	0.2	0.4	单位废水总排放口
50	1,4-二甲苯	0.2	0.4	单位废水总排放口
51	异丙苯	0.25	0.4	单位废水总排放口
52	苯乙烯	0.02	0.1	单位废水总排放口
53	氯乙烯	0.005	0.05	单位废水总排放口
54	氯苯	0.05	0.05	单位废水总排放口
55	1,2-二氯苯	0.3	0.4	单位废水总排放口
56	1,4-二氯苯	0.3	0.4	单位废水总排放口
57	1,2,4-三氯苯	0.01	0.1	单位废水总排放口

序号	污染物或项目名称	A 排放限值	B 排放限值	污染物排放监控位置
58	硝基苯类	0.2	0.5	单位废水总排放口
59	对-硝基氯苯	0.05	0.5	单位废水总排放口
60	2,4-二硝基氯苯	0.5	0.5	单位废水总排放口
61	苯胺类	0.1	0.4	单位废水总排放口
62	苯酚	0.01	0.2	单位废水总排放口
63	间-甲酚	0.01	0.1	单位废水总排放口
64	2,4-二氯酚	0.1	0.6	单位废水总排放口
65	2,4,6-三氯酚	0.2	0.6	单位废水总排放口
66	邻苯二甲酸二丁酯	0.003	0.2	单位废水总排放口
67	邻苯二甲酸二辛酯	0.008	0.3	单位废水总排放口
68	水合肼	0.01	0.1	单位废水总排放口
69	吡啶	0.2	1.0	单位废水总排放口
70	硼	0.5	2.0	单位废水总排放口
71	乐果	0.08	0.08	单位废水总排放口
72	对硫磷	0.003	0.003	单位废水总排放口
73	甲基对硫磷	0.002	0.002	单位废水总排放口
74	马拉硫磷	0.05	0.05	单位废水总排放口
75	五氯酚及五氯酚钠（以五氯酚计）	0.009	0.05	单位废水总排放口
76	丙烯腈	0.1	0.5	单位废水总排放口
77	二氧化氯	0.3	0.3	单位废水总排放口
78	硝化甘油	15	20	单位废水总排放口
79	硝基酚类（以苦味酸计）	3.0	3.0	单位废水总排放口
80	硫氰酸盐（以 SCN^- 计）	3.0	3.0	单位废水总排放口
81	总余氯	0.5	0.5	单位废水总排放口
82	粪大肠菌群/（MPN/L）	500	4 000	单位废水总排放口
83	急性毒性（以 $HgCl_2$ 浓度计）	0.07	0.07	单位废水总排放口
84	可溶性固体总量	1 000	1 600	单位废水总排放口
85	苯并[*a*]芘	0.000 03	0.000 03	车间或生产设施废水排放口

序号	污染物或项目名称	A 排放限值	B 排放限值	污染物排放监控位置
86	肼	0.05	0.05	车间或生产设施废水排放口
87	一甲基肼	0.10	0.10	车间或生产设施废水排放口
88	偏二甲基肼	0.3	0.3	车间或生产设施废水排放口
89	三乙胺	5.0	5.0	车间或生产设施废水排放口
90	二乙烯三胺	5.0	5.0	车间或生产设施废水排放口
91	2,4,6-三硝基甲苯（梯恩梯 TNT）	0.2	0.5	车间或生产设施废水排放口
92	二硝基甲苯（地恩梯 DNT）	0.2	0.5	车间或生产设施废水排放口
93	环三亚甲基三硝胺（黑索今 RDX）	0.1	0.2	车间或生产设施废水排放口
94	叠氮化钠（以 N_3^-计）	3.0	3.0	车间或生产设施废水排放口
95	彩色显影剂	0.5	1.0	车间或生产设施废水排放口
96	显影剂及其氧化物总量	1.0	2.0	车间或生产设施废水排放口
97	总α放射性/（Bq/L）	1.0	1.0	车间或生产设施废水排放口
98	总β放射性/（Bq/L）	10	10	车间或生产设施废水排放口

注：①12 月 1 日至 3 月 31 日执行括号内的排放限值。

表 3-15　村庄生活污水处理站排入地表水体的水污染物排放限值

单位：mg/L（凡注明者除外）

序号	污染物或项目名称	新（改、扩）污水处理站		现有污水处理站		污染物排放监控位置
		A 排放限值	B 排放限值	A 排放限值	B 排放限值	
1	pH	6～9	6～9	6～9	6～9	单位污水总排放口
2	悬浮物（SS）	5	10	10	20	单位污水总排放口
3	五日生化需氧量（BOD_5）	6	10	10	20	单位污水总排放口

序号	污染物或项目名称	新（改、扩）污水处理站		现有污水处理站		污染物排放监控位置
		A 排放限值	B 排放限值	A 排放限值	B 排放限值	
4	化学需氧量（COD_{Cr}）	30	40	50	60	单位污水总排放口
5	氨氮①	1.5（2.5）	5（8）	5（8）	8（15）	单位污水总排放口
6	总氮	15	15	15	20	单位污水总排放口
7	总磷（以 P 计）	0.3	0.4	0.5	1.0	单位污水总排放口
8	动植物油	0.5	1.0	1.0	3.0	单位污水总排放口
9	阴离子表面活性剂（LAS）	0.3	0.3	0.5	1.0	单位污水总排放口
10	粪大肠菌群/（MPN/L）	1 000	10 000	1 000	10 000	单位污水总排放口
11	总余氯	0.5	0.5	0.5	0.5	单位污水总排放口

注：①12 月 1 日至 3 月 31 日执行括号内的排放限值。

表 3-16 排入公共污水处理系统的水污染物排放限值

单位：mg/L（凡注明者除外）

序号	污染物或项目名称	排放限值	污染物排放监控位置
1	pH	6.5～9	单位废水总排放口
2	水温/℃	35	单位废水总排放口
3	色度/倍	50	单位废水总排放口
4	易沉固体/[mL/（L・15 min）]	10	单位废水总排放口
5	悬浮物（SS）	400	单位废水总排放口
6	五日生化需氧量（BOD_5）	300	单位废水总排放口
7	化学需氧量（$CODc_r$）	500	单位废水总排放口
8	总有机碳（TOC）	150	单位废水总排放口
9	氨氮	45	单位废水总排放口
10	总氮	70	单位废水总排放口

序号	污染物或项目名称	排放限值	污染物排放监控位置
11	总磷（以 P 计）	8.0	单位废水总排放口
12	石油类	10	单位废水总排放口
13	动植物油	50	单位废水总排放口
14	阴离子表面活性剂（LAS）	15	单位废水总排放口
15	挥发酚	1.0	单位废水总排放口
16	总氰化物（以 CN^-计）	0.5	单位废水总排放口
17	硫化物	1.0	单位废水总排放口
18	氟化物	10	单位废水总排放口
19	总汞	0.002	车间或生产设施废水排放口
20	烷基汞	不得检出	车间或生产设施废水排放口
21	总镉	0.02	车间或生产设施废水排放口
22	总铬	0.5	车间或生产设施废水排放口
23	六价铬	0.2	车间或生产设施废水排放口
24	总砷	0.1	车间或生产设施废水排放口
25	总铅	0.1	车间或生产设施废水排放口
26	总镍	0.4	车间或生产设施废水排放口
27	总铍	0.005	车间或生产设施废水排放口
28	总银	0.2	车间或生产设施废水排放口
29	总钒	0.3	车间或生产设施废水排放口
30	总钴	0.1	车间或生产设施废水排放口
31	总铜	1.0	单位废水总排放口
32	总锌	1.5	单位废水总排放口
33	总锰	2.0	单位废水总排放口
34	总铁	5.0	单位废水总排放口
35	总硒	0.02	单位废水总排放口
36	甲醛	5.0	单位废水总排放口
37	甲醇	10	单位废水总排放口
38	可吸附有机卤化物（AOX）（以 Cl 计）	5.0	单位废水总排放口
39	二氯甲烷	0.3	单位废水总排放口
40	三氯甲烷	1.0	单位废水总排放口

序号	污染物或项目名称	排放限值	污染物排放监控位置
41	四氯化碳	0.5	单位废水总排放口
42	三氯乙烯	1.0	单位废水总排放口
43	四氯乙烯	0.5	单位废水总排放口
44	1,2-二氯乙烷	1.5	单位废水总排放口
45	苯系物总量	2.5	单位废水总排放口
46	苯	0.5	单位废水总排放口
47	甲苯	0.5	单位废水总排放口
48	乙苯	1.0	单位废水总排放口
49	1,2-二甲苯	1.0	单位废水总排放口
50	1,3-二甲苯	1.0	单位废水总排放口
51	1,4-二甲苯	1.0	单位废水总排放口
52	异丙苯	0.4	单位废水总排放口
53	苯乙烯	0.1	单位废水总排放口
54	氯乙烯	0.1	单位废水总排出口
55	氯苯	0.2	单位废水总排放口
56	1,2-二氯苯	1.0	单位废水总排放口
57	1,4-二氯苯	1.0	单位废水总排放口
58	1,2,4-三氯苯	0.5	单位废水总排放口
59	硝基苯类	1.0	单位废水总排放口
60	对硝基氯苯	1.0	单位废水总排放口
61	2,4-二硝基氯苯	1.0	单位废水总排出口
62	苯胺类	1.0	单位废水总排放口
63	苯酚	1.0	单位废水总排放口
64	间-甲酚	0.5	单位废水总排放口
65	2,4-二氯酚	1.0	单位废水总排放口
66	2,4,6-三氯酚	1.0	单位废水总排放口
67	邻苯二甲酸二丁酯	0.2	单位废水总排放口
68	邻苯二甲酸二辛酯	0.3	单位废水总排放口
69	水合肼	0.2	单位废水总排放口
70	吡啶	2.0	单位废水总排放口
71	硼	3.0	单位废水总排放口
72	乐果	0.08	单位废水总排放口

序号	污染物或项目名称	排放限值	污染物排放监控位置
73	对硫磷	0.003	单位废水总排放口
74	甲基对硫磷	0.002	单位废水总排放口
75	马拉硫磷	0.05	单位废水总排放口
76	五氯酚及五氯酚钠（以五氯酚计）	0.05	单位废水总排放口
77	丙烯腈	1.0	单位废水总排放口
78	二氧化氯	0.5	单位废水总排放口
79	硝化甘油	20	单位废水总排放口
80	硝基酚类（以苦味酸计）	3.0	单位废水总排放口
81	硫氰酸盐（以 SCN^-计）	3.0	单位废水总排放口
82	总余氯	8	单位废水总排放口
83	粪大肠菌群/（MPN/L）	10 000	单位废水总排放口
84	可溶性固体总量	1 600	单位废水总排放口
85	氯化物	500	单位废水总排放口
86	硫酸盐	400	单位废水总排放口
87	苯并[*a*]芘	0.000 03	车间或生产设施废水排放口
88	肼	0.05	车间或生产设施废水排放口
89	一甲基肼	0.10	车间或生产设施废水排放口
90	偏二甲基肼	0.3	车间或生产设施废水排放口
91	三乙胺	5.0	车间或生产设施废水排放口
92	二乙烯三胺	5.0	车间或生产设施废水排放口
93	2,4,6-三硝基甲苯（梯恩梯 TNT）	0.5	车间或生产设施废水排放口
94	二硝基甲苯（地恩梯 DNT）	0.5	车间或生产设施废水排放口
95	环三亚甲基三硝胺（黑索今 RDX）	0.2	车间或生产设施废水排放口
96	叠氮化钠（以 N_3^-计）	3.0	车间或生产设施废水排放口
97	彩色显影剂	1.0	车间或生产设施废水排放口
98	显影剂及其氧化物总量	2.0	车间或生产设施废水排放口
99	总α放射性/（Bq/L）	1.0	车间或生产设施废水排放口
100	总β放射性/（Bq/L）	10	车间或生产设施废水排放口

二、固定源大气污染排放标准

现行北京市地方大气污染物排放标准，见表 3-17。

表 3-17　北京市地方大气污染物排放标准一览表（截至 2015 年 12 月）

序号	标准名称	标准编号	发布、实施日期	替代标准
1	储油库油气排放控制和限值	DB 11/206—2010	2010.01.12 2010.07.01	DB 11/206—2003
2	油罐车油气排放控制和限值	DB 11/207—2010	2010.01.12 2010.07.01	DB 11/207—2003
3	加油站油气排放控制和限值	DB 11/208—2010	2010.01.12 2010.07.01	DB 11/208—2003
4	冶金、建材及其他工业炉窑大气污染物排放标准	DB 11/237—2004	2004.06.15 2005.01.01	
5	低硫散煤及制品	DB 11/097—2013	2004.07.15 2004.08.15	DB 11/097—2004
6	锅炉大气污染物排放标准	DB 11/139—2015	2015-05-13 2015-07-01	DB 11/139—2007 DB 11/139—2002
7	炼油与石油化学工业大气污染物排放标准	DB 11/447—2015	2015-05-13 2015-07-01	DB 11/447—2007
8	大气污染物综合排放标准	DB 11/501—2007	2007.11.07 2008.01.01	
9	危险废物大气污染物排放标准	DB 11/503—2007	2007.11.07 2008.01.01	
10	生活垃圾焚烧大气污染物排放标准	DB 11/502—2008	2008.07.24 2008.07.24	DB 11/502—2007
11	固定式燃气轮机大气污染物排放标准	DB 11/847—2011	2011.12.23 2012.02.01	
12	铸锻工业大气污染物排放标准	DB 11/914—2012	2012.10.29 2013.01.01	
13	水泥工业大气污染物排放标准	DB 11/1054—2013	2013-12-26 2014-01-01	

序号	标准名称	标准编号	发布、实施日期	替代标准
14	防水卷材工业大气污染物排放标准	DB 11/1055—2013	2013-12-26 2014-01-01	
15	固定式内燃机大气污染物排放标准	DB 11/1056—2013	2013-12-26 2014-01-01	
16	印刷业挥发性有机物排放标准	DB 11/1201—2015	2015-05-13 2015-07-01	
17	木质家具制造业大气污染物排放标准	DB 11/1202—2015	2015-05-13 2015-07-01	
18	火葬场大气污染物排放标准	DB 11/1203—2015	2015-05-13 2015-07-01	
19	工业涂装工序大气污染物排放标准	DB 11/1226—2015	2015-08-18 2015-09-01	
20	汽车整车制造业（涂装工序）大气污染物排放标准	DB 11/1227—2015	2015-08-18 2015-09-01	
21	汽车维修业大气污染物排放标准	DB 11/1228—2015	2015-08-18 2015-09-01	

（一）《大气污染物综合排放标准》（DB11/501—2007）

该标准是强制性标准，2007 年 10 月 31 日发布，2008 年 1 月 1 日正式实施。

适用：该标准代替了 1984 年实施的《北京市废气排放标准（试行）》，除锅炉、储油库、油罐车、加油站，冶金、建材行业及其他工业炉窑，炼油与石油化学工业、生活垃圾焚烧和危险废物焚烧等污染源执行本市相关行业地方标准，饮食业油烟执行国家相关标准外，其他污染源执行本标准，因此本标准是兜底的综合性排放标准。

主要内容：该标准规定了一般污染源排放要求、10 类典型 VOCs 污染源排放要求、应遵循的技术与管理规定，以及监测相关事项。

（1）污染源界定与时段划分

以本标准实施之日 2008 年 1 月 1 日为界，划分现有源和新源，现有源和新源分时段执行不同的排放限值：现有源自本标准实施之日起至 2009 年 12 月 31 日止执行第 I 时段标准，自 2010 年 1 月 1 日起执行第

Ⅱ时段标准；新源自本标准实施之日起执行第Ⅱ时段标准。排放限值、技术规定未划分时段的，则自本标准实施之日起执行。

（2）一般污染源排放要求

标准表1针对极度毒性物质、颗粒物、无机气态污染物和有机气态污染物四类共52项污染物，分别规定了大气污染物最高允许排放浓度（区分Ⅰ、Ⅱ时段）、与不同排气筒高度对应的最高允许排放速率，以及无组织排放监控点浓度限值三项指标，实施固定源大气污染物的分类、分级控制。

（3）典型VOCs污染源排放要求

标准表2和标准表3，针对汽车制造涂装、汽车维修保养、金属铸造、半导体及电子产品制造、人造板与木制家具制造、印刷、制鞋与皮革制品加工、涂料油墨和黏合剂生产、医药与农药制造、服装干洗10类典型VOCs污染源，明确了VOCs有组织排放浓度限值和总量排放限值（总量排放限值适用于汽车制造涂装和服装干洗的VOCs排放总量控制）。应注意，这些行业的排气筒VOCs排放速率、厂界VOCs无组织排放浓度，以及其他大气污染物排放控制，仍需要执行“一般污染源排放要求”。该标准中的金属铸造于2012年，印刷业、木制家具制造（含地板）、汽车制造涂装工艺、汽车维修保养业于2015年被新的行业专门地方排放标准替代，不再执行大气污染物综合排放标准。

（4）技术与管理规定

该标准对排气筒高度与排放速率、有机溶剂使用工艺通用控制要求以及其他一些技术与管理要求进行了规定：与其他排放标准将相邻较近的排气筒作为等效排气筒核算排放速率不同，该标准规定的排放速率是以企业为单位进行核算，这就更加严格了排放控制要求，防止了企业为增加污染物排放而设立多根排气筒的现象；针对有机溶剂无组织逸散较为突出的特点，该标准要求设置密闭排气系统，将VOCs无组织逸散装变为有组织排放进行控制；虽然有时有组织排放的VOCs浓度很低（如车间通风），但如果初始排放量（按NMHC计）大于等于1 kg/h，仍需要安装净化设备，净化效率不低于90%。

（5）监测事项

标准规定了执行标准，进行达标评定的监测与核算要求，包括有组织排放（排气筒）监测、无组织排放监测，以及汽车涂装、服装干洗的VOCs排放总量核算方法等。

（二）《锅炉大气污染物排放标准》（DB11/139—2015）

该标准是强制性标准，2002年1月7日首次发布，2002年3月1日正式实施。2007年8月13日第一次修订发布，2007年9月1日正式实施。2015年5月13日第二次修订发布，2015年7月1日正式实施。

适用：本标准适用于发电锅炉、工业锅炉、燃气采暖热水炉，直燃型吸收式冷（温）水机组参照本标准中燃气、燃油工业锅炉排放控制要求执行。本标准不适用于以生活垃圾、危险废物为燃料的锅炉。

主要内容：该标准规定了锅炉大气污染物排放控制要求、监测和标准的实施与监督等。

（1）历次修订变化

2002版标准代替了DB11/109—1998《锅炉大气污染物排放标准》、DHJB1—1999《燃煤锅炉氮氧化物排放标准》、DHJB4—2000《火电厂二氧化硫排放标准》。

2007版与2002版相比，主要变化：根据国家环境保护法规标准体系，将标准名称由《锅炉污染物综合排放标准》改为《锅炉大气污染物排放标准》，相应删除了水、噪声部分内容；加严了排放限值；大气污染物排放限值按电站锅炉、工业锅炉分类而不按燃料种类（燃煤、燃气）区分；取消了A、B区的划分；根据监测技术发展，在排放限值中增加了烟气不透光率指标。

2015版与2007版相比，主要变化：取消了烟气不透光率的排放限值；按照“高污染燃料禁燃区”内外，分别规定了在用锅炉的大气污染物排放限值；增加了汞及其化合物的排放限值；增加了燃气采暖热水炉的氮氧化物控制要求；增加了脱硝设备设计运行管理要求。

（2）排放限值

以本标准实施之日2015年7月1日为界，划分新建锅炉和在用锅炉，新建锅炉和在用锅炉在不同时段均执行不同的排放限值。

新建锅炉（房）执行表1规定的排放限值。以2017年4月1日为界，本标准实施之日至2017年3月31日前的新建锅炉执行其对应的排放限值；2017年4月1日起的新建锅炉（房）进一步严格了排放限值，其中，NO_x 排放限值，由 80 mg/m^3 加严到 30 mg/m^3。

在用锅炉（房）执行表 2 限值。位于高污染燃料禁燃区外，则锅炉排放限值执行的是 2007 版标准中的工业锅炉的新建排放限值，但增加了汞排放限值；位于高污染燃料禁燃区内，则以 2017 年 4 月 1 日为界：本标准实施之日至 2017 年 3 月 31 日期间区分在用锅炉当时的建设日期执行附录 A.1 规定的排放限值；2017 年 4 月 1 日起执行更加严格的排放限值（相当于本标准实施之日至 2017 年 3 月 31 日前的新建锅炉执行的限值），其中，NO_x 浓度限值执行 80 mg/m^3。本标准还规定了燃煤锅炉房无组织粉尘排放控制限值。

（3）其他控制要求

脱销设备设计和运行管理要求：为防止锅炉采取 SCR 或 SNCR 脱硝工艺设备的二次污染，引用参照了环保部发布的脱硝工程技术规范中规定的氨逃逸质量浓度限值。

锅炉烟囱高度规定：除符合 GB 13271 的规定外，规定了锅炉额定容量在 0.7 MW 及以下烟囱不得低于 8 m、0.7 MW 以上的烟囱不得低于 15 m。

（4）监测事项

额定容量在 14 MW（含）以上的热水锅炉、额定蒸发量在 20 t/h（含）以上的蒸汽锅炉应安装烟气排放连续监测系统。

（三）《固定式燃气轮机大气污染物排放标准》（DB11/847—2011）

该标准为强制性标准，2011 年 12 月 23 日发布，2012 年 2 月 1 日正式实施。

适用：火电厂燃气—蒸汽联合循环机组以及冷热电、热电联产分布式能源供应等系统中的燃气轮机。

主要内容：规定了固定式燃气轮机大气污染物排放控制要求、监测和运行管理要求。

（1）排放限值

新建、改建和在用燃气轮机按照不同日期，其大气污染物 NO_x、SO_2、烟尘一律分别执行 30 mg/m^3、20 mg/m^3、5 mg/m^3 的限值新建及改建燃气轮机自本标准实施之日起执行；已安装烟气脱硝装置和环境影响评价批复中要求安装烟气脱硝装置的现有燃气轮机自本标准实施之日起执行标准表 1 规定的大气污染物排放限值；未安装烟气脱硝装置的现有燃气轮机自 2014 年 7 月 1 日起执行。

（2）烟囱高度和运行管理要求

对新建、改建燃气轮机，按照单台额定功率规定了最低烟囱高度，以及由于特殊原因达不到最低烟囱高度时的大气污染物排放限值计算方法。脱硝系统可用率不应小于 98%，氨逃逸浓度应小于 2.5 mg/m^3。

（3）监测事项

单台燃气轮机额定功率≥25 MW 的机组应安装烟气排放连续监测装置。

（四）《炼油与石油化学工业大气污染物排放标准》（DB11/447—2015）

该标准是强制性标准，2007 年 1 月 12 日首次发布，2007 年 7 月 1 日正式实施。2015 年 5 月 13 日第一次修订发布，2015 年 7 月 1 日开始实施新标准。

适用：该标准适用于现有炼油与石油化工生产设施的大气污染物排放控制，以及对新、扩、改（编者注：标准原文如此。按照 2013 年 1 月 1 日实施的《北京市大气污染防治条例》第五十三条的规定，本市禁止新建、扩建炼油等制造加工项目。标准文本似应删除“新、扩”。）建炼油与石油化工生产设施的环境影响评价、设计、竣工验收及其建成后的大气污染物排放控制。企业内锅炉（含自备电站锅炉）、危险废物焚烧炉执行相应的北京市或国家大气污染物排放标准，企业排放的恶臭污染物执行相应的国家污染物排放标准。

主要内容：该标准规定了炼油与石油化工生产设施的排放要求、应遵循的技术与管理规定，以及监测相关事项。与 2007 年版标准比较，加严了各排放设施的污染物排放限值，严格和增加了控制无组织排放的工艺措施和管理技术要求。

（1）污染源界定与时段划分

以本标准实施之日 2015 年 7 月 1 日为界，划分现有源和新源，现有源和新源分时段执行不同的排放限值：现有源自本标准实施之日起至 2016 年 12 月 31 日止执行第 I 时段标准，自 2017 年 1 月 1 日起执行第 II 时段标准；新源自本标准实施之日起执行第 II 时段标准。工艺措施和管理技术规定，则自本标准实施之日起执行。

（2）污染源排放要求

标准表 1、标准表 2、标准表 3 和标准表 5，针对工艺加热炉、催化剂再生装置、硫黄回收装置及特殊工艺排气分别规定了大气污染物最高允许排放浓度；标准表 4 针对生产工艺单元非甲烷总烃规定了最高允许排放浓度和处理效率最低限值。

（3）无组织排放管理规定

该标准对“设备与管线组件泄漏”“挥发性有机液体储罐”“废水收集、处理、储存设施”三类无组织排放源作出了详细的排放控制管理技术规定，要求企业除了排气筒要达标排放，无组织排放控制管理也要达标。

企业需按照该标准要求实施设备与管线组件泄漏检测和修复（LDAR），即按照规定的频次对可能产生挥发性有机物泄漏的设备或管线组件进行泄漏检测，并按照要求对存在泄漏的设备或管线组件进行修复。

企业需按照该标准要求的对挥发性液体储罐采取适当的污染控制措施，并按要求检查和修复；对有机挥发性液体的装载也要满足标准的技术规定和管理要求。

企业的废水收集、处理及储存设施需按要求进行加盖密闭、泄漏检测和修复等控制措施。

（4）其他规定

该标准针对企业停工检修、火炬放空、工艺采样、排气筒高度和排放速率提出了控制要求。停工检修退料、吹扫、气体置换与清洗时，应有效收集排放的气体并予以回收或送至污染控制设备处理；紧急状况下需要燃烧放空时，应记录火炬燃烧放空数据；工艺采样应采用可回收式密闭采样设备、密闭回路式取样连接系统、在线取样分析系统等方法；排气筒高度均不低于 15 m；大气污染物排放速率应符合 DB 11/501 和 GB 14554 中与排气筒高度相对应的小时排放速率要求。

（5）监测事项

标准规定了监测执行标准，进行达标评定的监测与核算要求，包括有组织排放（排气筒）监测、逸散性排放检测、厂界环境空气监测等。

（五）《生活垃圾焚烧大气污染物排放标准》（DB11/502—2008）

该标准为强制性标准，2007 年 10 月 31 日首次发布，2008 年 1 月 1 日正式实施。2008 年 7 月 24 日第一次修订发布，2008 年 7 月 24 日开始实施新标准。新、扩、改建项目从本标准实施之日起执行本标准，现有设施从 2010 年 1 月 1 日起执行本标准。之所以在不到一年内修订该标准，主要是因为 2007 版标准关于防护距离的规定操作性不强。

适用：生活垃圾焚烧设施。

主要内容：

（1）与国家标准比较。与《生活垃圾焚烧污染控制标准》（GB 18485—2001）相比，烟尘、一氧化碳、氮氧化物、二氧化硫、氯化氢以及二噁英的排放限值均严于国家标准，其中二噁英的排放限值为 0.1 ng/m^3，与当时欧盟指令规定的排放限值相同；烟气黑度、汞、镉、铅排放限值与国家标准相同；新增加了烟气不透光率指标。本标准未作规定的执行国家标准相应规定。

（2）污染控制技术要求。该标准明确焚烧系统应建设有臭气收集和处理系统，恶臭污染控制符合相关标准规定；规定单台焚烧炉的处理能力应大于 200 t/d；厂界与敏感建筑物的距离由环境影响评价确定，但应不小于 300 m。

（3）监测。提出了监测工况、监测方法、监测频率及数据处理方法等方面的要求，并且增加了 HCl 的在线监测要求。

（4）污染物排放限值，见表 3-18。

表 3-18　生活垃圾焚烧炉大气污染物排放限值

序号	项目	单位	最高允许排放浓度限值
1	烟尘	mg/m^3	30
2	烟气黑度	林格曼黑度，级	1
3	烟气不透光率	%	10
4	一氧化碳	mg/m^3	55
5	氮氧化物	mg/m^3	250
6	二氧化硫	mg/m^3	200
7	氯化氢	mg/m^3	60

序号	项目	单位	最高允许排放浓度限值
8	汞	mg/m³	0.2
9	镉	mg/m³	0.1
10	铅	mg/m³	1.6
11	二噁英类	ng TEQ/m³	0.1

注：国家标准《生活垃圾焚烧污染控制标准》（GB 18485—2001）已经于 2014 年 7 月 1 日起由新修订的标准替代，北京市标准中个别指标宽于国家标准，需要执行相应国家标准限值，可考虑修订。

（六）《危险废物焚烧大气污染物排放标准》（DB11/503—2008）

该标准为强制性标准，2007 年 10 月 31 日发布，2008 年 1 月 1 日正式实施。新、扩、改建项目从本标准实施之日起执行本标准，现有设施从 2010 年 1 月 1 日起执行本标准。

适用：危险废物焚烧设施。

主要内容：

（1）与国家标准比较。与 GB 18484《危险废物焚烧污染控制标准》相比，烟尘、一氧化碳、氟化氢以及二噁英的排放限值严于国家标准中针对大型焚烧设施（焚烧容量≥2 500 kg/h）的排放量；烟气黑度、氮氧化物、二氧化硫、氯化氢、汞、镉、铅、砷、铬的排放限值与国家标准相同；新增加了烟气不透光率指标。本标准未作规定的执行国家标准相应规定。

（2）污染控制技术要求：新建的区域集中危险废物焚烧炉单台能力不低于 400 kg/h。

（3）污染物排放限值，见表 3-19

表 3-19　危险废物焚烧炉大气污染物排放限值 [a]

序号	项目	单位	数值含义	最高允许排放浓度限值
1	烟尘	mg/m³	小时均值	30
2	烟气黑度	林格曼，级	测定值 [b]	1
3	烟气不透光率	%	小时均值	10
4	一氧化碳	mg/m³	小时均值	55
5	氮氧化物	mg/m³	小时均值	500

序号	项目	单位	数值含义	最高允许排放浓度限值
6	二氧化硫	mg/m^3	小时均值	200
7	氯化氢	mg/m^3	小时均值	60
8	氟化氢	mg/m^3	小时均值	4.0
9	汞及其化合物(以 Hg 计)	mg/m^3	测定均值	0.1
10	镉及其化合物(以 Cd 计)	mg/m^3	测定均值	0.1
11	砷、镍及其化合物（以 As+Ni 计）[c]	mg/m^3	测定均值	1.0
12	铅及其化合物(以 Pb 计)	mg/m^3	测定均值	1.0
13	铬、锡、锑、铜、锰及其化合物（以 Cr+Sn+Sb+Cu+Mn 计）[d]	mg/m^3	测定均值	4.0
14	二噁英类	ng TEQ/m^3	测定均值	0.1

a 本表规定的各项标准限值，均以标准状态下含 11% O_2 的干烟气为参考值换算。

b 在任何 1 小时内，烟气黑度超过林格曼 1 级的累计时间不得超过 5 分钟。

c 指砷和镍的总量。

d 指铬、锡、锑、铜和锰的总量。

注：对于水泥窑共处置危险废物，排气中颗粒物、SO_2、NO_x、HF 的排放限值执行 DB 11/237 的要求，$HCl+Cl_2 \leq 60\ mg/m^3$，其他污染物执行表 1 中的排放限值要求。

（七）《低硫散煤及制品》（DB11/097—2013）

该标准是强制性标准，1998 年 7 月 23 日首次发布，1998 年 8 月 1 日正式实施。2004 年 7 月 15 日第一次修订发布，2004 年 8 月 15 日开始实施。2013 年 8 月 27 日第二次修订发布，2013 年 9 月 1 日开始实施。

1998 版标准名称为《低硫优质煤及制品》，规定了低硫优质煤及制品的定义、分类、要求、试验方法、检验规则、装卸、运输与储存，适用于民用及工业动力等用途的各种燃煤设备所使用的煤炭产品，不适用于电厂和将煤炭作为原料使用的煤炭产品。

2004 版标准综合考虑了 1998 版标准在实施过程中的一些问题，以及当时北京市政府治理大气污染的要求，结合北京市煤炭资源的供给情况，本着提高市民生活质量及生存环境的原则，对 1998 版标准的有关技术参数、术语等作了相应的修改，一些参数指标有较大幅度的提高。

2013 版标准与 2004 版相比的主要变化：1. 蜂窝煤产品增加了边长

为 150 mm 及 180 mm 两种规格的方型煤；2. 调整了散煤、蜂窝煤、其他型煤产品的部分质量指标；3. 增加了产品型式检验及进/出厂检验的内容；4. 对抽样规则进行了修订。

三、移动源大气污染物排放标准

（一）标准演进

为加强机动车排放污染控制，北京市在淘汰含铅汽油后，于 1999 年率先在全国对新注册登记的轻型车实施相当于欧洲 I 的地方机动车排放标准，从此，引领我国汽油车进入“电喷化+三元催化转化器”时代。此后，北京市均先于全国实施机动车阶段性排放标准，有力地控制新增机动车污染排放。这些新车排放标准与黄标车淘汰政策的实施，为控制北京市机动车排放污染发挥了决定性的作用。虽然全市机动车保有量从 1999 年实施第一阶段标准时的 144 万辆，增长到 2015 年全面实施第五阶段标准时的 561.9 万辆，但是，根据环境保护部总量核查数据，机动车 NO_x 排放总量由 2010 年的 8.87 万 t 下降到 2015 年的 6.68 万 t；环境空气中 NO_2 浓度（与机动车排放相关性强）从 1998 年的 74 μg/m^3 下降到 2015 年的 50 μg/m^3。北京市地方机动车排放标准实施进程，参见图 3-2 和表 3-21。

1999 年 1 月 1 日，副市长汪光涛（中）给第一辆达标车贴绿色环保标志

新车执行京 5 排放标准

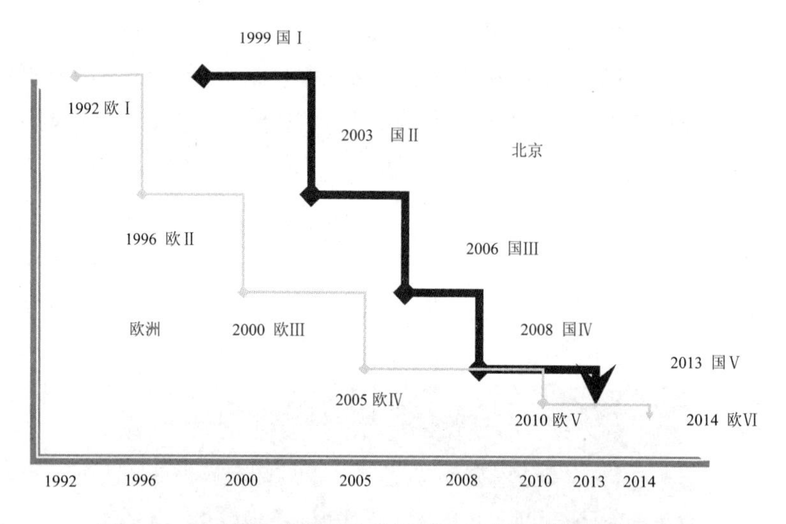

图 3-2 北京市与欧洲新生产轻型车实施排放标准年份示意

表 3-20 北京市地方机动车大气污染物排放标准演进表

车型 \ 标准阶段		国 0	国 I	国 II	国III	国IV	国 V
汽油车	重型货车	2000 年以前	2000—2004.8	2004.9—2010.6	2010.7—2013.6	2013.7—	
	中型货车	2000 年以前	2000—2004.8	2004.9—2010.6	2010.7—2013.6	2013.7—	
	轻型货车	1999 年以前	1999—2002	2003—2005	2006—2008.3	2008.3—2013.2	2013.3—

车型	标准阶段	国 0	国 I	国 II	国III	国IV	国 V
汽油车	微型货车	1999 年以前	1999—2002	2003—2005	2006—2008.3	2008.3—2013.2	2013.3—
	大型客车	2000 年以前	2000—2004.8	2004.9—2010.6	2010.7—2013.6	2013.7—	
	中型客车	2000 年以前	2000—2004.8	2004.9—2010.6	2010.7—2013.6	2013.7—	
	小型客车	1999 年以前	1999—2002	2003—2005	2006—2008.3	2008.3—2013.2	2013.3—
	微型客车	1999 年以前	1999—2002	2003—2005	2006—2008.3	2008.3—2013.2	2013.3—
柴油车	重型货车	2000 年以前	2000—2002	2003—2005	2006—2013.6	2013.7—2015.8	2015.8
	中型货车	2000 年以前	2000—2002	2003—2005	2006—2013.6	2013.7—2015.8	2015.8
	轻型货车	1999 年以前	1999—2002	2003—2005	2006—2013.6	2013.7—2015.8	2015.8
	微型货车	1999 年以前	1999—2002	2003—2005	2006—2013.6	2013.7—2015.8	2015.8
	低速货车	2007 年以前	2007—2008	2008-			
	大型客车	2000 年以前	2000—2002	2003—2005	2006—2013.6	2013.7—2015.8	2015.8
	中型客车	2000 年以前	2000—2002	2003—2005	2006—2013.7	2013.7—2015.8	2015.8
摩托车	轻便摩托车	2001 年以前	2001—2004	2004—2010.6	2010.7-		
	其他摩托车	2001 年以前	2001—2004	2004—2010.6	2010.7-		

（二）现行标准

现行北京市地方机动车、非道路移动机械大气污染物排放标准和车用油品质量标准，见表 3-21。

表 3-21　北京地方机动车现行标准一览表（截至 2015 年 12 月）

序号	标准名称	标准编号	发布日期	实施日期	新车/在用车	适　用
1	汽油车双怠速污染物排放标准	DB11/044	1999.3.26	1999.4.1	新、在用	装有汽油发动机、最大总质量大于 400 kg 最大设计车速等于或大于 50 km/h 汽车
2	柴油车自由加速烟度排放标准	DB11/045	2000.6.30	2000.7.15	新、在用	装有柴油发动机、最大总质量大于 400 kg 最大设计车速等于或大于 50 km/h 汽车

序号	标准名称	标准编号	发布日期	实施日期	新车/在用车	适　用
3	摩托车、轻便摩托车排气污染物排放标准	DB11/120	2000.8.23	2001.1.1	新、在用	适用于装用二冲程及四冲程发动机的摩托车
4	轻型汽油车简易瞬时工况污染物排放标准	DB11/123	2000.8.23	2001.1.1	在用	最大总质量不超3500 kg，最大设计速度等于或大 50 km/h 的在用汽油车
5	摩托车、轻便摩托车稳态加载排气污染物排放限值及测量方法	DB11/182	2003.2.15	2003.3.1	在用	所有在用摩托车和轻便摩托车
6	在用非道路柴油机械烟度排放限值及测量方法	BD11/184	2013.2.16	2013.7.1	在用	标定净功率不超过560 kW 的非道路机械用柴油机
7	非道路机械用柴油机排气污染物限值及测量方法	BD11/185	2013.2.16	2013.7.1	新机械	标定净功率不超过560 kW 的非道路机械用柴油机
8	装用点燃式发动机汽车排气污染物限值及检测方法（遥测法）	DB11/318	2005.12.27	2006.3.1	在用	GB/T 15089 规定的各类装用点燃式发动机的M 类、N 类及 G 类车辆（包括燃用汽油的车辆、气体燃料车辆、两用燃料车辆及双燃料车辆）
9	在用柴油车加载减速烟度排放限值及测量方法	DB11/121	2010.2.4	2010.6.1	在用	装用柴油机、最大总质量大于 400 kg、最大设计速度大于或等于50 km/h 的在用汽车

序号	标准名称	标准编号	发布日期	实施日期	新车/在用车	适　用
10	在用汽油车稳态加载污染物排放限值及测量方法	DB11/122	2010.2.4	2010.6.1	在用	点燃式发动机，最大设计车速等于或大于50 km/h 的 M1、M2、M3 和 N1、N1 类所有在用汽车
11	在用三轮汽车和低速货车加载减速烟度排放限值及测量方法	DB11/183	2010.2.4	2010.6.1	在用	装用压燃式发动机、最大设计总质量不大于4 500 kg、最大设计速度不大于 70 km/h 的在用农用运输车
12	在用柴油汽车排气烟度限值及测量方法（遥测法）	DB11/832	2011.10.11	2012.1.1	在用	GB/T 15089 规定的 M 类、N 类及 G 类在用柴油车辆
13	轻型汽车（点燃式）污染物排放限值及测量方法（北京Ⅴ阶段）	DB11/946	2013.1.5	2013.2.1	新车	点燃式发动机，最大设计车速等于或大于50 km/h 的轻型汽车（包括混合动力电动汽车）
14	车用压燃式、气体燃料点燃式发动机与汽车排气污染物限值及测量方法（台架工况法）	DB11/964	2013.2.20	2013.3.1	新车	设计车速大于 25 km/h 的 M2、M3、N2 和 N3 类及总质量大于3 500 kg 的 M1 类汽车及其装用的发动机
15	重型汽车排气污染物排放限值及测量方法（车载法）	DB11/965	2013.2.20	2013.7.1	新车	设计车速大于 25 km/h 的 M2、M3、N2 和 N3 类及总质量大于3 500 kg 的 M1 类机动车装用满足 GB17691—2005 第Ⅳ阶段及以上标准发动机的车辆

序号	标准名称	标准编号	发布日期	实施日期	新车/在用车	适　用
16	车用汽油	DB11/238	2012.5.7	2012.5.31	油品标准	由液体烃类或由液体烃类及改善使用性能的添加剂组成的车用汽油
17	车用柴油	DB11/239	2012.5.7	2012.5.31	油品标准	压燃式柴油发动机汽车使用的、由石油制取或加有改善使用性能的添加剂组成的车用柴油
18	车用尿素溶液	DB11/552	2008.5.28	2008.7.1	油品标准	车用尿素溶液的生产和检验

第四章　行政执法

1985 年，为适应执法工作需要，经市政府批准，市环保局招收了 130 名环保监察员。1986 年，市环保局在机构调整中，进一步明确了法规处与各监察处的分工。为强化经常性的执法监督，指导区县环保局执法，1989 年 8 月，市环保局组建了市环境保护局环保监察队。

1991 年 3 月北京市第一支独立环保执法队伍——北京市环境保护监察队正式成立，之后各区、县环保监察队相继组建。主要从事排污费征收，兼顾特定行业污染源监督管理，污染纠纷调处等环境执法监理活动。随着市场经济的不断发展，环境监管任务日益增加，北京市加强机构能力建设、扩大环境执法领域、创新理念和机制。一是工作领域从过去单一的征收排污费向全面监管拓展。环境执法紧紧围绕全市环保中心工作，以改善空气质量为中心，以大气污染源、饮用水水源保护区、建设项目监管等为重点，以排污申报登记为手段，以污染源在线监控系统应用为平台，着力解决损害群众健康和影响可持续发展的突出环境问题，不断夯实污染源监管基础，全面落实第 1～16 阶段《控制大气污染措施》《2013—2017 年清洁空气行动计划》，有序推进水、固体废物、机动车、噪声、畜禽养殖等其他污染源的监察执法、排污收费、建设项目环境监管等各项工作的落实；全面保障 2008 年第 29 届奥运会、国庆 60 年大阅兵、APEC 会议等重大政治活动的环境质量；深入排查各类环境风险隐患，防范重大环境污染事件发生。二是创新执法理念，引导企业自律。推进企业监督员制度，促进企业诚信守法；加强企业环境信息公开，接受社会监督；加强执法宣传，曝光突出环境违法单位，促进形成守法氛围。三是创新环境执法监督工作机制，不断提升环境监察执法效能。建立上下联动机制，开展对下级环境监察机构的稽查和年度考核；

建立各街道（乡镇）和社区（村）网格化监管措施，充实和强化基层监管能力；建立京津冀及周边地区区域大气污染防治协作机制，开展污染源协同监管和执法联动机制。四是加强执法机构自身建设，提高环境执法监督能力。以环境执法证件申领换发为契机，及时开展执法人员业务培训；按照国家标准化建设要求配备执法装备，保障日常执法工作的顺利开展；为实现实时监控污染源排放的监控目标，开展了主要大气、水污染物自动监控系统建设、运行管理及执法应用；为规范现场执法检查，在全市开发建设和使用污染源移动执法系统。经过近 30 年的发展，北京市环保执法队伍，已从当初的内设机构发展为独立执法机构，人员也从 10 余人发展到市区两级、同时具有企业事业单位污染源和移动污染源环保执法职能 1 200 余人的队伍，通过对各排污单位全面履行环境保护法律法规、标准和制度执行情况的检查和处理，不断加大行政执法力度，对推动环境质量改善发挥了重要作用。

第一节　企业事业单位污染源环保执法

一、机构沿革

1984 年，为加强环境执法工作，市环保局在全市率先成立法规处，除负责环保法规、规章拟订和法制教育外，还负责重要案件的处理，同时将各业务处改为监察处，共有 5 个监察处。各区县环保局也陆续成立了监察科和管理科。

1985 年，为适应执法工作需要，经市政府批准，市环保局招收了 130 多名环保监察员，经培训考试合格上岗。

1989 年 8 月，为强化经常性执法监督，指导区县环保局执法，市环保局组建了北京市环境保护局环保监察队。

经市编制办公室批准，1989 年和 1990 年，在全市 18 个区县、397 个街道、乡镇，共增设了 445 名专职环保员。

1991 年 3 月，为了更好地统一开展各项环境保护行政执法工作，成立独立事业单位——北京市环境保护监察队，共 10 名正式队员。

1997 年，市环保监察队增加事业编制 15 名。增编后，市环保监察队编制总数25名，领导职数1正1副。

2002年，市环保监察队增加全额拨款编制20名，增编后，市环保监察队编制总数45名，领导职数1正3副。

2004年，市环保监察队内设6个正科级职能科室，即办公室、环境监察一科、环境监察二科、环境监察三科、环境监察四科和排污收费管理科。

2005年，北京市环保局将排污费征收管理和排污申报登记及环境应急等工作职责调整到北京市环保监察队。

2006年3月，北京市环保监察队由事业单位改为行政执法机构，并增加负责放射性同位素与射线装置安全和防护的日常监督执法职责。原使用的全程拨款事业编制45名改为行政执法专项编制，新增行政执法专项编制15名，其中，处级领导职数仍为1正3副。

2007年12月，北京市环保监察队加挂环境监察处的牌子，同时增加“协调、指导和监督检查区县环保执法工作”的职责。

2009年8月6日《北京市环境保护局主要职责内设机构和人员编制规定》增加了“环境保护应急工作的职责”。

2010年5月，北京市环保监察队（环境监察处）行政执法专项编制从62名增至65名。10月，北京市环保监察队更名为北京市环境监察总队。内设7个科室。主要职责：受市环保局委托，依据环境保护法律、法规、标准，对污染源进行执法检查，对违法行为依法进行查处；协调、指导和监督、检查区县环境保护执法工作，开展环境执法的稽查工作；负责与周边省市建立环境执法联动机制，指导和协调解决区县之间的区域、流域环境污染纠纷；负责建设项目竣工环境保护验收，组织开展建设项目“三同时”的监督检查和建设项目施工期的环境监理工作；组织开展排放污染物申报登记、排污费核定和征收工作。

2012年3月，市环境监察总队行政执法专项编制增至66名。

2013年2月，市环境监察总队行政执法专项编制增至71名。

2013年11月，市环境监察总队行政执法专项编制增至74名。

2015年11月，市环境监察总队行政执法专项编制增至77名。

2010 年 11 月 26 日，市环境监察总队成立

二、队伍能力制度建设

自 20 世纪 80 年代末、90 年代初北京市级及各区县环保监察队伍逐步成立后，市、区两级环保监察部门按职责分工定期现场检查污染源单位污染防治设施的运行情况、污染物排放状况和建设项目“三同时”制度执行情况、排污申报登记情况和排污费交纳情况，及时发现并查处环境违法行为，处理群众信访投诉举报，并建立定期报告制度和执法联动制度。我市不断建立健全环境监察工作机制体制，加强环境监察队伍标准化能力建设，强化执法培训和考核，规范现场执法和行政处罚程序，提升执法人员能力素质，提高执法监督水平。

为保证各级行政机关依法行使职权，保护公民、法人和其他组织的合法权益，1990 年 4 月国家颁布的行政诉讼法，对执法工作提出了更严格的要求。为适应形势的发展，促进环保执法工作的规范化、制度化和科学化，经市政府批准，同年 7 月 15 日，市环保局发布实施《北京市执行环境保护法规行政处罚程序若干规定》。市环保局组织市、区县环保干部集中学习培训，整顿执法队伍，重新核发监察执法证，不具备资格的不得上岗执法。同时，进行执法程序培训和职业道德教育，拟定了《北京市街、乡（镇）环保员职责（暂行）》和《北京市街、乡（镇）环保管理证管理规定（暂行）》，制定《执法人员守则》和《环境保护干部道德规范》，要求执法人员遵守法律，严格执法，礼貌待人，不徇私情，公正廉明。同年 11 月，市环保局法制处设立行政复议科，使法制建设从立法起草、解释有关法规、规章的具体应用，扩大到执法检查和行政诉讼复议等。为规范执法行为，完善执法程序，市环保局还组织市、区、县环保局对以往作出的行政处罚决定，从处理文书、处罚依据、处罚决定逐项进行审查，对执法中的现场调查、取证，适用的法规以及法律文书等，提出规范要求。市环保局还规定，对一切违法行为的行政处罚，必须由业务处提出意见，经法制处审查会签后，报局长签发；重大案件由局务会讨论决定，任何个人不得自行作出处罚处理。各区、县环保局按照市环保局要求，进一步公开办事制度，建立接待日和举报制度，接受群众监督，增强了自我约束能力和群众监督意识。

2007 年，根据《北京市环境保护局行政处罚审批程序规定》，监察队制定了《北京市环保监察队行政处罚审批程序实施细则》，严格分级审批制度，规范行政处罚程序；制定《北京市环保监察队信访管理办法》，规范信访处理程序，提高信访办理质量。

2007 年，为提高市区两级环境监察部门标准化建设水平，中央财政和我市财政共投入专项资金 1 305 万元，开展北京市市级监察队和 18 个区县监察队的监察执法标准化建设。为全市环境监察部门配备包括车辆、车载样品保存设备、照相机、摄像机、水质快速测定仪、烟气快速测定仪、酸度计、烟气黑度仪等共计 704 台套，20 类设备。在装备建设方面，北京市环保监察队达到一级标准，18 个区县全部达到二级标准，达到国家标准化建设要求。

2009 年，针对北京市个别重点企业还未能实现稳定达标排放，中小企业非法排污现象时有发生，群众对环境污染投诉居高不下，部分领域的污染源监管缺失较为严重，环境监管体系尚不健全，一些区域的环境安全隐患依然存在等突出问题，北京市人民政府办公厅印发《关于进一步加强全市污染源监管工作意见的通知》，进一步明确了污染源属地管理职责，其中市环保局负责政策、法规、标准和计划起草；负责协调督促市有关部门履行监管职责；负责组织、指导和督促区县的污染源监管工作。各区县政府对辖区污染源监管工作负总责。

2009年，根据北京市环保局绩效考核有关规定，为了进一步加强职责落实，确保重点工作按时完成，组织制定了《北京市环保监察队绩效考核办法（试行）》，通过对各科室及每位队员每月工作完成情况的考核，建立与年度公务员考核相结合的内部量化考核评价体系，作为队内实施奖优罚劣的标准，逐步形成内部激励竞争的良性工作机制。

同年，为规范全队执法监察行为，组织制定了《北京市环保监察队执法监察规范》，按照前期准备、现场监察、后续处理等监察工作阶段，分废水、废气、粉尘、噪声、固体废物、建设项目等监察工作重点，对执法监察工作内容、步骤及要求等进行了明确规定。并重新制定规范了《现场执法监察意见书》《环保执法监察记录单》等16种格式文书，提高监察规范化管理水平。

2009年开始，组织对区县环境监察工作开展年度考核，制定了《北京市环境监察工作年度考核办法》和《北京市环境监察工作年度考核评分细则》，加大对各区县执法监察工作的过程考核，促进了市区环境执法工作的开展。

2009年，根据环境保护部的有关要求，北京市组织开展了企业环境监督员制度试点工作，在北京市电厂、大型城市污水处理厂、燕化、首钢等41家国控重点企业试点建立了企业环境监督员制度。结合我市实际，制定了《北京市重点企业环境监督员制度试点工作方案》，组织全部企业环境监督员和企业环境总负责人参加环境部组织的培训工作。并印发了《企业环境监督员制度阶段性工作方案》，重点规范试点企业环境管理体制与机制建设。

2010年，监察队印发了《北京市环境保护局关于推广企业环境监督员制度工作的通知》，进一步部署推广企业环境监督员制度工作，确立了400余家试点企业和近800名企业环境监督员，并根据污染物排放类别对企业进行了分类，全年组织约250名环境监督员参加了环保部组织的培训。

2010年，为提高北京市环境监察执法水平，根据环保部关于环境监察稽查试点工作要求，一是选定丰台、通州、昌平等3个区作为我市第一批稽查试点区，并组织进行了验收。二是开展总队内部环境监察稽查工作，将各科室和每个队员的监察工作全部纳入内部稽查范围，主要稽查内容包括上月工作落实情况、重点源检查及总量减排项目检查任务落实、违法行为查处数量、现场监察记录、执法规范和执法纪律执行等情况，稽查情况进行排名，稽查结果在全队进行公示，总队内部形成了良性竞争氛围。

2011 年 12 月，环境保护部对北京市环境监察标准化建设进行了考核验收。验收委员会由环境保护部、部分省市环境保护厅（局）环境监察机构负责人共 7 人组成。验收委员会一致同意北京市环境保护局通过国家环境监察标准化建设一级标准达标验收。

三、重点环保执法工作

自 1991 年市环保监察队成立 20 余年以来，对全市除移动污染源以外的各类污染源进行了监察执法，涉及燃煤锅炉、扬尘污染、工业粉尘、石油化工、餐饮油烟、水源地保护区、污水处理厂、电镀行业、重金属、食品、屠宰、造纸、垃圾填埋场、危废、噪声等多个行业领域。机动车等由机动车排污监控中心组织实施执法检查。

（一）燃煤锅炉烟气污染防治执法

每年的采暖期，二氧化硫成为大气污染控制的主要指标。为确保冬季空气质量达标，保护人民群众身体健康，北京市环保局一直把控制燃煤锅炉二氧化硫排放作为监察重点。采暖季前，制定燃煤锅炉监管工作方案，11 月 15 日组织开展“登高查烟”活动，每周联合市监测中心对重点燃煤锅炉单位进行监察监测，对超标排放单位依法进行处罚，并通过执法检查活动，促进燃煤锅炉开展清洁能源改造、在线监控设施建设等。

为了确保亚运会期间比赛场馆周围和 100 条道路两侧不冒黑烟，各单位加强管理，采取诸多措施，消除烟尘污染，各级环保部门认真执行大气污染防治法，加强监督检查。1989 年 11 月 28 日，市环保局和城近郊 8 个区政府、环保局、各街道办事处及防治烟尘协作组统一行动，组织了 846 人，于早 7 点登上各自辖区内的烟尘瞭望哨进行观察，深入 1 691 个单位检查烟囱冒黑烟情况，发现问题及时解决。经检查，绝大多数单位确保不冒黑烟，对 92 个黑烟超标排放单位，环保部门依法进行了处罚。

2004 年，市局监察队加大对重点地区燃煤锅炉排放的监测检查频次。对未达标排放的，首先要监督其采取脱硫、换煤、降负荷等措施把排放浓度降下来，再依法从严、从快处罚；对排放严重超标和多次超标的单位，先进行重点监管，再依法进行处罚；印制了《燃煤锅炉房检查通知单》，会同城八区环保局在采暖季到来之前发放到各单位，采取多次媒体曝光的方式加强各锅炉房的自律。

2005 年，市局监察队与监测中心联合对城八区内燃煤（电厂）锅炉二氧化硫排放及除尘设施运行情况进行了 17 次监测检查。共检查监测 148 家（总计 306 台，共 5 547 t），其中 56 家排放超过 150 mg/m^3。通过检查和对超标单位的查处，有效地控制了全市二氧化硫总量的排放。

2006 年，充分运用现场监测、在线监测两种手段处罚超标排污的燃煤锅炉，共处罚了 52 家单位，罚款总额 105 万元，同时向媒体曝光超标排污的单位。开展在线监测设备运行状况的执法检查，重点检查了长年运行的燃煤锅炉，共检查了 26 家单位 38 套设备，对存在问题的 5 家单位，责令其限期改正，并同环保部门联网。

2007 年，市局监察队开展了监察监测一体化工作，监察队员经过理论考试和实际操作考核，取得烟气中二氧化硫、氮氧化物等项目的监测上岗证，并独立进行燃煤锅炉二氧化硫、氮氧化物监测 60 余家；核实了全市燃煤锅炉烟气在线监测设施台账，将 103 家单位 193 套已与监测中心联网的在线监测设施纳入监管范围，实时监控 364 台燃煤锅炉。对出现故障、数据超标的单位，当日派执法人员现场检查，确定处罚措施，对超标单位依法处罚，对未安装在线监测设施的单位下达限期改正通知书。

2008 年初，结合贯彻落实新《锅炉大气污染物排放标准》，组织召开了全市 20 T/h* 以上常年运行锅炉单位参加的“加强奥运期间锅炉监管工作会”，会上发放了《致全市燃煤锅炉使用单位的一封公开信》《加强奥运期间燃煤锅炉排放管理要求》等材料，介绍了空气质量形势、十四阶段对燃煤锅炉的相关要求和有关法律法规，提出了奥运之年燃煤锅炉的监管要求。为督促企业达到第 II 时段排放标准，加强对常年运行燃煤

* 1 T/h=0.7 MW。

锅炉单位脱硫和除尘治理工程监管，督促各单位根据自身条件，制定了相应的减排及改造措施，并监督改造工程进度情况。把燃煤电厂、20 T/h以上燃煤锅炉、城八区 20 t/h 以下燃煤锅炉、历年监察中有违法记录的锅炉单位和质监局煤质检测报告中煤质超标单位列为重点监察监测对象，把远郊区县 20 t/h 以下燃煤锅炉列为抽查对象，每月进行监察监测；同时利用在线进行 24 小时监控，发现在线超标后监察队员即赴现场监察、监测。

2009 年，采暖季期间通过发挥监察监测一体化优势，加强了对燃煤锅炉单位执法检查的力度；通过加强对区县环保局的督查，实现整合全市执法力量共同开展执法监察的目标，充分运用现场监测、在线监测两种手段处罚超标排污的燃煤锅炉；非采暖季，加强对区县燃煤锅炉治理设施改造进度督查和常年运行燃煤锅炉单位监管。全年共检查燃煤锅炉单位 628 家次，监测 565 家次。其中 165 家 SO_2 排放超标，有 3 家烟尘排放超标，达标率为 70%。对其中 75 家超标严重的单位进行了处罚，共罚款 179.1 万元。

2010 年，市局监察队联合区县环保局，重点围绕燃煤锅炉清洁能源改造，有针对性地加大执法力度。采暖季期间，市局共处罚 62 家，罚款 144 万元，各区县环保局共处罚 70 家，罚款 80 万元。

2011—2012 年采暖季，加强煤烟型污染监管。一是开展采暖季燃煤锅炉专项执法工作，进一步深化监察、监测协作配合工作机制，加大综合执法力度。全市共查处违法行为 213 起，其中限期 51 起，处罚 162 起，处罚金额 306.1 万元，处罚起数和金额同比增长 33%和 60%。二是加强重点地区常年运行燃煤锅炉和经营性小煤炉监管执法，对 33 家重点地区常年运行锅炉进行现场监察、监测，查处超标排放违法行为 3 起，联合城管、工商等单位取缔、收缴经营性小煤炉 87 个。三是强化对重点污染源单位的监管，组织市发展改革委、华北电监局对我市四大燃煤电厂开展三项污染物减排专项执法检查，3 月份、10 月份两次组织对北京燕山石油化工有限公司进行专项执法检查。

2012—2013 年采暖季，全市共检查燃煤锅炉 2 021 家次，查处违法行为 207 起（限期 81 起，处罚 127 起），处罚金额 301.5 万元；其中总队直接立案处罚 46 起，处罚金额 171 万元，分别占总数的 36%和 57%。

通过严格查处环境违法行为，促进了城六区无煤化和远郊区县并网工作；最大限度减少锅炉烟气超标排放及煤堆渣堆扬尘无组织排放行为；加强在线监管，促进燃煤锅炉在线监控运行率的提高；督促3家集中供热中心建设脱硝设施，降低了氮氧化物的排放量。

2014—2015年采暖季，全市共检查12 919家单位及点位，其中城管部门检查8 372家单位及点位，质监部门检查1 128家单位及点位，环保部门检查3 419家单位及点位，共发现问题445处，立案查处燃煤锅炉企业违法行为292起，处罚金额753万元。

2014年环保执法零点夜查

2014—2015年采暖季煤烟型污染专项整治工作成效良好。全市共检查12 919家单位及点位，其中城管部门检查8 372家单位及点位，质监部门检查1 128家单位及点位，环保部门检查3 419家单位及点位，共发现问题445处，立案查处燃煤锅炉企业违法行为292起，处罚金额753万元。

（二）扬尘污染控制和执法

扬尘污染控制工作一直是北京市大气污染防治的一项重点工作，在每年的大气污染防治工作计划中，均将扬尘控制作为常规工作，重点检查施工工地、混凝土搅拌站、道路遗撒等问题，同时发挥区县乡镇街道和在京单位的作用，加大扬尘污染控制宣传，通过增加植被种植率、道路铺装等手段降低扬尘；联合建委、城管等委办局加强对施工工地的监管，在不同时期对施工工地提出新的要求。

1990 年，北京市环保局就以筹办亚运会为重点，在全市开展了以防治扬尘为中心的环境综合整治。各区县、委办局和中央、部队在京单位根据各自的特点，因地制宜，创造了不少典型经验。朝阳区大屯乡把降尘工作纳入建设“文明村”的活动中，总结出城乡结合部环境综合整治经验。西城区把环境综合整治与“91 同心工程”紧密结合在一起，要求各单位把降尘作为同心工程的重要内容，克服资金紧、任务重的困难，建立了胡同、街道及施工工地等一批示范工程。宣武区根据本区特点，重点开展防治“三堆”（煤堆、料堆、灰堆）污染工作，解决了全区 27 处煤场煤堆污染。东城区因陋就简，用废旧砖铺装街巷 33 条，在监测点周围开展示范工作，取得了较好的效果。昌平区搞出 6 个不同类型的“黄土不露天、泥土不流失、烟尘不超标”的样板。市环保局与市建委共同发出《北京市建设工程施工现场环境保护工作基本标准》的通知，举办了所属单位施工负责人学习班，培养了一批文明工地典型。据统计，1991 年全市共铺装地面 20 多万 m^2，已有 444 条街巷、16 个小区、943 个机关、大院、单位、11 个公园坐到了黄土不露天，创造出一批不同类型的降尘先进典型。

1993 年，对 100 个重点排尘大户的控制措施进行检查，有 107 台锅炉经治理达标，占未达标锅炉的 41%，超过了原 30%的计划，可减少排尘量 400 t；完成了二环路至三环路 134 条街巷、42 个小区的整治，共绿化 88.4 万 m^2，种植花木 1.9 万株，铺装 20.3 万 m^2；三环路以外及远郊区、县城关镇共完成 36 条街巷、4 个环岛、3 个小区的绿化和铺装，共种植花木 42.6 万株，铺草坪 19.8 万 m^2，绿化 20.6 万 m^2，铺装 16.9 万 m^2；同时继续加强施工工地现场管理，贯彻落实《北京市施工现场环境保护工作基本标准》，对已建成的二环路以内降尘示范工程，加强管理，巩固治理成果。

1997 年，配合市建委对施工工地提出要求：“施工现场有围挡，进出口工地路硬化，运输车辆不遗撒，工地洒水制度化，禁止高层扬灰渣”。并重点监督建工、城建、住总、城乡、中建一局、市政等六大公司的市区土地，收到良好效果。

1999 年，整治裸露地面 700 多万 m^2。签订“门前三包”责任书 4.8 万份，落实“门前三包”绿化养护责任 70 万 m^2。加强建筑、道路及水利施工管理，全市创建文明工地 2 042 个。道路洒水、喷雾压尘面积扩大到 716 万 m^2，机扫面积增加到 1 921 万 m^2。

2001 年，北京市环保局《关于成立北京市扬尘污染联合检查办公室的请示》经汪光涛副市长批示同意，北京市扬尘污染联合检查办公室改设在北京市环保局。

2002 年，组织编制了当年全市建筑、拆迁、市政工地台账，从城八区 1 375 个施工工地中，挑选了 184 个作为重点反复检查。9 月，市环保局会同市建委、市市政管委、市国土房管局、市园林局、首绿办等扬尘办成员单位及新闻媒体，组成 8 个联合检查组，共出动检查人员 330 人次，抽查了城八区 623 个工地，对存在扬尘等问题的 124 个工地依法处理；与国土局、市建委、市水利局共同完成了砂石场后续管理问题的建议，制定出台《关于砂石场开发管理有关问题的意见》；与国土房管局联合对永定河西河汊内 13 家砂石厂的关停情况进行检查。

2004 年，在建立并完善城八区各类工地台账的基础上，市环保局建立定期检查、信息公开制度：每两月对城八区所有施工工地扬尘污染控制措施落实情况进行一次全面普查。对不达标工地，实行挂账制度，监督其整改落实情况，并向市城管执法局进行案件移送。同时每两个月将城八区的工地达标率和案卷移送及处理情况向市领导报告或向社会公布。将工地检查情况登录数据库，实行动态化管理。为加大扬尘污染控制工作力度，全面落实各有关部门扬尘污染控制职责，还改变以往的普查方式，按街乡划片对城八区内建筑工地进行了两次专项检查；按建筑公司分类，对城四区内 8 个规模较大的建筑集团（公司）所辖的施工工地进行了拉网式检查。各街道工地不达标率和各集团（公司）环保措施达标情况经媒体曝光后，各单位反应积极，迅速落实整改措施，主管部门加强监管，起到事半功倍的作用。在加强集中检查的同时，会同市建委、市国土房管局、市园林局、市城管执法局等部分市扬尘办成员单位，对城八区的建筑、市政、拆迁、园林绿化工地进行了多次联合大检查。加大对工地的宣传教育力度，组织印制了 4 万份各类工地的扬尘控制宣传手册和宣传画，会同各区县环保局，发放到全市所有在施施工工地。

2005年，加强对施工工地，特别是奥运工程扬尘污染控制措施落实情况的检查，共检查施工工地2 311家，查处不达标工地462家，不达标率21%。与市城管执法局开展了35次定期工地扬尘联合执法检查行动，向市城管执法局移交256件扬尘污染案件，其中处罚11件，处罚金额16 100元。加强扬尘污染控制宣传工作：为部分在京施工的建筑公司、拆除公司、市政公司、城八区园林绿化队等单位主管环保工作部门负责人举办施工扬尘污染控制讲座。建立网上曝光制度：采用上网曝光通知单方式，对扬尘污染特别严重的工地首先下发上网通知单以告知警示，仍不改正的实行网上曝光，经申请验收达标后再予以撤销。对重点工地实行挂账督办，建立全天候监控制度，节假日设专人值班，同时管理与执法相结合，组织召开有市城管执法局、区环保局、开发商和施工单位参加的多次协调会。在奥运工程的管理上，密切与“2008工程”建设指挥部的联系，在工程开工前就提前介入，了解施工进度安排，提出绿色环保施工要求。采取施工单位通报制度：针对某些建筑公司所属的多家工地普遍存在扬尘污染的现象，发挥其内部管理机制的作用，采取向总公司通报的办法加强管理。

2006年，以刘淇书记提出的“五个100%”和施工现场环境保护标准为准绳，以“日常巡查、联合检查、抽查评估”等形式加强扬尘污染监督检查，共检查了4 207家（次）施工工地，要求648家环保措施不达标工地限期整改，挂账督办59家问题严重的工地，向市城管执法局移交368件扬尘污染案件，在北京市环保局官方网站、北京日报等多家媒体上曝光了135家（次）施工工地。同时，会同市政府督查室、市监察局、市建委、市城管执法局开展了专项检查，检查了各区县政府扬尘污染控制工作，抽查了各区县的市政工地、拆迁工地、园林绿化工地、裸地，评估了各区县和亦庄开发区工地的环保措施达标率；开展奥运工地扬尘专项检查，配合“2008办”、奥组委、市建委每季度检查评比奥运工地。向施工工地印发了8 000份《致全市施工单位的一封公开信》和《工地控制扬尘污染宣传画》，讲明空气质量形势，控制扬尘污染的重要意义和具体措施，强化施工单位社会责任感，促进其自觉落实扬尘控制措施。

2007年，通过推广使用工地扬尘管理系统软件，对全市施工工地进行整体、动态管理，运用科技手段、信息手段加强对监测子站周边重点工地扬尘污染的统计、分析、评估，为管理部门及时制定管理措施提供依据。会同市建委、市城管执法局成立施工扬尘督查组，组织开展全市扬尘污染控制工作联合检查，每周检查不少于 20 个单位，对不达标施工单位依法进行处罚和曝光并将检查结果及时上报市政府。配合市“2008 工程”建设指挥部对奥运工程扬尘防治工作落实情况进行监督检查。共检查“2008 工程”93 个项目，大部分施工单位都能按照市委市政府的“五个 100%”的要求落实防扬尘措施。

2008 年，市环保局发挥扬尘办组织协调作用，联系市建委、市城管执法局研究确定了“协调、联合、督办”的工作原则，进一步明确了各成员单位的职责，联合制定并印发了《2008 年北京市建设工程施工现场扬尘污染治理工作方案》，联合召开了全市建设工程施工现场治理工作会议，对全市扬尘污染防治工作进行了部署。协商市园林绿化局、市水务局分别下发通知要求加强对绿化工地和水务工程工地扬尘污染控制工作。

2008 年环保部门检查工地扬尘污染

市环保局与市建委和市城管执法局等主要扬尘污染防治部门建立完善多种联合督查机制，成立了联合督查组，形成长效联合检查机制，每天对施工工地开展检查，每月组织 2 次扬尘污染联合执法专项行动，联合“2008 办”对奥运工程工地每月进行专项检查；编印《扬尘污染防治简报》，通过网站、报纸和电台等媒体对扬尘污染防治不合格的单位进行曝光；每月召开一次扬尘办成员单位会议，分析扬尘污染控制工作形势，研究解决办法。2008 年以来，通过落实强有力的扬尘污染控制措施，在全市施工工地数量多、开复工面积大、工期紧的情况下，工地扬尘污染控制合格率达到了 80%左右。

加强对裸露地面的治理，市环保局向各区县环保局下发《关于开展裸露地面调查治理工作的通知》，布置全市裸地的统计和治理工作，要求各区县环保局协调各区县“2008 办”、市政管委、园林绿化部门，配合各区县街乡办事处核查本辖区内裸地数量、面积及各类土堆、灰堆、煤堆、渣堆的数量，建立台账，进行治理，所有裸地要做到“三落实”，责任单位（责任人）落实、资金落实、完成时间落实。对于暂不能完成治理任务的裸地，要采取喷洒扬尘覆盖剂等方法抑制扬尘。经统计，奥运场馆周边裸露地面 21 块，共计 25.98 万 m^2。

2009 年，充分利用市扬尘办的工作平台，发挥市住建委行业主管和市城管执法局执法部门的作用，通过参与制定扬尘污染治理方面的法规、标准和规章制度，提出严格的管理措施和标准；通过召开工作协调会、组织联合检查和专项督查，曝光不合格工地等形式，落实环保部门的综合监管职能。组织召开了全市扬尘污染控制工作会，制定并印发《2009 年扬尘污染控制工作方案》；配合市住建委制定并出台《绿色施工管理规程》，会同市住建委、市发展改革委制定印发《北京市混凝土搅拌站治理整合专项工作规划》；为确保国庆期间空气质量达标，召开国庆期间扬尘污染控制协调会，联合下发《国庆期间扬尘污染控制检查方案》，组织城八区扬尘污染控制联合检查。

2010 年，与市园林绿化局等职能部门、崇文区等相关区县开展专项联合执法行动十余次。加大对扬尘违法单位的移送、曝光和复查力度，先后检查发现并移送处理违法工地 100 余家；组织北京电视台、《新京报》等媒体曝光扬尘污染工地 3 次，编发《曝光工地名单》7 期，曝光 104 家。

2012 年，一是开展施工现场环境监察量化考评工作，研究制定了《施工现场环境监察量化考评办法》，组织全市环境监察系统规范实施。二是注重检查考评结果的充分应用，强化扬尘污染控制五项工作机制，采取情况通报、问题约谈、案件移送、联合执法、污染曝光、宣讲培训等综合手段，促进扬尘污染问题的解决，提高绿色施工管理水平。三是加强同相关职能部门配合，对全市4 000余辆渣土运输车进行规范和整治，修订完善了《北京市建设施工现场管理办法》和“绿色文明安全工地”评比办法，推进了洗轮机、防尘墩、抑尘剂、土石方施工全封闭作业等新技术的推广，将施工企业扬尘污染违法行为作为不良信息纳入全市建筑企业信用管理系统。

2013年初，市环保局制定并印发了《2013年扬尘污染控制环境监察工作方案》，采用市级联合执法、总队集中督查和区县自查自促相结合的方式，确保了各项扬尘污染控制工作的有序开展。截至目前，全市累计出动扬尘监察执法力量4 000余人次，检查各类工地3 000余家次。组织或参加市级联合执法检查8次，市级环境执法检查40余次，检查施工工地140余家次，发现问题工地18家，移送城管部门12家，工地达标率为86%；对丰台、通州、大兴、海淀、朝阳等区县扬尘污染控制进行了现场督查，对丰台、通州2家存在严重问题的施工工地进行了曝光。

（三）工业粉尘污染防治执法

2007年，市环保局对市控16家水泥厂进行检查，对3家存在粉尘超标、未安装净化设施的水泥厂依法处罚；对全市10家粉磨站进行现场检查，基本摸清了全市粉磨站现状。

2008年奥运会前，市环保局以贯彻落实北京市《冶金、建材行业及其他工业窑炉大气污染物排放标准》（DB11/237—2004）、《炼油与石油化学工业大气污染物排放标准》（DB11/447—2007）、《大气污染物综合排放标准》（DB11/501—2007）为重点，对全市冶金建材行业、化工行业、综合行业128家国控、市控重点源（含奥运期间实施污染减排的18家企业）排放的废气、废水、废渣进行了全面检查。51家冶金建材重点源企业中，有8家已关、停或拆除。运行的43家除尘设施运行正常。经过监测，粉尘排放均符合《冶金、建材行业及其他工业炉窑大气污染物排放标准》第Ⅱ时段的排放标准。6月，市环保局会同房山区、门头沟区环保局对西南部采石和石灰企业进行了紧急关停，区政府与相关镇政府签定了责任书，完成了100多家采石、石灰企业的关停工作。

2009年，为加强对冶金建材行业的环境监管，确保污染物排放达到《冶金、建材行业及其他工业炉窑大气污染物排放标准》Ⅱ时段排放标准，市环保局组织对全市48家列入国控、市控污染源名单的冶金建材企业进行了全面的监察监测。检查表明，多数企业对环保治理设施进行了升级改造，并加强管理，粉尘排放基本符合Ⅱ时段的排放标准。对3家企业未按照标准禁排的要求停止生产的行为依法进行了处理。对检查中发现环境污染问题突出企业列为本年度环保专项行动市级挂牌督办企业进行督查。

2013年7月，对全市8家水泥生产企业开展了专项检查，发现4家企业水泥窑氮氧化物排放超标，6家企业存在粉尘无组织排放问题。总队责令违法企业：一是于2013年底前完成物料储运系统、料库密闭化改造任务，实现物料全部入库贮存，严格控制粉尘无组织排放；二是于2014年底前完成脱硝治理，实现氮氧化物达标排放。

（四）秸秆禁烧执法

自1983年起，每年秋季，市环保局、市园林局、市环卫局都联合发出关于禁止焚烧树叶和枯草的通知，规定城区和三环路内，近郊居民区周围，主要交通干线两侧，公园、机关大院内一律禁止焚烧树叶、枯草；要求各单位认真贯彻执行，但仍有部分单位无视通知精神，焚烧树叶枯草。1990年11月8日，市环保局和市环卫局市容监察大队组成两个联合执法组，到海淀、石景山、丰台、朝阳、宣武等地区进行检查，对清华大学严格遵守法规，坚持每天将树叶集中起来运到指定地点的做法给予表扬；对正在石景山古城东里2号楼前焚烧树叶的首钢公司绿化队和北京航空航天大学在学生宿舍区焚烧树叶的行为，当场依法予以处罚。

2005年，市环保局开展秸秆禁烧专项检查工作，与市农业局联合检查全市小麦秸秆禁烧情况，未发现违章焚烧。

2006—2007年，市环保局会同农业、城管执法、园林绿化部门在“三夏”“三秋”期间开展禁烧检查，重点抽查了房山、大兴、通州、顺义、昌平等13个区（县）40个乡镇和机场、京昌、京承、京沈等交通干线周边地区，及时查处了个别违规焚烧行为。

针对2007年周边地区烧麦秸严重影响北京市空气质量的情况，2008

年加强与环境保护部和周边省市环保部门的联系，了解周边省市秸秆禁烧情况，利用卫星遥感技术监控北京市秸秆禁烧情况，并及时通报焚烧秸秆对空气质量的影响，严控周边省市秸秆焚烧对北京市空气质量的影响。6 月下旬，市环保局又与市农业局、市城管执法局组成联合巡查组，对重点区县和机场周边、高速路和国道两侧以及城乡结合部等敏感地区进行了多次联合检查，对各区县责任落实情况、措施到位情况、工作开展情况进行了督查。

2009—2010 年，市环保局会同农业、城管执法、园林绿化部门制定了秸秆禁烧方案，对夏、秋冬季禁烧工作进行了部署，并组成联合督查组分别对大兴、房山、通州、顺义、昌平、平谷、怀柔等区县夏季禁烧工作进行检查，重点检查了京开、京石、京津塘、京沈高速、南六环路等主要交通干线两侧，北京市未发现焚烧火点。

2012 年，加强对全市秸秆禁烧工作的安排部署，安排专人盯守遥感卫星监测情况，发现火点立即通知所在区县环保局查处，联合农业部门对房山、大兴等农业大区的秸秆禁烧工作进行了专项督查，提请环境保护部环监局协调周边省市加强秸秆禁烧工作，减少外部因素对我市大气环境质量的影响。

2015 年，农业、城管、环保、园林等七部门成立了市级禁烧联合工作小组，建立了禁烧联合执法、信息沟通和通报制度。夏收期间，强化秸秆禁烧责任制的落实，农业、环保、城管三部门加大了巡查检查力度，城管部门立案查处露天焚烧违法行为 98 起，罚款 13.1 万元；其中，查处农作物秸秆焚烧 10 起，罚款 2 200 元。

（五）挥发性污染防治执法

VOC 是导致臭氧和细颗粒物（$PM_{2.5}$）等二次大气污染物生成的主要物质，是大气环境污染物的重要组成部分，对大气质量和人体健康的危害都很大。北京市对 VOC 的监管重点是汽车制造、印刷、家具等行业及燕化等重点企业。

2008 年，市环保监察队为了对全市挥发性有机废气实施全面监管，对全市石油化工、汽车制造涂装、木制家具制造、印刷等 11 个典型 VOC 污染行业，110 余家企业 VOC 排放情况进行了拉网检查。查清了全市重点 VOC 排放企业的基本情况，为管理部门制定管理政策和奥运会期间对北京市 VOC 企业进行有针对性的监管提供了依据。并对 5 家未办理环保审批手续的单位下达了限期整改通知。

“奥运冲刺期间”，监察队联合区县环保局对全市重点 VOC 企业进行了集中监察，促使全市开启式干洗店全部停业；未建设有机废气处理设施的汽修企业全面停止喷漆工序的措施得到全面落实。

2009 年，为加强典型 VOC 污染行业的环境监管，监察队开展汽车涂装行业检查。对全市 10 家汽车整车制造企业和 3 家改装企业涂装车间排放 VOC、废水及危废情况进行了检查。从企业采取的环保治理措施看，各企业涂装车间喷漆废气普遍采用水幕捕集的方式对漆雾进行吸附后高空排放。烤漆废气由于风量相对较小且浓度较高，普遍采用活性炭吸附或燃烧方式进行处理后排放。11—12 月，监察队对北京市家具制造行业的基本现状、生产工艺、污染物产生特点开展了前期调研，并从 2007 年污染源普查数据库中的 64 家重点家具制造企业中选取了 50 家家具制造企业制定了专项检查方案，重点检查喷漆车间排放 VOC、机加工车间排放木粉尘、废水及危废情况。50 家重点家具制造企业中，有 42 家是以生产木质家具为主，占全部企业的 84%，有 3 家生产沙发，还有 5 家生产其他类型的家具。在检查的 27 家正常生产的家具制造企业中，20 家有喷漆工艺，总用漆量为 594 t。绝大部分企业都使用了溶剂型油漆进行喷涂，年用漆量约为 481 t，占全部家具企业总用漆量的 81%；有 6 家企业还使用水性油漆，年消耗量约为 113 t，占全部家具企业总用漆量的 19%。有 1 家企业使用橄榄油及皂角液。溶剂一般使用稀料，年消耗量约 98 t。27 家中有 13 家企业安装有粉尘收集回收装置，占全部家具企业的 49%，约一半企业仅采用水幕循环法去除漆雾，而没有单独对 VOC 进行净化处理。绝大多数企业采用喷漆柜进行喷涂，车间内没有单独密闭的喷漆室，这样也造成了部分 VOC 的无组织排放。

2010 年，市环保局调研家具制造行业和汽车制造业 VOC 和粉尘污染排污特点，组织全市开展家具制造汽车制造业专项检查，对环境违法行为进行了查处。

2012 年，加强 VOCs 排放重点行业监管。一是组织开展全市印刷行业 VOCs 排放专项执法检查，检查印刷企业 800 余家次，对 30 余家违法企业实施了行政处罚。二是联合商务、城管等部门组织开展餐饮行业

VOCs 排放专项执法，对 201 家违法企业进行限期整改，对 155 家违法企业进行处罚，处罚金额达 122 万元，取缔露天烧烤摊点 201 个，将 22 家无工商营业执照的餐饮企业移送相关部门处理，发放各类宣传材料 4 700 余份。

2013 年，组织全市开展印刷行业 VOCs 专项执法检查，4—5 月，组织全市开展印刷行业挥发性有机物（VOCs）专项执法检查。全市共检查企业 803 家（次），限期整改 183 家，处罚 43 家，处罚金额 74 万元，促使 147 家企业加装废气净化设施。经检查，目前全市共有印刷企业 898 家（停产 173 家、在产 725 家），通过环保审批的有 359 家，占总数的 49.5%，通过环保验收的 158 家，占总数 21.8%；共有 439 家企业安装了 VOCs 治理设施，占总数的 60.6%；636 家企业进行了排污申报登记，比 2012 年增加 181 家，申报率达到 87.7%。

（六）水污染防治执法

2004 年，市环保局开展对重点企业的污水排放治理设施开展现场检查。

2005 年之后，根据污染物总量减排要求，为确保 COD 减排目标实现，市环保监察队逐步加强对城市污水处理厂和重点水污染源单位的日常监察和总量减排核查力度。市环保局开展城市污水处理厂专项检查工作，对全市 19 家城市污水处理厂进行了第一轮全面检查，17 家运行正常，2 家未运行。

2006 年，市环保局在水污染监察方面做了三项工作。一是开展饮用水水源地环保专项执法检查。组织各区县环保局查清集中式饮用水水源地的基本情况和污染源底数，重点检查工业企业、加油站、医院、生活垃圾填埋场、建设项目，依法处理影响饮用水水源水质的污染源和环境安全隐患。全市共检查了饮用水水源地保护区范围内的 283 家工业企业、92 家医院、169 家加油站、112 家规模化养殖场和 194 个建设项目，对存在问题的 59 家工业企业，有关区县环保局依法给予了行政处理。二是加大水重点污染源单位的执法检查力度。市监察队现场检查了 148 家水重点污染源，处罚了 13 家单位，责令 6 家单位限期整改。市监察队、平谷区环保局查处了平谷区 42 家水污染源，责成区环保局对 5 家超标排污的企业罚款 34 万元，责令 9 家违反“环评”制度、“三同时”制度的单位限期补办手续，并责令 2 家单位限期治理。三是继续组织顺义区、密云县两区县环保局开展规模化畜禽养殖场监察试点工作，规范规模化畜禽养殖场的环境管理工作，迎接国家环保总局试点验收工作，减少农业面源对水环境的污染。

2007 年，市环保局对国控的 19 家污水处理厂进行检查，包括运行情况、排污情况、污泥处理、在线运行及排污申报登记情况等。并开展污染物总量减排监察，确保全市 SO_2 和 COD 分别下降 10%和 4%，河流出境断面水质达标。围绕国务院考核北京市地表水出境断面水质达标的任务，组织平谷、顺义、通州、朝阳、大兴、房山等区对洵河、金鸡河、北运河、拒马河沿岸 2 km 范围内水污染源开展执法检查。

2008 年奥运会期间，市环保局有系统地对污水处理厂、水重点源单位、饮用水水源地重点企业等进行了检查，保证了奥运会期间饮用水安全和环境安全。

2009 年，市环保局结合环保部华北督查中心对北京市污水处理厂抽查情况，对全市 26 家国控污水处理厂基本情况和运行情况进行了全面执法检查。城区 9 家大中型污水处理厂运行稳定，管理正规，远郊区县的污水处理厂管理稍差。26 家污水处理厂设计处理水量为 330 万 m^3/d，实际处理量为 270 万 m^3/d，但各污水处理厂处理水量分布不均，有少数污水处理厂存在超负荷运行情况。其中 COD 排放达标有 20 家；氨氮排放达标 19 家；已经安装在线设施 24 家，已联网 21 家，已验收 7 家。

2011 年，为落实市领导关于我市北运河、小清河重点河段水污染情况有关批示的指示精神，市环保局组织相关区县环保局对北运河、北小河、小清河水环境进行了专项执法检查。一是开展沿河排污口巡查，把对出境断面影响最直接的排污口作为重点巡查对象进行现场检查，了解各排污口信息，现场查看水质情况，对照台账记录排污口变化情况，重新更新台账。二是对排放量大的水污染源企业进行现场检查。同时，根据国家发展改革委等部门开展的高尔夫球场专项整治工作，结合我市实际情况，组织开展了我市饮用水水源保护区内高尔夫球场的专项执法检查。通过专项检查，在加强饮用水水源保护的同时，摸清底数，为我局提供相关管理决策提供现场实际资料。

2013 年，组织开展地下水污染企业专项执法检查及后督察，按照环境保护部有关要求，全面排查了我市各类废水排放企业特别是工业企业的废水排放去向及排放达标情况，严肃查处工业废水污染地下水的环境违法行为。全市共检查排污企业 2 363 家，发现存在环境违法问题企业 40 家，在 15 家涉及水污染问题的单位中，责令关停 2 家，处罚 13 家，共计罚款 20.19 万元。为巩固执法效果，防止违法行为反弹，又对违法企业进行了后督察，确保环保措施落实到位。

2015 年，水和生态方面全年立案处罚水和生态环境类违法行为 181 起，处罚金额 7 202.74 万元，分别占总数的 5.2%和 46.1%。一是对通惠河沿岸进行了全面排查，对 5 个建设项目生活污水直排河道的违法行为处以 30 万元罚款；对 1 个建设项目未验先投的违法行为处以 20 万元罚款。

（七）固体废物污染防治执法

2006 年，市环保局开展固体废物执法检查，检查了 40 家重点危废产生单位，责令 11 家危险废物贮存场所标识牌不规范的单位在年底前完成整改，对 12 家未使用危险废物转移联单制度的单位将作进一步调查处理。

2007 年，对国控和市控的 40 家重点危废产生单位和 8 家许可证单位进行检查，对 18 家危废储存场所不符合规定或未使用危险废物转移联单擅自转移危险废物的单位依法处罚，处罚金额 23.59 万元。

2009 年，面对突如其来的甲型 H1N1 流感疫情，市环保监察队及时调整工作重点，积极开展医疗废物和废水专项执法检查工作。紧急下发了《北京市环境保护局关于加强甲型 H1N1 流感疫情防控工作集中开展对医疗废物和医疗废水执法检查的紧急通知》，组织区县环保局对全市一级及一级以上医疗机构、医疗废物集中处理场所和列为定点收治医疗机构的环保设施开展了专项执法检查。监察队重点对全市 51 家三级以上医疗机构、2 家医疗废物集中处理场所、定点医院和留观场所和军队医院开展了全面专项执法检查。通过集中检查，查清了全市一级以上医疗机构和医废集中处置机构的基本情况，对各医疗机构医废产生量、储存、运输和处置情况进行了了解，建立了台账。全市 80%以上单位医废处置基本符合要求，环保治理设施运行基本正常。

2010 年，为消除环境安全隐患，全面了解全市高校及科研单位危险废物贮存及处置情况，市环保监察队组织对我市部分高校、科研单位实验室危险废物管理情况进行专项检查。针对检查发现的大部分被检单位存在未经环保主管部门批准，擅自将危险废物转移至河北省石家庄市某公司处置以及未按规定填写危险废物转移联单的违法行为，市环保监察队联合河北省环保厅开展联动执法，检查危险废物违法跨省转移处置情况，对违法单位依法进行了处罚。

2011 年，完成重点行业企业环境风险及化学品检查工作。一是联合相关科研院所制定并征求环境保护部应急办意见最终形成了本市重点行业企业环境风险及化学品检查的工作报告、技术报告、风险评估报告；二是整合风险源数据，初步开发了“北京市环境安全风险源地理信息系统”演示系统；三是组织各区县环保局召开五次联络员会议，对区县工作报告、技术报告的编写进行了培训指导。环境保护部华北督查中心于 7 月 26 日至 27 日在我市组织重点行业企业环境风险及化学品检查验收工作，对北京市环境风险检查工作给予了高度评价。

2013 年，以核实危险废物产生量、落实转移联单制度、规范消纳处置为重点，不断深化危险废物监管。一是组织开展了印刷行业专项执法检查（综合检查 VOCs 和危险废物）。共检查 51 家印刷企业，对 5 家存在危险废物违法行为的企业立案处罚，并限期整改。二是组织开展了重点高校、科研单位实验室危险废物专项执法检查。检查高等院校、科研单位 59 家，对 5 起危险废物环境违法问题限期整改并立案处罚 16 万元。三是会同污防处和固管中心组成联合督查考核组，对全市 17 个区县 131 家重点产废单位进行了综合考核与评定，其中达标 89 家，基本达标 31 家，不达标 11 家。四是编制了危险废物执法手册，加强了危废执法标准化、规范化，年底前完成手册的编制工作。

2015 年，组织开展了汽修、印刷、家具制造、防水卷材、医疗废物、废油脂处理、ODS、垃圾填埋场和粪便消纳站等行业检查，立案查处危险废物类违法行为 547 起，处罚金额 1 137.71 万元；妥善处理了焦化厂土壤修复治理项目、方中公司偷排垃圾渗滤液、房地集团非法储存硼泥、京东方显示技术有限公司违规倾倒工业污泥等环境敏感问题。

（八）环境噪声污染防治执法

1984 年 3 月，市政府颁布环境噪声管理暂行办法后，各区、县环保局严格执法，各企业单位认真采取措施，消除噪声危害。东城区在执行噪声法一个月内，就有29%的企事业单位解决了噪声扰民问题，有45%的单位制订了治理方案。崇文区组织各企业单位治理噪声源，至1984年底，龙潭小区已建成低噪声小区，区域内的固定噪声源全部达到国家标准。中国人民解放军总后勤部木材加工厂噪声扰民严重，建厂多年来未进行治理。噪声法实施后，海淀区环保局依法对其征收超标排污费，引起部队领导重视，经过20多天的停产治理，使附近居民区的环境噪声由83 dB降到54 dB，达到了国家标准。西城区糕点二厂清真分厂噪声扰民严重，厂方与居民矛盾激化，导致工厂玻璃被砸。噪声法执行第一个月，西城区环保办公室依法收取该厂噪声超标费3 900元，引起了厂方重视，经过积极治理，使噪声降低了22 dB，厂群矛盾得到缓解。1988年2月，西城区环保局、公安局联合对区属10个街道的社会生活噪声扰民情况进行执法检查，发现有51家经营者违反了环境噪声管理暂行办法，其中5家被当场处以罚款，28家音响器材被没收，18家音响设备被拆除。1989年8月，市环保局统一部署，城近郊8个区环保局统一行动，依法整顿扰民噪声源，清除以招揽生意为目的的户外音响设备。全市共检查441家，对其中88家安装使用户外音响设备的单位处以罚款，对146家给予警告，对14家户外音响设备予以没收，使户外音响设备扰民问题得到基本解决。

1995年，针对群众对夏季噪声污染反映强烈的情况，市环保监察队突击夜查42次，处罚20多个单位。同时，对北京火车站的过往列车进行了48小时昼夜监测，为进一步解决火车噪声对居民的干扰提供了依据。

2005年，北京市环保局开展全市夜间施工工地和社会生活噪声联合执法专项检查工作，联合市公安局、市城管执法局完成全市夜间施工工地和社会生活噪声联合执法专项检查。共组织参加5次联合检查，检查工地14家，查处夜间施工单位9家。

2006年起，市环保局会同有关部门、区县每年开展中高考期间环境噪声污染环境执法检查。

（九）污染源在线监控设施建设及运行管理

2007年，为适应环境监察工作的形势和要求，加大污染源监管工作力度，按照局领导的部署，在监督总队成立了污染源在线监控中心，将原监测中心负责的污染源自动监控系统划入监察总队，统一负责管理在线监控工作。在一个月的时间内，完成人员招聘和培训工作，硬件设施到位，建立工作制度，按期报送日报和周报，实现正常运转。通过对在线监测设备加强管理，在线设施正常运行率由最初的60%～70%提高到目前的平均80%左右。

2008年，一方面通过现场的执法检查，不断加大污染源自动监控系统的管理和整治力度，使在线监控设施运行率达到90%以上。另一方面不断探索加强污染源自动监控结果在污染源管理和执法中的应用。在保障2008年奥运会空气质量工作中发挥了重要作用。逐步推进污染源自动监控企业的合格性检查工作。并对全市290余套自动监控设施进行全面的现场普查、摸清底数、查找问题。

2010年，针对现有污染源自动监控系统存在的问题及未来加强污染源监管的需要，市环保局决定对该系统进行升级改造。依据北京市发展和改革委员会《关于批准北京市重点污染源自动监控能力建设（一期）项目建议书（代可行性研究报告）的函》，市环保监察队牵头开展重点污染源自动监控能力建设。成立了由市环保局领导任组长、相关处室组成的项目领导小组，制定了《北京市重点污染源自动监控能力建设项目实施方案》，委托招标公司进行项目初步设计和监理的公开招标。

2011年，一方面继续加强在线监控系统验收和数据有效性审核，逐步提高在线监测数据准确性和可靠性。积极协调全军环办开展部队医院污水在线监控系统建设工作，积极利用在线系统对各类污染源进行24小时监控，发现在线超标后监察队员即赴现场监察、监测。全年利用在线监控系统发现超标行为200余起，均有监察人员赴现场查处，有效控制了污染物排放量，提高了执法效率。另一方面积极开展新项目的前期准备工作。对214家重点污染源进行了现场调研，形成了“一厂一档”；同时完成了建设市污染源监控中心的规划、人防等前期报批手续。配套完成了现场端进出口和中控建设的技术规范、要求，拟订了现场端实施方案，梳理完成了数据中心和网络建设的结构框架部分，制订了招标方案。市发展改革委对项目初步设计和投资概算进行批复后，市环保局开始招标工作。

2012 年，重点推进新项目的建设工作，严格按照项目运作规范组织完成了 11 个标段的招投标工作，组织协调中标单位有序推进。组织各区环保督促污染源单位同步开展现场端设施的建设。在建设同时，及时完成新老设施过渡，并开始利用在线系统对重点污染源实施 24 h 监控，发现数据异常及时组织进行现场监察、监测，有效控制污染物排放量，尝试利用在线监控数据对 1 起废水超标排放违法行为进行处罚，利用在线数据对我市四大燃煤电厂征收排污费。

2013 年，我市重点污染源自动监控能力建设（一期）项目全部完成，并通过验收。全市 250 余家重点排污单位实现了自动监控系统运行稳定。通过项目建设大大提升了全市环境监察管理工作水平，实现了全市监察执法工作的信息化、规范化和一体化的目标。该项目荣获了北京市政府颁发的科学技术进步三等奖。

（十）整治违法排污企业保障群众健康环保专项行动

2003 年以来，按照环境保护部等国务院七部门关于开展整治违法排污企业保障群众健康环保专项行动（以下简称“环保专项行动”）的部署，我市每年均成立由主管副市长任组长，市环保局、市发展改革委、市监察局等有关部门负责人为成员的市环保专项行动领导小组。市领导小组办公室设在市环保局，由监察总队具体负责组织、协调、监督、检查工作。各区县人民政府也都成立了相应的领导小组及其办公室，具体组织本辖区的环保专项行动。

在每年的环保专项行动中，我市在完成环保部“规定”动作的同时，还将环保专项行动同空气质量改善、污染物减排、奥运保障等工作紧密结合，开展有我市特点的“自选”动作。每年环保专项行动开始时，市环保局即召集有关部门共同制订详细的实施方案、宣传计划、职责分工、联合检查方案，组织召开全市电视电话会议进行部署；行动过程中由市有关部门组成联合检查组，对各区县环保专项行动进行抽查和集中检查；结束时进行联合督查和验收，保证每年的环保专项行动在巩固上年工作成果的基础上，逐步推进，逐步完善，取得实效。

2003 年，我市共出动 2 983 人次，对 2 235 家企业进行检查，共核查出 18 家不法排污企业，这些不法企业已全部按国家有关规定进行取缔、关闭、淘汰或停产。

2004 年，组织开展全市不法排污企业现场检查，对平谷区重点排污企业进行检查和媒体曝光，对昌平、通州、房山、平谷四区环保专项行动进行督察。

2005 年，对拟挂牌督办的 21 家企业进行核查；对 25 家纺织印染行业企业进行检查；对挂牌督办的 128 家企业进行核查，共抽查 77 家，对到期未完成企业进行重点督办；对饮用水水源保护区和重污染行业组织专项检查；对部分存在问题的企业依法进行处理。

2006 年，全市共出动 16 000 多人次，检查污染源单位 9 000 多家，立案查处了 164 家，结案 158 家。17 家市级挂牌督办单位已有 12 家单位按期完成整改，其余 5 家单位正按进度进行整改，预计年内可完成整改任务。同时，还加强部门联动，由各部门轮流牵头开展专项检查，市工商局牵头检查了工业园区，华北电监局牵头检查了五大燃煤电厂环保治理项目进展情况，市发展改革委牵头检查了清洁生产审核实施情况，市司法局印发了 7 000 份《社区法治宣传报（环保专刊）》，市环保局牵头检查了市级挂牌督办单位。

2007 年，组织各区县围绕水源地环境整治、工业（经济）开发区整治、重点行业整治、大气污染执法检查、污染源在线监控设备执法检查、废旧闲置放射源收贮等工作重点进行全面检查。同时，还加强部门联动，由各部门牵头开展专项检查，我局和市农业局共同组织开展了夏季秸秆禁烧专项检查；华北电监局牵头开展了五大燃煤电厂联合执法检查；市水务局牵头开展了生活饮用水地表水源二级保护区内排污企业、污水处理厂（站）、畜禽养殖场及环境安全隐患单位联合检查；我局组织开展了重点行业专项联合检查；市工促局组织召开了全市工业（经济）开发区整治动员大会，并牵头开展了工业开发区专项整治联合检查；市建委、市环保局、市城管执法局联合组成的施工工地扬尘控制督查组每周都汇总报告检查情况；市司法局将环保法律法规宣传列入“人文奥运，法制同行”奥运主题法制宣传活动内容，利用法制宣传车播放专题片，编印宣传手册、折页，发放到社区、单位。全市已出动 48 000 人次，检查企业 80 000 余家，立案环境违法问题 834 件，市级挂牌督办 6 家重点违法单位。

2008 年，北京市成立了由赵凤桐副市长任组长，市政府副秘书长李伟和市环保局局长史捍民任副组长，市环保局等 14 个部门主管领导为成员的北京市 2008 年环保专项行动领导小组，制定并下发了总体工作方案，确定了奥运会空气质量保障、环境违法案件后督察、污水处理厂和垃圾填埋场专项检查及北运河水系污染企业专项整治等四项重点工作。

为全面了解和掌握各区县工作进展及动态，及时解决出现的问题，环境监察队印发了《关于报送 2008 年环保专项行动有关信息的通知》，组织开展了后督察、北运河水系专项整治和污水处理厂、垃圾填埋场专项整治工作，并向全国环保专项行动部际联席会议办公室报送工作报告，每月定期填报《环境监察管理系统》，编印 6 期专项行动简报。2008 年，全市累计出动 26 000 余人次，检查企业 38 800 余家，立案企业 145 家，结案 140 家，区县挂牌督办 48 家。

2009 年，按要求完成涉砷、钢铁等重点行业企业和饮用水水源地后督察、城市污水处理厂、垃圾填埋场的专项执法检查，全市共出动 104 590 余人次，检查 32 000 余家单位，立案查处环境违法问题 300 件，目前已结案 261 件。挂牌督办重点环境案件 52 件，编印信息简报 17 期。

2010 年，确定了集中整治重金属污染物排放企业环境违法问题、污染物减排重点行业整治和中小企业环境违法行为专项整治等三项重点工作。全市共出动 39 300 余人次，检查 19 700 余家单位，立案查处环境违法问题 129 件，目前已结案 119 件。挂牌督办重点环境案件 49 件，其中 3 件由市环保局、市监察局联合进行市级挂牌督办。

2011 年，按照环境保护部、国家发展改革委等九部门部署，我市成立了由洪峰副市长任组长、周正宇副秘书长和市环保局陈添局长任副组长，市环保局、市发展改革委、市经济信息化委、市监察局等 14 个部门的主管领导为成员的市环保专项行动领导小组，继续组织开展整治违法排污企业保障群众健康环保专项行动工作。在完成国家规定的重点行业重金属污染问题专项整治和污染减排重点行业企业专项整治两项“规定动作”外，还针对我市环保中心工作和特点而开展了中小工业企业环境违法行为、餐饮业油烟污染、扬尘污染治理等三项专项检查。同时，还按照环境保护部统一部署，开展了全市医药生产企业和稀土生产企业的专项环保核查。本年的专项行动，全市共出动 48 000 余人次，检查

22 800 余家单位，立案查处环境违法问题 302 件。按照关于对重点环境违法企业进行挂牌督办的有关要求，各区县共对 44 件环境违法案件实行区县挂牌督办，分别采取限期整改、限期治理、停产（业）等措施进行整治。

四、行政处罚

2011 年以前，市环保局实行重大行政处罚法制处审核制度。对于拟作出超过 3 万元罚款、责令停产停业等重大行政处罚的，由环境监察队移送局法制处进行审核后，再提交局长办公会集体讨论决定。对于非重大行政处罚，由环境监察队立案、调查取证，直接提出处罚建议由局主管领导审批后，正式作出决定并送达当事人。

2011 年，按照《环境行政处罚办法》第五条有关“查处分离”的规定，市环保局行政处罚工作从 2011 年 10 月 1 日起实施查处分离，由市环境监察总队负责行政处罚案件的调查取证和相关文书的送达、局法制处统一负责审核案件并制定行政处罚决定文书，实现了权力的分段行使，初步形成了相互制约和监督机制，为公平公正地实施行政处罚提供了保障。制定了《北京市环境保护局行政处罚查处分离试点适用程序》，开发了“行政处罚网上审批系统”，推行了行政处罚电子化。

北京市各区县环境监察支队（队）在处罚工作中主要独立承担违法行为调查取证工作，案件审核由监察机构以外的区县环保局内设机构（如法制科、综合科、办公室等）负责，保证了行政处罚工作的依法依规进行。

2012 年市环保局正式出台了《北京市环境保护局行政处罚自由裁量权规范（试行）》（京环发[2012]312 号），对违反环评制度、“三同时”制度、不正常使用治理设施、超标排放、放射性污染防治、危险废物管理、机动车排放管理等十大类常见违法行为制定了裁量标准。执法人员在调查违法事实的同时，还要按照裁量标准的要求调查裁量事实，在主要证据文书上进行记载，更加注重执法的合理性，兼顾执法的法律效果和社会效果的统一。市环境监察总队在“市环保局综合办公平台”开发了“责令改正决定书”审批系统，内置了执法文书模板，内容包括责令改正形式及期限、监督违法行为改正、逾期不改正的法律后果、不服行政命令的救济途径和期限，统一了格式，实现了责令改正文书网上制作、流转审批、文档电子化管理，提高了办文效率和法律文书制作规范化水平。

2013 年，制定了《北京市环境保护局涉嫌环境污染犯罪行为案件调查移送工作办法（试行）》，明确了局内部移送工作程序；制定了《北京市环境保护与公安部门执法衔接配合工作方案》，明确了与公安部门的衔接配合重点领域，积极推进了打击环境犯罪的机制和组织建设。

2014 年，制定了《〈北京市大气污染防治条例〉行政处罚自由裁量权规范（试行）》，通过加大检查处罚力度、发挥排污收费经济杠杆作用、强化执法宣传和违法曝光、建立长效监管机制等措施，形成了执法高压态势，充分发挥了环境监察执法对环保中心工作的支撑与保障作用。为适应环境监察执法工作新形势和新要求，进一步规范全市环境监察执法行为，提升执法水平，提高执法效率，加强执法队伍建设，市局对《北京市环境监察执法规范》（京环发[2011]65 号）进行了修订。将修订后的《北京市环境监察执法工作规范》（京环办[2014]142 号）印发给全市各区县环保局使用。

2015 年，制定《北京市环境保护局实施〈环境保护法〉配套办法内部程序》，明确按日连续处罚、责令限制生产、停产整治和查封、扣押等方面的实施程序和有关处室职责，并制定相关执法文书样式。

在对违法行为进行行政处罚的同时，始终重视保障相对人合法权利。对于非重大行政处罚，在 2011 年以前，在调查询问笔录中一并告知相对人陈述申辩权利。2011 年，市环保局实施“查处分离”，每一件案件调查终结后，局法制处会向相对人送达“行政处罚告知书”，告知相对人涉嫌违法的事实、违反的法律规定、拟作出行政处罚的依据以及相对人享有的陈述申辩权利。

对于重大行政处罚，实行听证程序。市环保局向相对人送达“行政处罚听证告知书”，告知相对人享有的申请听证的权利。相对人提出听证申请的，均按申请举办听证会，由局法制处相关负责人主持，调查人员、相对人在听证会上对涉嫌违法的事实、证据等问题进行质证，就法律适用等问题展开辩论。同时，向社会发出听证公告，公开举行听证会，确保听证会的公开、公正。

表 4-1　2001—2015 年北京市环境保护局实施行政处罚情况

年份	处罚起数/起	处罚金额/万元
2001	255	97.8
2002	286	400.5
2003	74	202.6
2004	114	204.8
2005	68	112.8
2006	66	140.0
2007	140	210.8
2008	71	135.4
2009	145	247.0
2010	349	469.0
2011	328	482.8
2012	256	714.6
2013	224	574.0
2014	258	1 278.3
2015	111	570.6

2002 年 1 月 23 日，环境保护行政处罚听证会

第二节　移动污染源环保执法

2003年底，成立专门的移动源环保执法队伍——北京市机动车尾气排放管理中心。中心受市环保局委托，依据国家和北京市移动污染源控制法律法规和标准，对本市机动车、非道路移动机械等移动源污染源以及油品储运销设施排放开展监督执法。2007年12月，经市编制办公室批准，更名为北京市机动车排放管理中心，编制扩大到88人，同时批准各区县继成立机动车排放管理站。通过严格新车排放标准落实、严控在用车排放污染、加快老旧车更新淘汰、强化油气回收治理等综合措施，在机动车保有量逐年递增的情况下，实现了移动源排放污染的有效控制。特别是在2008年奥运、60周年国庆庆祝活动、APEC会议、中国人民抗日战争暨世界反法西斯战争胜利70周年纪念活动以及各次应急保障工作中，移动源环保执法有效缓解了污染排放，为空气质量保障工作做出了积极贡献。

2009年1月19日，机动车中心揭牌

一、法规依据

（一）《北京市防治机动车排气污染管理办法》

1989 年 8 月 23 日，北京市人民政府第 26 号政府令发布《北京市防治机动车排气污染管理办法》，1989 年 9 月 15 日实施。该办法是首部对新车、在用车尾气排放进行监督管理的政府规章。其中明确市环保局是机动车排放监督管理的行政主管部门，规定了制造、维修和进口机动车排放超标的法律责任，规定了新型机动车的排放审核制度、在用机动车的排放年检制度和排放状况登记制度，首次提出了机动车的排放质量保证期要求。

1997 年 11 月 25 日，《北京市人民政府关于修改〈北京市防治机动车排气污染管理办法〉的决定（1997 年第 8 号令）》，对 1989 年的《北京市防治机动车排气污染管理办法》的多项条款进行了修改。主要有：加强对新车的排放管理，实行申报审核；加强在用车排放管理和检测，不合格车辆不许上路行驶；根据环境质量在一定区域内的限行及对部分车辆进行排放治理；机动车检测单位从事机动车污染物排放检测业务的，须经市环境保护局审核批准，并接受环境保护部门的监督检查；加油站必须禁止销售含铅汽油等。修订后的《管理办法》1998 年 1 月 1 日起施行。

（二）《北京市实施〈中华人民共和国大气污染防治法〉办法》

2000 年 4 月 29 日，第九届全国人大常委会第 15 次会议通过了修订后的《中华人民共和国大气污染防治法》，法律专门新增“防治机动车船排气污染”一章，对机动车船排气污染的监督管理作出了具体规定。2001 年 1 月 1 日，北京市实施地方性法规《北京市实施〈中华人民共和国大气污染防治法〉办法》。该法规补充、细化了机动车排放监督管理内容，针对防治机动车、船排放污染设有专章十五条。政府规章《北京市防治机动车排气污染管理办法》自然废止。

（三）《北京市大气污染防治条例》

2014 年 1 月 22 日，北京市第十四届人民代表大会第二次会议通过了《北京市大气污染防治条例》，自 2014 年 3 月 1 日起施行。该法将“机动车和非道路移动机械排放污染防治”专设一章，共有十七条。《北京市实施〈中华人民共和国大气污染防治法〉办法》同时废止。

二、路检（含遥测）、夜查

（一）基本情况

1990年经市政府批准，市环保局、市公安局交通管理局联合发布《关于加强机动车排气污染监督管理的通告》和《关于控制机动车冒黑烟的通告》，把路检夜查作为移动源执法检查的重点。早期以目测法和怠速法为主，检查重点是上路行驶的柴油车；2005年《装用点燃式发动机汽车排气污染物限值及检测方法（遥测法）》标准制定后，遥测车开始上路筛查黄标车。2008年结合路检夜查特点总结制定出“五重三查”工作方法，在重点地区、重点道路、重点时段，对重点单位、重点车型，实行路检夜查、入户抽查和主要路口检查，加大了对黄标车淘汰工作的执法监管力度。2011年又分别公布了《装用压燃式发动机汽车排气污染物限值及测量方法（遥测法）》《点燃式发动机汽车排放污染物（遥测法）检定规程》和《压燃式发动机汽车排放污染物（透光式烟度遥测法）检定规程》。执法规程完善后，主要用于路检的非现场执法，自此，人工检查与遥感检测成为路检夜查的主要形式。2012年，为贯彻落实市领导关于有效控制$PM_{2.5}$污染，加强机动车监管的指示精神，全市自1月19日开始，采取“看、围、守”的工作方式，利用79套手持检测仪（双怠速排气检测仪、自由加速烟度计）和22辆遥感检测车在全市72个联

机动车排放路检

勤联动环保执法点位（24个进京综检站、48个路检夜查点），以及335个日常移动源执法监管点位（83个遥测点，101个公交、环卫、邮政、省际长途客运站和大货车用车大户入户检查点以及151个重点加油站），开展执法检查，全方位监管本市和外埠进京车辆排放污染。2013年，市机动车排放管理中心拟订了《关于巩固深化联勤联动工作机制的通知》，协调市交管部门联合下发至各区县环保和交管部门执行，全市采取长期驻站和共同执勤等方式开展路检、夜查联合执法。2014年，中心拟发了《关于巩固深化联勤联动工作机制强化机动车排放污染监管的通知》。全市依托“三道防线”（市界综合检查站、办证处，高速公路和国市道治超点、货车卡控岗；五环路沿线；城区主干道），结合大货车行驶特点，采取区域联控方式，加大对大货车排放检查力度，形成了“进京口拦、高速路堵、城环路截”的执法监管模式。2015年，建立了市、区两级联合执法办公室，进一步加强了环保、交管两部门的密切配合，联勤联动机制得到进一步深化。同时，中心派专人参加市交通秩序大整治工作领导小组，强化大货车联合夜查，有效缓解 $PM_{2.5}$ 夜间污染。

（二）路检、夜查现场执法程序

1．现场检查

车辆拦截、引导（做好安全保障工作）。

（1）交警对道路行驶的车辆进行拦截，重点是拦截柴油货车，并指挥车辆停靠在安全地点。

（2）交警对车辆行驶证、驾驶证进行核实。

环保检查、检测。

（1）环保人员出示证件，告知车主进行车辆环保检查。

（2）环保人员对车辆环保标志、净化装置进行检查。

（3）对于汽油车，经过专业培训的环保人员使用双怠速检测仪，依据《汽油车双怠速污染物排放标准》（DB11/044—1999）进行排放检测，并现场取证；对于柴油车，经过专业培训的环保人员可用目测法直接判定，如受天气或光线影响无法判定时，使用滤纸式烟度计，依据《柴油车自由加速烟度排放标准》（DB11/045—2000）进行排放检测，并现场取证。

（4）检测结果告知。检测完成后将检测结果告知车主，并在现场检查（勘验）笔录上签字确认。

2．行政处罚

（1）对本地单位超标车辆，按简易程序进行处罚并限期整改，制作执法文书（参见本地单位超标车辆处罚案卷）。

（2）对本地个人超标车辆，按一般程序进行处罚（参见本地个人超标车辆处罚案卷）。

（3）对外埠单位超标车辆，按简易程序进行处罚，受车主自愿委托，执法人员可代为缴纳罚款（参见外埠单位超标车辆处罚案卷）。

（4）对外埠个人超标车辆，可按一般程序先制作现场检查笔录、处罚告知书、行政处罚决定书和送达回证，后补立案登记表并制作结案登记表归档，受车主自愿委托，执法人员可代为缴纳罚款（参见外埠个人超标车辆处罚案卷）。

（5）交警对违反黄标车限行及无有效环保标志的车辆依法进行处罚。

3．信息报送

（1）环保人员将本地超标车辆信息录入《排放超标机动车信息统计（报告）表》，区县机动车排放管理站负责人签字确认后，报北京市机动车排放管理中心。

（2）中心负责将超标车辆信息在北京市环保局网站公示，并进行年检锁定。

4．结案

（1）环保人员将已接受环保处罚并复检合格的车辆信息汇总后，上报北京市机动车排放管理中心，用于解除超标车辆公示和年检锁定。

（2）环保人员进行结案登记，并对处罚案卷归档。

（三）路检非现场执法程序

1．遥感检测

环保执法人员在已确定的遥感点位摆放执法显示牌，明示尾气执法检查，现场架设调试好遥测设备，对道路行驶车辆进行遥感检测，重点是筛查超标汽油车辆，保存数据，以备查询。

2．确认车辆

执法人员对遥测超标车辆进行汇总并通过老旧车查询系统，确认超

标车辆信息，

3．告知车主

通过信件以《机动车遥感检测超标告知书》形式告知车主车辆超标违法行为。

4．信息报送

（1）环保人员将本地超标车辆信息录入《排放超标机动车信息统计（报告）表》，区县机动车排放管理站负责人签字确认后，报北京市机动车排放管理中心。

（2）中心负责将超标车辆信息在北京市环保局网站公示，并进行年检锁定。

5．行政处罚

（1）对超标车辆按照一般程序（或简易程序）实施处罚，制作行政处罚执法文书。

（2）对已维修治理车辆或车主对超标有异议可以持《机动车遥感检测超标告知书》到指定检测场复检，合格车辆免于处罚。

6．结案

（1）环保人员将已接受环保处罚并复检合格的车辆信息汇总后，上报北京市机动车排放管理中心，用于解除超标车辆公示和年检锁定。

（2）环保人员进行结案登记，并对处罚案卷归档。

三、入户检查

（一）基本情况

入户检查一直是市环保部门监控机动车排放污染的主要手段之一，检查方法以自由加速法和怠速法为主，重点检查公交、环卫、邮政、出租和省际客运等营运重点行业为主，1999 年北京市执行相当于欧 I 标准的地标后，增加了三元催化装置的检查；2005 年北京市提前实施国 III 标准后，增加了 OBD 检查；2008 年实施京Ⅳ标准后，增加了柴油车 SCR 系统尿素添加、重型柴油车颗粒捕集器使用情况的检查；2011 年完善执法程序后，对外埠车辆和非道路机械加大执法力度。同时，市机动车排放管理中心和各区县机动车排放管理站在全面掌握辖区流动污染源数量、种类和排放情况的基础上，加强对用车大户企业［5 辆车（含）以上］的监管，协调农机部门，加强对农用车尾气排放的监管。2012 年，实施用车大户分级管理制度，建立了公交、环卫、邮政、出租等重点行业和用车大户车辆信息台账，确定了市、区两级重点监管单位名录，有针对性地加大执法监管力度。对长期不在单位停放的车辆发放《限期接受检查通知书》，采取预约检查方式，提升执法效果。2013 年，对首都机场、京东集团、公交集团、美廉美超市等重点行业采取预约检查、定期约谈、下发限期治理通知书等方式加大入户检查，强化企业环保自律，并加大宣传力度，得到了局领导充分肯定。2014 年，全面贯彻落实市大气污染防治条例，面对个别单位阻挠执法违法行为，高压监管与服务指导并举，成功破解了监管难题。此外，各区建立了与辖区公交、邮政、长途、货运物流等重点行业单位的沟通机制，定期通报监管动态，指导企业完善车辆管理制度，签订环保承诺书，从源头杜绝超标车辆上路行驶。2015 年，全市连续作战，推进重点行业减排。3 月专项检查公交车 1.6 万辆次，查处超标车 141 辆；4 月摸排外埠大货车 2 135 辆，完善监管台账；6 月严查省际、旅游、物流车 1.3 万辆次，查处超标车 268 辆；7 月严查建筑垃圾运输车和施工机械排放，查处超标车 2 辆、超标机械 21 台、故意闲置净化装置车 1 辆。

检查单位车辆排放情况

市环保部门工作人员检测康恩专线公交车尾气（1998 年 9 月 24 日）

（二）入户检查执法程序

1．现场检查

检查内容：

（1）对于汽油车，经过专业培训的环保人员使用双怠速检测仪进行排放检查，依据《汽油车双怠速污染物排放标准》（DB 11/044—1999）进行排放检测，并现场取证；同时可对车辆净化装置和 OBD 进行检查。

（2）对于柴油车，经过专业培训的环保人员可用目测法直接判定，如受天气或光线影响无法判定，使用滤纸式烟度计，依据《柴油车自由加速烟度排放标准》（DB 11/045—2000）进行排放检测，并现场取证；同时可对国Ⅳ及以上柴油车尿素添加和 OBD 工作情况进行检查。

（3）对于非道路机械，经过专业培训的环保人员可用目测法直接判定，如受天气或光线影响无法判定，使用不透光式烟度计，依据《非道路用柴油机排气可见污染物限值及测量方法》（DB 11/184—2003）进行排放检测，并现场取证。

检查要求：

（1）执法人员表明身份，出示证件，说明来意，找相关工作人员（或相关负责人）要求配合。

（2）执法人员请工作人员（或相关负责人）介绍本单位机动车及非道路机械相关情况，填写现场检查笔录，留存机动车台账等相关资料。

（3）对现场检查时被检查车辆不在所属单位无法当日召集的，环保人员开具《限期接受检查通知单》，约定时间地点进行检查。

（4）检测完成后将检测结果告知车主，并在现场检查（勘验）笔录上签字确认。

2．行政处罚

（1）对本地单位超标车辆，按简易程序进行处罚并限期整改（参见本地单位超标车辆处罚案卷）。

（2）对于非道路机械按一般程序处罚（参见一般程序案卷）。

（3）对外埠单位超标车辆，按简易程序进行处罚，受车主自愿委托，执法人员可代为缴纳罚款（参见外埠单位超标车辆处罚案卷）。

3．信息报送

（1）环保人员将本地超标车辆信息录入《排放超标机动车信息统计（报告）表》，区县机动车排放管理站负责人签字确认后，报北京市机动车排放管理中心。

（2）中心负责将超标车辆信息在北京市环保局网站公示，并进行年检锁定。

4．结案

（1）环保人员将已接受环保处罚并复检合格的车辆信息汇总后，上报北京市机动车排放管理中心，用于解除超标车辆公示和年检锁定。

（2）环保人员进行结案登记，并对处罚案卷归档。

四、外埠进京车辆检查

（一）基本情况

自 1992 年起，北京市开始对外埠进京车辆的排放情况进行检查，执法标准日趋严格。1998 年根据《北京市人民政府关于采取紧急措施控制北京大气污染的通告》的要求，自 1999 年 1 月 1 日起，对尾气排放超过本市标准的外地机动车，不发进京证，同时在延庆、密云、怀柔、平谷、大兴、房山、门头沟、通州等区县的 12 个进京路口设置了尾气检查站。从 2010 年 12 月 30 日起，在有交管部门办证的进京路口派驻人员 24 小时对办证车辆实施环保检查，合格车辆出具《进京机动车环保检查合格凭证》，对没有办证业务的综合检查站加大对过境车辆的抽查，达到“进京车辆必查，过境车辆抽查”的目标。2011 年，全市承担进京车辆检查任务的区县通过实车查验和信息查询相结合的方式，对办证车辆实施 24 小时环保前置检查，对过境柴油车进行监督抽检。2012 年，办证进京口对合格车辆出具《进京机动车环保检查合格凭证》，对不合格车辆全部予以劝返。2013—2014 年，全市继续严格落实进京车辆必查、过境车辆抽查，不合格车辆全部予以劝返的规定。大兴、延庆、通州 3 个区县研发了进京车辆环保检查一体化系统，实现了证件扫描、信息储存、打印凭证等工作的自动化，工作效率平均提高了 3～5 倍。2015 年，全市加大对进京大货车的抽检力度，对未接受处理的外埠超标车辆不予办理环保前置凭证，并协调交管部门不予办理进京证，充分发挥了进京口“护城河”作用，有效堵住了外来污染。此外，中心对外埠重型柴油车排放情况进行了调研，并通过对新发地市场入户执法的宣传曝光，引起了北京市市局、环保部等各级领导对外埠假“国III”车辆的高度重视。

（二）进京口检查执法程序

1．进京办证车辆检查

（1）车主持车辆行驶证及当地环保合格凭证到检查站环保窗口，办理环保凭证。

（2）环保人员根据行驶证相关信息核定车辆排放标准，对于符合北京市排放标准要求的汽油车发放环保检查凭证；对于柴油车除符合我市排放标准要求外，要进行现场检查，排放合格发放合格凭证。

（3）车主凭环保凭证在交警办证处办理进京证后进京，未取得环保合格凭证的车辆，交管部门不予办理进京证。

2．过境车辆抽检

车辆拦截、引导（做好安全保障工作）：

（1）交警在进京口对过境车辆进行拦截，并指挥车辆停靠在安全地点。

（2）交警对车辆行驶证、驾驶证进行核实。

环保检查：

（1）环保人员出示证件，告知车主进行车辆环保检查。

（2）环保人员对车辆环保标志、净化装置进行检查。

（3）对于汽油车，环保人员使用双怠速检测仪，依据《汽油车双怠速污染物排放标准》（DB11/044—1999）进行排放检测，并现场取证；对于柴油车，环保人员可用目测法直接判定，如受天气或光线影响目测容易产生异议，使用滤纸式烟度计，依据《柴油车自由加速烟度排放标准》（DB11/045—2000）进行排放检测，并现场取证。

（4）检测完成后将检测结果告知车主，合格车辆放行；超标车辆由交警劝返。

五、年检场检查

1999 年，市环保局对承担新车和定期环保检验任务的机动车检测场派驻了“驻场环保员”，负责新车目录审核、检测标准执行、检测程序规范的监督落实工作；2008 年 10 月环保监控系统建成投入使用后，驻场环保员撤离，年检场执法检查以网络监控、巡检执法、核查举报、倒查、专项整治形式规范车辆定期检验，引导检测场自律，优化年检工作秩序。2009 年，全面启用新机动车环保信息卡，运行 I/M 制度监管网络，基本实现了中心对全市定期检验工作的远程实时监控。2010 年，中心充分发挥 I/M 系统监管优势，抓住定期检验重点环节，开展有针对性的监督检查。2011 年，中心完善了标志补发流程，进一步规范了环保标志管理，并初步建立了市、区两级定期检验监管体系。2012 年，全市严格落实《北京市机动车排放检验技术规范》，进一步提高检测质量。2013 年，中心完成了市、区两级排放控制监控平台项目申报工作。2014—2015 年，全市重点盯守高排放机动车定期检测，组织质监、公安、交通运输等部门开展联合检查；中心指导全市检测场建立《环保总检师制度》，发放《超标排放告知书》，判定超标原因，提出维保建议，对超标车“一盯到底”，促进车辆正常维修和达标使用。此外，自 2009 年以来，中心加强数据整合分析，确定黄标车检测专线，严格落实“黄标车一年四检”，通过激励政策进机关（单位）、进街道（乡镇）、进社区（农村）、进家门（农户）的“四进”宣传活动，全力保障了黄标车及老旧车淘汰更新工作的顺利开展。

简易工况检测尾气

（一）网络监控

充分发挥定期排放检验监管系统科技监管优势，利用远程视频监控、数据分析和纠错报警功能，对年检场定期检验实施全方位监督管理。每天对上传数据分析整理，对车辆信息和发放环保标志进行核对，及时发现违规违纪问题。重点监控柴油车、出租车。对于数据异常的检测场，安排检查人员到现场进行重点检查。增加巡查力度，增加频次，实行现场监控。

（二）巡检执法

一是暗访检查，对可疑数据多、举报多、“车虫”多的检测场加大暗访检查频次，形成高压监管态势。二是强化属地管理。组织区县排放管理站，结合辖区情况，加强巡检力度，严处违规行为。

（三）核查举报

积极鼓励群众对检测场进行监督，对群众的投诉和举报的情况，指定专人，认真调查核实，及时处理。对平时问题较多、经常有举报投诉的检测场，派驻工作组，帮助整改。

（四）倒查

利用路检和遥测超标数据，检测场检测质量进行倒查，跟踪调查，查证属实后，依法进行处罚。

（五）专项整治

及时落实环保部《开展机动车环保检验机构检查整治工作的通知》的有关要求，采取网络监控与明查暗访相结合的方式，对全市机动车检测场开展专项整治行动，加强检测场检测监管力度，对存在违规检测行为的机动车检测场进行依法处罚，并责令其限期整改。

六、油气回收装置检查

2008 年北京市完成油气回收治理改造后，采取市区两级监管、企业自保的方式确保储油设施油气回收装置的正常使用。机动车中心指导区县机动车排放管理站开展全市储油库、加油站和油罐车的监督性检查和抽测，对重点库、站的油气回收设备进行抽查，监督重点企业正常使用油气回收设备；区县排放站按照属地管理原则，开展对辖区内加油站、储油库和油罐车的日常检查，对加油站油气回收设备进行监督性抽测；企业按照市、区两级环保部门的要求，针对油气回收设施制定使用规范、日常巡查和维修保养制度，建立油气回收设施自保体系，从企业内部入手保证设备的正常使用。

（一）加油站日常检查

检查加油机内油气回收相关管路是否有跑、冒、滴、漏现象；检查油气回收泵是否正常工作，若回收泵损坏或停机后，对应加油枪不得进行加油作业，应及时修理或更换；汽油加油枪集气罩是否完好无破损，加油枪胶管是否有裂纹、破损；检查卸油口、人井口、量油口、潜泵等处，是否紧密连接密封，是否有油气泄漏；检查后处理设备是否正常运行；检查地下罐排空管手动阀、后处理装置阀门，是否正常开启，是否能保证油气的紧急排空和处理；检查在加油站卸油的油罐车是否紧密连接回气管路，是否密闭卸油；检查油罐车人孔盖是否完全密封。检查油气回收装置年检报告，保证检测报告或自检报告必须在有效期内。

（二）储油库日常检查

检查储油库油气处理装置应开启并正常运行，因故障停用时不得进行发油作业；检查储油库上装发油鹤管是否拆除，未拆除的是否封闭，是否存在上装发油行为；检查油罐车人孔盖是否完全密封，油气是否泄漏；检查储油库油气处理装置应急排空口是否采用 PV 阀密封，是否直排；如有积液罐应保持罐体的密闭性，检查积液罐中积液是否及时清理；检查储油库年检报告，确认其是否在有效期内。

（三）油罐车日常检查

检查装卸油过程中，管路连接是否紧密，人孔盖是否密封；油罐车道路行驶过程中，是否存在随意开启人孔盖的行为；检查年检报告，确认其是否在有效期内。

同时，开展汽油清净剂检查，协助相关部门确保油品质量达标。

七、新车生产一致性与在用符合性检查

（一）基本情况

2009年，北京市机动车排放管理中心国Ⅳ排放实验室建成投入使用后，依据监督检查职权，对在北京市销售、注册登记的新车开展生产一致性及在用符合性执法检查，查处超标车型。2013年，实验室升级国Ⅴ标准后，对国Ⅴ车辆开展一致性及在用符合性执法检查，查处超标车型。2014—2015年，中心依法对本市生产或销售机动车开展新车环保一致性和在用符合性抽检工作，对136个厂家295个车型1 042辆车进行了抽检，审核企业申报目录8 000余个。特别是，2014年市机动车排放管理中心检测认定了从韩国进口的现代汽车颗粒物超标违法事实，罚没金额1 480余万元，促使企业召回整改问题车700余辆，完成了我国首例因车辆排放超标问题对汽车进口商的行政执法案例；2015年检测认定重庆长安汽车股份有限公司2个车型NMHC超标违法事实，罚没金额1 683.5万元，促使企业整改超标车2 000余辆。此外，京津冀及周边地区机动车排放控制工作协调小组办公室于2015年6月4日在中心挂牌成立，中心赴河北配合省环保厅完成了3个车型12辆新车的一致性抽测工作。

（二）生产一致性检查

1．抽检对象

具有北京环保车型目录，所有在京销售的车型和注册登记的车辆。包括轻型汽车，重型车用发动机和重型汽车。

2．抽样

通知车辆生产企业，指派委托代理人到机动车中心，由执法人员告知委托代理人抽检车（机）型；由2名以上（含）执法人员，着执法服

装、携带执法证件，与企业委托代理人一同前往被抽检车（机）型在京库房（4S 店或区域大库）或生产线，随机抽取样车（机），检查确认后由执法人员封样，并送至检测实验室；样车（机）不得进行任何维护、调整、变更配置。

（1）检查样车（机）技术参数信息，拍照，填写相关表格；

（2）核对样车（机）环保关键部件信息，企业委托代理人对样车（机）技术状况和检测条件签字确认。

3．样车（机）检测

检测前执法人员应核对样车（机）信息，检查封样标记，与检测人员进行样车（机）交接；依据法规标准要求，进行检测；编写、审核、批准检测报告。

4．结果处理

对检测中未出现不符合标准要求的车型，归还样车（机），并告知车辆生产企业该车型本次生产一致性检测合格，若存在不符合标准要求的车辆（发动机），企业需提交超标原因分析报告，并采取相应措施使之达标排放。

对检测中出现不符合标准要求的车型，留存样车（机）以待进一步检查，将检测结果报市环保局。

（三）在用符合性检查一般程序

1．抽检对象

抽查范围为具有北京环保车型目录，所有在京销售的车型和注册登记的车辆。包括轻型汽车、重型车用发动机和汽车。

2．抽样

联系车主，由 2 名以上（含）执法人员检查车辆技术参数信息，使用与维护保养情况，筛选并确定抽检样车，填写相关表格，与车主（车辆使用人）共同签字确认；车辆送至检测现场，通知车辆生产企业指派委托代理人前往检测现场，对样车技术状况和检测条件签字确认。

3．样车检测

依据法规标准要求，进行检测；编写、审核、批准检测报告。

4．结果处理

对检测中未出现不符合标准要求的车型，归还样车，并告知车辆生产企业该车型本次在用符合性检测合格。若存在不符合标准要求的车辆，企业需提交超标原因分析报告，并采取相应措施；对检测中出现不符合标准要求的车型，归还样车，将检测结果报市环保局。

第五章　管理制度

第一节　概述

通常所称的我国环境管理的八项制度，是指“老三项”管理制度和“新五项”管理制度的总称。“老三项”管理制度是指环境影响评价制度、“三同时”制度和排污收费制度，产生于1973年国务院印发的《关于加强环境污染防治　改善环境质量的若干规定》，1979年被《环境环境保护法（试行）》确认为环境管理法律制度，并加以长期推行，至今成为环境管理最为重要的制度。1989年第三次全国环保会议上，又正式推出“新五项”管理制度，即：环境目标责任制、城市环境综合整治定量考核制度、排污许可证制度、污染源限期治理制度和污染物集中控制，其中部分制度被有关污染防治法律所确认。

从环境法视野来看，环境管理制度是指环境管理法律制度，是根据环境法的基本原则，通过立法而形成的有关环境监督管理的措施，是环境监督管理的制度化、规范化。严格意义上的法律制度具有确定的实施主体行政机关及职责、客体管理对象及义务、程序和法律责任。因此，在环境法律学的角度看，多将环境影响评价制度、“三同时”制度、排污收费制度、排污申报登记制度、限期治理制度、排污许可证制度、总量控制制度、现场检查制度等确认为环境法律制度。这些制度在北京市实施情况作为重点介绍。

对排放污染物的单位实施现场检查制度是环境管理最为重要的工作之一，就是通常意义上的环境检查执法，北京市有关工作在本书第四章作了介绍。

虽然地方政府对本辖区环境质量负责制度、城市环境综合整治定量考核制度不被环境法学家所承认为环境管理法律制度，但是也可算得上是环境管理行政制度，在相当长的时期内得到广泛推行，这是不可忘却的历史阶段，北京市有关工作在本章也一并介绍。

关于“污染集中控制”并没有带上“制度”二字，似乎考虑它还不是严格法律意义上的环境管理制度，而是指导城市政府控制污染技术路线和措施，例如生活污水收集和集中处理、区域供热替代分散小型燃煤锅炉等设施。为此，本书不将北京市污染集中控制归类入本章环境管理制度，而在相关分册中介绍。

排污申报登记最初与总量控制试点工作结合在一起，北京市在试点阶段对纳入总量控制的企业，通过申报登记、审核，颁发排污许可证，试点结束后就没有进一步推行排污许可证制度。之后，排污申报登记与排污收费一并执行。因此，本章将排污申报登记和排污收费安排在一节中一并介绍，同时在总量控制制度中也有所涉及。同时排污收费也是一项环境经济政策，北京市有关工作在环境经济政策章节中理应介绍。为避免重复，在环境管理制度章节介绍排污收费工作侧重于征收环节，与排污申报登记相联系；在环境经济政策章节介绍排污收费政策标准和经费使用。

1972 年，北京市环境保护工作开展初期，即要求新建、扩建、改建项目的“三废”治理方案，须经“三废”管理部门同意，严格控制新污染。1973 年，北京市结合环保工作的重点，对重点河系和烟尘污染源进行限期治理。1981 年，根据国家颁布的有关法规，开展了建设项目环境影响评价和征收超标准排污费等工作。

20 世纪 80 年代，环境保护工作得到重视，各地在加强法制管理的同时，强化环境管理，继建设项目“三同时”、环境影响评价和排污收费管理制度实行后，又实施了环境保护目标责任制、城市环境综合整治定量考核、污染源限期治理和总量控制等制度和措施。

经过 40 多年的实践，北京市依据国家、地方环保法律法规和政府工作部署，各项环境管理制度不断完善。在控制新污染方面，有环境影响评价制度、“三同时”制度；在既有污染源防治方面，有限期治理制度、污染物排放总量控制制度以及环境统计等制度；在强化政府管理职责方面，有环境保护目标责任制和城市环境综合整治定量考核制度。这些制度密切配合、相辅相成，强化了环境管理和污染防治，在控制污染、改善环境质量方面发挥了重要作用。

第二节　环境影响评价

环境影响评价制度和“三同时”制度是环境管理的基本制度，是我国以预防为主的环保政策的重要体现。

环境影响评价，狭义上是指对特定建设项目在动工兴建前，即在可行性研究阶段对其选址、设计、施工等过程，特别是运营或者生产阶段可能带来的环境影响，进行分析和预测并规定防治措施；广义上是指人类在进行某项重大活动（包括规划、计划、政策、立法）之前，通过环境影响评价预测该项活动对可能带来的不良影响，并采取相应的对策。它是在环境科学研究从消极治理转向积极预防形势下出现的，被认为是协调工业决策过程中环境与发展关系的行之有效的手段之一。

1979 年 9 月原则通过的《环境保护法（试行）》使环境影响评价制度为法律所确认，2003 年开始实施的《环境影响评价法》使环境影响评价制度的实施由一部专门法律进行规范。

一、建设项目环境影响评价

（一）起步与演进

1973 年第一次全国环境保护工作会议后，我国环境保护工作全面起步。北京市环境影响评价实践是从环境质量评价开始的，早期的环评管理对象主要关注工业项目；20 世纪 80 年代末，以望京新区等大型居住区、东方广场等大型房地产开发建设项目为代表的非工业项目纳入环境影响评价管理范畴；随着北京城市基础设施建设加快，地铁、垃圾填埋场、污水处理厂等相继纳入环评管理，建设项目环境影响评价逐步完善。90 年代初相继开始开展的开发区建设环评、城区开发环评、城市总体规划环境评估、奥运会环境影响评价等，虽部分纳入当时的建设项目环评管理，其实也是当前规划环评的早期探索范畴。

1973 年，北京市“三废”治理办公室组织市环保所、中国科学院贵阳地球化学研究所等 34 个单位共同协作，进行《北京西郊地区环境污染调查与环境质量评价研究》，开始了环境质量评价及其方法的研究和探索。提出了环境质量评价方法、评价程序，以及污染物预测数学模型等。

1976 年，北京市环保所、北京师范大学、中国科学院地理研究所等 26 个单位协作，开展《北京东南郊环境污染调查及其防治途径研究》，进一步探索环境污染的评价方法，并将系统分析方法应用于区域环境综合研究。这些研究为开展环境影响评价工作奠定了基础。

1979 年 9 月第五届全国人大常委会第十一次会议原则通过的《环境保护法（试行）》第六条规定："一切企业、事业单位的选址、设计、建设和生产，都必须充分注意防止对环境的污染和破坏。在进行新建、改建和扩建工程时，必须提出对环境影响的报告书，经环境保护部门和其他部门审查批准后才能进行设计；其中防止污染和其他公害的设施，必须与主题工程同时设计、同时施工、同时投产；各项有害物质的排放必须遵守国家规定的标准。"从此我国环境影响评价制度开始起步。

1981 年 5 月，国家经济委员会、国务院环境保护领导小组、国家计划委员会、国家基本建设委员会联合颁布的《基本建设项目环境保护管理方法》，对建设项目各环节与环境影响报告书编制进行了衔接，并详细提出了"大中型基本建设项目环境影响报告书提要"，进一步完善了环境影响评价制度。

1981 年 6 月，市环保局委托市环保所对北京市煤制气厂的预选厂址进行环境影响评价，在审查过程中支持了评价单位的意见，对推荐的丰台区潘家庙等 3 个厂址均予否定，要求另选厂址，避免了对市区空气的重大污染。8 月，市环保局对七机部基本建设局送审的七〇五工程环境影响报告书进行审查批复，以《关于七机部七〇五工程环境影响报告书的意见》对项目生产工艺安排、污染治理措施、排放标准等提出要求。

1982 年，市环保局对"钴-60 辐射源装置""清华大学加速器实验室扩建工程"和"北京毛条厂"环境影响报告书作出"同意建设"的批复，对石景山发电厂改造工程环境影响报告书进行初评，要求广播电视部对拟在京建设的彩色电视发射塔进行环境影响评价。

1986—1987 年，市环保局将商业、服务业项目及居住区、经济开发区的建设和改造，纳入了环境影响评价的管理范畴，方庄住宅区、望京新区、北京燕莎中心等，均在项目建设前进行了环境影响评价。为迎接亚运会的召开，市环保局对亚运场馆建设及亚运会期间的环境影响评价进行了严格审查，保证了亚运会场馆建设及亚运会期间的环境质量。

1991 年，北京市人民政府向中国奥林匹克委员会提交了《承办 2000 年第 27 届奥林匹克运动会申请书》；1993 年，市环保局召开会议，讨论并通过由市环保所承担的《北京申办奥运会环境影响评价研究》。同年，北京市环保所编制的《北京经济开发区（亦庄）环境影响报告书》通过了专家评审。报告书建议有关部门抓紧建设郑王坟和小红门污水处理厂，早日还清凉水河；在开发区划定建设控制区，确保总体规划的实施；严格控制位于开发区上风向的东南郊工业污染源，为开发区创造良好的外部环境。

1992 年，北京市修订《北京城市总体规划》，北京市环保所编制了《修订〈北京城市总体规划〉环境影响评估》；1994 年 1 月，《修订〈北京城市总体规划〉环境影响评估》评审会在市环保所召开，评审委员们认为，对城市规划进行环境影响评估在我国尚属首次，这是环境影响评价参与城市总体规划的早期尝试。

2000 年以 “绿色奥运” 为申办主题，开展了绿色奥运策略环境评估和奥运活动初步环境影响评价。北京市环境保护科学研究院组织编写《2008 年奥运会环境影响研究》，这是将大型社会活动纳入环境影响评价的一个范例，为 2008 年奥运会申办成功发挥了环境保护方面的重要作用。

（二）分类管理

1979 年颁布的《环境保护法（试行）》明确规定：一切企业、事业单位在进行新建、改建和扩建过程中，必须提出环境影响的报告书，经环境保护部门和其他有关部门审查批准后才能进行设计。1980 年，市环保局颁布了《北京市建设工程环境影响报告书审批制度（试行）》，规定本市范围内一切新建、改建、扩建或挖潜技措工程，必须进行环境影响评价；大中型项目编制环境影响报告书，小型项目要填写环境影响调查表，经环保部门审查同意后，作为有关部门审批项目的依据；文件还附有《北京市大中型建设工程环境影响报告书内容提纲说明》和《北京市小型建设工程"环境影响调查表"说明》，对环境影响评价的范围、内容、表格提出了规范要求。北京市成为全国第一个实施环境影响报告书制度的城市。

1988年颁布的《北京市实施〈建设项目环境保护管理办法〉细则》，进一步明确了环境影响报告书（表）的适用范围、内容及报批程序等，建设项目环境管理从生产性项目扩大到交通、水利、农林、商业、卫生、文教、科研、旅游、市政等一切对环境有影响的基本建设项目、技术改造项目和区域开发建设项目。

1996年，市环保局开展了《加强和完善北京市环境影响评价制度研究》课题。该课题是联合国开发计划署的技援项目，分为"区域开发活动环境影响评价研究"和"北京市建设项目分类管理办法"。该课题在研究北京市区域开发活动特征的基础上，对区域开发活动环境影响进行归纳总结，并对区域开发活动环境影响评价研究进行系统化和理论化的提升；通过计算典型行业污染负荷，测算各行业污染物排放的环境影响，从而根据行业特征划分类别，确定环境影响评价文件的分类。

1999年，北京市加强建设项目的分类管理，在相关研究工作的基础上，市计委和市环保局联合制定颁布了《北京市建设项目环境影响评价分类管理办法（试行）》，3月1日起在全市试行，使建设项目环境管理进一步规范化、科学化和制度化。该办法根据建设项目的自身特征和所在地区的环境特征，将建设项目环境影响评价管理分为环境影响报告书、环境影响报告表、备案登记项目和法规禁止建设项目四类，明确了对环境有严重影响和影响很小的建设项目、环境敏感区及禁止建设项目的有关法规。

2002年，为贯彻执行国务院发布的《建设项目环境保护管理条例》，原国家环保总局以第14号令颁布了《建设项目环境保护分类管理名录》。根据建设项目对环境的影响程度，对建设项目的环境保护实行分类管理，分为环境影响报告书、环境影响报告表和环境影响登记表。后续环保部对名录进行了调整和完善，2008年10月开始实施《建设项目环境影响评价分类管理名录》，《建设项目环境保护分类管理名录》废止。

（三）分级管理

1980年，市环保局颁布《北京市建设工程环境影响报告书审批制度

（试行）》，规定本市范围内一切新建、改建、扩建或挖潜技改工程，必须进行环境影响评价；大中型项目编制环境影响报告书，小型项目要填写环境影响调查表，经环保部门审查同意后，作为有关部门审批项目的依据；同时，根据项目的建设规模和投资，划分了市、区县环保部门的审批权限。

1992 年，市环保局根据市政府《下放部分城乡规划、建设、管理权限》的有关要求颁布具体实施办法，将部分基建项目、技改项目、外商投资项目的审批权下放给区、县，并加强对下放审批权限的监督管理，以适应改革开放和建立社会主义市场经济的需要。将区、县属 1 000 万元以下的基建项目、3 000 万元以下的技改项目、500 万元以下的外商投资项目以及区和市属、中央单位的合资项目，远郊区县一、二级水源保护区以外的区域开发建设项目，单独建设和更新的冷却塔、锅炉房等的审批权，下放给区、县环保局；明确市环保局对区县违反环保法规审批的建设项目有权否决。

1994 年国务院批准北京经济技术开发区为国家级开发区，为加快开发区建设，按照市政府对开发区管理委员会机构和职责设立要求，1996 年市环保局下放经济技术开发区管辖范围内除环保部审批权限外一切建设项目环评审批权限，实现开发区环评事宜在开发区环保局办。

2000 年，为贯彻实施《中关村科技园区条例》，简化和加快中关村科技园区内建设项目的环境审批，促进中关村科技园区的建设和可持续发展，北京市环保局发文《关于加快中关村科技园区内建设项目环境保护审批的通知》，对入区企业简化审批程序和加快环评审批。

2001 年，根据国家《建设项目环境保护管理条例》及市政府改革行政审批制度的文件精神，市环保局颁布《关于调整建设项目环境保护审批权限的通知》，明确市环保局审批项目内容包括由市计委、市经贸委、市经委审批立项的建设项目；外商投资 1 000 万美元以上、技术改造投资 3 000 万元人民币以上、新建项目投资 1 000 万人民币以上的工业建设项目；建筑面积 10 万 m^2 以上的非工业项目；城市自来水地下水源保护区及城八区的油库、加油站项目；全市新、改、扩燃煤锅炉单台 10 t 以上或总吨位 20 t 以上的锅炉房；辐射及放射性建设项目；全市电镀建设项目；密云、怀柔、延庆一、二级水源保护区内的建设项目；三县其他地区化工、医药、酿造、造纸建设项目；中央、国务院、部队在京建设的特殊建设项目。上述项目以外的各类建设项目有区县环保部门审批。

2003年，根据市委、市政府“优化首都发展环境，进一步精简审批事项，减少审批环节”的要求和国家环保总局15号令“关于对建设项目实行分级审批”的规定，市环保局印发《北京市环境保护建设项目审批权限划分细则》，对我市建设项目环保审批权限进行了重新划分，明确了市环保局负责审批的一般项目和特殊项目，并制定了北京市为保护环境禁止建设项目、禁止建设地区和严格控制建设地区的名录。

2004年，为落实《中华人民共和国行政许可法》的施行，市环保局进一步完善了原有的行政审批程序和许可条件。经与国家环保总局、市政府办公厅、市法制办多次协调，本着严格依法和简政放权的要求，由市政府按照环评法的要求发文《北京市人民政府关于建设项目环境影响评价文件审批权限的批复》，对我市建设项目环境影响评价的分级管理做出了规定，进一步明确了市、区两级环保部门的责任和审批权限，下放了部分中小型建设项目的环保审批权，对建设项目进行规范化管理。同年，《中国人民解放军环境保护条例》颁布实施，军队在京项目环境影响审批移交解放军环境保护管理部门办理。

2009年，按照市领导“加快、简化、下放、取消、协调”的要求，市环保局调整、下放环保审批权限，下发了《北京市环境保护局关于调整、下放环保审批权限的通知》和《北京市环境保护局关于对环保审批权限调整、下放、简化工作意见的通知》。通知明确要求市环保局只保留报告书项目的审批权限，将编制报告表、登记表以及区县行政区域内的道路工程等建设项目全部下放到区县环保局办理。除国家规定要求省级环保部门审批项目外，相对于发改部门“同级审批”的项目，市环保局仅保留其中部分报告书类项目审批权，其余项目全部下放。

2010年，经报市政府批准，市环保局在2009年下放审批权限的基础上，进一步调整、下放了环保审批权限，除保留环境保护部规定必须由省（直辖市）级环保部门审批、部分重点工业及跨区县项目外，其他项目原则上下放到区县环保局审批。

2012年，为落实《北京市人民政府关于优化完善本市固定资产投资项目办理流程及相关工作机制的通知》文件精神，市环保局再次对环保审批流程进行了梳理、分析，下发《北京市环保局关于加强建设项目环境影响评价管理有关工作的通知》。通知中对环评审批时序、土地储备和一级开发项目环保审批程序的调整、项目审批负责制、增加环保审批的透明度等方面着重加以落实。

（四）管理程序

1986—1987 年，市环保局根据原国家环保局颁布的《国家〈建设项目环境影响评价证书〉管理办法（试行）》和国务院环境保护委员会、国家计委、国家经委联合颁布的《建设项目环境保护管理办法》及有关设计规定，重申建设项目的选址原则，环境影响报告书及报告表的适用范围及报批程序等，进一步明确审批程序以及违反有关规定的处罚办法。

1997 年，市环保局在新、改、扩建项目的审批中，严格环保审批程序，确立了市经委技改项目立项先经环保审查的程序。在全市新、改、扩建项目管理中，坚持环保部门第一审批权和“三不准”措施，即不符合首都环境保护要求的项目不准立项、未经审批环境影响报告书（表）的项目不准办理可行性研究报告的审批、未经环保验收或验收不合格的项目不准投放生产或使用。

1999 年，市环保局颁布实施《北京市环保局建设项目环境保护审批工作程序（试行）》，改变以往建设项目环评文件由具有审批权的相关处室直接接收受理，实行建设项目统一编号、收发文件统一窗口、批件行文统一格式，使建设项目环境管理进一步规范化、科学化和制度化。

2001 年，市环保局开展了行政审批事项清理整顿和审批制度改革工作，在简化审批程序、缩短审批时间方面，作了一些初步尝试，对中关村科技园区实行一站式办公，将原审批时限缩短了 1/3；对其他建设项目的报告书、表和备案审批时限也从 60 日、30 日、15 日缩短为 40 日、20 日、10 日。

2002 年，为规范行政审批，简化审批程序，在北京市政府的统一部署下，市环保局正式设立了“北京市环保局审批项目窗口”，设专人上岗，并将所有行政审批事项上网公布，“窗口”形象、办理效率、态度等受到普遍好评。

2005年，为彻落实《国务院关于投资体制改革的决定》，通过与市政府及市政府各有关部门密切协作，明确了环保审批在整个固定资产审批流程中的位置及与其他各部门相关许可的关系，重新设定了受理条件，进一步完善了建设项目环保审批的工作程序。同时，市环保局内部重新梳理了审批程序，完善审批会签机制，实行统一受理、内部会签、限时完成的“主办处室负责制”。

2006年，《北京市环保局建设项目网上审批系统》正式运行。建设项目审批时限进一步压缩为10～30个工作日。环保审批在新的固定资产投资程序中的位置得到进一步明确，即对于审批类项目，环保审批在发改委批准立项或通过预审后；对于核准类项目，环保审批前置；对于备案类项目，环保审批在发改委进行备案之后。

2009年，为细化落实《环评法》提出的“涉及水土保持的建设项目，还必须有经水行政主管部门审查同意的水土保持方案”要求，市发改委、市水务局与市环保局协商确定10个远郊区县是本市水土保持控制重点地区，将水土保持方案作为立项、环评审批的前提条件。同年，为促进项目尽快落地，报经市领导同意简化土地一级开发环保审批程序，即土地一级开发项目不再要求编制环评文件报环保部门审批，建设单位只须对用地内及周边现状描述清楚，环保部门核实后直接出具审查意见。

2010年，为落实市政府“一门受理，统一进出”要求，将涉及固定资产投资项目环保审批的行政许可事项服务窗口转移到北京市固定资产投资项目行政审批综合服务大厅，方便了建设单位集中办理。

2011年，为落实“扩内需、促增长”要求，市环保局与发改、工信、国土、规划、建设等部门协调配合，共同对固定资产投资项目审批流程再次进行了认真梳理，按照《北京市人民政府关于优化完善本市固定资产投资项目办理流程及相关工作机制的通知》的要求，重新确定了环评审批与其他审批的前后置关系，即按照要求，对于审批制项目，环评审批在立项之后，可研之前（对于立项代可研项目，环保审批在审批可研之前）；对于核准制项目，环保审批在核准之前；对于备案制项目，环保审批在备案之后；对于符合环保准入标准、符合扩大内需促进经济增长要求的项目，市环保局主动开辟绿色审批通道，通过主动服务，提前介入、并联流程、缩短时限等方式加快审批进度，推动项目尽快落地。

2012年，按照北京市行政审批制度改革工作部门联席会议的要求，遵照“加快、简化、下放、取消、协调”的精神，市环保局印发了《北京市环保局关于加强建设项目环境影响评价管理有关工作的通知》，对环评审批时序、土地储备和一级开发项目环保审批程序的调整、项目审批负责制、增加环保审批的透明度等方面着重加以落实。同年，为加强建设项目主要污染物排放总量控制，规范建设项目环境保护审批工作，制定了《关于建设项目主要污染物总量控制管理有关内容的细化规定（试行）》，明确把主要污染物排放总量控制指标作为新改扩建项目环境影响评价审批的前置条件。

（五）监督与实施情况

1981—1990年，市环保局共审批环境影响报告1 891项，其中，审批环境影响报告书165项，环境影响报告表1 726项。绝大多数单位能够认真执行环境影响评价制度，但仍有少数单位不执行管理办法和实施细则。为此环保部门认真调查，依法严肃处理，有效地控制了新污染。例如，1986年市环保局报经市政府批准，对违反建设项目环境管理审批制度，不编报环境影响报告书，未经批准擅自建设的首钢公司炼钢厂易地大修工程罚款30万元，对经理和主管副经理分别处以50元罚款，并作出限期补报环境影响报告书进行审批的决定。

1984年，市环保局对北京水泥厂选址问题进行大量调研、多方案比较，并根据环境影响评价报告，建议该厂将电除尘改为布袋除尘，使生产技术和环境保护均达到国际先进水平。

1988年，市环保局先后对北京第二热电厂、钢窗厂彩色钢板生产线技改项目、焦化厂煤气精制系统改造、首钢公司耐火材料厂连铸耐火材料车间和煤制气工程等项目的环境影响评价，提出了审批意见或作出批复；审查了大兴和通县的氮肥厂扩建工程、水暖器材一厂技术改造项目、玉渊潭棉纺厂扩建工程、首钢公司与日本电气公司合资建设大规模集成电路等工程的环境影响评价报告，并作了批复，防止了决策的盲目性。由于坚持环境影响评价制度，避免了密云、怀柔水库水源保护区周围的旅游设施及污染饮用水水源项目的建设，制止了与风景旅游区、文物保护区、居民稠密区等功能不相协调或污染项目的建设。

2001年下半年，按照原国家环保总局的要求，市环保局进行了中小型建设项目的执法检查工作，在 18 个区县开展了自查和总结，各区县健全、完善档案、认真查处违章，随后又组织七个组进行抽查，通过检查也起到审批和检查互相制约的作用。加强了审批的监督、管理。

2004 年，按照原国家环保总局《关于认真做好环保专项整治行动第一阶段专项检查工作的通知》精神，我市环保部门结合固定资产投资项目清理工作，对 2000—2003 年的建设项目开展了环保专项清查。本次共清查项目 12 637 个，其中进行了环保审批的项目 10 894 个、未进行环保审批的项目 1 743 个，对未进行环保审批的项目，市环保部门已责令其整改。

2005 年底至 2006 年 3 月，市环保局组织对市、区县两级环保部门在《环评法》实施以来全市范围内审批的化工石化类建设项目进行排查。经查，《环评法》实施以来，未在位于江河湖海沿岸、人口稠密区、自然保护区等环境敏感区内批准可能产生重大污染的项目；未在本市批准农药、电镀项目。从统计结果看，发现环境风险较大的是燕化公司的 5 个项目，工艺装置及储罐留存的危险化学品种类较多、数量较大，项目周边 5 km 范围内有 9.5 万多人，有的居民区夹杂在各生产厂区之间，须尽快搬迁。燕化公司结合 1 000 万 t/a 炼油系统改造及第三轮乙烯改扩建工程，对公司总体环境风险进行专题分析，并制定和颁布实施了环境污染事故应急预案。

2006 年，为贯彻原国家环保总局《关于检查化工石化等新建项目环境风险的通知》和《关于开展化工石化建设项目环境风险排查的通知》的要求，市环保局组织有关区环保部门和专家，对总局审批的“燕化公司第一聚丙烯装置改造项目”和“中石化北京石油分公司长辛店油库扩建项目”进行了环境风险排查工作。根据检查结果，要求长辛店油库补做环境风险专章，增加环境风险投资。为确保消防水不外溢，确定该油库须将 1～4 号罐组围堰加高 500 mm，同时在项目试运营之前要制定具有针对性和可操作性的应急预案。同年还按照国家环保总局的要求，组织各区县环保局对北京市辖区内的铁合金项目进行清查，结果表明，我市不存在有问题的铁合金项目，同时还要求在全市范围内各级环境保护部门一律不得批准铁合金生产项目的环境影响评价文件。

为落实原国家环保总局《关于跟踪 2000—2005 年国家环保总局审

批建设项目环境管理情况的通知》，扭转多年来形成的重审批、轻管理，监管工作不落实的被动局面，市环保局加强了建设项目执行过程中的检查，先后组织对原国家环保总局 2000—2005 年审批的北京地区 107 项建设项目和我市 2003 年环评法实施以来批准的项目进行检查，同时要求区县将各级审批项目统一纳入日常环境监管，结合环境执法巡查，检查实施情况。同年，对中关村科技园区永丰产业基地、通州永乐工业开发区等9个集中污水处理设施建设滞后的工业开发园区下达了限期治理通知，并对其新增排放水污染物的建设项目实施“区域限批”，即在集中污水处理设施建成前，市、区两级环保部门暂停对园区内新增排放水污染物建设项目的环评审批。

2007 年，严格环境准入，对远郊区县集中供热设施项目制定了“四个必须”的标准，即新建燃煤锅炉必须符合区县供热规划、必须落实上大压小措施、必须主动执行新的排放标准、必须削减二氧化硫排放总量，方能批准建设。继续对污水集中处理设施未建成的工业开发区实施“区域限批”政策，督促其加快推进相关基础设施建设。

2011 年，按照国家发展改革委、监察部等 11 部委联合下发的《关于开展全国高尔夫球场综合清理整治工作的通知》的要求和北京市的统一部署，市区两级环保部门认真开展高尔夫球场综合清理整治工作，重点围绕自然保护区、水源保护区开展工作，对全市 63 个高尔夫球场的环保审批情况进行逐一核对。同时深入现场，对水源保护区的球场逐个开展现场检查和监测，摸清情况，提出整改对策，并会同市发改委等部门对区县违规高尔夫球场清理工作进行了联合督导检查。

2012 年，为落实国务院《关于加强环境保护重点工作的意见》和北京市《清洁空气行动计划》，市环保局颁布实施《关于建设项目主要污染物总量控制管理有关内容的细化规定（试行）》，明确了建设项目实行总量前置的控制因子、适用范围、总量削减原则，规范了总量指标来源、总量平衡要求，细化了相关各方职责、程序和监督管理等内容，对现行建设项目环境影响评价文件审批条件中有关污染物排放总量控制的内容进行规范和细化。

表 5-1　1981—2010 年市环保局审批环境影响评价文件情况

年　份	审批项目情况（个）
1981—1985	562
1986—1990	1 329
1991—1995	2 357
1996—2000	945
2001—2005	3 331
2006—2010	4 314

二、规划环境影响评价

20 世纪 90 年代初随着经济技术开发区、工业园区及成片土地整体开发，环境影响评价从单一项目管理延伸至对区域整体规划的关注。1998 年国务院颁布的《建设项目环境保护管理条例》，首次在法规层面上提出在开发区建设、城市新区建设和旧区改建等区域性开发活动编制建设规划时，应进行环境影响评价。2003 年《环评法》的正式颁布实施，首次将规划环评上升到法律层面。2009 年国务院颁布的《规划环境影响评价条例》，则标志着环境保护参与综合决策进入了新阶段。多年来，北京市在规划环评领域一直在进行积极探索和实践，将规划环评作为推动环境保护参与城市建设综合决策的重要抓手，统筹重点区域和重点行业发展。2009 年市环保局印发了《关于做好规划环境影响评价工作的通知》，细化规划环评实施的具体要求和操作要点。2011 年报请市政府下发了《关于进一步推进规划环境影响评价工作的实施意见》，明确了北京市需要编制规划环评的规划范围、环评审查程序等要求，作为本市开展规划环评的具体指导性文件。

（一）开发区环评

北京市国家级、市级开发区大多数建设启动时间较早。北京经济技术开发区、中关村科技园区、北京延庆经济开发区等是在 20 世纪 90 年代初期就批准设立并开始建设的国家或市级开发区。在开发区设立动议阶段，环保部门就积极参与，并针对开发区空间布局、产业导向规划，组织研究开发区环境影响评价理论、工作程序和技术方法等，组织编写了《区域开发活动环境影响评价技术指南》，用于指导开发区环境影响评价编制和审查工作。参照建设项目环评管理，相继完成了北京经济技术开发区、中关村科技园区、良乡经济开发区、采育经济开发区等 18 个国家级、市级开发区环境影响评价，通过开发区环境影响评价，促进了园区合理规划和优化发展；加快了配套污水处理、集中供热等基础设施建设；明确了园区产业定位，细化了环境准入制度，从而杜绝了高耗能、高污染企业入区，为高新技术、高附加值、低污染企业发展提供了良好空间，从源头上减少了经济高速发展对环境产生的不利影响。

（二）区域战略环评研究

在法规提出规划环评初期，环评法中对规划环评的审查主体、环评费用、实施程序等要求不明确，规划环评技术也较为薄弱。结合北京实际情况，市环保局先自行申请资金，分区域逐年开展了系列区域战略环评课题。自 2004 年开始，结合城市总体规划确定的郊区新城功能定位，先后组织开展了顺义、通州、11 个区县战略规划层面的区域战略环评课题。区域战略环评以环境承载力分析与环境适宜性分区研究为核心，结合各区域国民经济和社会发展、土地利用及水资源等相关规划，对区域发展进行全面的环境影响评价，提出了与区域资源环境相协调的发展策略，指导各区县环境保护管理工作及后续相关规划的编制工作，这项工作的开展对规划环评的方法、理论和技术手段进行了探索创新，为有序推进规划环评起到了技术示范、技术储备及人才储备的多重作用，实施过程同时也是规划环评的宣传过程。

（三）重点地区、行业规划环评

2009 年《规划环境影响评价条例》实施以来，针对我市重点区域建设规划、重点行业发展规划，特别是“十二五”规划编制，相继完成了市级能源、工业、交通、水务、轨道交通建设等专项规划以及重要产业集聚区发展规划环境影响评价工作，指导全市产业、行业与生态环境保护的平衡发展，强化了环境保护在重点区域发展中的把关作用。

表 5-2 2009 年规划环评条例颁布以来北京市规划环评开展情况

规划名称	规划环评文件类型	规划编制单位	规划环评技术机构
北京市城市快速轨道交通近期建设规划（2007—2015 年）	报告书	北京市规划委员会	中铁第四勘察设计院集团有限公司
北京石化新材料科技产业基地	报告书	石化新材料科技产业基地管委会	清华大学
北京市“十二五”时期能源发展建设规划	报告书	北京市城市规划设计研究院	清华大学
北京市能源发展规划方案（2008—2020 年）	报告书	北京市城市规划设计研究院	清华大学
未来科技城	报告书	未来科技城开发建设有限公司	北京市环境保护科学研究院
北京市“十二五”时期工业发展规划	报告书	北京国际工程咨询公司	北京市环境保护科学研究院
北京市“十二五”时期交通发展建设规划	报告书	北京交通发展研究中心	交通运输部公路科学研究所
北京市“十二五”时期水资源保护及利用规划	报告书	北京市水利规划设计研究院	北京市环境保护科学研究院
北京市“十二五”时期都市型现代农业发展规划	篇章	北京市农委	北京市农委
北京市“十二五”时期中小企业发展促进规划	说明	北京市经济和信息化委员会	北京市经济和信息化委员会，北京师范大学
北京市“十二五”时期旅游业发展规划	说明	北京市旅游发展委员会	北京市旅游发展委员会，中国城市规划院
北京市“十二五”时期中关村国家自主创新示范区发展建设规划	篇章	中关村科技园区管理委员会	中关村科技园区管理委员会；北京师范大学
中关村科技商务区（TBD）	报告书	北京科技商务区建设有限责任公司	北京市环境保护科学研究院
北京密云生态商务区	报告书	密云生态商务区管委会	北京神州瑞霖环保科技有限公司

三、公众参与

实行公众参与是我国环境影响评价制度的一项重要内容，1998年国务院发布《建设项目环境保护管理条例》规定建设单位编制环境影响报告书，应当依照有关法律规定，征求建设项目所在地有关单位和居民的意见。2003年实施《环境影响评价法》对建设项目和规划环境影响评价公众参与都作了规定，使公众参与有了法律依据和要求。2006年原国家环保总局发布《环境影响评价公众参与暂行办法》，细化了环境影响评价中公众参与要求。

1982年北京市环保局对辐照中心"钴-60辐射源装置"环境影响报告书审批做出"同意建设"的批复，审批期间征求公众意见，邀请可能受影响的公众参加环评审查会，这是北京市环境影响评价审批中公众参与的早期尝试。

20世纪90年代世界银行和亚洲开发银行贷款项目环境影响报告书中开始纳入公众参与篇章。1994年1月，根据亚行贷款程序要求，《北京日报》刊登了拟利用亚行贷款的北京环境改善项目和主要内容，北京人民广播电台在午间新闻也连续三天进行播放，征询公众对该项目的意见。凉水河水系城市污水治理工程等北京世行项目的环评文件都编写了公众参与章节，建设单位和环评报告编制单位通过召开座谈会、发放调查问卷等方式征求公众意见。

1996年，北京市环保局召开西苑饭店写字楼一期环境影响评价审查会，邀请机械部研究院的两位居民参加。西苑饭店写字楼工程位于机械部研究员宿舍楼的一侧，居民对该工程对环境的影响十分关注。为此，市环保局邀请居民参加审查会，并通过问卷调查、走访等形式，了解居民的意见。这是对公众参与环境管理的另一个范例。

2004年8月13日，应百旺家苑小区居民申请，北京市环保局召开全国首例环境行政许可听证会，就公众关注的西沙屯—上庄—六郎庄220 kV/110 kV 架空输电线工程电磁辐射问题，充分听取了建设方北京电力公司以及利害相关人颐和园、百旺家苑、天秀小区、解放军309医院等12家单位、小区的代表意见。

2007年3月，北京市环保局发布《北京市环境保护局关于加强建设项目环境影响评价公众参与有关问题的通知》，要求在环评过程中各建设单位及其委托的环评机构要抓好公众参与的“三个阶段”，主动公开环境信息；市环保局在审查中要做到三个“不受理”，保证公众参与的有效性；同时要求各区县环保局和北京经济技术开发区环保局也应充分利用现有条件，采取切实可行的措施，对环评审批过程中的信息进行公开。

四、环评资质管理

环境影响评价的资质管理是规范环境影响评价工作、提高环境影响评价质量的手段之一。国家对从事环境影响评价的机构实行资质审查制度，还实施了环境影响评价工程师职业资格制度。

1986 年，原国务院环境保护委员会、国家计划委员会、国家经济委员会联合发布《建设项目环境保护管理办法》，对从事环境影响评价的单位实行资格审查制度，要求承担环境影响评价工作的单位必须持有建设项目环境影响评价证书，并按照证书规定的范围开展环境影响评价工作。原国家环境保护局据此制定了《建设项目环境影响评价证书管理办法（试行）》，将环境影响评价证书分为综合证书和专项证书两种。国家环境保护局和各省、自治区、直辖市环境保护局都有权核发评价证书。实行两级核发、两级管理。北京市组织有关部门，对从事评价工作的单位进行法人资格、智能结构、技术手段和业务水平考核。经过 3 年试运行，在总结经验的基础上，1989 年国家环境保护局正式发布了《建设项目环境影响评价证书管理办法》，详细规定了评价证书的等级，并将环境影响评价证书的综合证书和专项证书改为甲级证书和乙级证书两种。甲级证书单位的核发权在国家环境保护局，乙级证书单位的核发权在各省级人民政府环境保护部门。至 1990 年，北京地区共有中央和地方评价单位 51 个，其中获国家环保局颁发的甲级证书单位 43 个，可以在全国开展评价工作；获市环保局颁发的乙级证书单位 8 个，可在北京市开展工作。

1995 年 12 月，北京市建设项目环境影响评价第一期培训班在市环保技术培训中心举行，来自 13 个单位的 56 名学员参加了培训，15 名专家在培训班上授课。

1998 年，《建设项目环境保护管理条例》以国家法规的形式首次明确规定对从事环境影响评价工作的单位实行资格审查制度，并规定资格证书由国务院环境保护行政主管部门核发。原国家环境保护总局于 1999 年发布《建设项目环境影响评价资格证书管理办法》，对当时的环境影响评价单位进行整顿。

2004 年 5—6 月，根据国家环保总局《关于开展建设项目环境影响评价资格证书单位考核工作的通知》要求，北京市环保局对 2000—2004 年在京环评单位的工作情况进行了考核，北京市的环评单位共 62 家，其中甲级单位 45 家，乙级单位 17 家。经考核，57 家通过初审，3 家未参加评审，交通部环境保护中心和中晟环保科技开发投资有限公司等 2 家初审不合格。同时，还按照国家统一部署，开展了环境影响评价工程师职业资格考试、考核认定工作。

2005 年，北京市环保局建立环评报告季度考核制、网上公示制，引进专家评估机制，将专家意见、评价机构业绩和退回环评报告原因上网公示，对编制质量较差的环境影响评价文件予以退回，加大了监督检查的力度。对存在问题较多的环评单位，采取与单位负责人谈话、函告环评单位、上报总局等多种措施，加大了监督检查的力度。

为保证环境影响评价工程师职业资格制度的实施，加强环境影响评价行业管理，2005 年国家环境保护总局首次组织全国环境影响评价工程师职业资格考试，人事部也将其列入了国家专业职称考试的管理范畴。市环保局历时 8 天组织开展北京市报名工作，共审查接收报名 1 085 人。

2006 年，开展优秀甲级单位评选工作，北京市环保局严格按照总局要求进行初选，通过网上发布公告、环评单位自荐、资格审查三个阶段开展工作。向国家环保总局推荐优秀甲级单位 3 家，分别是北京京诚嘉宇环境科技有限公司、清华大学、北京市环境保护科学研究院。最终北京京诚嘉宇环境科技有限公司、清华大学获选。推荐第四批规划环境影响评价文件编制单位 3 家，分别是北京欣国环环境技术发展有限公司、北京永新环保有限公司、中国电子工程设计院。

2011—2012 年，为落实环保部开展环境影响评价机构专项执法检查工作有关要求，加强我市环境影响评价机构管理，北京市环保局启动了全市环境影响评价机构专项执法检查工作。此次专项执法检查涵盖全市

84家环评机构，检查内容涉及近三年来环评机构的资质管理规定执行情况、环境影响评价专职技术人员情况、环境影响评价工作质量情况、环评机构取得的科研成果等多个方面。主要分为环评机构自查、省级环保部门检查、环保部抽查、环保部复查及总结等阶段。检查结果表明，我市大部分环评机构能够按照有关要求认真进行资质、人员及环评文件质量管理。

五、环境影响评价技术评估

2006年，北京市环境影响评价评估中心成立。2008年2月，评估中心部分工作人员到位。2009年1月，评估中心正式开展技术评估工作，除承担环评文件技术评估工作外，还开展了相关研究工作。至2012年评估中心共审查出具技术评估报告282份，主持召开专家评审会92次，开展了“北京市生活垃圾填埋场周边限建（宜建）项目控制距离环境影响评价研究”，对于北京市生活垃圾填埋场周边各类建设项目，按照填埋场的规模大小和管理水平高低，提出分类控制原则和控制距离，为此类项目环评提供了技术参考，为相关决策提供了技术支持。

2010年，北京市环保局发布《北京市环境保护局关于建设项目专家论证有关问题的意见》。根据该意见，评估中心负责主持召开有关建设项目的专家论证会。为规范论证会，评估中心制定了“北京市环境保护局环境影响评价审查专家库管理办法”“ 建设项目专家论证会程序及有关事项”，在环境保护部评估中心专家库基础上，形成“北京市环境保护局建设项目环境影响评价审查专家库初选名单”。

第三节 “三同时”

1979年9月原则通过的《环境保护法（试行）》第六条规定：“一切企业、事业单位的选址、设计、建设和生产，都必须充分注意防止对环境的污染和破坏。在进行新建、改建和扩建工程时，必须提出对环境影响的报告书，经环境保护部门和其他部门审查批准后才能进行设计；其中防止污染和其他公害的设施，必须与主题工程同时设计、同时施工、同时投产；各项有害物质的排放必须遵守国家规定的标准。”从此我国建设项目环境管理“三同时”成为法律确认的环境管理制度。

“三同时”制度是指工业企业建设项目（新建、改建、扩建、技术改造、自然开发等项目）中防治环境污染和其他公害的设施，必须与主体工程同时设计、同时施工、同时投产使用的法律制度。“同时设计”是指在建项目的计划任务书、初步设计、施工图设计中要有环境保护的专门篇章；“同时施工”是指在施工阶段，环境保护工程与主体工程由施工单位同时组织、安排和施工；“同时投产”指环境保护设施经验收合格后，建设单位必须把环保设施与主体工程同时投入运转。“三同时”制度的建立，是我国环境法律制度的一个首创，它的实行必须和环境影响评价制度结合起来。

“三同时”制度是我国环境保护较早实施的一项基本管理制度，收效甚大。但是由于该制度最初是在计划经济背景下制定的，随着社会主义市场经济体制的逐步建议，“三同时”制度出现了一些不适应改革发展需要的问题，主要表现为：制度法律体系的程序规范不够严密，带有典型的计划经济模式，独立性不足；对于部分区域性开发建设项目不太适应；与其他各项环境管理制度存在一些需要协调的问题，比较突出的是与污染集中控制制度之间的关系；缺乏经济性的监督制约措施等。上述问题尚须对“三同时”制度的内涵与外延、意义与范畴、功能与作用、目标和任务、职责与分工、管理指标和程序、制度间、部门间关系、监督约束机制，人员配备和素质要求等作出明确规定。

一、起步与制度建设

1972 年在国务院批转《国家计委、国家建委关于官厅水库污染情况和解决意见的报告》中首次提出了“工厂建设和‘三废’要遵照‘同时设计、同时施工、同时投产’”的要求。1972 年 6 月，北京市革委会颁布的“三废”管理试行办法，对建设项目管理明确规定：新建、扩建、改建的单位，凡排出有害“三废”的，均应安排治理措施，纳入计划，否则不准施工；正在建设的单位，没有采取这项措施的，要赶快补上，并规定“三废”治理方案需由主管部门审查，经“三废”管理部门同意。

1973 年，市“三废”治理办公室组织对化工、机械、冶金、建材、二轻、仪表等 6 个工业局和朝阳、东城、崇文、西城等 4 个区的新建、扩建项目进行检查，多数单位和设计部门重视“三废”管理，注意消除“三废”危害，但也有少数单位新建、扩建项目不执行“三废”管理试行办法。为此，市“三废”治理办公室建议，将“三废”治理措施纳入基建计划，在选择厂址、审查设计时严格把关，没有完成治理措施的项目，一律不准投产；建议有关部门成立项目审查验收小组，负责新建、扩建项目的设计审查和工程验收；规划部门在划拨用地、审查技术设计和签发施工执照时，须经市“三废”管理部门同意。1973 年 9 月 26 日，市环保局以《关于北京光源照明研究所“三废”处理问题的批复》对市一轻局光源照明研究所筹建处所报“三废”处理方案进行审查批复。

1974 年，根据国务院批转的《关于保护和改善环境的若干规定》，北京市颁布了《关于新建工业企业“三废”管理暂行规定》，要求合理工业布局，在选择厂址时要十分重视环境保护，水源上游、风景游览区、疗养区等重点保护区，不准建设有害环境的工厂；明确规定建设项目“三废”治理设施要与主体工程同时设计、同时施工、同时投产（以下简称“三同时”）；明确提出新建、扩建、改建项目的“三废”治理方案，未经同级环保部门同意，有关部门不予审批，规划部门不予拨地，不签发施工执照；在审批计划任务书时，应有环保部门参加；各级环境保护部门要切实做好新建、改建、扩建单位“三同时”审查验收工作等。

1975 年，市环保办公室发出《关于加强“三废”管理贯彻执行“三同时”的通知》，规定正在施工的新建、扩建、改建、翻建的工业、科研生产性项目及取暖锅炉房，必须有“三废”治理设施，并经环保部门同意后，纳入施工计划，否则主体工程不能投产；凡增加建筑面积或安装较大设备的工业项目及锅炉房，一律要执行“三同时”，由环保部门审查后，才能办理施工手续。自此，建设项目的环境管理向前移至项目立项、选址，向后推至项目的竣工验收，特别提出要加强工业项目的“三同时”管理，以控制新污染。

1981 年，市计委、市建委、市经委和市环保局联合转发了国家计委、国家建委、国家经委和国务院环境保护领导小组《关于基建项目、技措项目要严格执行“三同时”的通知》，明确三环路以内地区，不得再新建和扩建工厂；严格执行环境影响报告制度；决定每年检查两次，并形成制度。同年 5 月，市政府转发了国家计委、国家建委、国家经委和国务院环境保护领导小组颁布的《基本建设项目环境保护管理办法》，使建设项目“三同时”管理进一步向纵深发展。市环保局针对小型企业及街道、社队企业执行“三同时”较差的情况，会同社队企业局加强社队企业的审查，要求对密云水库上游和周围地区的建设项目严格把关。密云县新城子公社遥桥峪大队拟在密云水库上游兴建皮革厂，每年将排出各种有害物质和化工废料 70 t，经安达木河流入密云水库。为确保密云水库水质清洁，县政府采纳了环保部门的意见，令该厂下马。1984 年市政府颁布的防治大气污染和噪声管理办法，都强调新建、改建、扩建项目必须严格执行“三同时”。至 1985 年，新建、改建、扩建项目的环境管理成为厂址选择、方案拟定、设计审查、施工安排和竣工验收的一项重要内容，执行“三同时”的建设项目也由工业扩大到非工业，并在管理实践中逐步完善。

1988 年 2 月，市计委、市经委和市环保局联合发布了《北京市实施〈建设项目环境保护管理办法〉细则》，使建设项目环境管理进一步完善。根据建设项目环境保护管理办法和实施细则，市环保局加强建设项目管理，先后对违反“三同时”的北京橡胶五金厂、富航眼镜有限公司、国营五四一厂、顶好制油有限公司、北京电池厂等单位依法处罚，对责任人进行处理，并要求补办“三同时”手续。由于严格管理，使“三同时”执行比例逐年提高，每年竣工验收的大中型项目，均同时建设了污染治理设施，有效地控制了排污量的增加。北京油漆厂、北京建材制品总厂、北京制药五厂、北京制药四厂等，通过技术改造项目建设二级生化处理装置，使原排放的高浓度有机废水得到处理。北京染料厂在扩建分散染料车间的同时，投资 800 多万元，扩建污水处理场，使全厂污水由一级处理提高到二级处理。北京焦化厂在二号焦炉移地大修的同时，投资 700 多万元扩建污水处理场，使污水生化曝气时间由 4 小时提高到 24 小时，提高了处理效果。北京燕化公司在扩建苯酚丙酮项目时，投资 4 000 多万元扩建污水处理场，使污水处理能力提高一倍；同时，投资 800 多万元建设工业废渣填埋场，解决了全公司的有害固体废物处置问题。

1993 年 8 月，市环保局召开“开发区污水处理场建设情况检查汇报会”。会议传达了全市环境保护执法检查会议精神和市领导关于开发区污水处理场建设问题的指示，总结了区域开发建设中环境管理的情况，强调各开发区污水处理场的建设要做到“三同时” 和“六同步”（即同步规划、同步设计、同步征地、同步筹资、同步建设、同步投入使用）。

为加强建设工程竣工验收备案管理，做好建设工程环保验收相关工作，2007 年，北京市建设委员会、北京市环境保护局联合发出《关于加强建设工程竣工验收备案有关环保验收工作的通知》，要求建设单位按照有关规定，在建设项目竣工后，进行建设项目竣工环境保护验收工作。

二、执行与实施效果

1976 年，根据国务院环境保护领导小组关于检查“三同时”执行情况的通知精神，市环保办公室下发了当年计划投产的大中型项目名单，要求各单位进行自查。1977 年，按照国务院环境保护领导小组《关于检查 1977 年计划建成的基本建设大中型项目执行“三同时”情况的通知》要求，市环保办公室会同各有关部门，对正在施工的部分基建、技术改造和计划投产的大中型项目进行检查，共检查了 10 个工业局和部分中央在京单位在施工程248项，其中存在环境污染问题的138项，占55.6%，执行“三同时”的占 36%。国环办要求检查的 18 个大中型项目中，除一项没有污染问题外，执行“三同时”的仅 5 项，占 27.8%。市环保办公室就首钢公司焦化厂新建 4 号焦炉没有执行“三同时”情况，向市革委会报告，建议如不能在国庆节前完成治理工程，4 号焦炉应停产，以保护地下水水源和人体健康。自此，建设项目环境管理引起了各部门的重视，市、区环保部门加强了管理，各部门、各单位提高了认识，执行“三同时”情况逐年好转。至 1980 年，环保部门每年都组织对全市当年竣工的大中型项目执行“三同时”情况进行检查，“三同时”执行率由 1977 年的 36.2%提高到 53.1%，其中大中型项目由 27.8%提高到 83.3%。

1990 年市、区、县环境保护局依法加强了“三同时”管理，1990 年，经市环境保护局审批的新建、扩建、改建项目共 110 个，其中大、中型项目 100%执行了“三同时”。各区、县环境保护局与计委，规划委、工商等部门互相配合，提高了“三同时”审批率。1990 年与 1981 年相比，“三同时”执行率由 61.9%上升到 89.9%，其中，大中型项目由 66.7%上升到 100%，重点建设项目“三同时”执行率也由 1981—1985 年的 85.4%提高到 1986—1990 年的 94.5%，提高了 9.1 个百分点。

1991—1995 年，市环保局共审批项目 2 357 个，检查重点竣工验收项目 689 个，执行“三同时”项目 670 个，“三同时”执行率达到 97.2%

1991 年，市环保局与 18 个区、县环保局组成的联合验收组对全市烟尘控制区进行检查和验收。结果表明，已建成的烟控制区内，燃烧设备达标率及运行管理水平均达到验收标准，基本符合烟尘控制达标城市的要求。市环保局与有关区、县共同配合，查处污染空气行为，与有关部门配合对 40 家电镀厂点和 17 家新建项目的“三同时”情况进行检查。

1993 年，《北京市实施〈建设项目环境保护管理办法〉细则》被市政府列为当年执法检查的重点。市环保局组织开展全市范围建设项目环保执法大检查，重点检查各种类型的区域开发项目、外商投资项目、区县属建设项目以及未经环保验收擅自投产造成污染的建设项目。

1997 年，全市开展了“三同时”专项检查，共检查 1996 年竣工投产项目 646 个。市环保局对顺义空港工业开发区等 6 个开发区和 18 个区县的 50 多个项目进行了重点抽查，对工艺落后、选址不合理、污染扰民的 7 个项目实行了环保一票否决权。

2000 年，继续严格执行建设项目环境管理办法，“三同时”合格率达到 100%。列入市政府为群众拟办的 60 件实事之一的 50 项工业污染源限期治理项目全部完成，其中 27 项实现“改并迁停”。

2001 年，严格执行建设项目环境管理办法，“三同时”合格率继续保持 100%。污染防治设施运行率达到 99.8%。

按照国家环保总局《关于认真做好环保专项整治行动第一阶段专项检查工作的通知》精神，2004 年完成了地铁复八线项目验收。

圆明园东区湖底防渗工程曾使全社会关注，圆明园管理处在 2005 年按照总局批复要求完成了防渗工程的整改，2006 年，根据国家环保总局对环评报告书的批复，由市局负责验收工作。由市环保监测中心对防渗整改工程进行验收，通过现场调查，对施工和监理报告核查，并进行了地面水、地下水水质监测，完成了验收监测报告的编写。

对于已经批准的建设项目日常监管一直是环境管理上的薄弱环节，为改变过去“重审批，轻管理”的现象，2006 年，市环保部门先后组织了三次审批项目“三同时”执行情况执法检查，结合环境执法巡查，加强项目全过程的监管力度。例如，针对燕化公司 1 000 万 t/a 炼油系统改造及第三轮乙烯改扩建工程的建设，在建设的全过程按照环评报告书及总局批准文件的要求实施环境监理，及时掌握项目建设进度和环保措施落实情况，确保了环保各项措施到位，更好地落实了环评批复提出的要求。

2007 年为加强奥运场馆项目的环境管理，要求在申请工程质量检查前必须向环保部门提交验收申请报告，市环保局本着对奥运工程高标准、严要求的负责态度，对 31 个涉奥项目建设全过程进行监管，全面监督各项环保措施、新技术以及内装修材料实施情况，保障全部奥运场馆项目实现各项环保和“绿色奥运”要求。

2008 年按照我市加强污染物总量控制，严格燃煤项目审批的有关要求，组织“局长专题审批会”。就新建怀柔、延庆、顺义 3 个燃煤供热厂和顺义燃煤供热场的验收提交会议研究决定。郑常庄燃机联合循环热电工程和太阳宫燃气热电工程是奥运会能源保障项目，市局按照审批要求严格监控项目污染防治设施同步建设，指导建设单位试运行和验收。

2009 年 12 月—2010 年 1 月，市环保局开展工程建设领域突出问题建设项目专项执法检查，共检查 263 个建设项目，发现 158 个已开工的建设项目配套环保治理设施建设进度与建设项目的施工进度不一致。个别建设单位在施工过程中现场管理不到位。

三、全过程监管探索

2010 年，市环保局发布《北京市环境保护局关于加强重点建设项目环境保护全程监管的意见（试行）》，对工业、轨道交通等环境影响较大的部分重大建设项目开展“三同时”全程监管试点，主要对建设项目在设计阶段、施工阶段和竣工验收阶段是否落实环评批复及环保措施进行监督，监管结果将作为建设项目环保验收的重要依据。初期选定环境保护部审批的京东方 8.5 代线项目、轨道交通等 6 个项目和北京市环保局审批的 2 个项目作为全程监管工作的试点，督促建设单位提交季度汇报材料，对项目进行现场检查，并对监管过程中发现的问题及时同建设单位沟通，提出整改要求，跟踪整改要求落实情况。如京东方 8.5 代线项目在 2011 年 6 月初提出试生产申请时，开发区承诺的外部条件尚未全部落实，不具备试运行条件。市局督促开发区管委会加快污染减排工程的实施，通过组织现场检查，分析其环保设施可满足项目初期产能污染物达标排放，反复向市政府相关部门及开发区管委会强调项目外围水环境改善工作重要性，督促开发区落实后续水污染物减排工程所需资金、具体方案及完成时间节点，促成了污水厂升级改造项目的开工。并多次协调环保部华北督察中心，最终取得其同意，京东方 8.5 代线重大项目分阶段开展试生产。

对京沪高速铁路北京段项目，北京市环保局在项目建设及试运行期间注意收集沿线各区信访情况，参加京津冀三省的联合检查，监督建设单位承诺的环保措施落实并根据近年沿线建设情况增建了声屏障。地铁 6 号线一期工程（五路居—草房段）、地铁 8 号线二期北段南程（北土城站—鼓楼大街站）、地铁 9 号线北段（北京西站—国家图书馆站）、地铁 10 号线二期 4 条地铁项目预计 2012 年底建成通车，为确保环保措施与建设项目主体工程同步建成投用，从源头减少扰民投诉，市环保局采取现场检查与书面审查相结合的方式，首先认真听取验收单位做的第三方汇报，针对工程的重点难点，市局组织东城、西城、朝阳、海淀、丰台区环保局，共同对上述地铁项目环保措施落实情况进行现场检查。

通过先行筛选轨道交通、重点工业项目等环境影响重大项目试点全过程监管，不断规范和细化全过程监管要求，有效督促了建设单位及时落实“三同时”要求，摸索累积了管理经验，为我市全面开展全过程环保监管工作打下了良好基础。

第四节　排污申报登记和排污费征收

一、排污申报登记

排污申报登记制度经历了两个阶段：初期，与总量控制、排污许可证试点一并实行；总量控制和排污许可证试点以后，由于排污收费制度的发展，排污申报登记制度又和排污收费制度一并实施，排污申报登记和排污收费逐步实现电子化管理。

为了掌握北京市工业“三废”排放情况，有针对性地进行治理，1972 年首次进行了工业“三废”排放基本情况普查。通过 20 世纪 70 年代的多次调查，基本掌握了重点污染物的排放和治理情况。

1984年5月，国家颁布的《中华人民共和国水污染防治法》及其《实施细则》规定：直接或者间接向水体排放污染物的企事业单位，应当按照国务院环境保护部门的规定，向所在地的环境保护部门申报登记拥有的污染物排放设施、处理设施和在正常作业条件下排放污染物的种类、数量和浓度，并提供防治水污染方面的有关技术资料。

1985年，北京市颁布的《北京市实施〈中华人民共和国水污染防治法〉条例》中，也规定了申报登记的内容，同时，根据国家环保局的部署，开展了大规模的全市工业污染源调查。

1986年3月，市环保局发布“关于执行《北京市实施〈中华人民共和国水污染防治法〉条例》若干问题的说明”，指出：正在进行的污染源调查内容，已包括了申报登记的要求，可将调查登记上报材料，作为申报登记材料。从此，排污申报登记这项法律确定管理制度在北京市开始实施。

1991年，全市对174个工业企业实行了申报登记试点。

1992年，《排放污染物申报登记管理规定》（国家环保局令第10号）第二条规定：凡在中华人民共和国领域内及中华人民共和国管辖的其他海域内直接或者间接向环境排放污染物、工业和建筑施工噪声或者产生固体废物的企业事业单位（以下简称“排污单位”），按本规定进行申报登记，法律、法规另有规定的，依照法律、法规的规定执行。放射性废物、生活垃圾的申报登记不适用本规定。第五条规定：排污单位必须如实填写《排污申报登记表》，经其行业主管部门审核后向所在地环境保护行政主管部门登记注册，领取《排污申报登记注册证》。排放污染物的个体工商户的排污申报登记，由县级以上地方环境保护行政主管部门规定。装机容量30万kW以上的电力企业排放二氧化硫的数量，由省、自治区、直辖市人民政府环境保护行政主管部门核定。

1997年，北京市将总量控制的重点放在排污大户上。对占全市污染负荷80%的226家企业进行申报登记，核定污染物排放量。

2004年，市环保局组织定制了“北京市排污费征收管理系统”软件，在全市范围内推广使用，各区县环保局已实现运用软件完成排污申报登记、审核、核定、排污费计算、开具通知书（单）、上报报表等工作。

在新的标准与制度下，努力扩大征收范围，截至年底，全市共申报 7 700 余家，已有 5 000 多家录入计算机，涉及工业企业、污水处理厂、固废处理厂、畜禽养殖场、部分施工工地和“三产”企业。简化工作程序，在北京市环境保护局网站设立专栏，提供各类申报登记报表下载。

2005 年，北京市以“底数清、情况明、数据准”为目标采取多项措施推进排污申报登记工作，基本上真实、准确地说清了主要污染源的排放数据。扩大了申报范围，编制了全市及各区县 2004 年排污申报登记数据册和《市级重点污染源排污状况报告书》。加强了信息化管理，基本建成了全市污染源数据库。改进申报登记表格，制定了《排放污染物申报登记统计表（试行）》等七套北京市试行排污申报登记表。

2006 年，全市共申报了近 9 000 多家单位，核定了 2 000 多家单位的申报数据。完成了《北京市排污申报排污费征收管理系统 V4.0》的开发工作，初步实现了电子申报、数据的无线传输和在线监测数据的导入等功能。实现全市数据库统一管理。各区县环保局可通过北京市政务外网环保纵向网络运行《北京市排污申报排污费征收管理系统》软件，进行区域内排污申报及排污费征收工作。

2007 年，全市的申报审核户数为 14 816 户，申报类型包括：一般排污单位、小型三产、污水处理厂、固体废物处理厂等。

2013 年，《北京市环境保护局关于 2013 年污染源动态活动水平调查新增与更新工作的补充通知》（京环发[2013]115 号），要求全市使用全程信息化系统进行申报登记工作。

二、排污费的征收

（一）单因子超标收费

2003 年以前，北京市按照国务院 1982 年发布的《征收排污费暂行办法》，征收排污费。实行“一级收费，两级管理”，由区县负责征收排污费，该阶段实行单因子超标收费。

1981—1990 年，全市缴纳排污费的单位由 893 个增加到 3 276 个，年收费额由 693.8 万元提高到 3 380 万元，10 年共征收超标排污费 2.37 亿元，其中罚款性质收费 2 045.9 万元。在全市征收的排污费中，中央、市属单位 2.16 亿元，占 91.2%；区县属以下单位 2 075.3 万元，占 8.8%，见表 5-3。

表 5-3 1981—1990 年北京市征收超标排污费情况 单位：万元

年份	纳排污费单位/个	征收超标排污费		其中：中央、市属		区县属	
		收费总额	其中：罚款	数额	比例/%	数额	比例/%
1981	893	693.8	—	693.8	100	—	0
1982	694	1 098.9	2	1 070.9	97.5	28.0	2.6
1983	386	1 065.4	3.6	977.3	91.7	88.1	8.3
1984	1212	1 703.9	43.6	1 483.1	87.0	220.8	13.0
1985	2136	1 744.0	110.7	1 528.6	87.6	215.4	12.4
1986	2337	2 740	300	2 487	90.8	253	9.2
1987	2528	3 579	302	3 308	92.4	271	7.6
1988	2607	4 115	320	3 801	92.4	314	7.6
1989	4034	3 582	488	3 244	90.6	338	9.4
1990	3276	3 380	476	3 033	89.7	347	10.3
合计	—	23 702	2 045.9	21 626.7	91.2	2 075.3	8.8

1993 年根据水污染防治法开始实行征收污水排污费。1998 年根据酸雨控制区和二氧化硫控制区划分方案，做好征收二氧化硫排污费的工作。北京市制定实施独立于国家的高硫煤和低硫煤二氧化硫收费标准，即高硫煤每公斤二氧化硫排污费为 1.2 元标准，低硫煤二氧化硫排污费标准为每一污染当量 0.6 元标准。

2000 年，大唐高井发电厂以国家环保总局等四部委发布的《关于在二氧化硫控制区、酸雨控制区征收二氧化硫排污费的通知》，不符合《中华人民共和国大气污染防治法》中关于征收超标排污费的规定为由，拒缴二氧化硫排污费，并就石景山区环保局"有关限期缴纳二氧化硫排污费"的催缴通知向法庭提请诉讼。受其影响，北京市其他电厂也不缴二氧化硫排污费，关注这场官司的发展。为此，市环保局多次向市政府报告进展情况，并请国家有关部门协调。在市政府、法院等有关部门的协调下，大唐高井发电厂于 2001 年 12 月，补缴了拖欠近两年的二氧化硫排污费 3 800 多万元。

2001 年，市环保局编制了排污收费统计软件，规范排污收费票据管理，建立区县环保局票据管理档案。

2002 年，市环保局下发了《关于加强二氧化硫收费工作的通知》，要求区县环保局配合落实大气治理措施，做好二氧化硫排污费征收工作。同时，整理汇编了有关排污收费工作的法规、文件和标准，制成电子版上网，组织各区县环保局开展排污收费上网公开工作。

（二）多因子排污收费

2003 年，根据国务院颁布实施的《排污费征收使用管理条例》（国务院第 369 号令）及其配套文件。国家实行排污收费制度，无论是否超标。

北京市制定了《北京市物价局、北京市环保局关于转发〈排污费征收标准管理办法〉的通知》（京价（收）字[2003]313 号）、《北京市财政局 北京市物价局 北京市环保局关于转发〈财政部 国家发展改革委 国家环保总局关于减免及缓缴排污费等有关问题的通知〉》（京财综[2003]1346 号）等文件。我市的排污费征收工作严格按照相关规定开展。

该办法以实行排放污染物总量和收支两条线管理为核心，正式确立了市场经济条件下的排污收费制度，明确了排污费的征收主体、征收范围、征收标准和程序，进一步规范了排污费的征收、使用和管理。其中，污水排污费按照排放污染物的种类、数量换算成污染当量征收排污费，征收标准为每一污染当量 0.7 元。废气排污费按照排放污染物的种类、数量换算成污染当量征收排污费，征收标准为每一污染当量 0.6 元。环境噪声按照超标的分贝数征收超标排污费。无专用贮存或处置设施和专用贮存或处置设施达不到环境保护标准（即无防渗漏、防扬散、防流失设施）排放的工业固体废物，一次性征收固体废物排污费。征收标准按每吨固体废物为：冶炼渣 25 元、粉煤灰 30 元、炉渣 25 元、煤矸石 5 元、尾矿 15 元、其他渣（含半固态、液态废物）25 元。不符合国家有关规定的填埋方式处置危险废物，按每次每吨 1000 元征收排污费。北京市环境科学研究院编制了《北京市排污收费水污染物核定项目表》（试行），指导区县环保局水污染物核定工作。同时，试用国家环保局编制的排污费征收管理系统软件，并增加相关内容，以适应北京市具体情况，提高排污收费的自动化管理水平。

2004 年，根据国家计委、财政部、国家环保总局和国家经贸委等四部委联合发布的第 31 号令《排污费征收标准管理办法》，开始征收氮氧化物排污费的规定。市环保局发文，明确了氮氧化物的征收范围、征收对象及核定方法等。

2006—2007 年，由于四大电厂高效脱硫除尘设施相继投产，城区燃煤锅炉清洁能源改造全部完成，排污单位环保设施的正常运转率和排放达标率逐年上升，污染物排放量明显下降，北京市征收的排污费大幅度下降。

2008 年 7 月 1 日，北京市锅炉大气污染物排放第Ⅱ时段排放标准实施，对污染物排放浓度要求更加严格，污染企业为按期限要求实现达标排放，均加快环保设施改造。奥运期间，北京停止土石方混凝土浇筑等重污染作业；京丰电厂燃煤机组、第二热电厂重油机组、化工二厂、有机化工厂等一批污染企业全面关停；东方化工厂、27 家水泥生产企业、近 140 个混凝土搅拌站和首钢、燕山石化、18 家冶金和建材等重点污染企业暂停、限产；高井、国华、华能、京能四大燃煤电厂在达标排放基础上再减排 30%。这些奥运保障措施的落实，促使污染物排放量锐减，为奥运环境质量的改善提供了保障。2008 年 6 月 1 日实施的新的《中华人民共和国水污染防治法》，导致污水类排污费一定程度的降低。根据其第 24 条规定，污染源单位“应当按照排放水污染物的种类、数量和排污费征收标准缴纳排污费”，不再执行 1996 年《水污染防治法》第 15 条关于既缴纳排污费，又同时缴纳超标准排污费的规定。2008 年与 2007 年相比，征收的排污费减少 3 900 余万元，其中废气排污费下降逾 3 500 万元，废水排污费下降约 200 万元。

2009 年，为巩固奥运成果，全力保障建国 60 周年大庆空气质量达标，北京市进一步加大工作力度控制大气污染。加快燃煤锅炉清洁能源改造，提高废气排放企业环保设施的正常投运率和污染物达标排放率，加之由于金融危机的影响，一些企业停产减产，导致排污费征收继续下降。

2010 年，市环保局积极拓宽收费面，增加了水泥厂氮氧化物排污费、砖瓦厂排污费、汽车修理业有机废气排污费 3 个收费项目，征收的排污费有所增加。

2012 年，环境保护部下发《关于推行排污费征收全程信息化管理的通知》（环办[2012]151 号），第五条规定：2013 年 6 月 30 日前为排污费征收全程信息化管理工作准备和软件部署调试阶段，已经使用新版排污费征收管理系统软件的单位应继续完善相关工作；2013 年 7 月 1 日至 9

月 30 日为排污费征收全程信息化管理软件试运行阶段，试运行期间新、旧版排污费征收管理系统软件并行运行。

2014 年，北京市全部实现排污费征收全程信息化管理。

2014 年 1 月 1 日起，北京市大幅提高了二氧化硫等四项主要污染物收费标准，并实施阶梯式差别化排污收费政策。二氧化硫、氮氧化物、化学需氧量、氨氮分别由原来的 0.63 元/kg、0.63 元/kg、0.7 元/kg、0.875 元/kg，提高到 10 元/kg、10 元/kg、10 元/kg、12 元/kg。调整后的标准为原标准的 14～15 倍，为全国最高标准水平。

2015 年，北京市开始实施施工扬尘排污收费和挥发性有机物排污收费政策。挥发性有机物排污费主要对石油化工、汽车制造、电子、印刷、家具制造 5 个行业进行征收。这两项收费政策的实施进一步拓宽了收费面，2015 年北京市的排污收费金额继续增加，2015 年全市排污费开单金额达到了 36 665 万元。

1991—2015 年市环保局征收排污费情况，见表 5-4。

表 5-4　1991—2010 年排污收费统计表

年份	污水排污费	废气排污费	固体废物排污费	噪声超标排污费	合计/万元
1991	2 377	880	36	55	3 999
1992	2 305	1 129	37	71	4 285
1993	2 306	1 301	57	85	4 708
1994	2 743	1 388	98	104	5 516
1995	4 208	1 429	96	199	7 926
1996	4 546	1 595	129	209	8 985
1997	4 630	1 320	114	371	9 576
1998	4 023	1 023	95	426	11 209
1999	3 416	1 021	72	305	12 383
2000	3 112	845	69	337	10 008
2001	2 407	684	58	300	15 256
2002	2 207	686	68	412	19 236
2003	1 924	816.9	38.6	76	11 718.9
2004	829.6	2 788.3	163.6	86.8	13 908.4

年份	污水 排污费	废气 排污费	固体废物 排污费	噪声超标 排污费	合计/万元
2005	651.7	4 425.2	149.2	80.5	16 822.9
2006	557.96	11 337	143	40.95	12 085.5
2007	534.64	7 379.11	123.56	38.77	8 076.07
2008	334.76	3 724.2	83.69	41.84	4 184.49
2009	300	2 669.96	0	30	2 999.96
2010	310.47	2 778.72	0	15.52	3 104.72
2011	310.69	2 911.48	0	17.51	3 240.36
2012	306.47	3 043.84	0	19.87	3 373.88
2013	246.61	3 026.01	0	23.13	3 295.76
2014	1 766.09	25 796.87	0	91.81	27 844.01
2015	1 438.56	15 674.85	0.027	2.8	36 665.32

注：2011—2015 年数据为历年排污收费年报中的开单金额。

三、排污费征收制度

（一）收费项目

污水排污费、废气排污费、固体废物及危险废物排污费、噪声超标排污费。

（二）征收程序

2003 年起，北京市按照环保部下发的《关于排污费征收核定有关工作的通知》（环发[2003]64 号）开展排污费征收工作，征收程序如下：

1．申报登记

排污者于每年 12 月 15 日前，填报排污申报登记表，申报下一年度正常作业条件下排放污染物种类、数量、浓度等情况，并提供与污染物排放有关的资料。新建、扩建、改建项目，在项目试生产前 3 个月内办理排污申报手续。在城市市区范围内，建筑施工过程中使用机械设备，可能产生环境噪声污染的，施工单位在工程开工 15 日前办理排污申报手续。排放污染物需作重大改变或者发生紧急重大改变的，排污者分别在变更前 15 日内或改变后 3 日内履行变更申报手续，填报《排污变更申报登记表（试行）》。于每年 1 月 1—15 日内填写完毕及时交回环境监察机构，完成年度排污申报登记工作。

2．审核

负责征收排污费的环境监察机构于每年 2 月 10 日前对排污者申报的《排放污染物申报登记统计表（试行）》等进行审核。对符合要求的，环境监察机构向排污者发回经审核同意的《排放污染物申报登记统计表（试行）》等，对不符合要求、错报、漏报的，要责成其限期重报或补报。

3．核定

核定权限。四大燃煤电厂排污费由市环保局监察队负责核定征收，其余的按属地管理原则由区（县）环保局负责核定征收。

核定顺序。我市各级环境监察机构依据《排污费征收使用管理条例》，按照下列规定顺序对排污者排放污染物的种类、数量进行核定：污染源自动监控数据、监督性监测数据、物料衡算数据。

4．核定通知书的送达

各级环境监察机构在每月或者每季终了后 10 日内，依据经审核的《全国排放污染物申报登记报表（试行）》《排污变更申报登记表（试行）》，并结合当月或者当季的实际排污情况，核定排污者排放污染物的种类、数量，并向排污者送达《排污核定通知书（试行）》。

核定异议的处理。排污者对核定结果有异议的，自接到《排污核定通知书（试行）》之日起 7 日内，可以向发出通知的环境监察机构申请复核；环境监察机构应当自接到复核申请之日起 10 日内，作出复核决定。

5．排污费的核定

各级环境监察机构按月或按季根据排污费征收标准和经核定的排污者排放污染物种类、数量，确定排污者应当缴纳的排污费数额。

6．排污费缴纳通知单的送达

排污费数额确定后，由环境监察机构向排污者送达《排污费缴纳通知单（试行）》。

7．排污费的缴纳

排污者应当自接到《排污费缴纳通知单（试行）》之日起 7 日内，到指定的商业银行缴纳排污费。逾期未缴纳的，负责征收排污费的环境监察机构从逾期未缴纳之日起 7 日内向排污者下达《排污费限期缴纳通知书（试行）》。

2014 年，环境保护部下发了《关于排污申报与排污费征收有关问题的通知》（环办[2014]80 号），自 2015 年 1 月 1 日起，对排污费征收程序进行了调整。调整内容主要包括变更申报方式，调整申报内容，取消年度预申报，改为根据实际排污状况动态申报；将原有《排污核定通知书》和《排污费缴纳通知单》合并为《排污核定与排污费缴纳决定书》，工作流程简化为申报、审核、核定（计算）、送达、缴费、对账等 6 个步骤；同时对收费流程各环节的工作时限进行了调整。调整后的征收程序如下。

1．申报登记

排污单位投入生产、经营（含试生产、试营业）后，按月或季度污染物实际排放情况填写相关《排放污染物动态申报表（试行）》，并根据要求在每月或每季结束后 7 日（以下均为工作日）内向负责其排污费征收管理的环境监察机构进行申报，同时提供与污染物排放有关的资料。

2．核定和送达

环境监察机构应当在收到排污单位《排放污染物动态申报表（试行）》后 20 日内，结合掌握的情况，对排污单位排放污染物的种类、数量进行审核，并根据排污费征收标准确定排污单位该时段应当缴纳的排污费数额，向排污单位送达《排污核定与排污费缴纳决定书》，同时向社会公告。

排污单位对核定缴纳结果有异议的，自收到《排污核定与排污费缴纳决定书》之日起 7 日内，可以向发出决定的环境监察机构书面申请复核；环境监察机构应当自收到复核申请之日起 10 日内，作出复核决定。

3．排污费的缴纳

排污单位应当自收到《排污核定与排污费缴纳决定书》之日起 7 日内，到指定的商业银行缴纳排污费。

排污单位逾期未缴纳的，负责其排污费征收管理的环境监察机构从逾期未缴纳之日起 15 日内向排污单位下达《排污费限期缴纳决定书》，并从滞纳之日起每日加收 2‰的滞纳金。

（三）排污费征收稽查

国家环保总局于 2007 年公布《排污费征收工作稽查办法》（国家环

境保护总局令第 42 号)，我局按照该办法要求，每年结合环境监察工作重点，对全市排污费征收工作进行稽查，并依据稽查结果，不断规范收费工作。近年来，环保部环境监察局每年确定一个主题组织专项稽查。我局按照部里要求，并结合北京市的实际特点开展该项工作，进一步促进了火电行业、水泥行业等重点行业排污费征收工作的规范化开展。

第五节　限期治理

限期治理制度是对老污染源实行的一项管理制度。即有管辖权的人民政府对污染严重的项目、企业和区域，依法责令其在一定期限内完成治理任务。限期治理是环保工作起步阶段的一种行政措施，当时工业污染源环保措施不能满足排放标准要求，同时环评制度尚未起步或刚起步。当发布新的排放标准时，有一个过渡期要求现有污染源达到排放标准，逾期则应当被限期治理。1979 年颁布的《环境保护法（试行)》，第一次从法律上确定了限期治理制度，对限期治理的对象、范围、内容和罚则等作出原则性规定，并为大气、水、环境噪声等法律所采用。北京市限期治理制度的执行大体经过三个阶段。限期治理制度是适应环保起步阶段经济社会发展水平和环保实际工作需要、给企业发展留有余地的一种有效管理方法，随着环境影响评价制度、排污许可制度等源头管理制度的建立和各项标准的出台和完善，北京市限期治理项目在 2000 年以后逐渐减少。2015 年新修订的《环境保护法》对限期治理制度未作出具体规定，同时规定对超标、超总量的企业实施更严格措施，环保部门可以采取限制生产、停产整治等措施，情节严重的，报经政府停业关闭，从根本上解决了企业利用限期治理期限违法排污、逃避法律责任的问题。

一、20 世纪 90 年代前限期治理

1972—1990 年，通过限期治理，全市关、停、并、转、迁污染扰民工厂或车间 324 个，其中搬迁 136 个；撤销电镀、热处理、铸锻厂点 733 家，城区原有的电镀、铸造、锻造厂点全部撤销，彻底解决了污染扰民问题。

1972 年，北京将位于居民稠密区、群众反映强烈的和平里化工厂、

北京铅丝厂等 11 个工厂含酸、含苯废气治理，作为限期治理重点项目。1973 年，以治理酚、氰为重点，对永定河官厅山峡、莲花河、长河和妫水河等 4 个河系范围内的重大污染源要求限期治理。1974 年，全市开展消烟除尘大会战，对第一批 200 个重点单位提出消烟除尘的要求。

1975 年，河系的限期治理范围扩大到莲花河、长河、永定河官厅山峡、妫水河、通惠河、凉水河和坝河等 7 条河系，治理重点也增加到酚、氰、汞、苯、酸、铬、砷、渣等污染项目。

1976 年，全市下达了第二批 100 个单位消烟除尘治理通知。同年，国家计委、国家经委和国务院环境保护领导小组下达国家第一批限期治理计划，对全国冶金、石油、化工、轻工、纺织、建材等 6 个部门、167 个企业、227 个污染严重的项目提出限期治理要求。首钢公司动力厂、北京染料厂、北京化工二厂等 13 个企业的 24 个项目，被列入国家第一批限期治理计划。1978 年 11 月，市革委会批转市环保办公室和市规划局《关于通过工业调整改组解决部分工厂三废污染及噪声扰民问题的报告》，将市机械、仪表、冶金、化工、一轻、二轻、纺织、汽车、交通等 9 个局所属企业的 35 个项目，列入北京市第一批污染扰民厂点调整计划，作为北京市第一批限期治理项目，要求 1978 年内解决 7 项，1979 年解决 26 项，1980 年解决 2 项。

1979 年，市革委会发出《关于批转市计委、经委、建委、市环保办公室〈关于北京市限期治理污染企业的情况报告〉的通知》，将首钢公司、市冶金、化工、纺织、一轻、二轻、机械、仪表、建材、汽车等 10 个局和延庆县共 25 个企业的 41 个项目，列为北京市第二批限期治理项目。

1981 年，市环保局和市经委决定对 16 个系统、北京火柴厂等 86 个企业限期治理，1982 年，对北京提琴厂等 27 个污染源限期治理，并拨款 278 万元予以补助。自此，限期治理工业污染源成为每年环境保护工作的重要任务之一。

自 1984 年，市政府决定每年为群众办环保实事后，限期治理工业污染源成为办环保实事的一项重要内容。年初，市政府下达限期治理计划，对重点工业污染源限期治理，并在市环境保护工作会议上部署；年中会同企业主管部门共同检查进度，协调解决有关问题；年底对未按时完成治理任务的单位，作出停产治理或罚款并限期完成任务的处罚。同时，按照分级管理原则，各区、县也对区县属以下企、事业单位污染源及市属小型项目下达限期治理通知，并组织协调监督检查。

20 世纪 80 年代后期，根据全市环保工作的重点，将限期治理制度扩大到其他污染源。1987 年，北京市饮用水水源保护领导小组对全市地面水及地下水水源保区内的仓库、住宅、厕所、渗坑、猪圈等污染源，下达了为期 3 年的限期治理计划。1989 年，为迎接亚运会，市政府于对 38 个体育场馆和 100 条道路两侧的锅炉、茶炉、大灶等 7 893 个污染源下达限期治理计划，以保证亚运会期间空气清新、水质清洁、环境优美。

1990 年 1 月，国家环保局、国家计委对全国 140 个重点项目下达第二批限期治理计划，其中北京市限期治理项目 10 个。

二、1991—1996 年限期治理—贯彻批复

进入 20 世纪 90 年代，北京市将调整产业结构，发展适合首都特点的经济作为一项重要任务。特别是 1993 年 10 月，国务院对《北京城市总体规划》作出 8 条批复，要求“北京不要再发展重工业，特别是不要再发展那些耗能多、用水多、占地多、运输量大、污染扰民的工业”。根据国务院批复，北京市按照“五少两高”（能耗少、水耗少、物耗少、占地少、污染少和附加值高、技术密集程度高）的原则，调整工业结构和布局，通过实施“退二进三”“退二进四”（即退出第二产业，发展第三产业，退出二环路，迁至四环路以外），解决污染扰民问题。

为了贯彻实施国务院的“批复”精神，市政府责成市环保局会同计划、规划和各主管部门，按照城市总体规划和提高城市环境质量的要求，结合调整经济结构的目标和任务，重新修订污染扰民企业搬迁计划；限期治理、搬迁一批污染严重的工厂、车间；关、停、并、转一批污染扰民严重、经济效益差的企业；加快重点地区环境污染的治理。

1991—1995 年，工业部门投资 12.1 亿元，完成治理项目 2513 项，群众反映强烈的首钢公司第一线材厂、轧辊厂、绝缘材料厂等 73 个污染扰民严重的工厂、车间停产或搬迁，特别是化工二厂电石炉和特钢南区炼钢车间的停产，彻底消除了市区两大污染源，使部分地区的环境得到改善。

1991 年，北京市对污染扰民严重的工业污染源继续实施关、停、并、转、迁和限期治理。限期治理搬迁 50 个重点污染源，完成了 57 个重点工业污染源的限期治理，其中第四羊毛衫厂、无线电三厂等 9 个重点工厂、车间已经停产或搬迁。限期治理搬迁 3 个区属工业企业。一个是丰盛印刷厂的铸字铅烟，彻底解决居民区内的铅污染；另一个是展览路冷冻综合修理厂喷塑工艺搬迁，解决对周围居民的噪声污染；第三个是三里河洗染厂的停产搬迁，这是西城区污染最严重、难度最大、民愤极大的小洗染企业，亚运期间临时停产。

1992 年，凡列入北京市废水、废气重点污染企业，都要制定排放达标和污染物削减规划，分期实施。全市 35 个工厂及石景山区 12 个企业实施水污染物总量控制。再完成 50 个重点工业污染源的治理和搬迁。

1993 年，防治污染取得新进展。全市共发展集中、联片供热面积 789 万 m^2；完成了 65 个重点工业和 54 个乡镇企业污染源治理，其中搬迁污染扰民工厂、车间 15 个。完成了 53 个重点工业污染源的治理和搬迁，其中群众反映强烈的首钢轧辊厂铸钢车间等 8 个工厂和车间已经停产或搬迁，彻底解决了污染扰民问题。

1994 年，完成了 61 个重点工业污染的限期治理和搬迁任务，超过原计划 22%；对排尘大户限期治理的 80 多台锅炉进行了达标验收；群众反映强烈的首钢第一线材厂（西直门）、橡塑一厂（南线阁）和绝缘材料厂（南菜园）等 16 个工厂、车间已停产或搬迁，彻底解决了这些地区工厂的污染扰民问题；完成了南护城河 4.16 km 的污水截流和通惠河 4 km 河段的综合整治；日处理 50 万 t 水的高碑店污水处理厂一期工程投入运行，大大提高了市区污水处理能力。

1995 年，72 个重点污染源得到治理，超额完成了市政府下达的限期治理计划，其中 22 个污染扰民严重的工厂、车间停产或搬迁，特别是特钢南区炼钢车间和化工二厂电石炉的停产，彻底消除了市区两大污染源。

1996 年，在防治工业和噪声污染方面，完成了 56 个重点工业污染源的限期治理和搬迁，其中五建构件厂、日用搪瓷厂等 17 个污染扰民严重的工厂、车间已停产或搬迁。

三、1997—2000 年的限期治理—贯彻决定

1996 年 8 月 3 日《国务院关于环境保护若干问题的决定》(国发[1996]31 号)(以下简称《决定》)颁布。文件就实行环境质量行政领导负责制、认真解决区域环境问题、坚决控制新污染、加快治理老污染、禁止转嫁废物污染、维护生态平衡，保护和合理开发自然资源、切实增加环境保护投入、严格环保执法，强化环境监督管理等问题作出了具体规定。《决定》明确要求：到 2000 年，所有工业污染源要达标排放。为此，市政府作出《关于进一步加强环境保护工作的决定》，加大限期治理力度。在大量调查研究的基础上，编制了《1997—2000 年工业污染源达标排放限期治理项目计划》，对不达标的 570 个中央、市属企业和 558 个区、县属及乡镇企业下达了限期治理通知，要求企业通过调整产业结构和布局，淘汰落后工艺和设备，转变经济增长方式，推行清洁生产，实现达标排放；污染严重、效益差的企业逐步搬迁或关停。

1998 年，市政府组织编制《北京市环境污染防治目标和对策(1998—2002)》，确定以四环路以内企业搬迁为重点，加速工业结构和布局的调整，有计划、有步骤地淘汰能耗高、物耗高、污染重、技术含量低、缺乏市场竞争力的企业和产品。制定实施了《北京市工业布局调整规划》和《北京市工业污染扰民企业搬迁实施办法》，对四环路内部分工业企业实施分阶段搬迁，每年搬迁 20～40 家；东南郊化工企业陆续搬迁，西郊建材企业和郊区中小水泥生产企业调整或停产。要求首钢减少钢产量，所有燃煤电厂安装高效除尘装置，进行低氮燃烧改造，国华一热、京能热电厂、第三热电厂安装脱硫设施，高井电厂确定了“煤改气”改造方案。

1997—1999 年，北京市完成了 1 182 个限期治理项目，80 多个工厂(车间)停产或搬迁。至 2000 年 5 月底，全市 5 000 家污染企业全部实现了达标排放。全市工业企业排放的二氧化硫、烟尘、工业粉尘总量分别比 1996 年削减 3 1%、53%、49%。在此期间：

1997 年，共完成市属限期治理达标项目 223 项，其中群众反映强烈的沥青混凝土厂等 15 个工厂、车间停产或搬迁；各区县完成区县属及乡镇企业限期治理项目 239 个，均超额完成了 40%治理达标任务。

1998 年完成 312 个污染源的治理，其中，北京叉车厂等 18 个污染扰民严重的工厂、车间停产搬迁。全市约有 73.6%的工业污染源完成了限期治理任务，为实现到 2000 年所有工业污染源达标排放奠定了基础。

1999 年，加大工业污染治理力度，全市工业污染企业排放达标率达到 95.5%。完成了 200 多项工业污染源限期治理任务，北京第二印染厂等 20 个工厂、车间停产或搬迁。化工、首钢、建材、燕化等一批工业局、总公司实现了全系统污染企业的达标排放。

进入 21 世纪，北京市较少使用限期治理制度，而是采用进一步加大工业结构布局的调整力度，加快东南郊和石景山地区以及建材、冶金、机械、化工、电力等重点行业的调整搬迁。位于东南郊的北京染料厂、化工实验厂、焦化厂等陆续调整搬迁；2010 年位于石景山区的首钢整体停产；郊区规模小、效益差、工艺落后、污染严重的石灰厂、砖瓦厂、砂石料场等企业关停，2005 年底，全市水泥立窑生产线已全部关停。

表 5-5 1981—2005 年北京市工业污染源限期治理情况

年份	环境保护投资/亿元	污染治理投资/亿元	当年竣工治理项目/个	搬迁重点工厂、车间/个	备 注
1981	2.9	1.1	543	34	
1982	2.48	0.9	364	20	
1983	2.38	0.8	353	21	
1984	2.85	0.6	742	37	
1985	2.67	1.1	618	37	
1986	5.13	1.8	1009	16	
1987	4.33	2.2	961	19	
1988	7.82	2.4	813	14	
1989	7.32	2.0	736	10	
1990	6.41	1.6	750	11	
1991	9.1	1.86	653	12	
1992	15.0	3.27	589	15	
1993	14.44	1.96	515	8	
1994	23.31	2.80	398	16	
1995	18.77	2.23	360	22	

年份	环境保护投资/亿元	污染治理投资/亿元	当年竣工治理项目/个	搬迁重点工厂、车间/个	备　注
1996	25.52	5.12	244	17	
1997	41.06	3.96	285	15	
1998	53.57	3.57	191	18	
1999	100.96	13.76	433	48	
2000	116.3	5.82	321	27	
2001	121.4	4.77	125	29	
2002	134.2	5.35	163	25	
2003	146	6.41	171	64	
2004	141	4.79	116		
2005	179.2				
合　计					

第六节　环境保护目标责任制

环境保护目标责任制是指由地方各级政府和污染较大的单位对环境质量负责的行政管理制度。这项制度确定了一个区域、一个部门乃至一个单位环境保护的主要责任者和责任范围，运用目标化、定量化、制度化的管理方法，把贯彻执行环境保护这一基本国策作为各级领导的行动规范，推动环境保护工作的全面、深入发展。该项制度与城考工作相结合，在城市环境管理中发挥积极作用。

一、实施情况

1989 年颁布的环境保护法，明确各级人民政府要对所辖区域的环境质量负责。同年，国务院召开第三次全国环境保护会议，决定在全国推行环境保护目标责任制，通过目标化、定量化、制度化等管理措施，使保护环境这一基本国策成为各级行政领导的职责，明确各级政府和行政领导对本地区、本部门的环境质量负责。

1989 年，北京市将环境保护目标责任制具体化，市长与 18 个区县长签订了环境保护责任书，市环委会第九次会议通过北京市《区县长环境保护责任书》考核评比办法，对评比原则、考核内容、评分标准及奖励办法做出具体规定。年中，市环委会办公室组织市政府有关部门对各区县政府责任书的完成情况共同进行检查，协调解决存在的问题。年底，市环委会组织环委会委员听取各区县汇报，对目标责任制完成情况进行检查，按照评分标准考核评比，提出环境保护先进区县名单，经市环委会审议通过，在全市环境保护工作会议上颁发市政府“环境保护优胜杯”，进行表彰奖励。

1990 年，副市长、市环委会主任张百发与 56 个市属局局长、总公司经理及中央、部队在京单位环保工作的负责人签订环境保护责任书，责任书中明确各级领导的责任、工作目标和指标、环保实施计划、考核办法等。自此，环境保护工作纳入各级政府、各部门的议事日程。

签订环境保护责任书后，各区县政府和各委、办、局、总公司，各司其职，各负其责，认真组织落实。根据责任书中的工作指标和任务，进一步分解到辖区内的各街、乡、镇和所属基层单位，分别与基层单位负责人签订环保责任书，使环境保护任务落在实处，保证了市政府环境目标的实现。

1993 年，本市将国家考核指标进行分解，相关指标纳入对区县政府的目标管理考核中。同时，对工业局、总公司也开展了环境综合整治目标管理的考核。1993 年 7 月 7 日，市环委会办公室发出《关于开展北京市城市环境综合整治目标管理考核工作的通知》（[93]京环保委办字第 10 号文）。《通知》指出：为在全市深入开展环境综合整治，改善首都环境质量，落实城市环境综合整治定量考核各项任务；改变以往环境保护优胜杯的考核评选办法，决定将城市环境综合整治定量考核有关要求分解到各区、县、局、总公司、中央在京有关单位，实行目标管理、定量考核。

1994 年，针对本市城市环境综合整治定量考核中存在的问题，重新修订考核办法，下达考核指标。市政府与新一届区、县长签定了环境保护责任书，将城市环境综合整治列为重要内容。市公用、水利、环卫、市政、园林、林业等责任单位对承担的指标进行认真研究，积极采取有效措施，提高定量考核水平。工业部门积极推行清洁生产，提高污染控制能力。各区、县普遍调整充实了环委会，加强了对环境综合整治工作的领导；朝阳区人民政府与100多个企业厂长和各街道及乡、镇长签订了环境保护责任书，通州县将定量考核与环境综合整治、双文明单位评比等工作相结合，纳入县、乡镇长的任期目标，推动了环境综合整治工作的开展。

1995年，为进一步提高城市环境综合整治总体水平，修改完善了环境目标管理考评办法，将环境质量指标由考查改为考核，进一步体现了政府对环境质量所负的责任。考核指标下达后，各区、县普遍加强了对环境综合整治工作的领导，进一步落实环境目标责任制。1996年，市政府下发了《关一步加强城市环境综合整治定量考核工作的通知》，对环境综合整治定量考核27项指标重新进行了分工，明确了责任。

1998年对环境综合整治目标管理考核办法进行补充修订，突出了各级政府在城考中的责任，并结合1998年环境保护工作的重点和任务，明确了环境管理工作的考核内容和各区县的工作重点，按照“谁的任务谁完成，谁丢分谁负责”的原则，进一步落实了环境保护目标责任制。

二、考核结果

市政府在“八五”“九五”以及“十五”前期对排在前六名的区县政府和工业局、总公司的城考先进单位进行表彰和奖励，在1999—2003年期间还按照单项工作对区县政府和市有关部门进行表彰奖励。

1995年开展“八五”环境保护先进单位、先进个人和环境综合整治优秀项目的评选活动。对在“八五”期间为首都环境保护作出贡献的中国航天工业总公司第一研究院环境保护处等99个先进单位、中国航天工业总公司金顺荣等290个先进个人和密云水库水源保护等11个环境综合整治优秀项目予以表彰。

1997年4月29日，北京市环境保护工作会议在国际会议中心举行，会议对1996年度环境综合整治目标管理及环境保护工作先进单位进行表彰。1996年度北京市区、县环境综合整治目标管理考核总分排在前五名的是：东城区、延庆县、西城区、海淀区、房山区人民政府；1996年度各局、总公司环境综合整治目标管理考核总分排在前八名的是：北京燕山石油化工公司、首钢集团总公司、北京市化学工业集团有限责任公司、北京一轻集团有限责任公司、北京市医药总公司、北京市纺织工业总公司、北京铁路分局、中国航天工业总公司；农业、城建、市政管委及中央、解放军在京单位评选出的七个先进单位是：北京市林业局、乡镇企业局、园林局、环境卫生管理局、市政工程总公司、城建集团总公司和全军环保绿化委员会办公室。

2000 年 2 月 23 日，北京市环委会三届二次会议通过了对 1999 年度环境综合整治目标管理考核及控制大气污染先进单位的表彰决定。宣武、西城、朝阳、海淀、东城、延庆等 6 个区县人民政府，以及首钢、北京化工、建材、二轻、燕化、粮食、铁路分局及北京机电工业控股有限责任公司等 8 个工业局、总公司，被评为 1999 年度环境综合整治目标管理考核先进单位；中科院行政管理局、市水利局、气象局、园林局、交通局、卫生局、市城建、市政工程总公司以及市政工程管理处等 9 个单位被评为环保工作先进单位。全军环办等 22 个单位被评为控制大气污染先进单位，市工商局等 11 个单位被评为控制煤烟型污染先进单位，市建委等 6 个单位被评为控制扬尘和机动车污染先进单位，顺义区政府等 6 个单位被评为工业污染源达标先进单位。

2001 年，继续实行环境保护综合决策和目标管理考核制度，市环委会对 2000 年环境综合整治目标管理考核先进单位和环保工作先进单位进行了表彰奖励。市政府与各有关责任单位签订了控制大气污染各个阶段的责任书，确保任务落到实处。同时开展了环境目标定量考核指标体系、施工环境管理、“门前三包”等各项环境管理制度的落实完善工作。严格执行建设项目环境管理办法，“三同时”合格率继续保持 100%。污染防治设施运行率达到 99.8%。2001 年，全市征收排污费 15 226 万元。北京市环境保护局连续第 3 年被市政府评为“政绩突出单位”。

2003 年对 2002 年度环境综合整治目标管理考核及控制大气污染的先进单位进行了表彰。密云、西城、海淀、东城、朝阳、延庆等 6 个区、县人民政府和金隅、化工、医药、二商、一轻、纺织、铁路分局、燕化等 8 个工业总公司（局），被评为 2002 年度环境综合整治目标管理考核先进单位。中共中央直属机关事务管理局、市发改委等 30 个单位被评为控制大气污染先进单位；怀柔区政府、燃气集团等 7 个单位被评为控制煤烟型污染先进单位；房山区政府、公交总公司等 7 个单位被评为控制机动车污染先进单位；崇文区政府等 4 个单位被评为控制扬尘污染先进单位。

2004年年内对2003年度环境综合整治目标管理考核及控制大气污染先进单位进行了表彰。东城、西城、密云、海淀、朝阳、延庆等6个区县人民政府和金隅、医药、化工、一轻、汽车、铁路分局等6个单位，被评为2003年度环境综合整治目标管理考核先进单位。中共中央直属机关事务管理局、市发政委等22个单位被评为控制大气污染先进单位；国务院机关事务管理局、北京市规划委员会、热力集团、宣武区政府等9个单位被评为控制煤烟型污染先进单位；北京市交通委员会、中国石油总公司、公交总公司、门头沟区政府等8个单位被评为控制机动车污染先进单位；北京市国土资源和房屋管理局等7个单位被评为控制扬尘污染先进单位。

随着市政府对本市工业总公司（局）管理方式的调整，以及环境保护属地管理的强化，2005年起，本市不再对工业局（集团、总公司）进行环境综合整治目标管理考核、表彰。同时，根据市委、市政府清理规范评比表彰工作的要求，不再将环境质量目标责任制作为独立制度进行实施。在实施环保规划和大气污染防治阶段措施中，明确了环境质量目标和治理任务，以此纳入市政府有关部门、区县政府绩效考核内容。

第七节　城市环境综合整治定量考核

一、背景

北京市是最早被纳入国家“城考”范围的城市。20世纪70年代中期，北京市环保局在全国环境保护会议上提出，作为特大城市的北京，兼有工业和生活污染，必须将城市环境作为一个整体，在防治工业污染的同时，也要防治生活污染，开展城市环境综合整治；在保护城市环境的同时，也要开展农村自然生态环境的保护。1978年12月，中共中央批转的《环境保护工作汇报要点》，要求北京加强城市管理，有计划、有步骤地进行综合治理。1981年12月，国务院要求北京市认真贯彻中央书记处对首都建设方针的四项指示，搞好城市建设和环境整治规划。1984年，《中共中央关于经济体制改革的决定》指出：城市政府应该集中力量做好城市规划、建设和管理，加强各种公用设施的建设，进行环境的综合整治。市政府认真贯彻中央和国务院的指示精神，从加强城市基础设施入手，开展环境综合整治，取得了一定成效。在1985年10月召开的第一次全国城市环境保护会议上，北京市介绍了开展环境综合整治的经验，会议原则通过了《关于加强城市环境综合整治的决定》。1988年9月，国务院环境保护委员会下发《关于城市环境综合整治定量考核的决定》的通知，12月下发了具体实施办法，北京市被列为国家直接考核的32个城市之一。

1989年初，市环委会第八次会议，作出《关于贯彻国务院环委会〈关于城市环境综合整治定量考核的决定〉的决定》，并下发实施，市环保局制定了实施办法。该决定明确市长对城市环境质量负责，要求各区、县长，局、总公司领导对本地区、本部门的环境质量和污染控制负责，并将环境综合整治列入任期目标进行考核。

城市环境综合整治定量考核在一定程度上起到了加强环境保护、规划年度综合计划、加大环保投入、促进基础设施建设的作用。

二、指标体系

城市环境综合整治定量考核体系包括环境质量、污染控制、环境建设及环境管理四方面的多项指标。随着城市环境综合整治工作的不断深入，在“八五”考核指标基础上先后作过三次较大的调整，形成了“九五”“十五”和“十一五”综合评价三个时期城市环境综合整治情况的定量化考核指标体系。

“八五”期间（1991—1995年），1991年2月，国家环保局下发《关于修改部分城市环境综合整治定量考核指标及有关问题的通知》，对指标体系进行了调整。调整了部分定量考核指标：增加1项“环境噪声达标区覆盖率”；调整4项指标：用“重点企业工业废水排放达标率”代替“工业废水处理达标率”，用“工业固体废物综合治理率”代替“工业固体废物处理处置率”，用“生活垃圾无害化处理率”代替“生活垃圾清运率”，用“城市建成区绿化覆盖率”代替“城市人均公共绿地面积”。调整后有21项指标。

“九五”期间（1996—2000年），根据形势发展的需要，国家环保局对“八五”期间的城考指标进行了调整，由21项增加到27项，包括环境质量、污染控制、环境建设和环境管理四个方面的内容。

环境质量指标：增加1项、修改1项（增加“氮氧化物年日均值”，“城市地面水COD平均值”改为“城市地面水水质达标率”）；污染控制指标：取消4项、增加4项，调整1项（取消“工艺尾气达标率”“万元产值工业废水排放量”“工业废水处理率”和“工业固体废物综合治理率”，增加“水污染物排放总量削减率”“大气污染物排放总量削减率”“环境噪声达标区覆盖率”和“危险废物处置率”，“重点企业工业废水排放达标率”调整为“工业废水排放达标率”）；环境建设指标：增加1项、调整1项（增加“自然保护区覆盖率”，将“城市热化率”调整为“城市集中供热率”）；增加环境管理指标5项：城市环境保护投资指数、环境保护机构建设、“三同时”执行率、排污费征收（排污费征收面、排污费征收率）、污染治理设施运行率。

“十五”期间（2001—2005年），城考的指标体系包括20项指标。在“九五”指标体系基础上，取消了“三同时”合格执行率、单位GDP能耗、单位GDP水耗、工业企业排污费征收等4项指标。同时调整了部分指标的权重和指标内容：环境质量36分，污染控制23分，环境建设29分，环境管理12分；对二氧化硫浓度年平均值等指标内容作了部分调整。

“十一五”期间（2006—2010年），城考指标体系继续涵盖环境质量、污染控制、环境建设和环境管理四部分，由20项减为16项。取消4项：烟尘控制区覆盖率、生态建设、污染防治设施及污染物排放自动监控率、环境保护投资指数；增加2项：万元工业增加值主要污染物排放强度、公众对城市环境保护的满意率；调整7项：空气质量三项指标、城市水环境功能区水质达标率、清洁能源使用率、机动车环保定期检测率、危险废物处置率、工业企业排放达标率、城市生活污水集中处理率。

“十二五”期间（2011—2015年），环境保护部未再统一部署城市环境综合整治定量考核工作。

三、职责分工

北京市环境综合整治定量考核工作由市政府领导、市环委会负责组织协调，环委会办公室负责监督管理和考核。根据各部门的职责分工，市政府办公厅根据国家每五年下达的城考指标实施细则要求，将考核指标分解到各区、县政府及各局、总公司和有关部门，要求各单位各司其职，各负其责，制定规划，组织实施。具体分工详见表 5-6。

表 5-6　北京市环境综合整治定量考核工作分工

责任单位	负责考核指标	主要职责
市环委会办公室		1. 汇总、审查各部门有关环境综合整治定量考核项目的规划目标及实施方案，并进行督促检查； 2. 审核和汇总各项定量考核的统计数据，定期向市环委会报告各项指标考核计分结果、综合整治工作情况及存在问题； 3. 向市环委会提交北京市环境综合整治定量考核年度工作总结、规划目标及实施意见
各区县人民政府		1. 负责制定城近郊区和远郊区县城镇的环境综合整治规划目标及实施方案； 2. 组织有关部门对所负责指标进行落实并保证完成； 3. 向市环委会提交环境综合整治年度工作总结
市环保局（监测中心）	1. 大气总悬浮微粒年日平均值，二氧化硫年日平均值； 2. 区域环境噪声平均值，城市交通干线噪声平均值； 3. 城市地面水 COD 平均值	1. 负责拟订所负责各项考核指标的监测布点方案，组织各区县环保监测站按时保质完成监测任务； 2. 负责拟订各项监测指标的实施细则及验收方案，做好质控工作，并依照各项考核指标统计要求制定相应的监测数据的填报格式
市煤炭工业总公司	民用型煤普及率	1. 负责制定提高居民、饮食服务、集体炊事大灶的民用型煤普及率的规划目标及实施措施； 2. 负责做好有关民用型煤普及率的数据收集、统计和报送工作
市公安局公安交通管理局	汽车尾气达标率	1. 负责全市汽车尾气的年检、数据汇总及报送工作； 2. 负责制定提高车辆路检汽车尾气达标率的具体措施和管理办法

责任单位	负责考核指标	主要职责
市市政工程局 市水利局	城市地面水 COD年均值	1. 负责制定改善考核河段地面水水质，降低COD年均值的规划目标和实施办法； 2. 提供考核河段的有关水文资料
市公用局 市水利局	饮用水水源水质达标率	1. 负责制定提高自来水厂、水库水质达标率的规划目标和实施方案； 2. 按统一要求做好水质监测、数据填表、分析、统计和报送工作
市公用局 市燃气办	城市气化率	1. 负责制定实施气化率规划目标； 2. 做好有关气化率的数据收集、统计和报送工作
市公用局、市房地局、市住宅建设总公司、城建总公司、城市开发总公司、各区、县环保局	城市热化率	1. 负责制定管理范围内提高热化率的规划目标和实施方案； 2. 做好有关热化率的数据调查、收集、统计和报送工作
市市政工程局	城市污水处理率	1. 负责制定提高城市污水处理率的规划目标和实施方案； 2. 做好城市污水总量、污水处理量的测量、统计和报送工作
市环卫局	生活垃圾清运率	1. 负责制定提高生活垃圾清运率的规划目标，并组织实施； 2. 做好有关生活垃圾清运率数据的收集、统计和报送工作
市园林局	城市人均 公共绿地面积	1. 负责制定提高人均公共绿地面积的规划目标和具体措施； 2. 做好有关数据的调查收集、统计和报送工作
市属各工业和非工业局（总公司）、在京中央单位、各区县环保局	1. 万元产值工业废水排放量； 2. 工业废水处理率，重点企业工业废水排放达标率； 3. 工业固体废物综合利用率和综合治理率； 4. 工艺尾气达标率。	1. 负责制定本部门提高各项考核指标的规划目标及措施； 2. 按统一要求按时按质地做好各项指标数据的监测、分析、统计和报送工作

责任单位	负责考核指标	主要职责
各区县环保局	1. 烟尘控制区覆盖率； 2. 区域环境噪声平均值，城市交通干线噪声平均值	1. 负责制定本区县范围内提高烟尘控制区覆盖率的规划目标和实施措施； 2. 做好烟尘控制区面积和烟尘控制区覆盖率的调查统计和报送工作； 3. 做好区域环境噪声和城市交通干线噪声平均值的监测、数据汇总和报送工作

四、考核结果

"八五"期间，按照城考总分排名，国家进行了两次评比，北京市在两次评比中分别获得第二名和第五名的成绩，与进入前十名的其他城市一起被授予全国环境综合整治"十佳城市"称号。

1991年8月，国家环保局、建设部印发《关于表彰全国城市环境综合整治优秀项目的通知》。北京市密云水库水源保护项目、石油勘探开发科学研究院集中供热工程、燕山石油化工公司工业废渣填埋场、二环路综合整治、左家庄供热一期工程、北京市绿化工程被评为全国城市环境综合整治优秀项目。

1992年6月，国家环保局决定对1989—1991年城市环境综合整治工作进行检查，要求提交城市环境综合整治定量考核综合分析书面报告，并对1989—1991年城市环境综合整治定量考核结果进行自审复查。以时任卫生部部长陈敏章为团长的全国城市卫生、环境综合整治检查团对北京市创建卫生城市和城市综合整治工作进行了检查，对取得的工作成绩予以充分肯定。北京市被评为"1989—1991年城市环境综合整治定量考核十佳城市"的第二名，其中张百发、陈秀兰、李炳华、赵伟被评为城市环境综合整治定量考核先进工作者。

1995年7月20日，国家环保局召开1994年度城市环境综合整治定量考核工作新闻发布会，公布了全国37个重点城市的考核结果。北京市总分为83.62分，由1993年的第七名跃居第二名。1994年度进入"十佳"的城市依次为：天津、北京、苏州、海口、大连、石家庄、广州、深圳、成都、上海。

"九五"期间，按照总分排名，同时按照环境质量、污染防治、环境建设、环境管理单项排名。1996年北京市排名第十；单项排名除环境质量外，其余排名在前。1997年10月13日，国家环境保护局授予北京市环境保护局"全国城市环境综合整治定量考核先进集体"荣誉称号；授予北京市环境保护局赵以忻、张燕如"全国城市环境综合整治定量考核先进个人"荣誉称号。1999年9月28日，朱镕基总理考察北京城市建设和环境综合治理，对北京市取得的成绩给予充分肯定，希望继续加大环境污染治理力度，再接再厉，从严治市，为把北京建设成为碧水蓝天、清洁优美和高度文明的现代化城市而努力奋斗。

"十五"期间，国家仅发布城考年度工作报告，重点考核城市考核结果按照单项指标完成情况排名，直辖市不参与排名。

"十一五"期间，国家继续发布《城市环境管理与综合整治年度报告》，2009年未对重点考核城市考核指标完成情况进行排名。在《2010年度全国城市环境综合整治定量考核结果的通报》中，对北京市的多项工作提出了表扬：工作组织得力，数据报送及时规范；数据审核比较严格，数据质量较高，将全市城考工作与日常监督管理工作相结合，取得明显成效；在环境保护部组织的互审工作中，工作认真细致，审核严格，表现突出。

表5-7　"八五""九五"期间北京市环境综合整治定量考核结果汇总表

年份	总分	全国排序	环境质量		污染控制		环境建设		环境建设	
			分数	排序	分数	排序	分数	排序	分数	排序
1991	5.04	3								
1992	5.27	8	20.21	24	37.93	13	7.17	2		
1993	9.23	7	21.81	18	41.41	6	6.01	4		
1994	3.62	2	22.31	18	44.01	3	7.3	4		
1995	6.63	3	23.29	12	44.29	5	8.56	3		
1996	未公布		未公布		未公布		未公布			
1997	5.11	10	8.94	27	21.49	10	6.21	9	5.47	4
1998	7.68	15	9.88	31	22.25	8	6.73	10	5.82	9
1999	9.07	17	0.78	26	22.58	9	7.27	10	5.94	5
2000	3.11	15								

表 5-8　“十五”期间北京市环境综合整治定量考核结果汇总表

序号	指标类别	考核项目		计量单位	2001 年		2002 年		2003 年		2004 年		2005 年	
					指标值	得分值	指标值	得分值	指标值	得分值	指标值	得分值	指标值	得分值
1	环境质量	API 指数≤100 的天数占全年天数比例		%	—	—	—	—	—	—	—	—	—	—
2		可吸入颗粒物浓度年均值		mg/m^3	0.165	0.00	0.166	0.00	0.141	0.54	0.149	0.06	0.142	0.48
3		二氧化硫浓度年均值		mg/m^3	0.064	2.25	0.067	2.06	0.061	2.44	0.055	2.81	0.050	3.13
4		二氧化氮浓度年均值		mg/m^3	0.071	1.13	0.076	0.50	0.072	1.00	0.071	1.13	0.066	1.75
5		集中式饮用水水源地水质达标率		%	99.92	5.98	99.38	5.81	99.88	5.96	99.75	5.93	99.42	5.83
6		城市水域功能区水质达标率	地表水功能区水质达标率	%	100	6.00	100	6.00	100	6.00	98.75	5.81	100	6.00
			近岸海域功能区水质达标率	%	—	—	—	—	—	—	—	—	—	—
			出入境水质变化		—	—	—	—	—	—	—	—	—	—
7		区域环境噪声平均值		dB（A）	53.9	4.00	53.5	4.00	53.6	4.00	53.9	4.00	53.2	4.00
8		交通干线噪声平均值		dB（A）	69.6	2.93	69.5	3.00	69.7	2.87	69.6	2.93	69.5	3.00

序号	指标类别	考核项目		计量单位	2001年		2002年		2003年		2004年		2005年	
					指标值	得分值	指标值	得分值	指标值	得分值	指标值	得分值	指标值	得分值
9	污染控制	烟尘控制区覆盖率及清洁能源使用率		%/%	100.00/30.00	6.00	100.00/63.09	6.00	100.00/73.22	6.00	100.00/79.56	6.00	100.00/81.71	6.00
10		汽车尾气达标率		%	83.72	4.00	80.39	4.00	85.30	4.00	80.40	4.00	82.26	4.00
11		机动车环保定期检测率		%	—	—	—	—	—	—	—	—	—	—
12		工业固体废物处置利用率		%	89.13	3.91	76.29	2.63	91.95	4.00	91.56	4.00	94.99	4.00
13		危险废物集中处置率	工业危险废物处置率	%	0.00	0.00	0.00	0.00	0.00	0.00	56.67	1.38	73.6	2.01
			医疗废物集中处置率											
14		工业企业排放达标率	工业废水排放达标率	%	97.27	2.80	98.34	2.88	99.30	2.95	98.61	2.90	99.43	2.96
			工业烟尘排放达标率	%	95.23	0.88	98.69	0.97	98.74	0.97	99.79	0.99	99.57	0.99
			工业二氧化硫排放达标率	%	93.67	0.84	99.37	0.98	99.71	0.99	97.39	0.93	99.42	0.99
			工业粉尘排放达标率	%	71.08	0.28	99.93	1.00	99.48	0.99	100	1.00	100	1.00
15		万元工业增加值主要污染物排放强度	万元工业增加值废水排放强度	t/万元	—	—	—	—	—	—	—	—	—	—
			万元工业增加值化学需氧量排放强度	t/万元	—	—	—	—	—	—	—	—	—	—

序号	指标类别	考核项目		计量单位	2001年		2002年		2003年		2004年		2005年	
					指标值	得分值	指标值	得分值	指标值	得分值	指标值	得分值	指标值	得分值
15	污染控制		万元工业增加值烟尘排放强度	t/万元	—	—	—	—	—	—	—	—	—	—
			万元工业增加值二氧化硫排放强度	t/万元	—	—	—	—	—	—	—	—	—	—
16	环境建设	城市生活污水集中处理及回用率		%	42.21	4.22	44.16	4.42	52.32	5.23	55.24	5.52	66.46	6.00
17		生活垃圾无害化处理率		%	82.14	7.00	80.06	7.00	91.11	7.00	93.86	7.00	95.88	7.00
18		建成区绿化覆盖率		%	38.56	4.76	40.22	5.00	41.07	5.00	41.80	5.00	42.50	5.00
19		生态建设（暂不考核）			—	—	—	—	—	—	—	—	—	—
20		自然保护区覆盖率		%	20.37	4.00	20.54	4.00	22.78	4.00	23.21	4.00	25.94	4.00
21	环境管理	城市环境保护投资指数		%	4.31	4.00	4.32	4.00	4.05	4.00	3.29	4.00	2.63	4.00
22		污染防治设施及污染物排放自动监控率（暂不考核）			—	—	—	—	—	—	—	—	—	—
23		环境保护机构建设			100	3.00	100	3.00	100	3.00	100	3.00	100	3.00
24		公众对城市环境保护的满意率			—	—	—	—	—	—	—	—	—	—
总分					67.98		67.25		70.94		72.39		75.14	

表 5-9 “十一五”期间北京市环境综合整治定量考核结果汇总表

序号	指标类别	考核项目	计量单位	2006年		2007年		2008年		2009年		2010年	
				指标值	得分值	指标值	得分值	指标值	得分值	指标值	得分值	指标值	得分值
1	环境质量	API 指数≤100 的天数占全年天数比例	%	66.03	13.10	67.40	13.60	74.86	16.31	78.08	17.48	78.36	17.58
2		可吸入颗粒物浓度年均值	mg/m^3	0.161		0.148		0.122		0.121		0.121	
3		二氧化硫浓度年均值	mg/m^3	0.053		0.047		0.036		0.034		0.032	
4		二氧化氮浓度年均值	mg/m^3	0.066		0.066		0.049		0.053		0.057	
5		集中式饮用水水源地水质达标率	%	99.42	7.77	99.51	7.80	99.59	7.84	99.70	7.88	99.84	7.94
6		地表水功能区水质达标率	%	72.22	2.44	77.78	3.56	83.33	4.67	88.89	5.78	87.04	5.41
7		区域环境噪声平均值	dB（A）	53.9	4.00	54.0	4.00	53.6	4.00	54.1	4.00	54.1	4.00
8		交通干线噪声平均值	dB（A）	69.7	2.30	69.9	2.10	69.6	2.40	69.7	2.30	70.0	2.00
9	污染控制	清洁能源使用率	%	82.35	3.00	81.95	3.00	83.45	3.00	86.03	3.00	86.13	3.00
10		机动车环保定期检测率	%	83.24	2.00	84.96	2.00	82.75	2.00	81.84	2.00	87.94	3.00
11		工业固体废物处置利用率	%	96.46	5.00	96.50	5.00	97.62	5.00	97.46	5.00	97.59	5.00

序号	指标类别	考核项目	计量单位	2006年		2007年		2008年		2009年		2010年	
				指标值	得分值	指标值	得分值	指标值	得分值	指标值	得分值	指标值	得分值
12	污染控制	工业危险废物处置率	%	96.42	1.88	97.68	1.92	100.00	2.00	99.94	2.00	99.99	2.00
		医疗废物集中处置率	%	93.02	2.65	95.54	2.78	98.76	2.94	99.92	3.00	99.77	2.90
13		工业废水排放达标率	%	99.33	2.95	97.61	2.82	98.30	2.87	98.66	2.90	98.78	2.91
		工业烟尘排放达标率	%	99.90	1.00	99.13	0.98	99.87	1.00	99.89	1.00	99.72	0.99
		工业二氧化硫排放达标率	%	99.98	2.00	99.83	1.99	99.96	2.00	98.96	1.95	99.55	1.98
		工业粉尘排放达标率	%	100.00	1.00	100.00	1.00	100.00	1.00	100.00	1.00	100	1.00
14		万元工业增加值废水排放强度	t/万元	5.502	2.00	5.489	2.00	4.448	2.00	3.925	2.00	3.783	2.00
		万元工业增加值化学需氧量排放强度	t/万元	0.000 501	2.00	0.000 494	2.00	0.000 322	2.00	0.000 231	2.00	0.000 213	2.00
		万元工业增加值烟尘排放强度	t/万元	0.000 792	2.00	0.000 823	2.00	0.001 023	2.00	0.000 937	2.00	0.000 828	2.00
		万元工业增加值二氧化硫排放强度	t/万元	0.005 072	2.00	0.005 159	2.00	0.004 042	2.00	0.002 711	2.00	0.002 602	2.00

序号	指标类别	考核项目	计量单位	2006年		2007年		2008年		2009年		2010年	
				指标值	得分值	指标值	得分值	指标值	得分值	指标值	得分值	指标值	得分值
15	环境建设	城市生活污水集中处理率	%	82.83	8.00	84.54	8.00	84.36	8.00	85.58	8.00	84.24	8.00
16		生活垃圾无害化处理率	%	92.32	8.00	95.60	8.00	97.67	8.00	98.17	8.00	97.20	8.00
17		建成区绿化覆盖率	%	41.89	4.00	42.45	4.00	43.04	4.00	44.45	4.00	44.70	4.00
18		环境保护机构建设		100	3.00	100	3.00	100	3.00	100.00	3.00	100	3.00
19		公众对城市环境保护的满意率	%	63.79	1.84	67.93	2.07	66.96	2.02	70.91	2.23	66.25	1.98
总分				83.93		85.62		90.05		92.52		92.69	

第八节　污染物排放总量控制

北京市实行的污染物排放总量控制制度，是按照国家分配北京市的主要污染物排放总量，将其分配落实到各区（县）及重点行业或重点污染源、并加以考核的一项环境管理制度。

北京市开展环境保护工作以来，对老污染源主要采取限期治理、达标排放等措施，以控制污染，改善环境质量。但是，随着城市的发展和人口的增长，污染物排放量增加，大大超过了环境容量，如不采取有效措施，随着污染物排放总量的日益增加，势必造成更加严重的环境污染。为了满足持续改善环境质量的需要，必须提升污染控制力度，既要使每个污染源都要达到排放标准，又要使区域内污染物排放总量下降，因此，环境管理策略从污染物排放标准（主要是浓度）控制向污染物排放标准和排放总量双控制转变。

1987—1995 年，北京市在国家指导下开展污染物排放总量控制试点，排污申报登记和排污许可证是基本管理手段，一并实行。从 1996 年起，在“九五”“十五”“十一五”“十二五”期间，北京市按照国家要求正式实施了污染物排放总量控制制度。“九五”时期，国家和北京市开始实施总量控制，采取“溯及既往”原则、“自上而下”分解；“十五”时期采用“自下而上”的方法制定指标任务；“十一五”和“十二五”时期，实行“可统计、可监测、可考核”的原则，扎实开展污染减排工作。

一、早期排污申报登记和总量控制试点

1987 年，北京市作为国家环保局确定的 18 个总量控制试点城市之一，先后在永定河山峡段和化工、纺织、一轻等三个重点行业，开展了按河系和按行业的总量控制和许可证试点，实行水污染物排放申报登记和许可证制度。

永定河山峡段是官厅水库向北京输水的重要河道，供应北京西郊地区和门头沟地区上百万人的工业和生活用水。北京市环保局于 1987 年与市有关部门及门头沟区共同组织技术组，对永定河山峡段进行总量控

制试点。确定工作范围为永定河山峡的珠窝水库至三家店段，该流域有煤炭开采企业 4 个，机械加工企业 3 个，建材行业企业 2 个，电力工业企业 1 个，医疗卫生单位 4 个共 15 个单位。根据该河段水质评价标准和污染物排放标准，对污染源和河流水质进行现状调查及评价，确定生化需氧量（化学需氧量）和悬浮物（SS）为主要控制目标。按照环境目标和河流自净规律，对沿途 15 个排放污染物单位进行申报登记，调查核实，确定河流允许负荷及实际负荷。根据各污染源所处地理位置和企业大小、工艺水平、技术可行性及处理水平等诸多因素，对污染源负荷分担率进行分配，确定污染物削减指标。1989 年 9 月对京西电厂、506 厂、青白口碳酸钙厂、斋堂卫生院等 4 个单位正式颁发排污许可证，对 9 个企业发放临时排污许可证。门头沟区政府制定了永定河山峡段水污染物排放许可证管理办法，沿途企业制定管理监测条例，完善各项规章制度，建立监控网络，安装流量计，合并排污口、强化监控手段；建立两级监测网络，对重点污染源限期治理，并试行与总量控制相配套的双因子排污收费制度。实行总量控制后，有效地控制了该地区污染物的排放。1990 年与 1987 年相比，生化需氧量总排放量削减 51.3%，悬浮物削减 56.5%。

1988 年 3 月，市环保局组织一轻、化工、纺织 3 个工业总公司进行行业排污许可证试点。针对北京市排放的水污染物情况，确定以化学需氧量为控制目标，在 3 个总公司所属的北京印染厂、北京维尼纶厂、北京啤酒厂、北京造纸七厂、北京造纸试验厂、北京焦化厂、北京染料厂等 15 个工厂进行总量控制试点，其排放的化学需氧量约占全市工业排放量的 33.8%。各企业对排污情况进行调查、申报登记，各公司组织审核、规划分配排污量，提出污染控制目标和削减指标。为实现控制目标，各公司认真组织各试点企业对生产全过程进行分析，绘制生产全过程物料流失图，生产周期的排污曲线。通过与同行业排污情况对比，分析寻找不合理排污因素，为制定各企业的排污限值提供了依据。北京化工三厂在全厂 8 个生产车间全部安装连续采样器，对重点产品的重点岗位进行三班监测，定点监测数据达 5 000 多个，绘出 3 个生产周期的排污曲线；通过与历年测试结果对比，准确地分析出主要产品的排污情况，并将分析结果反馈给车间，制定经济责任制，按月进行考核。仅此一项，就使化学需氧量的排放从1987年的828 t降到1988年的530 t，1990年降至124 t。1989年12月对15个企业颁发临时排污许可证。

1990年，总量控制试点工作由3个行业的15家企业扩大到20家，全市行业总量控制工作扩大到医药、石油化工等 14 个工业部门、121个企业。

1992年，北京市实施行业总量控制的试点工厂已由11个增加到35个，在工业总产值增加情况下，有机污染物排放总量下降了近5000 t，实现了“增产减污”的目标。实施区域总量控制的石景山区已向 15 个单位发放了排污或临时排污许可证。完成了 59 个工厂排放水污染物许可证的换证、发证工作。

二、“九五”期间的总量控制

1995年7月，国务院副总理邹家华、国务委员宋健在听取国家环保局关于环境保护“九五”计划和2010年远景目标的汇报时提出：到2000年，把全国环境污染物的排放量冻结在 1995 年水平。要求研究实行全国环境污染物排放总量控制办法，实行污染物排放总量控制，逐步减少污染物排放总量，并将各类污染物排放总量控制指标分解落实到各省、自治区、直辖市。根据这一精神，国家环保局提出了《全国主要污染物排放总量控制思路框架》。

1996年，国务院批复同意《国家环境保护“九五”计划和2010年远景目标》，《“九五”期间全国主要污染物排放总量控制计划》作为附件下发，要求各地区根据不同时期、不同地区的情况，制定相应的控制指标；抓紧制定污染物排放总量控制指标体系和管理办法，建立定期公布制度。实行总量控制和排污许可证是实现“九五”环保目标的关键性措施，也是我国环境宏观管理方式的重大改革。同年，国务院出台《国务院关于环境保护若干问题的决定》，国家环境保护局印发《关于“九五”期间加强污染控制工作的若干意见》，确定了到2000年要实现“一控双达标”。“一控”指污染物总量控制，要求到 2000 年年底，各省、自治区、直辖市要使本辖区主要污染物的排放量控制在国家规定的排放总量指标内。“双达标”是指全国所有工业污染源要达到国家或地方规定的污染物排放标准；直辖市及省会城市、经济特区城市、沿海开放城市和重点旅游城市的环境空气、地面水环境质量，按功能分区达到国家规定的有关标准。

1996年9月，国家计委、国家环保局在杭州召开全国环保计划会议，下达了“九五”期间全国主要污染物排放总量控制计划，要求各省市将控制指标进行分解下达，在全国范围内实施污染物排放总量控制。结合排污许可证试点经验和国际上通常的做法和原则，明确总量控制指标以各省、自治区、直辖市在《环境保护“九五”计划和2010年长远规划》中所报的1995年预计数为基数。

“九五”期间对12种污染物实施总量控制：大气污染物（3个）：烟尘、工业粉尘、二氧化硫；废水污染物（8个）：化学需氧量、石油类、氰化物、砷、汞、铅、镉、六价铬；固体废物（1个）：工业固体废物排放量。

1997年，为了适应总量控制工作需要，国家环境保护局印发《关于全面推行排污申报登记的通知》，按照1992年以国家环保局10号令下发的《排污申报登记管理规定》，在全国范围内全面进行排污申报登记工作。

1996年4月，为贯彻实施国家关于总量控制的要求，北京市人民政府印发了《关于进一步加强环境保护工作的决定》，明确提出：“本市实施污染物总量控制和污染物排放许可证制度，并建立全市主要污染物排放总量指标体系和定期分布的制度。根据国家下达的污染物排放总量控制指标和达到国家环境质量标准的要求，到2000年，本市主要污染物排放量要低于1995年的水平”。市环委会下达了《北京市“九五”期间污染物排放总量控制实施方案》，确定了北京市“九五”期间的目标、总量核算方法、指标分解原则、控制对策及措施，具体对策包括环境经济政策、管理措施和工程措施。1996年9月，根据国家《“九五”全国主要污染物排放总量控制计划》，市环委会办公室印发下达了《北京市“九五”期间主要污染物排放总量控制计划》，要求各单位作出相应的年度计划，逐年落实，纳入本地区、本部门的年度经济与社会发展计划之中。

1996年12月，市环委会办公室下发了《北京主要污染物排放总量控制计划考核暂行办法》，明确了总量控制计划考核对象、考核内容、考核方法、考核指标、监测规范以及 2000 年的最终控制值。考核对象为各区县政府，市属有关局、总公司，中央有关单位。考核内容为国家下达的 12 项主要污染物指标，重点是化学需氧量、二氧化硫、烟尘、工业粉尘、工业固体废物等 5 项，要求各区县、各部门建立台账，及时记录本区域、本系统污染物排放情况，掌握有变化的污染物排放清单及变化量。总量控制计划由市计委、市环保局监督检查执行。

1997 年 6 月，市环保局印发《北京市排放污染物许可证管理暂行规定》，并同时下达《关于对重点工业企业发放排污许可证的通知》，落实《北京市发放排污许可证工作实施方案》。《方案》提出，北京市排污许可证重点控制的污染物为：烟尘、工业粉尘、二氧化硫、化学需氧量、氰化物、汞、砷、铅、镉、铬、石油类、工业固体废物。首批发放排污许可证范围为：在环境统计范围内其主要污染物排放总量占全市排污总量 90%以上的市属工业企业和锅炉吨位在 10 T/h（7 MW）以上或总台数为 4 台以上的供热锅炉房。排污许可证的核发包括排污申报登记、排污指标申请、审批发证和证后监督管理。采取分级管理，即市属以上工业排污许可证由市环保局发放，区县属以下企业的排污许可证由区县环保局负责发放和分期分批的原则，根据总量控制目标，明确重点污染源、重点控制区域和点污染物，分期分批发放。北京市的排污许可证发放工作自 6 月开始，召开发放排污许可证工作动员大会，200 多家重点工

1997 年 6 月 10 日，北京市发放排污许可证试点工作动员大会

业企业的厂长、环保科长，工业局、总公司的环保处长以及市有关部门的领导参加了会议。7 月 21 日，召开北京市发放排污许可证大会，有机化工厂、燕化公司炼油厂厂长代表 210 家企业上台领取了排污许可证。首批 210 家重点排污企业（一厂两址发两证）发放了 220 个排污许可证，其中，对 63 家全面达标企业发放了 63 个正式排污许可证，对 147 家暂时不达标企业发放了 157 个临时排污许可证，并按达标年限下达了污染物的削减量。

1998 年，在制定《北京市环境污染防治目标和对策》过程中，制定了更加严格的防治大气和水污染的目标对策，使目标总量控制转向容量总量控制。在大气方面采取天然气、电、油、液化气等清洁燃料替代燃煤，推广使用优质煤，发展集中供热，更换高效除尘器，电厂脱硫和节能等措施。在水污染防治方面，加速污水管网和城市污水处理厂建设，实现工业污水达标排放。

1999 年，以新中国成立 50 周年、申奥等重要事件为契机，加强城市基础设施建设和污染治理，严格监督管理，化学需氧量、二氧化硫、烟尘等主要污染物大幅度下降，完成了“九五”总量控制目标。

“九五”期间，北京市总量控制的 12 项主要污染物指标，除个别重金属项目因乡镇企业排放量不稳定外，其他污染物排放量均逐年下降，2000 年与 1995 年相比，化学需氧量、二氧化硫、烟尘、工业粉尘排放量分别下降了 37.8%、41.1%、62.9%、37.5%，完成了总量削减目标。

三、“十五”期间的总量控制

“十五”期间，国家以改善部分城市和区域环境质量为目的，将总量控制纳入可持续发展的主要预期目标。《国民经济和社会发展第十个五年规划纲要》提出，到 2005 年，主要污染物的全国排放总量要比 2000 年分别减少 10%。“十五”期间全国主要控制的污染物为二氧化硫、尘（烟尘和工业粉尘）、化学需氧量、氨氮、工业固体废物。在“三河”（淮河、海河、辽河）、“三湖”（太湖、巢湖、滇池）、“一海”（渤海）等重点地区，增加总氮、总磷的总量控制，另外要求北京市 2005 年水体、大气及声环境按功能区划达到国家环境质量标准，城市和郊区生态环境有较明显改善。与“九五”总量控制计划相比，“十五”总量控制的覆盖面更加广泛，管理要求更为细化，从工业污染、重点地区的主要污染物的排放总量到两控区（烟尘控制区和酸雨控制区）的二氧化硫排放总量都有明确的规定。指标的分解按照“自下而上”的原则，一定程度上考虑了环境容量。然而，在经济快速发展、重化工业迅猛增长的背景下，尽管部分主要污染物排放总量有所减少，但“十五”期间全国大部分总量控制计划指标没有完成。二氧化硫排放总量比 2000 年增加，主要污染物排放量还远超环境容量，粗放型发展方式还未得到遏制。

国家环境保护总局要求北京市 2005 年化学需氧量、氨氮、二氧化硫、烟尘、工业粉尘排放总量分别从 2000 年 17.85 万 t、3.80 万 t、22.40 万 t、10.03 万 t、9.37 万 t 下降到 13.0 万 t、3.10 万 t、17.81 万 t、9.00 万 t、5.90 万 t 以下。为达到国家设定的 2005 年各项环境质量目标，创造人与自然和谐的环境，为成功举办 2008 年夏季奥运会奠定基础，《北京市“十五”时期环境保护规划》中提出，各种污染物的排放总量必须在国家要求的基础上进一步削减，相同统计口径下，2005 年全市化学需氧量、二氧化硫、烟尘排放总量削减率均不低于 40%，工业粉尘削减率不低于 50%；市区削减率分别不低于 40%、50%、50%、60%，全市氨氮排放总量削减率约 20%。同时，完成国家下达的工业固体废物排放总量控制指标。

北京市加快推进工业产业结构和布局调整，限制高能耗与高煤耗等行业发展；加快市中心区工业企业的搬迁力度，市区迁出污染企业 100 余家，北京化工厂、染料厂完成调整搬迁；郊区水泥立窑全部关停，石灰厂、砖瓦厂、砂石料场等粉尘污染严重的企业逐步关停；加大重点工业区的污染控制力度；对传统工业和都市工业进行技术改造，推行清洁生产；28 家重点污染企业制订了污染物排放总量削减方案并向社会公布。引进清洁能源，2005 年天然气用量增加到 32 亿 m^3，城市热力集中供热面积超过 1 亿 m^2，各类电采暖面积达到 1 000 多万 m^2；市区 1.6 万台 20 t 以下燃煤锅炉 80%以上已改用清洁能源。加快城市污水处理系统建设，2005 年城八区和郊区城镇污水处理率分别达到 70%和 40%；开展了大规模城市河湖水系综合整治工程，污水管网普及率有所提高；节约用水和污水资源化工作取得进展，年均节水量超过 1 亿 m^3，年再生水回用量达到 2.6 亿 m^3。

“十五”末，北京市化学需氧量排放量完成了国家下达的控制在13万t以内的目标，但没有达成本市设定的削减40%的目标，实际削减了35%。由于煤炭消费总量从2000年的2 720万t增加到3 069万t，二氧化硫排放量既未完成国家下达的控制在17.81万t以内的目标，又未完成本市设定的削减40%目标，其中生活源二氧化硫排放量更是出现不降反增的局面，煤烟型污染防治亟待进一步加强。

表5-10 “十五”期间全市二氧化硫和化学需氧量排放量

年份	化学需氧量排放量/万t			二氧化硫排放量/万t		
	全市总量	其中：生活	其中：工业	全市总量	其中：生活	其中：工业
2000	17.85	15.70	2.15	22.39	7.75	14.64
2001	17.04	15.23	1.81	20.07	7.44	12.63
2002	15.27	13.85	1.42	19.20	7.14	12.06
2003	13.40	12.36	1.04	18.28	6.88	11.40
2004	12.97	11.84	1.13	19.12	6.58	12.54
2005	11.60	10.50	1.10	19.06	8.51	10.55

四、“十一五”期间的总量控制

“十一五”期间，以解决区域性的环境问题和酸雨污染为主要目的，仅将二氧化硫和化学需氧量纳入主要污染物总量控制指标的范围。同时，“十一五”期间将总量控制指标纳入约束性指标体系，并制定了统计、监测和考核办法，按照淡化基数、算清增量、核实减量三大原则，通过定期的核查核算，掌握各区县和各重点单位的主要污染物排放情况，促进完成年度污染减排计划。通过实施工程减排、结构减排、管理减排三大措施，北京市主要污染物总量实现较大幅度下降，超额完成了预定目标。

（一）建立减排体系

2006年11月吉林副市长代表市政府与各区县政府、北京经济技术开发区管委会、市水务局、市农业局的主要领导签订了《“十一五”大气和水污染物总量削减目标责任书》，要求各区县政府对本辖区污染减排负总责，并将污染减排指标纳入各区县经济社会发展综合评价和年度考核体系，实行问责制。各区县政府通过制定总量控制计划、减排任务分解表、签订目标责任书等形式，将减排任务逐项层层分解到有关乡镇、部门和排污单位，做到任务明确、措施具体、责任到人。通过突出责任主体、量化责任目标、强化责任考核，准确抓住了推进减排工作的关键性因素，为深入开展工作提供了强大动力和有效支撑。

2007 年 7 月，根据《国务院关于印发节能减排综合性工作方案的通知》的部署安排，结合本市实际情况，市政府出台了《北京市节能减排综合性工作方案》，确定的主要目标为，到 2010 年，全市二氧化硫排放量和化学需氧量分别在 2005 年的基础上削减 20%和 15%左右，分别控制在 15.2 万 t 和 9.9 万 t 以下。提出进一步优化产业结构，坚决退出高耗能、高污染产业，加强防治力度，大力削减污染物排放等主要减排措施；同时提出依靠科技进步，加快节能减排技术研发和推广应用，健全法规政策，完善激励约束机制，夯实基础，强化节能减排管理，加大节能环保宣传力度，完善教育培训体系等保障措施。

根据国家对北京市“十一五”污染减排要求，在综合考虑污染物排放现状、削减潜力以及城市功能定位、环境质量改善需求等各项因素的基础上，按照“区别对待”和“从严控制”的原则，市政府组织有关部门研究制订了《“十一五”期间北京市主要污染物排放总量控制计划》，提出了“十一五”全市 SO_2 和 COD 分别减排 39.6%和 16.6%的减排计划，高于国家下达的减排目标。

2008 年 4 月，市政府发布《北京市“十一五”主要污染物总量减排监测办法》《北京市“十一五”主要污染物总量减排统计办法》《北京市“十一五”主要污染物总量减排考核办法》，进一步明确了总量减排工作的可靠性、科学性和约束性，使污染减排在责任落实、协调机制、管理考核等方面有了支撑和保障。

（二）加强组织保障

2007 年成立王岐山市长任组长，吉林常务副市长任副组长，市发展改革委、市环保局、市科委、市工促局、市统计局等 20 个部门一把手为成员的节能减排工作领导小组。同时，要求区县成立相应领导机构，区县政府主要领导挂帅。2009 年，市编办印发《北京市环保局主要职责内设机构和人员编制规定》，明确指出市环保局增加污染减排的工作职责，并同意成立污染物排放总量控制处，以加强污染减排工作的组织协调和监督管理。

（三）落实减排措施

结构减排方面，“十一五”期间围绕首都城市区域功能定位，加快推进冶金、电力、化工、建材等传统重污染行业结构调整。在冶金行业，有近百年历史、鼎盛时期 24 万名职工的首钢北京石景山厂区生产于 2010 年 12 月全部停产。在电力行业，关停了华电、京丰等燃煤、燃油发电机组 14 台，建成太阳宫、郑常庄等 5 座大型燃气热中心和延庆官厅风能发电厂。在化工行业，关停北京焦化厂、北京有机化工厂、北京化工二厂等大型化工企业，东南郊化工区域内有污染的化工企业全部实现搬迁或原址停产。在建材行业，关停全部 20 万 t 以下水泥生产企业、石灰生产企业以及不符合规划的采石企业，对沥青防水卷材、铸造冲天炉等其他建材企业和工艺实施逐步淘汰和关停调整。各类“三高”企业累计退出超过 300 家，冶金、电力、化工、建材四大传统重污染行业的结构调整取得积极进展，污染减排优化产业结构、促进发展方式转变的作用进一步凸显。

大气污染物工程减排方面，2007 年华能、国华、京能、高井四大统调燃煤电厂以及首钢、燕化等企业自备电站全部实施脱硫治理，累计建成运行总装机容量 2 800 MW 燃煤机组的脱硫设施。全市 400 多台 20 T/h 以上燃煤锅炉完成脱硫除尘改造。远郊区县新城实施燃煤锅炉整合工程，已建成 22 个配备高效脱硫除尘设施的大型集中供热中心，拆除布局分散、治理设施落后的小燃煤锅炉 600 余台 3 600 多 T/h。城市中心区 1.6 万台 20T/h 以下燃煤锅炉全部改用天然气等清洁能源，城市核心区约 17.3 万户平房与简易楼居民实施了采暖“煤改电”等清洁能源工程。积极开展工业炉窑和工艺废气的二氧化硫治理，鹿牌都市用品公司完成玻璃熔窑烟气脱硫工程，燕山石化公司建成投运国内首个催化裂化烟气脱硫除尘治理工程。

水污染物工程减排方面，市区建成投运小红门污水处理厂、北苑污水处理厂、北小河污水处理厂二期等污水处理设施及配套污水管网，新增处理能力 70 万 t/d，市区污水处理率从 2005 年的 70%提高到 2009 年的 94%。郊区新城和乡镇新建房山城关、怀柔庙城二期、平谷洳河二期、昌平北七家、大兴天堂河、顺义天竺等 33 座污水处理厂，新增处理能力 42 万 t/d。新建天通苑、北科院等 35 个居民小区生活污水处理站，新增处理能力 6 万 t/d。在水资源极端紧缺的情况下，大力推行污水深度处理和再生水利用工作，建成投运清河、北小河、吴家村等再生水厂，再生水利用量达到 6.5 亿 t/a，占全市用水总量的 17%，再生水使用量超过地表水，成为稳定的第二水源，有效缓解了北京市水资源紧缺的局面。为改善水环境质量，2007 年实施引温入潮工程，将净化后的温榆河水调往潮白河，日净化能力 10 万 t，开创“治水”和“水资源利用”的新理念。积极推进工业废水深度治理与回用，完成燕化、东方化工厂等大型工业企业污水深度治理项目。

（四）规范减排管理

2009 年 7 月，结合环境保护部办公厅《关于加强燃煤脱硫设施二氧化硫减排核查核算工作的通知》的要求，市环保局制定《北京市燃煤锅炉脱硫设施二氧化硫减排核查核算技术要求（试行）》，对配用在燃煤锅炉上的脱硫设施技术和管理要求、SO_2 减排核查的重点、内容及其要求、SO_2 减排量核算、非正常运行的监察系数确定、核查实施与监督等内容作出了详细规定，加强对北京市燃煤锅炉脱硫设施二氧化硫减排核查核算工作的指导。

2009 年 9 月，结合环境保护部办公厅《关于加强城镇污水处理厂污染减排核查核算工作的通知》要求，市环保局制定《北京市城镇污水处理厂主要污染物减排核查核算技术要求（试行）》，对城镇污水处理厂的污染物削减量核算方法、核查要求、现场核查重点和内容、核查程序与步骤、不符合核查条件的减排量核减方法等作出详细规定，为加强污水处理厂的建设和运行管理提供指导。

2010 年 5 月，市环保局印发《北京市主要污染物总量减排监测体系建设计划》，提出通过实施减排监测体系建设，进一步明确职责，完善污染源监测机制体制，提高对国控、市控重点污染源监督性监测的能力；推进重点污染源自动监控能力建设和规范化管理，提升监测数据在污染物总量减排核定与考核工作中的作用。对各区县减排监测体系的建设和运行情况进行打分并排序，排名情况按照有关规定计入主要污染物总量减排考核结果。

（五）实施减排奖励

2008 年 10 月，北京市财政局、北京市环境保护局印发《北京市区域污染减排奖励暂行办法》，按照“以奖代补”的方式设立区域污染减排奖励资金。减排奖励资金与减排量挂钩，多减排，多奖励，鼓励各区县政府和市有关部门采取多种措施，切实削减污染物排放总量。主要污染物减排奖励额为减排量与减排奖励标准的乘积，减排奖励总额为两项主要污染物减排奖励额的总和。奖励标准由市财政局和市环保局根据污染物减排完成情况确定并适时调整，在“十一五”期间按照每削减 1 kg 化学需氧量奖励 6 元，每削减 1 kg 二氧化硫奖励 1.2 元执行；对超额完成主要污染物年度减排计划的，按照超额完成的减排量在当年奖励标准的基础上再提高 20%给予奖励。“十一五”期间，全市共发放减排奖励资金 2 亿余元。

2010 年 6 月，市发展改革委、市财政局、市环保局和市人力社保局等四部门联合印发了《北京市节能减排奖励暂行办法》，专门设立了节能减排奖励资金，对完成减排任务较好的区县政府和市有关部门奖励 20 万元，对在污染减排工作中表现突出的个人奖励 1 000 元，共有 10 个区县政府和部门及 90 名个人获得了污染减排先进集体和先进个人奖，起到了积极的激励和调动作用。

（六）取得明显成效。“十一五”期间，全市煤炭消费总量从 3 069 万 t 减少到 2 635 万 t，天然气消费总量从 32 亿 m^3 增加到 2010 年的 75 亿 m^3，能源结构大幅优化。全市二氧化硫和化学需氧量排放量分别下降 39.73%和 20.67%，两项指标均大幅超额完成“十一五”国家下达的任务（分别为 20.4%和 14.7%），减排幅度分别位居全国第一位和第二位。

表 5-11 “十一五”各年度主要污染物总量减排情况表

年份	化学需氧量			二氧化硫		
	排放总量/万 t	比上年削减率/%	比 2005 年削减率/%	排放总量/万 t	比上年削减率/%	比 2005 年削减率/%
2005	11.6	—	—	19.1	—	—
2006	11.0	5.20	5.20	17.6	7.90	7.90
2007	10.7	3.22	8.23	15.2	13.82	20.59

年份	化学需氧量			二氧化硫		
	排放总量/万 t	比上年削减率/%	比 2005 年削减率/%	排放总量/万 t	比上年削减率/%	比 2005 年削减率/%
2008	10.1	4.90	12.69	12.3	18.79	35.50
2009	9.9	2.49	14.86	11.9	3.59	37.82
2010	9.2	6.88	20.67	11.5	3.07	39.73

五、“十二五”期间的总量控制

“十二五”期间，国家继续实施主要污染物排放总量控制。控制因子在“十一五”化学需氧量（COD）和二氧化硫（SO_2）两项主要污染物的基础上，将氨氮（NH_3-N）和氮氧化物（NO_x）纳入总量控制指标体系。同时，大气污染减排领域增加了机动车排放控制，水污染减排领域增加了农业（重点为畜禽养殖）排放控制。2011 年 12 月，环保部与市政府签订了“十二五”主要污染物总量减排目标责任书，要求北京市二氧化硫、氮氧化物、化学需氧量和氨氮四项污染物排放量分别在 2010 年的基础上削减 13.4%、12.3%、8.7%和 10.1%。

（一）完善减排工作体系

2011 年 11 月，市政府办公厅印发《北京市“十二五”时期主要污染物总量减排工作方案》，明确了总体要求和主要目标，确定了强化污染减排目标责任、控制新增污染物排放量、落实重点污染减排措施、加强污染减排监督管理、完善污染减排保障体系等工作措施。2011 年 12 月，洪峰副市长代表市政府与区县政府、市有关部门、重点企业签订了 27 份“十二五”主要污染物总量削减目标责任书，明确了减排目标和主要措施，并详细列明了主要减排项目。2013 年 5 月，市政府办公厅印发《北京市“十二五”主要污染物总量减排考核办法》、市环保局、统计局、发展改革委、监察局联合印发《北京市“十二五”主要污染物总量减排统计办法》和《北京市“十二五”主要污染物总量减排监测办法》，形成了“十二五”时期减排工作的“三大体系”。其中考核办法中将减排目标完成情况、重点减排项目落实情况、减排监测体系建设运行情况作为能否完成考核任务的“三条红线”。另外结合本市污染问题成因，除国家规定的四项控制因子外，将挥发性有机物减排也纳入约束下考核。

各区县的减排考核结果纳入市委对区县党政领导班子和主要领导干部的综合评价考核，以及市政府对区县政府的绩效考核，使区县各级领导对减排工作的重视程度进一步提高。

（二）大力实施减排措施

“十二五”以来，北京市紧紧围绕环境质量改善，从控制增量、削减存量两方面着力推进减排措施。一方面加大减排政策和宏观调控力度，制定实施新增产业禁限名录，对常住人口总量、机动车保有量、煤炭消耗总量进行有效调控；实施建设项目污染物排放总量管理，对主要污染物实行“增一减二”的替代，从源头严控污染物新增量。另一方面围绕“能源清洁化、污水资源化、机动车低排放化”推进主要减排措施，电力、钢铁、水泥等重点污染行业结构调整基本到位，全市煤炭消费量减少到 1 200 万 t 左右；近 2 万 T/h 燃煤锅炉实现清洁能源改造，优质能源占能源总消耗比例提高到 79%以上；大力建设污水处理设施，中心城区污水处理率达到 98%，再生水利用量达到 9.5 亿 m^3，400 家左右规模化畜禽养殖场完成粪污治理；发放补助资金 45 亿元，淘汰老旧车 183.2 万辆。

（三）实施全方位减排保障

强化法制建设，2014 年 3 月 1 日起施行《北京市大气污染防治条例》，其中专门设置了“重点污染物排放总量控制”章节，明确了区、县人民政府和重点行业主管部门的污染物总量控制责任，为污染减排工作提供法律保障。严格排放标准，先后制定和加严了固定式内燃机、水泥、锅炉等多项大气污染物排放标准，大幅加严污染物排放限值，督促污染源单位自主减排。新的城镇污水处理厂水污染物排放标准排放指标相当于Ⅳ类地表水，不但大幅减少了水污染物排放，而且使污水得到资源化利用。实施减排奖励，继续实行《北京市区域污染总量减排奖励暂行办法》和《北京市节能减排奖励暂行办法》，奖励资金额度直接与核算认定的主要污染物削减量挂钩，2011—2014 年奖励各区县和重点企业 4.6 亿元。提高排污收费标准，2014 年 1 月 1 日起，在全国率先大幅度提高二氧化硫、化学需氧量等四项主要污染物的排放收费标准，并实行差别化收费，对排放浓度低的企业给予减半征收，超标排放企业加倍征收，有力促进了企业自主减排。

（四）超额完成减排任务

经过全市上下共同努力，在地区生产总值年均增长 7.5%，城镇常住人口年均增长 2.3%以上的情况下，北京市于 2013 年即率先提前两年完成“十二五”减排目标，2015 年全市二氧化硫、氮氧化物、化学需氧量、氨氮排放量分别比 2010 年下降 31.81%、30.39%、19.34%和 24.96%，四项指标累计完成比例均达到国家下达我市目标任务的两倍以上。

表 5-12 “十二五”主要污染物总量减排情况表

主要污染物	2010 年排放量/万 t	2015 年排放量/万 t	削减比例	“十二五”目标	目标完成率
二氧化硫	10.44	7.12	31.81%	13.4%	237%
氮氧化物	19.77	13.76	30.39%	12.3%	247%
化学需氧量	20.03	16.15	19.34%	8.7%	222%
氨氮	2.20	1.65	24.96%	10.1%	247%

第九节 环境统计与污染源普查

一、环境统计

（一）制度建设

环境统计是国民经济和社会发展统计的重要组成部分，是一项基础工作，用数字反映了人类活动对环境的影响。环境统计的任务是对环境状况和环境保护工作情况进行统计调查、统计分析，提供统计信息和咨询，实行统计监督。环境统计的内容包括环境质量、环境污染及其防治、生态保护、核与辐射安全、环境管理及其他有关环境保护事项。环境统计的类型有普查和专项调查、定期调查和不定期调查。定期调查包括统计年报、半年报、季报和月报等。环境统计工作实行统一管理、分级负责。

1980 年，国家统计局和国务院环境保护领导小组联合制定了环境统计年报制度，并不断加以改进完善，积累了丰富的环境统计资料，为环境管理奠定了基础。

1995年6月，国家环境保护局颁发了《环境统计管理暂行办法》，明确环境统计工作实行统一管理，分级负责。1999年8月，国家环保局发出《关于在机构改革中理顺环境统计管理体制，加强统计队伍建设的通知》，要求各级环保部门充分认识环境统计的重要作用，实行环境统计工作综合归口管理。

2006年，为加强环境统计管理，保障环境统计资料的准确性和及时性，国家环保总局颁布《环境统计管理办法》，明确环境统计实行统一管理，分级负责，对环境统计任务、机构和人员、调查制度、统计资料公布管理、奖惩等都提出具体要求。

（二）实施情况

20世纪70年代初，市“三废”管理办公室建立后，即组织科研单位和大专院校，对全市的污染状况进行了深入调查。1971年对北京地区的地面水、地下水、城市污水、大气、食品等受三废污染的情况进行调查。1972年对全市环境危害较大的酚、氰、汞、铅、苯、氮氧化物、酸、碱、尘9种有害物质的来源、数量及污染情况进行调查；4月对全市锅炉、茶炉、窑炉和烟囱情况进行普查；6月对官厅水库水质、鱼类和上游污染源进行调查，并将调查结果进行统计，向国务院做专题报告。1973－1975年，对全市环境噪声污染情况进行普查；对西郊地区的环境污染情况进行调查。1976年调查了对东南郊环境质量影响较大的119个工厂三废排放情况和职工健康状况。1978年对房山县城关、周口店、石楼三个公社的空气、地下水和农作物受北京石化总厂污染情况进行调查。通过调查统计，掌握了大量数据，为全市环境管理和污染治理提供了依据。

1979年1月，市环保办公室发出《关于填报电镀作业基本情况等四种报表的通知》，是北京市第一份经市统计局批准正式颁发的环境统计报表。包括北京市电镀作业基本情况统计年报，三废污染赔款情况、三废治理、综合利用统计年报和工厂三废污染及治理规划调查表。对环保部门了解掌握全市电镀企业、污染事故造成的赔偿及废水、废气、废渣等排放与治理情况，对加强环境管理起到了重要作用。

1980年，根据国家统计局、国务院环境保护领导小组联合下发的《环境统计报表制度》，结合北京市的具体情况，市环保局制定了由企业填报的3种报表，实施环境统计年报制度。统计范围：市属12个工业局所属的全部企业，以及其他局、公司的大中型企业，约1000家。

1986年，国家环保局确定了“七五”期间的环境统计报表制度，扩大了统计范围，规定县以上企事业基层单位填报的4种基层报表，各级环保部门汇总填报的13种综合报表。经市统计局审批，北京市在年报中还增加了两种报表和部分指标，一是企事业单位污染治理情况报表，要求各单位填报污染治理项目及投资情况；二是建设项目“三同时”报表，要求各级环保部门填报“三同时”审批情况及当年投产建设项目“三同时”执行情况，以便了解企业治理、投资和建设项目环境管理情况。

为“准确、及时、全面、方便”地发挥统计数据的作用，1987年，市环保局完成了《北京市环境统计信息管理系统》软件的研制，建立了环境统计汇总动态数据库，为各区县、局、总公司配备46台计算机，将1 700余个单位的统计年报数据录入计算机。1989年9月召开的《北京市环境统计信息管理系统》鉴定会上，与会专家对该系统给予高度评价。市环保局经过汇总，按照区县和主管部门拷贝数据，分发给各区县环保局和主管部门，以达到数据共享、方便使用的目的。

至1990年底，北京市建立了环境统计年报制度，统计范围：18个区县和28个局、总公司所属的1 700多个企事业单位，向市环保局报送数据盘的主管部门超过2/3，基本满足了环境管理工作的需要。

“十二五”期间，北京市环境统计工作不断完善，统计范围扩大到16个区县、北京经济技术开发区所属的2 200多个企事业单位，涵盖了全市工业源、生活源、农业源以及机动车等重点污染单位的污染和治理情况。

（三）统计报表

根据国家环保部门的统一部署，随着环境保护工作的深入开展，环境统计报表制度经历了不断完善和调整的过程。

“八五”期间，国家环保局着手全国环境统计调查体系改革，在9省市开展调查、重点调查和抽样调查的试点，制定实施新的环境统计报表制度，以适应形势发展的需要。

“九五”期间环境统计报表与“八五”相比，除统计方法由全面统计改为重点调查及科学估算外，报表内容也有较大变化，增加了工业废气指标的调查。新增的重要指标：工业总产值、污染事故次数、年正常生产天数、废气治理设施数、正常运行的废气治理设施数、废气治理设施运行费用、危险废物等。要求以实际监测为依据计算的指标：工业废水中污染物去除量、燃料燃烧废气排放量、工业废气中二氧化硫、烟尘去除量、工业粉尘去除量、工业粉尘排放量。

“十五”期间，国家环保总局制定并执行“十五”环境统计综合报表和专业报表制度。与“九五”相比，“十五”环境统计报表在扩大调查范围、充实调查项目、提高数据质量要求和数据分析利用水平等方面有了改进。2001 年，国家环保总局扩大了危险废物集中处置情况的统计范围，细化了对城市污水处理状况的统计，增加了对城市垃圾无害化处理情况的统计调查。2002 年增加环境统计半年报。

“十一五”期间，国家制定并执行“十一五”环境统计综合报表和专业报表制度。与“十五”环境统计报表制度相比，“十一五”环境统计制度在调查范围、指标体系、调查频次，以及环境统计数据上报方式等方面进行了调整和完善：1. 为加强对火电行业二氧化硫排放情况的监管，将火电行业（含企业自备电厂）从工业行业中单列出来进行调查，增加了火电分机组的装机容量、煤耗量、排污量等指标；增加了医院污染物排放的统计调查；删除了城市垃圾处理场运行情况调查。2. 环境统计专业年报增加了环保产业、环境宣教等专业报表，删除了绿色工程规划第二期、年度计划完成情况、污染治理投资情况、生态示范区建设主要情况、生态功能保护区名录等专业报表。3. 增加了对国控重点源污染物排放情况的季报（自 2008 年第二季度起增加了国家重点监控企业的地市季报直报），增加了环境信访工作、突发环境事件等方面的季报。“十一五”环境统计综合报表制度包括 16 张年报表、5 张季报表，共计 351 项统计指标。“十一五”环境统计专业报表制度包括 22 张年报表、639 项统计指标。

“十二五”环境统计报表制度在“十一五”报表制度基础上，对指标体系、调查方法及相关技术规定等进行了完善和修订。按照环境统计调查频次将环境统计指标归结为环境统计年报指标和定期报表指标。环境统计年报指标包括工业源、农业源、城镇生活源、机动车、集中式污染治理设施、环境管理 6 个部分；环境统计定期报表指标包括国家重点监控工业企业和污水处理厂两部分。按照统计指标内容将环境统计年报指标归集成工业源、农业源、城镇生活源、含机动车、集中式污染治理设施、环境管理六大类。其中工业源的范围是指《国民经济行业分类》（GB/T 4754—2011）中采矿业，制造业，电力、燃气及水的生产和供应业，3 个门类 39 个行业的企业；农业源的范围包括种植业、水产养殖业和畜禽养殖业；城镇生活源的范围是指城镇范围内的生活污染源；机动车污染源调查范围为辖区内的载客汽车、载货汽车、低速载货汽车、摩托车；集中式污染治理设施的范围包括污水处理厂、垃圾处理厂（场）、危险废物处置厂和医疗废物处置厂；环境管理的范围是指环保系统内相关业务部门管理工作和环保系统自身建设等方面情况。

（四）统计数据

表 5-13　“十五”期间环境统计污染物排放数据

序号	指标名称	计量单位	指标值			
			2002 年	2003 年	2004 年	2005 年
1	一、废水排放总量	亿 t	9.4	9.4	9.8	10.1
2	其中：工业废水排放量	亿 t	1.8	1.3	1.3	1.3
3	工业废水占总量比重	%	19.3	14.0	13.3	12.7
4	二、COD 排放总量	万 t	15.3	13.4	13.0	11.6
5	其中：工业 COD 排放量	万 t	1.4	1.0	1.1	1.1
6	工业 COD 占总量比重	%	9.4	7.8	8.5	9.5
7	三、工业氨氮排放量	万 t	0.2	0.1	0.1	0.1
8	四、煤炭消费总量	万 t	2 531	2 656	2 271	2 848
11	五、二氧化硫排放总量	万 t	19.2	18.3	19.1	19.1
12	其中：工业二氧化硫排放量	万 t	12.1	11.4	12.5	10.6
13	六、烟尘排放总量	万 t	8.1	7.1	7.0	5.8
14	其中：工业烟尘排放量	万 t	3.3	2.9	2.9	1.8
15	七、工业粉尘排放量	万 t	4.6	3.2	3.6	3.25
16	八、工业固体废物排放量	万 t	17.3	9.9	9.9	0.2

表 5-14 “十一五”期间环境统计污染物排放数据

序号	指标名称	计量单位	指标值				
			2006 年	2007 年	2008 年	2009 年	2010 年
1	一、废水排放总量	亿 t	10.5	10.8	11.3	14.1	13.6
2	其中：工业废水排放量	亿 t	1.0	0.9	0.8	0.9	0.8
3	工业废水占总量比重	%	9.7	8.5	7.4	6.2	6.0
4	二、COD 排放总量	万 t	11.0	10.7	10.1	9.9	9.2
5	其中：工业 COD 排放量	万 t	0.9	0.7	0.5	0.5	0.5
6	工业 COD 占总量比重	%	8.4	6.2	4.9	5.0	5.3
7	三、氨氮排放总量	万 t	1.3	1.2	1.2	1.3	1.2
8	其中：工业氨氮排放量	t	646	690	444	453	392
9	工业氨氮占总量比重	%	4.9	5.6	3.7	3.5	3.2
10	四、煤炭消费总量	万 t	2 642	2 622	2 464	2 431	2 438
11	五、二氧化硫排放总量	万 t	17.6	15.2	12.3	11.9	11.5
12	其中：工业二氧化硫排放量	万 t	9.4	8.3	5.8	6.0	5.7
13	工业二氧化硫占总量比重	%	53.4	54.7	46.9	50.4	49.4
14	六、氮氧化物排放总量	万 t	21.8	24.8	17.6	18.1	22.3
15	其中：工业氮氧化物排放量	万 t	7.8	7.1	5.2	5.4	10.9
16	工业氮氧化物占总量比重	%	36.0	28.5	29.3	29.7	48.8
17	六、烟尘排放总量	万 t	5.0	4.9	4.8	4.4	4.9
18	其中：工业烟尘排放量	万 t	1.5	2.1	2.0	1.9	2.1
19	七、工业粉尘排放量	万 t	3.0	1.9	1.5	1.7	1.7
20	八、工业固体废物排放量	万 t	0.1	0.1	0.1	0.1	0.1

表 5-15 “十二五”期间环境统计污染物排放数据

序号	指标名称	计量单位	指标值				
			2011 年	2012 年	2013 年	2014 年	2015 年
1	一、废水排放总量	亿 t	14.6	14.0	14.5	15.1	15.2
2	其中：工业废水排放量	亿 t	0.9	0.9	1.0	0.9	0.9
3	工业废水占总量比重	%	5.9	6.6	6.6	6.1	5.9
4	二、COD 排放总量	万 t	19.3	18.7	17.9	16.9	16.2
5	其中：工业 COD 排放量	t	7 117	6 265	6 054	6 050	4 738
6	工业 COD 占总量比重	%	3.7	3.4	3.4	3.6	2.9

序号	指标名称	计量单位	指标值				
			2011 年	2012 年	2013 年	2014 年	2015 年
7	三、氨氮排放总量	万 t	2.1	2.1	2.0	1.9	1.7
8	其中：工业氨氮排放量	t	433	352	330	328	307
9	工业氨氮占总量比重	%	2.0	1.7	1.7	1.7	1.9
10	四、煤炭消费总量	万 t	2 320	2 330	2 099	1 832	1 240
11	五、二氧化硫排放总量	万 t	9.8	9.4	8.7	7.9	7.1
12	其中：工业二氧化硫排放量	万 t	6.1	5.9	5.2	4.0	2.2
13	工业二氧化硫占总量比重	%	62.6	63.2	59.8	51.1	31.0
14	六、氮氧化物排放总量	万 t	18.8	17.8	16.6	15.1	13.8
15	其中：工业氮氧化物排放量	万 t	9.0	8.5	7.6	6.4	2.7
16	工业氮氧化物占总量比重	%	48.0	48.1	45.7	42.7	19.5
17	七、烟（粉）尘排放总量	万 t	6.6	6.7	5.9	5.7	4.9
18	其中：工业烟（粉）尘排放量	万 t	2.9	3.1	2.7	2.3	1.3

备注："十二五"环境统计报表制度较"十一五"主要新增了农业源调查内容。

二、污染源调查

（一）污染源调查

为了掌握北京市工业"三废"排放情况，有针对性地进行治理，1972年首次进行了三废排放基本情况普查，了解了全市重点污染源情况。通过20世纪70年代的调查，基本掌握了重点毒物的排放和治理情况。市环保局对14 600个乡镇企业进行了调查，初步掌握了乡镇企业的发展概况及污染情况。

1985年，根据国家环保局部署，市环保局组织开展了大规模的污染源调查。全市动员了中央、市属42个系统和18个区县，共50 000多人参加，历时两年，对8 786个企事业单位、2 000多个工业噪声源和全市的炉、窑、灶进行调查，获得30多万个数据，建立了3 000多卷档案和数据库，为掌握全市的污染状况，加强环境管理和环境预测提供了依据。

（二）乡镇工业污染源调查

1987年7月开始，到1991年12月历时两年半，北京市开展了乡镇工业污染源调查。在全市 1.3 万多个乡镇工业企业中抽查了主要污染工业企业 2 864 个，其中详细调查了 1 314 个，主要包括造纸、化工、水泥、电镀等 13 个行业。调查结果表明，乡镇工业主要污染源废水年排放总量为 1 724.6 万 t，占全市工业废水排放量的 4%；废气年排放量为 16 264.8 百万标立米，占 5.6%；固体废弃物年排放量为 625.6 万 t。

1997 年，市环保局、市乡镇企业局等部门联合开展全市乡镇工业企业污染源全面调查。调查工作从 1 月开始，10 月完成，共调查 14 个县（区）的 7 292 个乡镇工业企业，调查结果显示，乡镇企业工业粉尘排放量为 13.93 万 t，占全市的 68.99%；烟尘 9.58 万 t，占全市 43.48%；COD3.79 万 t，占全市的 34.13%；二氧化硫 4.69 万 t，占全市的 17.9%。

1997 年 12 月 30 日 国家乡镇工业污染源调查北京市验收

（三）第一次全国污染源普查

2006 年 10 月，国务院发出《关于开展第一次全国污染源普查的通知》，正式启动第一次全国污染源普查工作。普查时点为 2007 年 12 月 31 日，时期资料是 2007 年度。北京市成立了污染源普查工作领导小组及工作机构，制订了工作方案，开展了污染源清查和宣传培训，明确了普查的目的、意义、对象和内容，提出了普查整体时间安排和组织实施的要求，对国家规定的工业源、农业源、生活源和集中式污染治理设施进行普查。

成立普查临时工作机构。市政府专门成立了普查机构——北京市污染源普查工作领导小组，由赵凤桐副市长任组长，市政府李伟副秘书长、市环保局史捍民局长和市统计局崔述强局长任副组长，成员单位由市委宣传部、市财政局、市农业局、全军环办等 15 个相关部门组成。各区县政府全部成立了污染源普查领导小组，各街乡也成立了污染源普查领导小组，普查责任得到进一步落实。据统计，全市各级普查机构共有 557 人专职从事污染源普查工作。

安排专项经费。按照《国务院关于开展第一次全国污染源普查的通知》精神，市政府明确，普查经费由市和区县财政全额承担，并列入年度预算，保证按时拨付。据统计，2007—2009 年市、区两级共落实普查经费 1.21 亿元，其中市级 3 300 万元，区县 8 800 万元。市级财政专门为区县配备了数据录入、存储、处理需要的计算机、服务器、数据库等软硬件，为每个街乡配置一台计算机和一个移动硬盘，为全市普查员统一配备普查装备，为普查工作的全面展开提供了物质保障。

制定普查方案。按照全国污染源普查方案，结合北京市工作实际，市环保局制定了《北京市污染源普查方案》。经市长办公会审议通过后，由市政府印发实施。各区县政府、各街道（乡、镇）也制定了污染源普查的具体方案，为普查工作的顺利开展打下了基础。按照北京市普查方案，北京市第一次污染源普查的目标有三方面：一是通过普查，掌握全市污染源基数、污染源的分布特征和排污现状，满足国家对污染源普查的统一要求；二是开展全市挥发性有机物排放和非点源水污染源的两项专项调查，满足北京市进一步改善环境质量的工作需要；三是建立全市污染源信息数据库，为经济社会发展宏观决策、环境保护政策制定、污染物总量减排等工作提供重要的数据支撑。在 2008 年 1 月 4 日全市污染源普查电视电话会议上，市政府要求强化“一个责任”，抓好“两个环节”，做到“三个统一”，处理好“四个关系”，努力实现污染源普查的总体目标。“一个责任”是指各级政府要对本辖区污染源普查工作负总责；“两个环节”是指污染源普查宣传和质量控制两个环节；“三个统一”是指全市统一工作要求、统一工作进度、统一成果发布；“四个关系”是指正确处理奥运环境保障与污染源普查、“规定动作”与“自选动作”、普查速度与普查质量以及按区域汇总分析和按流域汇总分析的关系。

组织人员力量。北京市组织各区县普查机构，采用抽调或公开招聘的方式选聘普查员和普查指导员 8 000 余人。为了提高普查人员素质，北京市专门编制了适合本地特点的培训讲义，注意理论联系实际，采取课堂讲解、案例分析、难点讨论、问题解答、模拟填表等方式，提高培训质量。据统计，市污普办先后培训区县和街道（乡镇）普查机构 900 多人。区县普查机构培训普查人员和普查对象总计 20 000 余人。各级普查机构按照全国普查员工作细则的规定，要求普查人员全部持证上岗，严格工作纪律，依法行使职权，为普查工作顺利推进奠定了基础。

组织宣传动员。市污染源普查办公室与市委宣传部联合印发了《北京市第一次污染源普查宣传工作方案》，制作污染源普查公益广告，在官方网站开设专栏，报道普查动态，通过广泛宣传，使广大市民了解并配合污染源普查，进一步扩大了社会影响，为开展全市普查工作营造了良好氛围。据统计，区县共发放北京市统一编制的普查宣传手册 9.3 万册，发放致普查对象的“一封信”10 万份，张贴普查宣传画 3 万张，发放宣传污染源普查的环保袋 3 万个，在街道显著位置悬挂普查横幅标语 1 000 余幅。各区县还结合本地实际，开展主题宣传活动，收到了良好的宣传效果。

开展污染监测。市环保局印发了《关于开展污染源普查监测工作的通知》，要求各区县建立环保局负责、监测站监测、监察队配合的联动机制，统筹安排污染源普查监测工作。在市区两级环保部门的共同努力下，全市共采集监测数据 7 800 多个，其中水污染源 5 200 多个，大气污染源近 2 600 个，监测覆盖率达到 100%。

清查污染源。北京市按照《第一次全国污染源普查清查工作细则》要求，制定了清查的质量要求和考核要点，开发了“北京市污染源清查管理系统”。北京市共清查污染源 11.9 万个。2008 年进入普查阶段，4 月 30 日，全市完成普查表的填报与数据初步审核，5 月 31 日，完成普查数据的录入，6 月 20 日，完成普查数据的第一次上报。

编写普查报告。2009 年，按照全国污染源普查工作要点，北京市组织完成污染源普查技术报告和工作报告编写，形成一份总报告和工业源、农业源、生活源和集中式污染治理设施普查4个分报告。普查数据在制定大气污染阶段控制措施、奥运环境保障以及提高空气质量预测预报的精度中发挥重要作用。

地方自选普查。北京市在完成国家规定任务的同时，于2007年7月开始进行挥发性有机物专项调查，开展了固定燃烧源、移动源、炼油和石化、油品的储运销、溶剂使用装置和活动、农药使用、天然源和生活源等7个子项目研究。2008年1月，对全市非点源水污染物排放进行调查和研究，通过资料收集、现场监测、建立模型、评估计算等工作，基本掌握了北京城市和农村非点源污染物排放特征和规律。两个专项调查均于2009年12月全面完成。

普查成果。2007年，全市普查对象总数共70 862个，其中：工业源18 475个，农业源14 845个，生活源37 386个，集中式污染治理设施156个。各类源废水排放总量10.45亿t，废气排放总量6 064.34亿m^3。主要污染物排放总量：化学需氧量16.40万t，氨氮0.92万t，石油类（生活源包括动植物油）2.33万t，重金属（镉、铬、砷、汞、铅）0.75 t，总磷0.12万t，总氮4.33万t；二氧化硫13.43万t，烟尘5.91万t，氮氧化物20.71万t。

第六章　经济政策

环境经济政策是指按照市场经济规律要求，运用价格、财政、税收、金融、收费、信贷、保险等经济手段，调节或影响市场主体的行为，以促进经济建设与环境保护协调发展的政策手段。北京市实施环境经济政策经历了从无到有、由点及面的发展过程，对推动全市环境保护工作，加快污染源治理发挥了促进作用。

北京市环境经济政策的实施大约分三个阶段：

1999 年以前，北京市的环境经济政策比较单一，主要是排污收费，包括排污费征收、专项资金补贴、贴息及基金运作等方式，支持了工业企业的污染治理。

1999—2008 年，北京市实施大气污染防治阶段措施，大规模开展采暖燃煤锅炉清洁化改造、机动车污染治理、工业企业燃煤锅炉脱硫除尘等，设立了大气污染治理与环境保护专项资金，通过财政补贴支持污染治理。同时，采用清洁能源采暖低谷电价、脱硫电价、医疗废物处置等价格政策，老旧公交车提前淘汰贴息政策，扰民污染源搬迁鼓励政策等不同形式的经济手段，促进了各项污染控制措施的落实。

2008 年以来，北京市的环保工作进入了新阶段，遵循科学发展和市场机制的理念，环境保护工作从末端治理向预防为主、防治结合转变，对环境管理提出了更高要求。由于宏观决策和经济政策不断完善，以奖代补、绿色信贷、环境税收优惠等经济政策相继出台，使环境经济政策逐步发展成为覆盖全面、形式多样的政策体系。

北京市在执行国家环境经济政策的同时，结合本地的实际情况，围绕推广清洁能源、防治机动车污染、优化产业结构、区域污染联合防治等重点和难点问题，进一步制定实施了一系列经济政策，充分发挥了环境经济政策的引导作用。

在收费和价格政策方面：全面实施排污收费制度，对污水处理、城市生活垃圾处理和医疗废物处置实行收费政策。对平房采暖煤改电实行低谷电价，对脱硫脱硝的电厂实施上网电价优惠政策，对燃煤锅炉改用清洁能源单位减免“四源”费政策等。

在财政补贴政策方面：先后出台了锅炉改造资金补助、居民住宅清洁能源分户自采暖补贴、平房采暖煤改电补助、出租车提前淘汰专项补助、老旧公交车提前更新补助和贷款贴息、油气回收治理改造补助、黄标车提前淘汰补助、老旧机动车提前淘汰更新补助、清洁生产审核和治理补助、污染扰民企业搬迁鼓励政策等。

在以奖代补政策方面：制定出台了区域污染总量减排奖励暂行办法、节能减排奖励暂行办法、鼓励退出“高污染、高耗能、高耗水”企业奖励办法、环境优美乡镇和生态文明村奖励政策等。

在绿色金融和税收方面：落实国家《关于落实环保政策法规防范信贷风险的意见》，对有环境违法行为的企业严格控制贷款，并积极配合环保部筹建环境违法信息与金融部门的交流机制；对上市企业实施环保核审制度；对资源综合利用企业实施增值税优惠政策等。

第一节　排污收费政策

北京市根据环境保护事业发展的需要，按照国家要求，于 20 世纪 70 年代末期开始探索建立实施排污收费制度，随着改革的深入和法律法规的不断完善，排污收费制度经历了由单一浓度收费向浓度与总量相结合方式转变，由单因子收费向多因子收费转变，由超标收费向排污收费转变的过程，通过改革征收体制、严格实行“收支两条线”措施，严格按照专项资金进行管理。

排污收费政策是一项重要的环境经济政策，这项政策的建立实施，以及后续的不断完善和发展，为促进我市企事业单位加强经营管理、节约和综合利用资源、治理污染，改善环境发挥了积极作用。

一、排污收费政策标准演变

20世纪70年代末期，根据“谁污染谁治理”的原则，北京市制定了排污收费制度，这是在我市环境管理中最早提出并普遍实行的管理制度之一，至今实施已有30多年，大体经历了五个发展阶段。

第一阶段（起步阶段，1978—1981年）。1979年9月，全国人大通过的《环境保护法（试行）》规定“超过国家规定的标准排放污染物，要按照排放污染物的数量和浓度，根据规定收取排污费”，从法律上确定了北京市排污收费制度，该阶段属于超标收费。

第二阶段（建立和实施，1982—1987年）。1982年2月，北京市实施国务院发布的《征收排污费暂行办法》，要求排污单位应如实向当地环保部门申报登记排放污染物的种类、数量和浓度，经环保部门或其指定的监测单位核实后，作为征收排污费的依据；排污单位缴纳排污费，并不免除其应承担的治理污染、赔偿损害的责任和法律规定的其他责任；环保部门征收的排污费，纳入预算内，作为环境保护补助资金，按专项资金管理，不参与体制分成；环保补助资金应当主要用于补助重点排污单位治理污染以及环境污染的综合性治理措施。

第三阶段（“拨改贷”改革，1988—2003年）。1988年7月，北京市贯彻实施国务院颁布的《污染源治理专项基金有偿使用暂行办法》，规定在全国实行排污收费资金的有偿使用，即从补助重点排污单位治理污染源的环保补助资金中用一定比例建立环保贷款基金。1993年根据水污染防治法开始实行征收污水排污费。1998年根据酸雨控制区和二氧化硫控制区划分方案，做好征收二氧化硫排污费的工作。北京市制定实施独立于国家的高硫煤和低硫煤二氧化硫收费标准，即高硫煤每公斤二氧化硫排污费为1.2元标准，低硫煤二氧化硫排污费标准为每一污染当量0.6元标准。

第四阶段（规范成熟，2003—2012年）。2003年2月，北京市根据国务院发布的《征收排污费管理条例》颁布了《排污费征收标准管理办法》，以实行排放污染物总量收费和排污费收支两条线管理为核心内容，确立了市场经济条件下的排污收费制度，进一步规范了排污费的征收、使用和管理。其中污水排污费按排污者排放污染物的种类、数量以污染当量计征，每一污染当量征收标准为 0.7 元。废气排污费按排污者排放污染物的种类、数量以污染当量计算征收，每一污染当量征收标准为 0.6 元。对排污者产生环境噪声，按照超标的分贝数征收噪声超标排污费。对无专用贮存或处置设施和专用贮存或处置设施达不到环境保护标准（即无防渗漏、防扬散、防流失设施）排放的工业固体废物，一次性征收固体废物排污费。每吨固体废物的征收标准为：冶炼渣 25 元、粉煤灰 30 元、炉渣 25 元、煤矸石 5 元、尾矿 15 元、其他渣（含半固态、液态废物）25 元。对以填埋方式处置危险废物不符合国家有关规定的，危险废物排污费征收标准为每次每吨 1 000 元。该阶段排污收费为多因子收费，超标收费和总量收费相结合。

第五阶段（深化发展，2013—2015 年）。排污收费制度深入发展，在收费标准和范围方面大大拓展，北京市走在全国前列。2013 年，我市印发《关于二氧化硫等四种污染物排污收费标准有关问题的通知》（京发改[2013]2657 号），二氧化硫由 0.63 元/kg 提高为 10 元/kg，氮氧化物由 0.63 元/kg 提高为 10 元/kg，化学需氧量由 0.7 元/kg 提高为 10 元/kg，氨氮由 0.875 元/kg 提高为 12 元/kg。2015 年印发《关于建设工程施工工地扬尘排污收费标准的通知》（京发改[2015]265 号），施工扬尘排污费按照施工工地扬尘管理等级标准收费，收费标准为 3 元/kg。2015 年印发了《关于挥发性有机物排污收费标准的通知》（京发改[2015]2003 号），正式开征挥发性有机物排污费，基本收费标准为 20 元/kg。同时，北京市还修订更新了《北京市排污费资金收缴使用管理暂行办法》（京财经[2014]2107 号），重新调整了排污费划缴比例：10%上缴中央国库，40%缴入市级国库，50%缴入区县级国库；市环境保护行政主管部门及北京经济技术开发区环保局征收的排污费划缴比例：10%上缴中央国库，90%缴入市级国库。该阶段的排污收费，创新性建立了差别化收费制度，低于排放标准 50%的，减半征收，超标排放的，加倍征收，切实加大了对排污单位的激励力度。

总体来看，排污收费制度在经历了深化改革和不断完善发展的过程后，更加适应了社会主义市场经济体制，完善了相关法律法规，促进了经济与环境的协调发展。

二、排污费的使用

在“九五”“十五”期间，我市共征收排污费 128 238.6 万元，使用了 86 465 万元，“十一五”期间，由于排污费征收总额逐年下降，使用情况也大幅下降。排污费严格实行“收支两条线”，按照“环保开票，银行代收，财政统管”的原则，取消各级环保部门在银行设立的征收排污费过度账户，环保部门只负责送达排污费缴费通知书，排污费资金真正作为环保专项资金纳入预算管理，淡化“返还”概念，根据污染防治的重点和当地最亟须解决的环境问题，按照轻重缓急予以安排。

（一）关停重点污染源，清除污染

我市安排排污费资金用于关停污染源，削减污染物排放量。以水泥立窑为例，其生产过程中工业粉尘排放点多、量大、面广，污染严重。为此，我市安排排污费资金对水泥立窑进行政策性关停，2003 年以来共安排 1 270 万元，关停了 23 条水泥立窑生产线，削减工业粉尘排放量 2 万 t 左右。

（二）促进重点源治理污染，削减污染物排放量

“九五”期间，我市围绕“一控双达标”的中心任务共安排资金 1.59 亿元用于工业污染源治理，789 家企业新建或改建了污染治理设施，300 多家企业改造了生产工艺，全部实现了达标排放，提前完成了“一控双达标”任务。“十五”期间，我市集中资金支持重点企业开展污染深度治理。如累计安排资金 9 900 万元支持国华电厂、京能电厂、高井电厂、京丰电厂、华能电厂建设高效烟气脱硫设施，国华热电厂 4 台发电锅炉、京能电厂 2 台发电锅炉、高井热电厂 4 台发电锅炉的烟气脱硫设施已建成并正常运转，脱硫效率达到 96%以上，除尘效率达到 99%以上，削减了大量污染物排放。以国华电厂为例，每年少排放二氧化硫 9 000 多 t。再如，2004 年，我市安排 500 万元资金支持燕京啤酒厂建成世界最先进的厌氧和耗氧（IC 反应器+SBR）相结合处理工艺、全国同行业规模最大的污水处理场，日处理能力达到 4 万 t。高效污染治理设施使我市大多数工业企业污染物排放水平较低，国华电厂、燕京啤酒厂先后被国家环保部门评为“环境友好企业”，国华电厂更是全国电力企业中的唯一一家。

（三）推广清洁生产技术

工业清洁发展可以节能、降耗、减污、增效，有利于环境保护。我市根据《清洁生产促进法》和《排污费征收管理使用条例》支持企业开展清洁生产。2005 年，我市共安排 600 万元支持 6 个清洁生产示范项目，如北京水泥厂余热发电工程，将生产过程中的热能转换成电能，一是节省了购买电能的成本，二是减少了热能的损失，三是减少了燃煤发电造成的环境污染，环境与经济实现“双赢”。

（四）服务大气污染防治中心工作

1998—2000 年，我市将二氧化硫排污费收入的 90%（计 0.58 亿元）用于燃煤锅炉改用清洁能源、除尘器改造等治理项目。2005 年，我市又安排 1 598 万元资金用于 43 家 20 t 以上的燃煤锅炉建设脱硫除尘设施。燃煤锅炉相继改造为燃气锅炉或高效脱硫，减少了二氧化硫的排放量。

（五）加强了环保系统能力建设

这主要体现在建设先进的监测预警体系和完备的执法监督体系。“九五”期间，我市安排 0.72 亿元引进国外先进设备，提高监测手段的科技含量，确保适应环境管理和污染防治的需要，如建设大气环境自动监测网络、燃煤锅炉在线监测系统。“十五”期间，我市为适应区域污染综合防治的工作需要，安排资金建设区域污染环境监控中心，建成市环保监测中心污染监控中心、朝阳区环境污染监控中心，石景山区环境污染监控中心。

排污费的使用情况参见表 6-1。

表 6-1 2001—2010 年排污费支出明细表

年份	工业污染源治理	其他污染防治	监督性监测	合计/万元
2001	6 155	100	2 385	8 640
2002	9 623	1 635	4 177	15 435
2003	4 318	1 330	6 077	11 725
2004	5 275	1 000	3 225	9 500
2005	7 523	3 988	4 600	16 111
2006	2 700	5 479	3 804	11 983
2007	3 480	1 508	3 582	8 570

年份	工业污染源治理	其他污染防治	监督性监测	合计/万元
2008	66	1 977.05	1 110.95	3 154
2009	0	1 327	0	1 327
2010				

综上，排污收费制度符合北京市现实情况，在促进环境保护事业的发展中起着重要作用。主要表现在：

一是促进企业污染治理、提高“三废”综合利用水平。征收排污费，使企业经营者提高了环境意识，增强了保护环境、治理污染的自觉性。排放污染物的企业随着生产规模的扩大、污染负荷的增加、缴费逐年递增，企业从自身经济利益出发，主动增大对治理的投入，在一定程度上改善了环境质量。

许多企业在治理污染的同时，设计并实行的是一条“回收为主，综合利用”的技术路线，不仅有效地节约了资源，而且对排放的废水、废气和废渣加以综合利用，提高了企业的经济效益。

二是为治理污染筹集了专项资金。根据规定，排污费资金的使用主要用于重点污染源治理，由此为污染防治开辟了一条可靠的资金渠道。

三是强化了对环境的监督管理。征收排污费是法律规定的一项制度，这项制度的实施充分落实了“谁污染谁治理“的原则，提高了全社会的环境保护意识，形成了公众积极参与和齐抓共管的局面，随之建立起一整套科学的管理制度和对环境监管有力的执法队伍，大大强化了对环境的监督管理。

四是增强了环保部门的能力建设。排污收费不仅为加强环境管理，促进污染治理提供了大量资金，而且对环保部门自身建设起到很大的促进作用，排污费资金可以用于购置监测仪器设备，支持污染源监督性监测工作开展，支持污染监控系统建设和监察执法装备购置，促进了环境保护能力建设水平的提高。

第二节　财政补贴政策

为配合北京市大气污染防治工作的顺利进行，促进重点污染行业整理改造，市环保局、市财政局等多个部门出台了一系列财政补助政策，激励开展燃煤、机动车、工业等污染治理工作。

一、燃煤污染防治补贴政策

燃煤污染防治相关经济政策主要包括燃煤锅炉改为燃气锅炉等清洁能源改造财政补助政策、平房散煤采暖煤改电财政补助政策以及可再生能源推广政策等方面。

（一）燃煤锅炉改清洁能源财政补助政策

自 1999 年开始，北京市通过财政补贴大力推进燃煤锅炉清洁能源改造，在 2002 年出台的《北京市锅炉改造补助资金管理办法》中，明确了锅炉改造财政补助的范围为城八区，并且详细列出了资金补助标准为市属全额拨款单位补助 100%，差额事业单位补助 50%，其他企事业单位每 T/h 的容量补助 5.5 万元。2005 年出台的《〈北京市锅炉改造补助资金管理办法〉补充规定》中将补助范围扩大到了全市。2006 年，北京市市政管理委员会、市财政局等 12 个部门联合出台了《北京市居民住宅清洁能源分户自采暖补贴暂行办法》，办法中明确了政府、企业对新建住宅采用清洁能源分户自采暖，或者旧住宅按照大气治理统一改造要求，采用燃气、电等清洁能源采暖的进行补贴，并详细列出了住房建筑面积补贴标准。2010 年出台的《〈北京市锅炉改造补助资金管理办法〉补充规定》中，在补助范围内增加了 20 t 以上的锅炉改造，并明确了每蒸吨补助 10 万元的补贴标准。2014 年出台的《〈北京市锅炉改造补助资金管理办法〉补充规定》中，将城六区外的燃煤锅炉不分蒸吨大小每蒸吨补助标准提高至 13 万元，加大了激励力度，全力促进北京市清洁空气行动计划确定的减煤目标。

（二）平房煤改电财政补助政策

自北京市实施平房居民煤改电以来，市政府相继出台了若干相关的财政补助政策。在低谷电价基础上进一步进行电价补贴，确保煤改电示范区内大部分居民（包括低保户、困难户等困难群体）都能承受电采暖的费用。2005 年 9 月，北京市财政局和北京市环保局联合出台了《北京平房煤改电示范区采暖补助办法》，规定了示范区低谷电价时段按实际用电量给予 0.1 元/（kW·h）的补贴标准。2006 年 12 月出台的《北京平房煤改电示范区采暖补助办法的补充规定》中扩大了补助的范围，将补助标准由 0.1 元/（kW·h）提高至 0.2 元/（kW·h）。2015 年，市环保局、市发改委、市财政局、市市政管委印发了《关于完善北京城镇居民“煤改电”“煤改气”相关政策的意见》，进一步完善和明确了补助政策，包括 10 kV 以下外电网市政府固定资产投资给予 30%补助；户内线路改造和峰谷电表等投资市区财政按 60%、40%分担；取暖设备市区财政各按购置价格的 1/3 补助；谷段电价享受 0.3 元/（kW·h），且市区财政各补助 0.1 元/（kW·h）；居民房屋保温修缮由区财政负担。

平房采暖“煤改电”

燃气锅炉房

（三）农村散煤治理补贴政策

2013 年以来，北京市为大力推进农村散煤污染治理，陆续出台一系列补贴政策，截至 2016 年，逐步形成了覆盖“煤改电”“煤改气”、太阳能热利用、农宅抗震节能保温改造、“减煤换煤”等较全面的政策，具体如下：

1．“煤改电”的支持政策

电价优惠及补贴政策。完成“煤改电”改造任务的村庄，住户在晚 21：00 至次日 6：00 享受 0.3 元/（kW • h）的低谷电价，同时市、区两级财政再各补贴 0.1 元/（kW •h），补贴用电限额为每个取暖季每户 1 万度。对电力负荷有富余且暂未安排实施“煤改电”的村庄，用户可采用高效节能电取暖设备取暖，在向市电力公司申请并通过审核后安装峰谷电价表，享受峰谷电价及补贴。

电网及线路改造投资政策。10 kV 以下、住户电表（含）之前的电网扩容投资，由市电力公司承担 70%，市政府固定资产投资承担 30%。住户户内线路（即住户电表至取暖设备）的改造费用，由各相关区政府制定具体补贴政策。

高效节能电取暖设备补贴政策。对采用储能式电暖器取暖的住户，由市财政按照每户设备购置费用的 1/3 进行补贴，补贴金额最高 2 200 元；区财政在配套同等补贴金额的基础上，可进一步加大补贴力度，减轻住户负担。对安装空气源热泵、非整村安装地源热泵的住户，市财政按照取暖住房面积每平方米 100 元的标准给予补贴，每户补贴金额最高 1.2 万元；区财政在配套同等补贴金额的基础上，可进一步加大补贴力度，减轻住户负担。

2．“煤改气”的支持政策

天然气管网改造投资政策。天然气管网中压管线及调压箱（即入村前工程及设备）投资，由具备资质的燃气公司承担；调压箱到住户燃气表（含表）之前（即村内管线）的投资，由具备资质的燃气公司承担 70%，市政府固定资产投资承担 30%。

压缩天然气（CNG）、液化天然气（LNG）投资政策。对天然气管网不能通达的村庄可采用 CNG 和 LNG 方式供气，气站投资由具备资质的燃气公司承担；气站到住户燃气表（含表）之前（即村内管线）的投资，由具备资质的燃气公司承担 70%，市政府固定资产投资承担 30%。

燃气表以内管线改造和燃气设备购置的支持政策。住户取暖用终端设备由市财政按照每户燃气取暖炉具购置价格的 1/3 进行补贴，补贴金额最高 2 200 元；区财政在配套同等补贴金额的基础上，可进一步加大补贴力度，减轻住户负担；其他管线改造和设备购置费用可由区、乡镇、村、住户共同承担。

天然气价格支持政策。市政天然气管网接通后，执行全市统一的天然气供气价格。采用 CNG、LNG 方式的供气价格，高出市政天然气管网供气价格的部分，由市、区财政、市政市容、新农办等部门共同研究补贴办法。

3. 太阳能热利用的支持政策

农村住户在自有住房、村集体在公用建筑上安装太阳能采暖设施的费用由市政府固定资产投资承担 30%，农村住户或村集体承担 1/3，剩余部分由区政府承担。各有关区要以村为单位，对农村住户和村集体实施太阳能取暖项目整体打包，向市发展改革委申报。

4. 农村住宅抗震节能保温改造的支持政策

凡实施“煤改清洁能源”村庄的住户，市财政按照住宅新建翻建及综合改造每户 2 万元、节能保温改造每户 1 万元的标准，采取以奖代补的方式，对区政府予以奖励，奖励资金由各区统筹使用，各区给予相应配套资金补助。村属公益公共场所用房抗震节能保温改造补贴政策由市新农办、市住房城乡建设委、市财政局另行研究制定。列入国家级、市级传统村落名录的村庄，要注重传统风貌保护，对住宅抗震节能保温改造，原则上要在房屋内立面实施，确保不破坏房屋外立面。由市新农办、市住房城乡建设委、市财政局制定支持政策并进行试点，待成熟后在全市推广。

5.“减煤换煤”的奖励政策

市财政继续采取以奖代补的方式，对本年度通过“五个一批”方式实施“减煤换煤”工作的给予奖励。其中，对减少的用煤按照 200 元/t 标准进行奖励，对更换为符合标准的型煤和兰炭的，按照 200 元/t 标准进行奖励，奖励资金由各区统筹使用，专项用于“减煤换煤”工作；对农村住户烟煤炉具更换为优质燃煤炉具的，市财政按照炉具购置价格的

1/3 进行补贴，每台最高补贴 700 元，区财政在配套同等补贴金额的基础上，可进一步加大补贴力度，减轻住户负担。市、区民政部门要做好特殊困难群体救助工作。

6．设施农业、畜禽舍冬季取暖的支持政策

选择一批基础条件好的设施农业、畜禽舍开展“煤改清洁能源”试点，对其余部分全部实施优质燃煤替代，市政府对开展工作成效较好的区给予一定奖励。鼓励将农林业废弃物就地资源化、能源化消纳和清洁化利用，提高沼气、生物质能利用水平，市发展改革委按相关政策给予支持。

（四）可再生能源鼓励政策

2006 年市发展改革委、市规划委、市建委、市市政管委、市科委、市财政局、市水务局、市国土局和市环保局共同研究制定了《关于发展热泵系统的指导意见》，意见指出供热制冷系统选用热泵系统的，根据市规划委核定的建筑面积从本市固定资产投资中安排一次性补助，补助标准为：地下（表）水源热泵 35 元/m^2，地源热泵和再生水源热泵 50 元/m^2。2013 年，市发改委、市财政局印发了《北京市进一步促进地热能开发及热泵系统利用实施意见》，对热源和一次管网给予 30%的资金补助；新建深层地热供暖项目，对热源和一次管网给予 50%的资金支持；既有燃煤、燃油供暖锅炉实施热泵系统改造项目，对热泵系统给予 50%的资金支持。

2010 年，市发改委出台了《北京市太阳能热水系统项目补助资金管理暂行办法》，对于符合条件的两限房、普通商品房、公共建筑及工业企业安装使用太阳能热水系统的前 100 万 m^2 太阳能集热器项目，按实际安装集热器面积给予 200 元/m^2 的市政府固定资产投资资金补助。

2014 年，市财政局、市住建委、市规划委印发了《北京市发展绿色建筑推动绿色生态示范区建设奖励资金管理暂行办法》，规定绿色建筑标识项目奖励标准：二星级项目 22.5 元/m^2，三星级项目 40 元/m^2。绿色生态示范区奖励资金基准为 500 万元。

二、机动车污染防治补贴政策

机动车污染防治相关经济政策主要包括老旧车淘汰、新能源车补贴等方面。

（一）老旧车淘汰补贴政策

2009 年，北京市人民政府出台了《关于印发北京市进一步加快淘汰黄标车工作实施方案的通知》，提出了从 2008 年 9 月 27 日至 2009 年 6 月 30 日淘汰的黄标车，给予 800 元至 25 000 元的资金补助；从 2009 年 7 月 1 日至 2009 年 12 月 31 日淘汰的黄标车，给予 500 元至 22 000 元的资金补助的财政补贴标准。

2012 年，北京市政府出台的《进一步促进本市老旧机动车淘汰更新方案》中规定，车主将使用 6 年及以上且未达到现行国家第四阶段排放标准的本市牌照机动车转出本市或报废，对转出车辆按车型不同给予 2 500～14 000 元/辆、3 000～16 500 元/辆的财政补助，同时企业按照新购车型不同额外再给予补贴。

2015 年，北京市政府印发了《北京市进一步促进老旧机动车淘汰更新方案（2015—2016 年）》，不再补贴转出车辆，仅对报废车辆按车型不同给予 3 000～21 500 元/辆，同时企业按照新购车型不同额外再给予补贴。

（二）电动车购置补贴

2011 年，北京市印发了《纯电动汽车示范推广市级补助暂行办法》，明确出租、邮政等领域企业购买纯电动汽车，按照规定的国家补助标准，市财政按照 1∶1 比例对企业追加地方财政补助资金。公交车、环卫车电池租赁费用执行标准为：2 t 环卫车 2.65 万元/（辆•年）；8 t 环卫车 10.5 万元/（辆•年）；16 t 环卫车 21 万元/（辆•年）；公交车 19 万元/（辆•年）。公交车、8 t 及 8 t 以上环卫车，通过充电站实行充换电方式的，充电服务费用执行标准为：8 t 环卫车 1.6 万元/（辆•年）；16 t 环卫车及公交车 3.3 万元/（辆•年）。

2014 年，市财政局、市科委、市经信委印发了《北京市示范应用新能源小客车财政补助资金管理细则》，根据《北京市示范应用新能源小客车管理办法》确定了国家和本市按照 1∶1 的比例补助，北京市在国家补助基础上：对购买纯电动小客车的消费者，按电动小客车的续驶里程不同，每辆车补贴 3.15 万～5.7 万元不等；对燃料电池小客车补贴 18 万～19 万元/辆；汽车生产企业享受中央和本市财政补助总额最高不超过车辆销售价格的 60%。

（三）绿色公交、绿色货运等补贴政策

2005 年，北京市对出租车提前淘汰进行专项补助，即距报废年限提前 12 个月以上更新，一次性补助 4 000 元/车。

2005 年，对公交车提前更新欧 1 及欧 1 以下车，安排不超过 10 年的贷款贴息补助，并给予账面资产净值 50%的补助。之后又对公交车提前两年半使用国四标准柴油车补贴成本差价和配套设施建设，同步对使用国四标准低硫柴油补贴与国三标准柴油的差价。

2011 年，北京市政府出台了《2011—2015 年北京市城市货运保障“绿色车队”车辆购置专项补助管理办法》的政策，办法中指出对“十二五”时期利用贷款新购绿标货车的给予 1 年期的贴息补助；对于非贷款购车，每淘汰一辆黄标车并且新购一辆绿标货车，给予相当于 1 年利息费用的财政补助。该项政策的出台大大促进了北京市绿色车队的建设。

2014 年，北京市印发了《建筑垃圾运输车辆改造新车购置及资金补助实施办法》，办法规定：凡具有北京市车辆牌照的在用自卸建筑垃圾运输车辆实施改造，对车辆改造后符合补助条件的企业，按每辆车改造总费用的 50%，最多不超过 1.5 万元的标准。改造内容：（1）车箱顶部加装纵向开闭柔性结构篷布覆盖密闭装置；（2）安装北斗兼容车载终端；（3）驾驶室上方安装顶灯；（4）车箱后箱板喷涂放大反光牌号，车箱两侧喷涂运输企业名称；（5）车身及车箱颜色应为苹果绿色。此外，对新购置符合上述条件的新车，每辆车补助 5 万元。

（四）油气回收治理补助政策

2007 年，市财政局出台的《关于对开展油气回收治理给予奖励补助的通知》中，规定为 2008 年 5 月底前完成油气回收治理的社会零散加油站、油罐车和非经营加油站进行专项资金补助，补助标准为每条加油枪补助 0.6 万元，加油站后处理装置补助 6 万元，每辆油罐车补助 1.5 万元。

三、工业污染防治补贴政策

工业污染防治相关经济政策主要包括高污染企业退出、环保治理补助等方面。

（一）高污染企业退出奖补

1999 年，北京市出台了《推进污染扰民企业搬迁加快产业结构调整实施办法》，对污染扰民企业搬迁进行资金支持。

2008 年，北京市出台了《关于鼓励“高污染、高耗能、高耗水企业奖励资金管理暂行办法》，“三高”企业退出后给予 50 万元、100 万元、150 万元和 230 万元的补助。

2014 年，北京市出台了《工业污染企业调整退出奖励资金管理办法》，对列入调整疏解非首都核心功能产业的工业污染企业调整退出；列入不符合首都功能定位的工业行业调整、生产工艺和设备退出指导目录的工业污染企业调整退出；市政府确定的其他项目安排奖补资金。标准根据能源节约量、污染物减排量不同，分别给予 50 万～300 万元不等的奖补资金。

（二）环保治理补助政策

2012 年，北京市出台了《工业废气治理工程补助资金管理暂行办法》，对实施水泥窑烟气脱硝工程、物料储存密闭化改造工程、工业燃重油设施清洁能源改造的企业给予资金补助。

2014 年，北京市印发了《大气污染防治技术改造项目奖励资金管理办法》。资金支持范围：挥发性有机物、氮氧化物、二氧化硫、烟粉尘及其他有毒污染物治理领域。资金支持标准：单个项目总投资 3 000 万元以下：改造后治理对象排放浓度低于现行环保标准限值的 50%（含），且污染物去除效率大于 20%的，给予项目总投资 30%的资金奖励；低于限值 90%高于 50%且去除效率高于 20%的，给予 25%资金奖励；高于限值 90%（含）且去除效率低于 20%（含）的，不奖励。

（三）清洁生产补助政策

2007 年，由北京市财政局、市发改委等四部门联合出台的《北京市支持清洁生产资金使用办法》规定，采用节能、节水等有利于环境与资源保护的建筑设计方案、建筑和装修材料、建筑构配件及设备的项目，自愿开展清洁生产审核的企业，经北京市发改委和市环保局验收合格后可以申请补助。按项目总投资的 30%给予补助，最高不超过 3 000 万元。

2013 年，北京市印发了《清洁生产管理办法》，对实施单位为非公共机构清洁生产审计的，实际发生金额 10 万元以下的审核费用给予全额补助，实际发生金额超过 10 万元以上的部分，自愿性审核给予 50% 补助（最高不超过 15 万元），对强制性审核给予 30%补助（最高不超过 13 万元）；对实施单位为公共机构的，根据实际发生的审核费用给予全额补助，最高补助额度不超过 15 万元；对清洁生产改造，单个项目补助标准原则上不超过项目总投资的 30%：总投资大于 3 000 万元（含）的中高费项目原则上应纳入政府固定资产投资计划，单个项目补助金额最高不超过 2 000 万元；总投资在 3 000 万元以下的其他中高费项目，由财政专项资金安排。

第三节 价格政策

北京市在城市污水处理、生活垃圾处理、危险废物及放射性物质处理等方面，分别出台了相关的价格政策。

（一）污水处理费和阶梯水价

2003 年，北京市污水处理费收费标准为居民 0.9 元/t，非居民 1.5 元/t；2009 年调整为居民 1.04 元/t，非居民 1.68 元/t。2014 年制定出台了《北京市污水处理费征收使用管理办法》，明确污水处理费按用水量计量收缴：污水处理费=用水量×污水处理费单价。已实行用水量计量的，按实际用水量计量。未实行用水量计量的以及计量设施损坏的，按供水设施每日最大供水能力连续测算用水量收缴。

2014 年，市发展和改革委印发了《关于北京市居民用水实行阶梯水价的通知》，决定本市居民用水实行阶梯水价， 按年度用水量计算，将居民家庭全年用水量划分为三档，水价分档递增：第一阶梯用水量不超过 180 m^3，水价为 5 元/m^3；第二阶梯用水量在 181～260 m^3，水价为 7 元/m^3；第三阶梯用水量为 260 m^3 以上，水价为 9 元/m^3。

（二）生活垃圾处理价格

2000 年出台的《北京市征收城市生活垃圾处理费实施办法（试行）》中列出生活垃圾处理费标准为本市居民每户每月 3 元，外地来京人员每人每月 2 元。

（三）上网环保电价

2007 年北京市实施国家发展改革委和国家环保总局出台的《燃煤发

电机组脱硫电价及脱硫设施运行管理办法（试行）》，规定安装脱硫设施后，其上网电量执行在现行上网电价基础上每千瓦时加价 1.5 分钱的脱硫加价政策。电厂使用的煤炭平均含硫量大于 2%或者低于 0.5%的省（区、市），脱硫加价标准可单独制定，具体标准由省级价格主管部门提出方案，报国家发展改革委审批。后于 2012 年出台的《扩大脱硝电价政策试点范围有关问题的通知》，规定燃煤发电机组安装脱硝设施、具备在线监测功能且运行正常的，持国家或省级环保部门出具的脱硝设施验收合格文件，报省级价格主管部门审核后，可执行脱硝电价。脱硝电价标准为每千瓦时 8 厘钱。

（四）危险废物处置

2013 年规定医疗废物处置收费按每吨不高于 3 000 元的水平试行，高安屯医疗废物处理厂医疗废物处理价格 2 407 元；对北京市危险废物处置中心危险废物处置收费标准批复的收费标准为固化填埋每吨 1 945 元，直接填埋每吨 1 591 元，普通焚烧每吨 1 995 元，低热值焚烧每吨 2 195 元。

（五）放射性废物收贮

2002 年调整放射性废物（源）收贮费标准，要求所有送贮的放射性废物、废源、放射源必须使用专用包装桶，每桶体积不得超过 50 L，重量不得超过 40 kg，桶表面剂量应符合国家规定的限定标准。收费标准：放射性废物收贮（处）按半衰期、比活度不同按 30～60 元/kg 或 20～40 元/m^3 收费；废放射源收贮（处）按活度不同按每个 500～6 000 元。

第四节 税收与金融政策

北京市于 2013 年实施国家财政部出台的《关于享受资源综合利用增值税优惠政策的纳税人执行污染物排放标准有关问题的通知》，指出对认定的资源综合利用企业，环保达标的，给予增值税退税、免税的优惠。其中有机肥产品免税。

2003 年市环保局出台了《关于对申请上市的企业和申请再融资的上市企业进行环境保护核查的通知》，规定对首次申请上市并发行股票、申请再融资、资产重组或拟采取其他形式从资本市场融资的公司的环境保护管理、环境保护守法行为进行全面核查、环境保护信息的持续披露及后续监管。

2007 年北京市实施国家《关于落实环保政策法规防范信贷风险的意见》，对有环境违法记录的企业考虑对其信贷的风险，推进绿色信贷，将企业环境信息纳入银行征信系统，对环境违法企业，严格限制企业贷款。

2009 年北京市实施环境保护部办公厅、中国人民银行办公厅《关于全面落实绿色信贷政策进一步完善信息共享工作的通知》的有关规定，落实绿色信贷政策，增加环保部门报送信息的内容，明确部门职责分工。

2013 年北京市环境保护局、中国人民银行营业管理部、中国银行业监督管理委员会、北京监管局联合出台了《关于将企业环境违法信息纳入中国人民银行企业信用信息基础数据库的通知》，旨在加大对企业环境违法行为的经济制约和监管力度，进一步提高环境决策的科学性和环境执法的效率和水平，增强绿色信贷政策的可操作性。

第五节　以奖代补政策

2008 年，北京市出台了《区域污染减排奖励暂行办法》，办法中规定按各区县主要污染物减排情况给予相应奖励，并落实到具体项目。

2010 年，北京市出台的《北京市节能减排奖励办法》中提出对减排的区县给予二氧化硫 1.2 元/kg、化学需氧量 6 元/kg 给予资金奖励；对节能减排先进个人、先进单位给予奖励，分别为 1 000 元、20 万元。

2011 年，市环保局、市财政局出台的《关于修改补充北京市区域污染减排奖励实施细则的通知》中调整了部分污染物的奖励资金额度，其中四项主要污染物奖励标准调整为每削减 1 kg 二氧化硫、氮氧化物、化学需氧量、氨氮分别奖励 1.2 元、3 元、6 元、3 元。

第六节　环保投资

为配套环境经济政策的实施，市政府加大了财政资金投入，而财政资金的投入，结合法规、标准和行政措施一起，有效带动全社会环保投资，为全市环境质量改善打下了坚实的基础。

一、财政资金环保投入情况

1999年以来，北京市环保专项资金主要来源为“大气治理与环境保护专项资金”。“大气治理与环境保护专项资金”是为落实国务院批复的《北京市环境污染防治目标和对策》而设立的。自1999年开始设立，设立初期资金规模为每年5亿元。14年来，专项资金重点支持实施了1998年开始的十六个阶段大气污染治理措施和两年清洁空气行动计划。截至2012年，由市环保局牵头安排“大气治理与环境保护专项资金”累计102.3亿元，主要用于煤烟型污染治理、机动车污染控制、扬尘污染控制、生态及其他工作等四个方面。资金使用方向情况参见表6-2

表6-2　市环保局安排的专项资金情况

年份	安排资金/亿元	年份	安排资金/亿元
1999	5.2	2006	9.2
2000	4.6	2007	7.6
2001	5.5	2008	6.7
2002	5.8	2009	11.9
2003	6.0	2010	4.4
2004	6.0	2011	6.7
2005	6.0	2012	16.8
总计102.3亿元			

以“十一五”期间为例，北京市财政资金对环保的投资从单纯的煤烟型污染控制为主，逐步转为煤烟型污染控制、扬尘污染控制、机动车污染治理三项并重，为大气污染治理各阶段任务的实施提供了有力支持。从项目选择上看，专项资金的使用在紧盯环境效益的同时，非常注重社会效益，如残疾人专用摩托车的更换费用由财政全额补助，平房电采暖费用财政补助也超过50%，其受益人群广，且很多属于社会保障范围，社会效益凸显。此外，为加强对污染源的监督监测和实时监控，安排了对环保监测设备、污染源在线监测设备等方面项目，有效增强了环境监管能力，为环保决策管理和环境质量改善打下坚实的基础。

表 6-3 2001—2005 年大气治理专项资金支出状况 单位：万元

年份	煤烟型污染控制		扬尘污染控制		机动车污染治理		生态建设		综合治理	
	资金	比例	资金	比例	资金	比例	资金	比例	资金	比例
2001	34 803	63%	9342	17%	200	0%	500	1%	10 155	18%
2002	29 343	51%	22 976	40%	5100	9%	0	0%	581	1%
2003	31 398	52%	14 608	24%	12 094	20%	1900	3%	0	0%
2004	23 058	38%	16 828	28%	11 989	20%	3745	6%	4380	7%
2005	13 245	22%	16 754	28%	21 187	35%	3250	5%	5564	9%

2013 年市政府印发《北京市清洁空气行动计划》以来，加大了财政资金的统筹力度和投入水平，除原有的市级节能减排及环境保护专项资金以外，财政和发改部门其他渠道资金也向大气污染防治聚焦，同时大力争取中央财政支持，支撑 84 项措施逐项落地。

二、全社会环保投入情况

1998—2011 年，北京市全社会环境保护投资额整体呈增长趋势，由 1998 年的 493 652.48 万元增长至 2010 年的 4 097 052.14 万元。其中 2011 年的环保投资指数为 2.56%。

全社会环保投资包括城市环境基础设施建成投资、污染源治理投资、各种污染治理设施运行费用以及环境管理能力建设投资。1998—2011 年的年均四项投资额分别为 1 562 612.32 万元、230 655.00 万元、221 131.06 万元和 25 691.38 万元。其中城市环境基础设施建成投资占全年总环保投资的 76.60%，污染源治理投资占 11.31%，各种污染治理设施运行费用占 10.84%，环境管理能力建设投资占 1.26%。具体情况为：

（一）城市环境基础设施建设投资

城市环境基础设施建设投资中又包括污水处理工程建设、燃气工程建设、供热工程建设、园林绿化工程建设、垃圾处理工程建设以及其他防治工程建设六项。其中 1998—2011 年均污水处理工程建设占总城市环境基础设施建成投资的 13.78%，燃气工程建设占 11.83%，供热工程建设占 14.2%，园林绿化工程建设占 15.78%，垃圾处理工程建设占

9.13%，其他防治工程建设占 35.29%。

（二）污染源治理投资

污染源治理投资包括工业污染源治理投资和实际执行“三同时”项目环保投资，其中工业污染源治理投资又包括废水治理、废气治理、固体废物治理、噪声治理以及其他治理五项。1998—2011 年年均工业污染源治理投资额占污染源治理总投资额 27.68%，其余 72.32%为实际执行“三同时”项目环保投资额。

（三）污染治理设施运行费用

污染治理设施运行费用包括污水处理厂、生活垃圾、危险废物处理厂设施运行费用以及其他污染治理设施运行费用。1998—2011 年均两项设施运行费用分别占总污染治理设施运行费用的 61.48%和 38.52%。

（四）环境管理能力建设投资

环境管理能力建设投资包括环境监测系统、环境信息系统、环境监理系统、环境宣传系统、环境教育系统、环境科技系统、其他投资额七项。各项投资额分别占总环境管理能力建设投资额的 25.25%、2.67%、12.56%、4.91%、0.16%、5.59%及 48.85%。

第七章 宣传教育

自上世纪七八十年代以来，围绕全市环保中心工作及重大国事活动空气质量保障，北京市逐步健全环保宣传教育机构，完善全市上下联动、横向协调配合的宣教工作机制，搭建从报纸、广播、电视到网络、微博、微信等传统媒体与新媒体互通互融的全媒体传播平台，打造北京环境文化周、北京绿色传播大会等网上网下系列公众参与品牌活动，创建北京市环境教育基地等，通过新闻宣传、环保宣讲、环境布置、科普读物、专题节目、环保动画、环保话剧等形式，报道环保工作动态、解读环保政策、引导环境舆论、普及环保知识、传播绿色理念等，提高公众环境意识，推动公众主动参与环保，为全市环保中心工作的顺利开展营造氛围，努力构建起环保统一战线。将环保志鉴、丛书编纂工作纳入环境文化建设范围，发挥存史、资政、教化的功能。

第一节 新闻宣传

一、机构队伍与新闻发布

（一）机构及工作机制

北京市环保局宣传教育处前身为局办公室（宣教办），成立于 2003 年 12 月，2009 年 3 月由“宣教办”改为“宣传教育处”，并扩充人员力量。宣教处负责协调指导全市环境宣传教育工作，争取环境保护部宣教部门、市级宣传部门的指导支持，与市委宣传部、首都文明办、工会、共青团、妇联等部门及民间环保组织、各大媒体等保持沟通和协作，开展环境宣传报道，动员公众参与环保。

北京市环保宣传中心是于 1998 年 7 月设立的北京市环境保护局直属事业单位。2014 年完成事业规范管理，核定人员编制 51 人。主要职责：负责《北京市空气质量播报》广播、电视栏目制作，组织编写环保宣传资料，参与全市环保新闻宣传和报道工作，指导民间环保组织和志愿者参与环保工作等。

“十五”以来，北京市保护宣传教育工作逐步形成了市环保局与区县环保局上下联动的全市环保系统内的宣教工作体系及环保部门与宣传、教育、精神文明建设、社会办、科协等市委市政府有关机构间沟通协调、相互配合的工作格局。

（二）环保记者站

1984 年，根据原城乡建设环境保护部《在省、市、自治区建立〈中国环境报〉记者站的通知》精神，《中国环境报》北京记者站成立。主要负责通过《中国环境报》宣传报道北京市环境保护情况，并协助报社在北京地区开展《中国环境报》发行工作。至 2016 年，站内记者 30 名。1994 年 1 月 4 日，成立了北京电视台北京市环境保护局记者站。至 2016 年，站内记者 15 名。“两站”成立后，通过撰写通信，制作专题片、科普片等形式解读北京市环保法规政策，宣传报道环保工作进展及成就等。

（三）环保记者队伍及培训

自 1996 年起，北京市环保局每年为跑口媒体记者举办环保讲座，介绍北京市环保工作情况及法规标准。自 2005 年起，正式将记者培训纳入环保宣教工作年度计划，面向媒体记者、总编等不同层级的媒体工作者，通过培训班、座谈会、策划会等形式，提高跑口记者队伍环保专业素养。2008 年起，开始探索与媒体共同策划重要选题的采访报道方案，推动环境新闻宣传逐步由被动变为主动。奥运期间，新华社、中央电视台、《北京日报》等媒体记者因出色的环保报道受到表彰。至 2016 年，新华社、《人民日报》、中央电视台、中央人民广播电台、《中国日报》、中国新闻社、经济日报、人民网、《中国环境报》等中央媒体，《北京日报》、北京电视台、北京人民广播电台、《北京青年报》《北京晚报》《北京晨报》《法制晚报》、千龙新闻网等市属主要媒体，共 40 余家与市环保局建立稳定的联系，形成了约 50 人的环保记者队伍。

（四）新闻发布制度

2003年，北京市环保局设立新闻发言人，建立新闻发布制度。2015年9月，进一步修订完善《北京市环境保护局新闻发布制度》。按照规定，市环保局领导负责部署各自分管工作的发布计划，确定发布口径；局机关各处室和直属各单位是本部门工作的发布主体，负责本部门信息发布、科学解读、答疑释惑；局宣教处负责全局各项新闻发布工作的统筹和组织。同时在制度框架下，制定了4项具体工作规定：《北京市环境保护局媒体接待工作规定》《北京市环境保护局微平台发布工作规定》《北京市突发环境事件宣传应对工作规定》《北京市环境保护局舆情监测与引导工作规定》。

二、媒体宣传途径

（一）报刊

报刊是北京环保宣传的主要途径。多年来，各类报刊通过开办环保栏目、举办环保活动等，报道党和国家环保大政方针、市委市政府关于全市环保措施计划，宣传环保工作动态，发布环保信息，普及环保知识等，提高公众环保素养，动员公众参与环保。例如，1991年，市环保局与《北京晚报》共同创办“环境与人”专栏及其征文活动；1999—2010年，与《北京汽车报》合办“汽车与环保”专栏；2003年，与《北京青年报》共同举办“守护蓝天，市民有奖举报活动”等。

（二）电视

1999年3月1日起，市环保局与北京电视台合作，每天在北京电视台综合频道（BTV-1）《北京新闻》栏目播报《北京空气质量日报》，时长40秒，后增至45秒。2007年8月，按照市领导要求，在“好运北京”奥运测试赛期间，增加了对奥运场馆周边10个子站的空气质量播报，时长增至45秒。至2010年底，共播出5 416期。按照国家环保局统一部署，2000年6月5日起，北京等全国重点城市空气质量日报在中央电视台第二套节目（CCTV-2）晚22时30分播出。自2001年5月1日起，北京电视台《北京新闻》中的空气质量板块增加了空气质量预报信息。2005年，又增加了沙尘、雾霾空气重污染预警内容。

自2003年1月1日起，北京电视台在公共频道（BTV-9）开设《北京空气质量播报》栏目，每晚 21 时 23 分播出，时长 1 分 40 秒，由市环保宣教中心提供节目。2006 年 1 月 2 日，改版后的栏目时长增至 3 分钟。2007 年，进一步改版为 5 分钟。《北京空气质量播报》以提供比较详细的当天的空气质量日报及第二天的预报为主，还集合了环保新闻、政策法规、科普知识等内容。自 2004 年 10 月 16 日起，每周五晚北京电视台公共频道（BTV-9）《北京时间》“公共时刻”栏目新增一档“环保专题”节目，报道公众参与环境保护的典型事例和感人故事。2007 年 8 月 18 日，国内百家电视台联播节目《环保前线》落户北京，在中国教育电视台 3 频道（CETV-3）播出。2011 年 9 月 1 日起，《北京空气质量播报》在北广传媒移动电视播出，同时推出专题电视节目《绿动北京》。2015 年 10 月 1 日地铁电视《北京空气质量播报》节目开通，每日播出空气质量信息。

（三）电台

自 2008 年 3 月 18 日起，北京市环保宣传中心与北京广播电台城市服务管理广播合作开办《北京空气质量播报》直播节目，每日三次，播出 3 分钟环保新闻、空气质量信息；自 2011 年 1 月 1 日起，每天 17 时零 2 分在北京交通广播播出 2～3 分钟空气质量信息。

（四）计算机网络

1998 年 7 月 1 日，北京市环境保护局政务网站（http：//www.bjepb.gov.cn）作为北京市政务网站——“首都之窗”的分站，与主站同时开通。2000 年 6 月 5 日，推出英文版。北京市环境保护局网站通过公开北京市环境保护政务信息，普及环保科普，为社会监督提供平台，引导公众参与。2003 年底，北京市环境保护宣教中心官方网站——“北京环保公众网”（http：//www.bjee.org.cn）开通，面向社会普及环保知识，解读环保法规政策，报道环保工作动态，开展环保公益活动等。在升级、改造的基础上，2016 年 6 月 1 日正式更名为“京环之声”，开设“我来拍”“红黑榜”“科普生活”等板块，是北京市首家环境保护公众参与平台。

（五）微博微信

至 2013 年，北京市环保局已建立起由“@环保北京”微博、“@京环之声”微博、“@北京环境监测”微博、“京环之声”微信公众号构成的“3+1”自媒体运营矩阵。每个媒体平台各有定位，又相辅相成，从不同角度宣传环保工作，引导环境舆论。

“@环保北京”是北京市环保局的官方微博，开通于2011年3月31日，主要发布全市环保政务信息、环保重大事件、空气重污染预警等工作；“@京环之声”是北京市环保宣传中心的官方微博，开通于2011年11月，主要报道环保工作动态、普及环保科学知识、开展环保公众参与活动等；“@北京环境监测”是北京市环境保护监测中心官方微博，开通于2011年12月，每日实时发布、预报北京市空气质量信息等。“京环之声”是北京市环保局官方微信公众号，开通于2013年9月，重点宣传报道环保工作动态、解读环保政策，开展公众参与活动等。“3+1”自媒体平台是广大公众了解环保工作进展及空气质量状况、学习环保知识、参与环保活动的重要平台。截至2016年7月，共计发布信息27 000余条，粉丝近400万。

（六）手机短信

2005年3月至4月，北京市环保局在举办“建言首都环保，同迎绿色奥运”建议征集活动时，开始将手机短信纳入征集途径，其中，通过手机短信征集到81条建议。在2006年举办的“首都环保之星”公众评选活动中，短信投票也是选举途径之一。自2014年6月1日起，正式开通北京移动手机报《北京空气质量预报》栏目，每天早晚2次向中国移动北京订阅用户推送北京空气质量预报信息、服务提示等，每期覆盖人群约200万。

（七）户外移动电视与户外大屏电视（LED）、楼宇电视（LCD）

1998年，北京市环保局在北辰路等9个地方试点，设立大气环境监测塔并附设广告数码显示屏，通过发布北京市空气质量污染指数进行环保宣传。至2001年，共建立起5个大气环境监测塔。2004年，依托北京广播电视台的户外移动电视（如公交车车载移动电视）、户外大屏电视（LED）、楼宇广告电视（LCD）等载体，播放环境保护、绿色奥运、绿色出行、绿色消费等宣传短片，为举办奥运会营造氛围。2008年，《北京市环境保护局环境信息公开暂行办法》将市环保局在全程办事代理室设立的电子显示屏作为信息公开的渠道之一，并在全市12 000辆公交车及地铁主要干线的移动电视上循环播放7部以绿色奥运为主题的公益广告宣传片。2010年3月，高安屯垃圾焚烧厂、北京金州安洁废物处理有限公司两家单位烟尘在线监测数据公示工程投入运行，通过 LED 显示屏将焚烧尾气的在线监测数据向社会公开。2015 年、2016 年北京环境文化周期间，北京市环保宣传中心设计了宣传海报，在西单、东单等全市近百处户外大屏和地铁换乘站内 30 个 LED 大屏幕，全天滚动播放。一些区县环保局也通过设在广场、社区等公共场所的电子显示屏发布环境信息，开展环境教育。

三、重要历史时点开展的媒体宣传活动

1996 年，北京市开展关停“十五小”企业行动，多家媒体记者跟随执法检查组采访报道。

1997 年世界环境日期间，北京市环境保护局首次面向社会发布上一年度的《北京市环境状况公报》，此后，每年发布。

1998 年 2 月 28 日，《北京市空气质量周报》通过电视、广播、报纸首次播出、刊登。

1998 年 12 月 16 日，《北京日报》重点报道并专版解读北京市政府出台的“采取紧急措施控制北京大气污染的通告”。

自 2001 年申奥成功至 2008 年举办奥运，境内外媒体愈加关注北京市空气质量及各项环保措施，2008 年，采访媒体达 183 批（次）近 600 人。

自 2013 年起，北京市大气污染治理工作开始以年度清洁空气行动计划的形式推进。北京市环保局以发布年度“清洁空气十大关键词”的形式，盘点当年改善空气质量、推进清洁空气行动计划的工作进展。其中，2015 年，清洁空气十大关键词以“北京市环保联合会名义”，联合“公众环境研究中心”“自然之友”“道和环境与发展研究所”“地球村”“绿色和平”“自然资源保护协会”等环保组织和北京环保公益大使马布里、海清，第一次网络共同发布。

四、境内媒体新闻发布

（一）1991—1998 年，奥运会申办前的北京市环保宣传工作。

1991 年 1 月，市环保局与《北京晚报》共同举办“环境与人”征文活动，并在“科学长廊”板块开设“环境与人”专栏；1998 年，专栏更名为“人与自然”，并移至“五色土”板块，每周一期，在进行环保科

普宣传的同时，引导读者关注环境，探讨社会、经济、生态协调发展和可持续性发展的有效途径。该专栏持续至2010年。

1992年，为纪念联合国人类环境会议召开20周年，市环保局与北京电视台合作，录制播放了20个环保小知识科普节目；与《北京日报》共同组织了“环保知识竞赛”。1993年3月至9月，市环保局与北京人民广播电台合办《环保与经济》专题节目，涵盖“绿色发展战略”“清洁生产”“持续发展”等内容，共播出28次，每次5分钟；与中央电视台合作制播了用8种语言配音的“众盼奥运”专题片第10集《环境保护》。

1994年，中央电视台、北京电视台配合市环保局，录制环保专题片并选择群众关心的热点问题和有代表性的违法事例，在“中华环保世纪行”“焦点访谈”“市府与市民”等栏目进行跟踪报道；1995年，北京电视台和承德电视台共同制作播出了《留得清水润京华》专题片；市政管委、市环保局、市公安交通管理局与电影学院等部门共同摄制了《汽车·人类·地球——防治机动车排气污染》法制宣传片，提高人们对保护水源和防治机动车排放污染的认识。

1996年市委、市人大、市政府组织北京各新闻单位于1月至5月开展“96京都大地环保行”宣传活动，对北京市的水资源、大气环境和工业污染源的防治等进行了专项检查和采访，共发稿39篇。至2004年，“京都大地环保行”活动每年举行一次。5月20日至27日，在全国人大常委会赴北京环保执法检查期间，11家中央新闻单位发稿44篇，北京新闻单位发稿74篇，专题报道8篇。其中，媒体关于密云水库的保护、首钢的大气污染问题等报道，引起了有关各级政府和领导的重视，全国人大常委会对此给予充分肯定。

1997年，市环保局开始以召开新闻发布会和通报会的形式发布信息，当年共举办新闻通报会4次，接待记者采访78批（次），市级以上的新闻媒体发稿397篇（条）。2月11日，市环保局与北京人民广播电台儿童台联合开播《我爱地球妈妈》环保栏目，每周一期，向少年儿童传播环保理念，报道孩子们的环保活动。至2010年，共播出节目700余期。

1998年12月18日，市政府发布《北京市人民政府关于采取紧急措施控制北京大气污染的通告》。《北京日报》发专刊，《北京晚报》发专版，全文刊登了控制大气污染18项紧急措施。《北京日报》增印5万份“特刊”，并发表题为“言必行、行必果”的社论。《中国环境报》刊发专版并配发评论员文章；中央电视台“焦点访谈”“经济半小时”“东方时空”等栏目先后对北京实施紧急措施进行了报道。北京人民广播电台、北京电视台、《北京日报》《北京晚报》等开办了“世纪之交话环保”“还首都一片蓝天”“还京城蓝天”“唤回北京一片蓝天”等环保宣传栏目，使18项紧急措施家喻户晓，得到社会各界和广大群众的支持。

（二）1999—2008年，北京奥运会申办、筹办及举办时期的北京市环保宣传工作。

1999年，全市开始新一轮申奥工作。3月1日起，市环保局与北京电视台合作，每天在《北京新闻》栏目中播报《北京空气质量日报》，与北京电视台首都经济报道栏目合办“绿色经济”30分专题报道，与《北京日报》合办“让我们共同行动，还京城碧水蓝天”专题报道栏目，与《北京汽车报》合办“汽车与环保”专版等。全年召开新闻通报会7次，接待中外记者采访56人次。

2000年，全市环保宣传工作以迎接第21届世界大学生运动会、申办2008年奥运会和签署《绿色奥运行动计划》、实行《中华人民共和国大气污染防治法》（2000年修订本）为契机深入开展。市环保局先后与中央电视台“东方时空”栏目合作，制作播放了“大气监测在行动”专题片；与中央教育电视台合作，制播了“我们的家园”“环保新葩”专题片和“机动车尾气治理过程”电视科教片；与北京电视台共同开辟“绿色行动”栏目，制作播放了“清洗天空大行动（锅炉改造篇）”“警惕您身边的电磁辐射”等4期专题节目；与《北京晨报》共同举办环保信箱和用照片举报冒黑烟的公众参与监督活动；与《北京日报》共同举办“北京生态”摄影比赛活动等。全年，召开新闻发布会和新闻通报会7次，接待国内记者采访48次，中央、市属新闻媒体发稿650篇（条）。

2001年，申奥成功后，全市环保宣传工作紧紧抓住筹办、举办奥运会的历史机遇，以“绿色北京 绿色奥运”为环保宣教主题，宣传报道绿色奥运创建活动典型，批评曝光破坏生态、污染环境的违法现象。全年召开新闻发布会7次，组织记者集中采访10次，接待记者采访46次，中央、市属新闻媒体刊播各种环保稿件 540 余篇（条）、专题电视片 5 部。

2002 年年初，市环保局与《北京日报》共同开设了“环境警示教育和生态建设”环保专栏，全年刊登 38 期，以增强公众的环境忧患意识和首都环境保护的紧迫感和使命感。8 月，又共同开办“守护蓝天行动，市民监督岗”专栏活动，以有奖举报方式动员和鼓励市民向新闻媒体和环保部门举报身边发生的污染蓝天的行为。年内刊登 19 期，市民举报照片、信件 34 件。12 月，全市开展了“守护蓝天新闻宣传月”活动，配合市环保局《关于奋战 30 天，打好“攻坚战”，实现空气质量目标的决定》，月内召开新闻发布会 3 次，组织媒体记者采访报道 11 次。全年，接待安排记者采访 80 余次，市环保局与市委宣传部共同组织记者采访 20 余次，中央、市属新闻媒体刊播各种新闻稿件 800 余篇（条）。

2003 年，6 月 4 日，由于“非典”疫情，市环保局改变了以往召集记者举行新闻发布会的方式，在搜狐网举行了历时 1 小时的《2002 年北京市环境状况公报》网上新闻发布会，并就 20 个环境热点问题与记者和广大网友进行了交流。7 月 27 日，中央电视台午间新闻栏目、《京华时报》等媒体以《“致命杀手”制成塑料水杯》为题，对北京丰台长峰医院将医疗废物混入生活垃圾的违法行为进行了曝光，国家环保总局《内部信息专报》予以转载。10 月 20 日起，市环保局与《北京青年报》合办“守护蓝天市民有奖举报活动”专栏，每周两期，并对上百起典型污染案件予以曝光。全年，共举办新闻发布会 4 次，接待记者采访 35 人次，组织媒体记者集中采访 16 次，中央及市属新闻媒体共发稿 670 多篇（条）。

2004 年 2 月，北京环保公众网开通“呼唤蓝天”专栏，对治理汽车尾气污染、征收燃油税、改善大气环境质量等内容广泛征求公众的建议和意见。4 月 1 日，市环保局与北京人民广播电台联合举办“少一缕烟尘，多一分健康”公众有奖举报活动。至 2010 年，共收到举报信息 2.1 万多条，核发奖金 38 万多元。11 月 8 日，市环保局通过媒体向全市餐饮单位发出倡议：使用清洁能源，拒绝小煤炉。全年，共计接待国内外新闻媒体采访 116 批次，举办新闻发布会 12 次，各类媒体刊播稿件 1000 余篇（条），其中涉及大气环境的占 95%。

2005 年初，市环保局将“北京市大气污染物二氧化硫首次达标”的宣传纳入“两会”期间全市的宣传内容集中报道，增强公众对改善空气质量的信心。4 月 21 日，“蓝天 230 行动”正式启动。15 家媒体联手，开辟专栏，宣传报道北京市在大气污染治理方面的最新进展、存在问题及市民的意见和建议。至年底，发稿约 500 篇。全年，市环保局召开新闻发布会 13 次，接待国内外新闻媒体 175 批次，组织新闻媒体参加并采访报道市环保监察和各项专项检查活动 27 次，市环保局参加首都之窗《走进直播间》和城市服务管理广播的新闻直播节目 10 次，中央及市属新闻媒体全年发稿量 1 200 多篇。

2006 年春季，为控制扬尘污染，市环保局在《北京晚报》《北京青年报》、北京电台、《新京报》等媒体开设“蓝天行动”专栏，在市环保局政务网站开辟“控制春季扬尘污染”专栏，动员媒体记者对不落实责任、破坏环境、污染大气的企事业单位予以曝光。据不完全统计，围绕控制扬尘工作，仅 4 月份，在京各新闻媒体报道 130 多篇次，中央媒体、全国知名网站转载达 300 多篇次。5 月 15 日，“为首都多一个蓝天，我们每月少开一天车”环保公益活动启动，新华社、《人民日报》《北京青年报》《新京报》《京华时报》《北京晚报》等众多媒体报道、转载了活动启动和发布会情况。16 日，市环保局副局长杜少中身体力行，步行上班。消息经《北京青年报》《新京报》《北京娱乐信报》《北京晨报》等媒体报道后，立即被新浪网、搜狐网等门户网站作为头条消息转载，多家媒体刊发有关评论，如“示范价值超越技术价值　环保局长步行上班回应公共利益诉求”“欢迎这样的‘官员秀’”等。6 月 5 日、6 日，北京各大主要报纸在头版头条等显著位置报道了世界环境日首都 20 万车友绿色出行以及车友、社区等公众自发的环保活动，并配发评论文章。11 月初，中非论坛北京峰会期间，北京多家车友会、大学生团体、民间环保组织以及市环保宣教中心共同发起“奔向奥运，骑行北京——少开一天车在行动”活动。市环保局组织近 30 家新闻媒体进行全面报道。此外，“世界环境日”期间，市环保局组织 20 多家新闻媒体采访报道了国家环保总局“捐闲置物品，过绿色生活，建环境友好型社会”活动、53 个“北京市第二批安静居住小区”授牌仪式、6 月 5 日“北京市环境噪声实验室对公众开放日”发布会暨“北京市环境噪声与振动控制技术中心”成立揭牌仪式等。全年，召开新闻发布会 30 余次，中央和市级平面媒体刊登环保稿件 1500 多篇；电台、电视台和网络媒体播放刊登北京环保信息数万件。

2007 年，北京进入奥运测试、调整阶段。全市落实国务院关于奥运宣传的要求，围绕大气污染防治和“绿色奥运”开展环保宣传工作。全年，组织新闻记者采访活动 37 次，接待国内媒体采访 135 批次，参加 12 次广播电视和首都之窗直播录播节目，中央媒体和市属媒体发稿量超过 1 900 篇（条），外省市媒体转载报道超过 500 次。宣传报道内容主要为：整治违法排污企业专项行动、世界环境日和“好运北京”奥运测试赛期间“少开一天车”活动、我市防治燃煤污染取得阶段性重要进展、20 t 以下燃煤锅炉完成改造、3 万户平房居民实现“煤改电”、完成全年空气质量改善目标等。

2008 年，全市环保宣传工作围绕北京奥运会、控制机动车污染等重大新闻宣传主题开展。7 月 1 日凌晨，市环保局组织境内主要媒体记者对零时开始执行的各项交通保障措施进行现场报道。8 月 6 日，联合国副秘书长兼环境规划署执行主任阿奇姆·施泰纳一行来京，在参观北京市“绿色公交”及市环境监测中心时，高度评价我市环保工作取得的明显成效。市环保局利用这一机会，联络主要媒体记者对施泰纳先生在京活动进行采访报道，邀请中央电视台记者柴静对施泰纳先生作电视专访，协调奥运新闻中心临时为施泰纳先生安排了两场新闻发布会，向中外媒体阐明了联合国环境规划署对我市环保工作的肯定态度。为做好当晚奥运会开幕式的宣传工作，8 月 8 日早，组织新闻媒体记者前往首钢等工业企业进行实地采访报道，并同时将全市开展的工业、餐馆油烟、机动车等各项污染源执法检查数据材料，以新闻素材形式传送各大媒体。奥运前后，北京市环保宣传中心在北京电视台《北京空气质量播报》节目中共编播《绿色奥运》系列宣传片 40 余期。据不完全统计，2008 年，仅北京市环保局，参加市政府新闻办、奥运新闻中心举办的新闻发布会 29 次，组织新闻发布会及境内外集体采访 43 次，接待境内记者采访 183 批次，参加各类媒体直播节目 28 次，向中央、市属各主要新闻媒体发布新闻通稿 43 篇，各媒体刊发新闻稿件 1 700 余篇。

（三）2009—2012 年，“绿色北京”建设时期的北京市环保宣传工作。

“绿色奥运”成功举办后，市委、市政府提出“绿色北京”发展战略。全市环保宣传工作围绕大气污染防治、总量减排等环保中心工作，为“绿色北京”建设营造氛围。

2009年，全市环保宣传工作围绕国庆60周年环保成就、鼓励淘汰高排放黄标车、文保区平房“煤改电”采暖、全市提前41天完成空气质量目标任务、“六·五”世界环境日等环保中心工作开展。为落实第十五阶段大气污染控制措施，3月18日，北京电视台、北京广播电台、《新京报》《北京晚报》等十多家市属新闻媒体跟随市环保局、市建委、市监察局、市城管执法局对区县14家施工工地落实“绿色施工标准”情况进行联合检查，对中国建筑一局（集团）有限公司和中国新兴建设开发总公司四公司承建的玉泉新城住房建设工程等4家单位施工扬尘污染问题曝光。19日上午，市环保局局长作客城市服务管理广播《城市零距离》特别节目，与市民交流如何采取综合污染控制措施，进一步改善首都环境质量。全年，市环保局组织或参加新闻发布会6次，组织集体采访活动21次，接待境内新闻媒体采访57批次，市环保局领导及主要业务处室参加媒体直播节目11次。

2010年是“十一五”收官之年，全市环保宣传工作围绕“落实第十六阶段大气污染防治的各项措施”“完成市委市政府确定的全市空气质量73%（266天）的改善目标”“实现二氧化硫和化学需氧量分别比上年减排2%”“十一五环保成就”“淘汰黄标车”“煤改电工作进展”等全市环保工作重点开展。3月底至5月初，组织记者采访执法检查活动，集中曝光20家扬尘污染严重的工地。8月起，媒体报道回龙观等地区出现大范围恶臭，引起居民恐慌。市环保局安排记者实地采访，以“回龙观污水治理得等专家鼻闻定级”的客观报道消除居民疑惑，妥善处置新闻危机。2010年，黄标车淘汰工作进入第二年，涉及面广、难度大，市环保局先后组织了3次情况通报和2次专题采访活动，争取社会的支持。全年，接待国内媒体记者采访51批次，发新闻通稿39篇，各媒体刊播、转发2 000多篇，举行新闻通报会4场，组织记者集体采访活动9次。

2011年是“十二五”环保规划开局之年，北京市环保宣传工作重点围绕《北京市“十二五”环境保护规划》《北京市清洁空气行动计划》和老旧机动车淘汰更新等重大政策措施进行宣传、解读，例如，在“@环保北京”微博上发布《规划》《计划》专题信息，在市环保局官方网站和环保公众网上开辟专栏，在北京电视台《北京空气质量播报》栏目开设专题详细解读，策划、组织了全市区县环保局长谈“十二五”系列访谈活动等。10 月下旬以来，由于北京市连续出现的三场大雾以及一些社会知名人士转发美国驻中国大使馆监测的 $PM_{2.5}$ 数据，引发社会对 $PM_{2.5}$ 问题的关注，全市环保工作受到质疑。市环保局新闻发言人第一时间通过微博回应，强调“雾本身不是污染”“空气质量改善需要继续加大减排力度”等观点。此外，大批量接待记者采访，尤其在 11 月 2 日至 11 日，连续 9 个工作日在监测中心接待 70 多家媒体采访，引导主流媒体开展正面宣传。同时，与相关意见领袖，如潘石屹、薛蛮子、郑渊洁等交流、沟通，如邀请潘石屹到监测中心参观等。先后与新华社、《人民日报》《北京日报》等媒体总编辑沟通，与市委宣传部、市网管办等部门领导协调，控制和引导舆论走向。11 月 8 日，市环保监测中心正式向全市公众开放。全年，市环保局组织、举办新闻发布活动 24 次，受理并接待媒体采访 280 多批次。

2012 年，北京市环保宣传工作围绕“北京大气污染治理措施”“北京清洁空气行动计划”及北京市“十二五”时期主要污染物总量减排等环保中心工作，策划并组织召开了“北京环保国际合作暨世界大城市空气污染治理历程”“工业污染防治”“空气质量监测有关问题”等系列新闻通气会，同时发挥“@环保北京”作用，加强空气质量信息等核心信息的发布，对全市 35 个监测子站 $PM_{2.5}$ 试运行监测数据相关情况开展舆情收集、应对。

（四）2013—2015 年，清洁空气行动计划时期的北京市环保宣传工作。

2013—2015 年，北京市环保宣传工作主要围绕《北京市 2013—2017 年清洁空气行动计划》《北京市大气污染防治条例》《环境保护法》等各项环保法规政策措施的实施，“APEC”会议、“两大活动”空气质量保障措施的落实等环保重点工作开展。

2013 年，北京市环保宣传工作围绕《北京市 2013—1017 年清洁空气行动计划》，先后解读了老旧车更新淘汰补助政策、空气重污染应急预案修订、建设工程施工工地扬尘排污收费标准、五项大气污染物排放地方标准、黄标车全市禁行等政策标准，在年中、采暖季前和年终，分节点3次宣传空气质量改善目标完成情况、各项措施落实进展情况等，并首次策划、发布“向 $PM_{2.5}$ 宣战——2013年度北京市清洁空气十件大事”。此后，每年年底发布当年北京市清洁空气十大关键词。

2014年，北京市环保宣传工作主要围绕《北京市2013—2017年清洁空气行动计划》的落实，《北京市大气污染防治条例》的出台及实施，APEC 会议空气质量保障措施的落实等环保中心工作开展。《北京市大气污染防治条例》出台后，邀请包括新华社、《人民日报》、中央电视台等央属及市属跑口媒体40多家，跟踪报道大气条例专项执法行动，尤其是抓住典型环境违法单位，加大曝光力度。例如，7月7日，市环保局向北京巴布科克·威尔科克斯有限公司开出《条例》实施以来首张“二次违法加倍处罚”的60万元最大罚单。在送达行政处罚决定书当天，邀请《北京日报》、北京电视台等多家市属媒体跟踪报道，并现场就“巴威公司两笔罚单处罚情况”“执法人员是如何发现该公司的违法行为”“企业如果再次出现违法行为将会面临何种处罚”“VOC 排放对大气环境的危害”等问题采访执法队员。此外，借助“@环保北京”官方微博平台，全程直播执法行动，赢得广大网友支持。APEC 会议前后，多次举行 APEC 会议空气质量保障现场会，向媒体记者通报 APEC 会议空气质量保障各项方案和实施情况，邀请媒体记者观摩报道京津冀及周边地区空气质量预报视频会商、参加一线执法等。会议结束后，第一时间召开新闻发布会和座谈会，发布 APEC 会期我市空气质量措施评估结果，提振公众治霾信心，动员公众继续支持、参与环保工作。

2015年，北京市环保宣传工作主要围绕“两会”空气质量保障、《环境保护法》《北京市大气污染条例》执法情况等开展。在北京市委宣传部的统筹下，在《北京日报》《法制晚报》等市属重点媒体开设环境违法行为曝光专栏，先后曝光昌平、顺义、怀柔三区交界非法砂石场和丰台铁路机务段等环境违法情况和后期整改效果。以每月一次的联合执法周为节点，多次召开媒体通气会，组织央属及市属媒体记者深入一线现场采访，展现环保执法人员落实环保法规情况，曝光环境违法企业。第29届世界田径锦标赛、中国人民抗日战争暨世界反法西斯战争胜利70周年纪念活动期间，先后组织媒体集体采访11次，接待媒体采访13次，发布新闻通稿13件、新闻素材3件，媒体刊发报道194篇，转发上千篇，推动“两大活动”空气质量保障工作以“空气质量连续 15 天一级优”的历史性成绩圆满完成。2015 年，北京市在全市范围内开展首都环保奖评选及表彰大会。市环保局在官网开设“首都环境保护奖”专栏，在北京环保公众网开辟“首都环境保护奖先进人物风采录”专栏，同时通过环保北京微博微信群、广播、网络等平台推送 10 位代表人物的专题节目等，在全市掀起向环保典型人物学习的高潮。

五、境外媒体环保宣传

境外媒体对北京市环保工作的宣传主要集中在大气污染治理、空气质量改善等方面，在奥运前、后，普遍关注度不高，在奥运筹办及举办期，关注度达到高峰。

1991—1998 年，境外媒体对北京市的环境状况关注不多。自 1998 年 11 月，北京宣布申办 2008 年第 29 届奥运会后，境外媒体对北京市环境状况，特别是北京空气质量状况的关注度升高。

2000 年，北京市环保局接待德国、日本、澳大利亚、新加坡、越南、哈萨克斯坦等国记者采访、参观 8 次。

申奥成功后，尤其是随着奥运的临近，越来越多的境外媒体关注北京市大气污染防治工作，特别是奥运会的环境安全情况。2007 年 2 月 9 日，北京奥运新闻中心组织美、英、日、加拿大、法、德、澳大利亚等国家的 49 名记者实地采访首钢公司，听取了首钢的发展概况、环境治理和搬迁调整情况通报，并参观了首钢新旧厂区沙盘、第三炼钢厂、5 号高炉原址，以及由炼钢冷凝水汇集形成的群明湖，引导境外媒体客观认识、报道北京大气污染治理工作。参观后，日本 NHK 电视新闻记者说：“今天第一次到首钢，看到企业采取了很多环保措施，我会把实际情况报道出去，让更多关注奥运环保的人看到中国作出的努力”。巴西记者说：“到首钢采访机会难得，这里和我以前想象的不同，我看到厂方正在采取种种措施降低污染”。6 月 25 日，针对德国《明镜》周刊题为“北京浓稠的空气”的文章，市环保局在详细客观地介绍全市大气污染防治工作及进展情况的基础上，向记者开放了市环境监测中心。“好运北京”测试赛采取交通限行措施的第一天，美联社、《纽约时报》、法新社、《朝日新闻》等 60 余家境外媒体，中央电视台、中央人民广播电台、《科技日报》《中国环境报》等 12 家中央媒体近百名记者，参观采访了全市空气质量自动监测系统和奥林匹克森林公园空气质量监测子站。2007 年，市环保局共接待来自 10 多个国家 60 多家境外媒体及港台媒体记者采访 71 批次、230 多人次，是 2006 年度的近 5 倍。其中包括《华尔街日报》《时代周刊》、英国广播公司（BBC）、日中国际经济通信社等国际知名媒体。2007 年以前，境外媒体关于北京环境质量的负面报道超过 80%，正面或中性报道不足 20%。到 2007 年第一季度，正面或中性报道占到 46%。

2008 年，随着大批境外媒体的涌入，北京市加大了对国际组织和国外媒体的宣传开放力度。1 月 9 日，美国《华尔街日报》亚洲版刊登了题为《北京，蓝天离我们究竟多远？》的文章，质疑北京市空气质量达标天的监测方法、统计标准以及监测指标设置欺骗公众。此文刊登以后，美国《纽约时报》、澳大利亚《悉尼先驱晨报》、芬兰电视台、瑞典《快报》、法新社等向北京市环保局提出采访申请。市环保局很快形成了对外答复口径，并在随后的多次新闻发布场合中，就有关问题进行多次澄清，阻止了事态的扩大。7 月 29 日，市环保局、北京公交总公司和 2008 北京国际新闻中心联合组织 45 家境内外媒体，共 110 多位记者，到市公交总公司实地参观采访北京建设“绿色公交”的情况。北京的大气环境质量以及北京为此付出的巨大努力受到了国际奥委会、联合国环境规划署和国际社会的赞誉。国际奥委会主席罗格先生在接受法国法新社记者采访时表示对北京空气质量充满信心；联合国环境规划署执行主任施泰纳先生认为北京实现了环境质量不断改善，很好地履行了绿色奥运承诺；著名马拉松运动员盖博拉·赛拉西在接受英国路透社记者采访时，对因忧虑北京空气质量可能影响其身体而放弃比赛表示后悔。境外媒体对北京环境问题的报道中，正面或中性报道将近 80%。8 月 16 日，路透社发表文章说，当天“北京在一片阳光明媚中苏醒，天高云淡的北京让很多欧洲游客想起地中海地区明朗宜人的天气”。巴西特拉网站记者在接受《环球时报》采访时说：“奥运会是一个很好的机遇，能使外国记者改变对中国空气和环境污染方面的坏印象，让全世界认识并了解真正的北京、真正的中国。”2008 年，据不完全统计，市环保局共接待来自 20 多个国家和地区的 100 多家媒体、190 多批次、1 400 多人次的记者采访。

2008 年奥运会后，境外媒体对北京环境质量的关注度有所下降。2009 年，鉴于此种现象，市环保局贯彻市委市政府“请进来”的指示，与绿色和平组织就北京市环保重点工作座谈 4 次；接待了美国麦格劳—希尔集团中国区高级经理一行，交流座谈北京市环保工作情况。2009 年，市环保局接待境外媒体记者采访 13 批次、120 余人次。

2010 年，境外媒体对北京市环境状况关注度进一步下降，关注点从单一的空气质量转移到更多的方面及环境突发事件上。10 月份，受气象条件影响，北京市连续出现轻微污染天气。德国《法兰克福评论报》一篇文章渲染北京出现“浓厚的肮脏雾霾”空气，“当天北京的空气指数是危险的”等。市环保局按照市委领导的批示，迅速与市委宣传部、外宣办沟通，利用国内主流媒体，对此不实报道进行了澄清。

2013 年至 2015 年期间，以推进清洁空气行动计划工作进展为主，市环保局联合市外宣办、市新闻办等单位，多次策划组织境外主流媒体采访活动，介绍北京市大气污染治理情况。2015 年 5 月 21 日，市环保局与市外宣办联合策划组织“境外主流媒体采访北京市大气污染治理情况”活动。来自美联社、华盛顿邮报、路透社、法新社、德意志新闻社、澳大利亚广播公司、日本共同社、古巴拉丁美洲通信社等 10 多个国家境外主流媒体和新华社、《人民日报》（海外版）等中央外宣媒体共 30 余家近 70 位记者参加。此次活动历时近一个月，为北京申办 2022 年冬奥会营造了氛围。

第二节　环境公众教育

自 20 世纪 70 年代以来，北京市环保局联合相关单位通过编写出版环保科普读物及音像制品，开展展览展示、绿色创建、绿色宣讲等形式，开展环境教育活动，不断提高公众环境意识。

一、环保科普教育

（一）编写出版物和内部资料

科普读物。20 世纪 70 年代初，根据周恩来总理的指示，中科院情报所、北京市环保所组织部分专家翻译出版了《进步带来的危害——苏联的环境污染》《国外八大公害事件》《国外公害状况》《国外城市公害及其防治》等丛书，介绍国外城市环境污染及防治的经验教训，为各级领导了解国外公害事件提供参考。1999年，国家环保总局、北京市环保基金会、北京市环保宣教中心合作编印了《北京的环境》，系统反映了北京环境的变化情况。2007年1月，北京市环境保护宣教中心编写出版了《环境保护365》科普图书，介绍保护环境的365个小常识、小窍门。2010年10月，北京市环保宣传中心编译了《青年交流指南》（2008英文版），并增加了“少开一天车”“空气质量报告”“中国的空调26℃”等中国案例和图片。2015年，北京市环保宣传中心编写《北京市民绿色消费指南》一书，指导广大市民践行绿色消费。自1995年开始，北京市环保局每年发布《北京市环境状况公报》。

《环境保护》杂志。1973年，北京市委书记、市革委会副主任万里决定由北京市市革委会“三废”治理办公室创办全国第一个环境保护刊物，当年8月《环境保护》作为内部资料出版第一期，郭沫若题写刊名。1974年，《环境保护》杂志正式创刊，为双月刊，全国发行。1980年10月，北京市建委批准成立环境保护杂志社，由北京市环保局直接领导。1981年9月，《环境保护》杂志改为双月刊，同时向港澳地区和国外发行。1985年2月，《环境保护十年选编》出版发行。至1985年6月，共出版《环境保护》杂志92期。1985年7月，环境保护杂志社整建改制划归国家环保局主管。现《环境保护》杂志由环境保护部主管，每月10日、25日出版，是环境保护部工作指导刊、全国中文核心期刊、CSSCI来源期刊、中国人文社会科学核心期刊。

内部通信。1971—1974年，北京市“三废”治理办公室编印了《马克思、恩格斯、列宁论环境保护》《周恩来总理关于环境保护工作的部分指示》《1974年以来中央与国务院领导同志对环境保护工作的部分指示》，供各级领导学习使用。1971年7月，北京市“三废”管理办公室创办了《北京市“三废”管理工作简报》，之后分别于1972年、1973年更名为《“三废”治理简报》《环境保护简报》，重点反映本市的环境污染现状、存在问题及治理情况，发送北京市委、北京市革委会领导，供决策参考。1972年，北京市“三废”管理办公室创办了《“三废”简讯》，1973 年更名为《环境保护通信》，重点介绍北京市委、北京市革委会关于环境保护的部署，交流各区县、各部门的治理经验等，发放到市、区县和有关部门。北京市领导对《环境保护简报》和《环境保护通信》十分重视，多次作出重要批示。1974 年 10 月 24 日，北京市委书记万里对《环境保护简报》第 37 期刊登的“首钢动力厂废水回用研究初步成果”作了批示：“要认真总结经验，不断提高，一抓到底，非搞成不可，为国家作出贡献。”同年 11 月 28 日，万里对第 39 期刊登的“东城区染料厂不执行‘三同时’原则”一文给予批示：“各局下放产品不管城市污染及环境保护，这是不能允许的。今后要把关，规定个办法，现在不能治理‘三废’的，要准备搬走，凡能治理的‘三废’，要及时治理。”1987 年，根据北京市政府办公厅要求，北京市环保局创办信息刊物《工作信息》，后改为《环保工作》，发送至市政府和区县环保局。至 1990 年，《环境保护简报》共印发 357 期，《环境保护通信》印发 120 期，《工作信息》和《环保工作》印发 210 期。20 世纪 80 年代，北京市环保局整理印发了中央领导对环境保护工作的指示、环境保护工作会议文件、国外对北京市环境问题的反映等资料，供各有关部门参考学习。

环境保护志。2004 年 3 月，北京市首部全面记述北京环境保护事业发展的市级志书《北京志・市政卷・环境保护志》由北京出版社出版，全书 60 多万字。2010 年开始第二轮地方志修编工作。2009 年 11 月，北京市环保局编辑出版了《北京奥运环保回顾》，并同期编印了《北京奥运环保回顾续篇》。

环保教材。1991 年 7 月，北京市环保局和北京市教育局合作编写出版了中等学校教材《环境保护（学生用书）》和《环境保护（教学参考资料）》。全市 50 多所中学试用该教材并据此开展环保教研活动。1998 年至 2000 年，北京市环境保护技术培训中心编译出版了美国全套环境教育系列教材《环境行动》，供全市 55 所中小学校使用。

环保宣传册及画报。长期以来，北京市环保局结合不同发展阶段的环保政策、环保工作重点，先后制作系列宣传册、宣传画等宣传品，发放至全市 17 个区、县的社区、居民家中，累计受众人群达上亿人。例如，针对环境法规、政策，编制了《让我们行动，还京城蓝天——落实控制北京大气污染紧急措施》宣传画、《环境保护法》《北京市大气污染防治行动条例》等单行本和社会普及读本等；针对扬尘污染，编印了《工地环保宣传挂图》；针对机动车污染，编印了《汽车污染与人体健康》和《高排放污染黄标车淘汰及相关政策》《绿色出行指南》等；针对油烟污染，组织编印了《使用清洁能源拒绝小煤炉》宣传材料，发放到城八区的 3000 多家餐饮单位；针对 $PM_{2.5}$，制作了《关注 $PM_{2.5}$ 携手污染减排》宣传册。2001 年，北京市环保局联合奥申委、中国环境科学出版社合作编辑出版了大型申奥画册《北京环境巡礼》。此外，组织编写《绿色出行指南》《爱家环保小常识》《北京市空气重污染应急预案》《现代女娲补天》等科普读物，设计印制《我们一起行动！让天更蓝，地更绿，水更净》系列科普宣传海报，制作《关注 $PM_{2.5}$ 携手污染减排》宣传折页，投放到上千个社区。

（二）制作音像制品和公益广告

1983 年，北京市环保局组织摄制了第一部资料性专题片《污染威胁着北京》。至 1990 年，北京市环保局共组织摄制《首都环保事业在前进》等 20 多部专题片、资料片，在北京市委、北京市人大、北京市政府、北京市政协等组织召开的各种会议和培训班上播放。1995 年，北京市电视台和承德市电视台合拍了《留得清水润京华》专题片；北京市环保局联合北京市政管委、北京市公安交通管理局、北京电影学院等部门共同摄制了《汽车·人类·地球——防治机动车排放污染》法制宣传片；2000 年制作了《机动车尾气治理过程》电视科教片；2002 年编辑制作了警示内参片《扬尘污染纪实》，并在市政府控制扬尘污染现场会上播放；2004 年 9 月，北京市环保宣教中心与北京奥组委联合制作了《奔向绿色 2008》绿色奥运宣传片；2005 年至 2007 年，北京市环保局先后组织摄制了《化学小楼实录》《富卓园小区污染难除》《宋家庄地铁站五号线存在地下污染隐患》等 10 余部环境隐患内参片，为相关领导了解环保现状、进行环保决策提供参考。2010 年 5 月，北京市环保宣传中心与北京师范大学环境与遗产解说中心合作出版了环境解说纪录片《天人合一的杰作》，赠送给颐和园、天坛、十三陵以及北京部分中学，用于公园的环境解说和中学地理课教辅资料。2015 年，北京市环保局联合《中国环境报社》、中央电视台科教频道共同制作环境日特别节目《共享绿色》，并于 6 月 5 日当天在央视 10 套播出。同年，北京市环保宣传中心制作了首部以解

读 $PM_{2.5}$ 为主题，系列科普动画短片《P 在囧途》第 1 集。2016 年环境日期间，再次发布《P 在囧途》续集《世界污染说》。

此外，北京市环保宣传中心先后制作了《环保 365》（自然篇、生活篇）电视专题片，策划拍摄了《绿色出行》《绿色北京》《清洁空气·为美丽北京加油》等系列公益广告片，在北京电视台、公交移动电视等平台播出。2015 年、2016 年北京环境文化周期间，北京市环保宣传中心设计了宣传海报，在西单、东单等全市近百处户外大屏和地铁换乘站内 30 个 LED 大屏幕全天滚动播放。

二、环保展览展示

20 世纪 90 年代以来，北京市环保局先后通过参加全国性展览会，或制作专题环保展览展示等，解读环保政策，报道环保工作动态，宣传环保成就，传播绿色理念。影响较大的展览展示有：

《北京环保 30 年成就图片摄影展》。2002 年，北京市环保局制作了《北京环保 30 年成就图片摄影展》，共 29 块展板，在世界环境日宣传纪念活动中展出，并在朝阳、石景山、密云、崇文等区县巡回展览。

《北京市规划展览馆环保专题展》。2006 年，北京市规划展览馆建成“绿色北京宜居城市”环保专题展，通过大屏幕、触摸屏、传统展板、模型和影像区再现北京环境保护及生态建设等方面走过的历程、面临的挑战及对 2020 年的展望。

《绿色奥运之路》展览。2007 年 6 月至 7 月，北京市环保局制作完成了《绿色奥运之路》展览，并于 2008 年 8 月 7 日在第 29 届奥林匹克运动会代表团团长大会会场首次展出。随后，又先后在联合国总部、德国斯图加特体操锦标赛赛场、第四届世界新闻媒体大会、第七届世界体育与环境大会等重大国际会议及场所展出。8 月 7 日，联合国副秘书长、联合国环境规划署执行主任阿齐姆·施泰纳先生在考察北京奥运环保工作时，参观了“绿色奥运之路”展览并给予高度评价。应阿齐姆·施泰纳的邀请，2009 年 2 月 16 日，“绿色奥运之路”展览更名为“北京绿色奥运展览”，在肯尼亚首都内罗毕召开的联合国环境规划署第 25 届理事会会议暨全球部长级环境论坛上展出。

《关注 $PM_{2.5}$　携手污染减排》展览。2012 年，北京市环保宣传中心设计制作了《关注 $PM_{2.5}$ 携手污染减排》主题展览，重点解读了大气污染的成因、危害、$PM_{2.5}$ 防控措施及公众参与污染减排的方式方法等，并常年在全市上百个社区、重要公共场所巡回展示。

三、绿色创建

（一）环境教育基地

2012 年世界环境日期间，北京市环保局和北京市教委、共青团北京市委共同创建了我市首批 8 家环境教育基地，北京市副市长洪峰、北京市环保局局长陈添出席挂牌仪式，并为 8 家环境教育基地授牌，向基地的环保志愿者授旗。首批 8 家环境教育基地分别为：北京动物园、北京植物园、野鸭湖湿地自然保护区、麋鹿苑、北京教学植物园、北京市环境保护监测中心、北京环卫集团一清分公司、华新绿源环保产业发展有限公司。2014 年，北京市环保局、北京市教委、共青团北京市委又共同创建了北京市东四九条小学、北京市第五中学分校、北京市西城区第一图书馆、北京市西城区金融街街道丰汇园社区、北京市朝阳循环经济产业园、北京第二外国语学院附属中学、北京市颐和园等第二批 18 家北京市环境教育基地。各环境教育基地利用自身环境教育资源，针对不同受众群体，开展了系列参观、培训、实践等环境教育活动。

（二）绿色社区

创建绿色社区是 1999 年北京申奥成功后提出的，是“绿色奥运”的重要内容之一。1999 年至 2008 年，北京市广泛开展了绿色社区创建工作。例如，北京市环保宣教中心开展了社区环境圆桌对话、摄影比赛、环保知识竞赛等，举办了 50 余次的“绿色创建”培训，编制、发放各类科普资料 100 多万册（份）。截至 2009 年初，北京市创建国家级绿色社区 13 个，市级 1 222 个，100 余人次被评为全国或全市环境教育先进工作者，丰台区环保局、密云县环保局分别于 2004 年和 2007 年获得全国优秀组织单位的称号。

（三）绿色学校

北京市自 20 世纪 70 年代初，开始在中小学开展环境教育，并将西城、宣武、朝阳、海淀、石景山等区的 15 所学校作为环境教育试点。先后有多所学校的多篇论文，如《校园噪声状况与对策》《环形立体交通噪声调研》获得北京市、全国青少年科技论文奖项。海淀区、西城区、朝阳区等组织学生成立了多支红领巾环境保护大队，开展了“保护绿地”“保护河海”等活动。北京市环保局、北京市教委等多家单位相继联合举办环保夏令营活动，组织广大师生参与。

从 1997 年开始，北京市环保基金会联合北京市环保宣教中心等单位，每年举办一届小学生“我爱地球妈妈”演讲比赛，从 2001 年开始，每年举办一届中学生中英双语演讲比赛，同时加强了对学校环境教育的指导，并向学校无偿提供宣传资料和环保图书万余份。北京市环境保护宣教中心开展的其他相关活动有：2008 年协助国家环保部宣教中心开展环境小硕士项目；组织北京市绿色学校参加“绿色奥运·全国青少年 Flash 大赛”，参加校园环境管理培训，完成索尼绿色成长计划项目各项工作等。2015 年 4 月下旬，北京市环境保护宣传中心组织联合国环境规划署、北京林业大学生态文明研究中心、北师大公益研究中心、中国传媒大学等单位的专家围绕生态文明建设、大气污染治理、环保项目策划、新媒体传播等内容，对首都 31 所高校、40 余家环保社团的 120 名社团骨干进行培训。同时，组织社团骨干前往密云云岫谷青年训练营进行了志愿服务理念、应急志愿服务、志愿团队建设等内容的培训和野外露营拓展训练。截至 2009 年初，北京市创建国家级绿色学校 19 所，市级绿色学校 209 所，区县级绿色学校 500 多所。

四、环保宣讲团

2001 年 12 月，北京市环保基金会创建了“北京环保基金会绿色行动宣讲团”。2002 年 3 月，更名为“北京绿色行动宣讲团”，由首都精神文明办、北京市科委、北京市科协与北京环保基金会四个单位联合组建。2004 年 12 月，北京奥组委环境活动部和北京市环保局加盟，“北京绿色行动宣讲团”更名为“绿色奥运绿色行动宣讲团”。国际奥委会委员、国际奥委会文化与奥林匹克教育委员会主席何振梁和国际奥委会体育与环境委员会委员邓亚萍分别任宣讲团的总顾问和顾问。奥运筹备和承办期间，宣讲团成员深入企业、厂矿、社区、学校，开展了 1 200 多场讲座，受众达 20 多个省区市 40 余万人。2009 年，宣讲团更名为“绿色北京绿色行动宣讲团”，针对不同群体，普及节能减排、防治污染、生态文明建设等科学知识。自2014年初,“绿色北京绿色行动宣讲团”由北京市环境保护宣传中心负责管理,并先后与市教科院、市社科联、市科委、冬奥申委宣传部、朝阳环保学会等近20家机构建立了资源共享合作机制。2014年、2015年宣讲团年均开展宣讲活动百余场,宣讲范围覆盖全市16个区县,年均直接受众万余人。

第三节　公众参与环保宣传

自20世纪90年代以来,尤其是近年来伴随着新媒体的发展,北京市环境保护宣传工作,一方面,利用重大法规政策出台、环境日等宣传契机,依托媒体传播平台,解读环保政策,开展系列线上线下公众参与活动,引导或推动公众直接参与环境治理;另一方面,在完善与环保部、区县环保局上下联动工作机制的同时,进一步完善与北京市委宣传部、首都文明办等部门及环保社会组织的横向沟通、合作,初步在全社会构建起环保统一战线。

一、依托媒体传播平台进行宣传动员

至2016年,北京市环境保护宣传中心已建立每日通过“两台两车两微两站一网一报”10个媒体传播平台发布环境信息和环保资讯的机制。10个平台分别是,“两台”:北京电视台、北京人民广播电台;“两车”:公交移动电视、地铁电视;“两微”:“@京环之声”微博、“京环之声”微信公众号;“两站”:北京电视台环保记者站、中国环境报北京记者站;“一网一报”:京环之声网、北京移动手机报。各传播平台,围绕年度环保中心工作,通过解读环保法规政策、报道环保工作进展、普及环保知识、开展网络公众参与活动等,不断提高公众环境意识,推动公众在了解环保工作的基础上,进一步理解、支持、参与环境治理。

(一)依托“两台”“两车”平台进行宣传动员

北京电视台、北京人民广播电台《北京空气质量播报》节目分别开播于1998年、2008年。目前北京电视台《北京空气质量播报》节目每天22点50分在北京新闻频道播出3分钟环保专题节目,18点50分在北京卫视播出45秒空气质量信息。北京人民广播电台《北京空气质量

播报》节目每天 7 点 27 分、14 点、17 点 27 分分别在北京城市广播播出 3 分钟环保新闻、空气质量信息；每天 17 点零 2 分在北京交通广播播出 2～3 分钟空气质量信息。

北广传媒公交移动电视《绿动北京》栏目开播于 2011 年，每天 9 点、17 点播出 2 档共计 12 分钟专题节目。地铁电视《北京空气质量播报》节目 2015 年 10 月 1 日开通，工作日每天 9 档 9 分钟节目，周六日 4 档 4 分钟节目，播出空气质量信息。

自开播以来，尤其是随着近年来北京市清洁空气行动计划的落实，《环境保护法》《北京市大气污染防治条例》等环保法规政策出台及实施，重大活动期间空气质量保障措施的落实等，“两台”“两车”《北京空气质量播报》节目制作系列专题，引导环境舆论，回应公众关切，帮助公众了解法规政策，引导公众参与环境保护工作。

（二）依托“两站”平台进行宣传动员

《中国环境报》北京记者站、北京电视台环保记者站分别成立于 1984 年、1994 年，是北京市环保局宣传报道工作的专业化团队。“两站”记者发挥平台资源优势，围绕环保重点工作、敏感环境问题等开展宣传报道，引导公众全面、客观地看待北京市环保现状及环保工作，鼓励公众从生活小事入手参与环境治理。2013 年以来，“两站”宣传报道工作在推动公众参与环保的同时，赢得社会好评。2015 年，《中国环境报》北京记者站被北京市评为 2015 年度首都环境保护先进集体，被《中国环境报》报社评为 2015 年度宣传工作先进记者站。

（三）依托“两微”平台进行宣传动员

“@京环之声”微博是北京市环境保护宣传中心官方微博，原名“@北京环保宣传”，开通于 2011 年 11 月，2015 年更名“@京环之声”。“京环之声”微信公众号是北京市环保局官方微信公众号，原名“北京环保宣传”，2013 年 9 月开通，2015 年更名“京环之声”。“两微”平台目前是北京市公众了解环保信息，参与环保活动的主要平台。

自开通以来，“@京环之声”微博、微信公众号，先后开展了多项公众参与活动。例如，2013 年，“@京环之声”微博（原“@北京环保宣传”微博）开展了“清洁空气 为美丽北京加油”建言献策活动。2014 年，“两微”平台先后开展了“清洁空气 我是专家”环保知识手机竞答、

A4210、“首届绿色环保主题十大微信公众号评选活动”等活动。其中，仅“清洁空气 我是专家”北京市民环保知识竞答活动一项，直接参与人数近10万。2015年第二届北京环境文化周期间，“两微”平台开展了“绿色生活 我承诺”转发、“大战$PM_{2.5}$”环保手游比拼、“清洁空气 我是专家”环保知识手机竞答等活动。2016年第三届北京环境文化周期间，“两微”平台开展了污染环境十大陋习征集评选、辟除十大环保谣言、HI，北京！EP环保音乐征集、北京环境“1”字表情征集、“抓捕小P”手机游戏等9项公众参与活动。公众参与广泛，话题标签“聂一菁倡环保过年”阅读量高达1.3亿。

截至2016年7月，“@京环之声”微博共计发布信息9 000多条，粉丝量达189余万。“京环之声”微信公众号共计发布信息2 000多条，粉丝量近6万。2013年，“@北京环保宣传”微博入选由人民网舆情监测室联合新浪网共同发布的2013年十大环保微博。2015年8月至年底，“京环之声”微信公众号连续占据中国政务绿色公号周榜榜首。

（四）依托“一网一报”平台进行宣传动员

京环之声网前身为北京环保公众网，于2016年6月5日正式上线，是北京市首家环境保护公众参与平台。作为北京市环保宣传的门户网站，原北京环保公众网在通过图文、视频等形式及时解读环保法规新政的同时，每年推出多项公众参与活动专题，与线下公众参与活动呼应。如2013年，先后推出“建言献策”“绿色驾驶”“摄影比赛”“环保公益大使”等12个大型环保公益活动专题；2014年，推出了“北京市中小学环保主题演讲比赛网络参赛专区”“2014首届北京环境文化周活动集锦”“我是环保明星”评选活动、“清洁空气 我是专家”北京市民环保知识竞答、“北京市首届绿色环保主题 APP 应用软件评选活动”“牵手蓝天，你我同行——责任与梦想”环保摄影比赛、“清洁空气 绿色驾驶”等10个大型环保公益活动等专题。京环之声网上线后，开设“我来拍”“红黑榜”等专栏，便于公众参与环保。2016年第三届北京环境文化周期间，“环保音乐会”“北京绿色传播大会”“辟除十大环保谣言”等多项公众参与活动通过京环之声网进一步传播、扩散，带动更多的公众积极参与进来。

北京移动手机报《北京空气质量预报》栏目开通于2014年6月1

日，每天早晚2次向中国移动北京订阅用户推送北京空气质量预报信息、服务提示等，每期覆盖人群约200万人。

在发挥各媒体传播平台宣传优势，引导公众参与或直接开展公众参与活动的同时，各宣传平台还围绕环保重点工作、重要活动等集群发声，形成宣传合力，扩大公众参与范围。例如，2016年第三届北京环境文化周期间，“环保音乐会”“绿色驾驶 全城嗨跑”等线下活动在开展前后，通过“两微”平台、京环之声网及“两台”“两车”平台进行预热、扩散。例如，微博话题“北京大学生环保音乐会”阅读量达2 762.1万次，话题讨论2.1万次，热门讨论超过1 000条。在通过“两微”平台招募参与“绿色驾驶 全城嗨跑”的驾驶员时，微博转发支持人数过千，微信收获3万余次的实际传播效果。污染环境十大陋习征集评选、辟除十大环保谣言、北京环境“1”字表情征集等多项线上活动，一方面，在微博、微信、京环之声网等新媒体平台同时集中开展；另一方面，又通过“两台”“两车”“两站”平台“广而告之”。

二、组织环保主题活动促进公众参与

（一）环境纪念日相关环保主题活动

1.“世界环境日”相关环保主题活动

北京市从1985年开始，每年围绕“世界环境日”开展多种形式的宣传活动。1985年，北京市环保局、民盟北京市委、全军环办、北京电视台等联合举办了“纪念‘世界环境日’——首都环境美”文艺晚会。1986年，北京市环保局组织了中学生《环境与和平》短文竞赛，近郊区60所中学、近2000名学生参加。

1991年至1993年，北京市世界环境日宣传活动主要结合申办2000年第27届奥运会开展。1992年，共青团北京市委、北京市环保局、北京市西城区政府和北京市集邮协会共同在北海公园举办环境日纪念活动，共青团北京市委宣布成立“北京市红领巾环境保护总队”，张百发副市长向红领巾总队和城近郊八个区红领巾环境保护大队授旗。1993年，北京市政府在天坛公园组织了大规模的游园纪念宣传活动，联合国环境规划署主任伊丽沙白·多德斯韦尔女士与国务委员宋健共同栽下了象征友谊与生命、希望与未来的翠柏。

1994年至1998年，北京市以提高公众环境意识，促进公众参与环保为主要目标开展世界环境日宣传活动。1994年5月31日，国家环境保护局局长解振华应邀出席北京市西城区纪念“世界环境日”报告会并作了题为《全球环境问题及环境保护和经济同步发展》的报告。1998年6月5日，北京市副市长汪光焘在北京电视台发表纪念世界环境日电视讲话。同日，环保部宣教中心、北京市环保局与北京环保基金会在北京和平街社区联合举办了“世界环境日纪念暨迈向21世纪绿色生活行动启动仪式”。

1999年至2001年，北京市环境纪念日活动主要围绕申办2008年第29届奥运会这一主题开展。1999年，北京市环保宣教中心主办，在京民间环保组织协办，举行了“绿色生活及纪念世界环境日报告会”。2000年，北京市环保宣教中心向社会发放了5000套以“让我们共同行动，还京城碧水蓝天”“生命之水，资源永续”“清洁的空气尽情的呼吸”等为主题的环保宣传画。

2002年至2008年，北京市抓住筹备和举办“绿色奥运”的机遇，以世界环境日为宣传契机，动员公众参与绿色奥运行动。2006年，由172家单位共同发起，北京市环保宣教中心组织了“为首都多一个蓝天，每月少开一天车”大型主题系列活动。2008年6月5日，北京市环保局举办了“市民系列参观活动”。

2009年至2010年，北京市以低碳生活为主要内容开展世界环境日宣传活动。2009年5月30日，北京市环保局与通州区人民政府围绕“共建绿色北京　共享生态文明”主题，联合举办了“骑车逛运河，生态游通州”主场宣传活动，近200名市民参与。2010年世界环境日期间，北京市环保宣传中心举行了首都环保志愿者工作启动仪式。6月5日，北京市环保局、朝阳区政府、北京市邮政公司联合在奥林匹克森林公园举办了主题为“生态家园·绿色北京·可持续的世界城市”的纪念世界环境日宣传活动。

2011年至2013年，北京市世界环境日宣传活动主要围绕“绿色北京”“美丽北京”建设开展。2011年5月22日，北京市环保宣传中心在玉渊潭公园组织了“做文明有礼的北京人——绿色出行文明交通从我做起”之健康步行月主题宣传活动，并现场发布了网络征集的十条最佳步行路线，启动了第八届自然与生命的瞬间“绿色出行看北京”环保摄影比赛，举办了第七届摄影比赛获奖作品及健康步行月成果展览，与会各界代表以健步走的方式体验了最佳步行线路。2012 年 6 月 3 日，北京市环保宣传中心启动了第九届“自然与生命的瞬间”环保摄影大赛，6 月 4 日举办了我市首批 8 家环境教育基地授牌仪式。2013 年 6 月 1 日，“六・五”世界环境日主题宣传活动暨“清洁空气・为美丽北京加油”大型系列环保公益活动在园博园启动，现场发布了北京空气质量 APP，开启了 2013 年环保摄影比赛，首都少年儿童代表向全市公众发出“保护环境，从我做起，从身边小事做起”的倡议。6 月 5 日，北京电视台节目主持人聂一菁和“中国职业帆船第一人”郭川被北京市环保局聘为首届（2013—2014 年）“北京环保公益大使”。

自 2014 年开始，每年 6 月 1—7 日，北京市环保局联合全市多家单位组成环境文化周组委会，共同举办北京环境文化周。首届环境文化周主题为“清洁空气 为美丽北京加油”，在玉渊潭公园开展。期间，一方面，开展了“每天徒步一小时”“绿色驾驶”等 10 余项现场互动活动。另一方面，依托北京环保公众网、微博、微信等新媒体平台，推出了“首届绿色环保主题十大微信公众号评选活动”“绿色生活智慧”环保作品征集活动、“清洁空气　我是专家”北京市民环保知识竞答、北京市第一届“我是环保明星”评选活动等多个公众参与项目。环境文化周开幕式上，聘任北京电台节目主持人李莉，著名诗人、书法家蔡祥麟为北京市第二届环保公益大使。

2014 年 6 月，首届环境文化周开幕式

2014 年 6 月，首届“我是环保明星”评选活动候选人

2015 年，第二届北京环境文化周主题为“绿色生活　为美丽北京加油”。期间，启动、开展了“牵手蓝天　你我同行”环保摄影比赛颁奖仪式、北京市中小学生环保演讲比赛决赛、“绿色生活 我承诺”转发、“大战 $PM_{2.5}$”环保手游比拼、“清洁空气　我是专家”环保知识手机竞答等 8 项线上线下公众参与活动。其中，环境日当天，与环境保护部共同在奥林匹克森林公园举办主题宣传活动，举行了 2015 年“环境日”纪念邮票发行仪式，发布了“绿色家园　绿色奥运”公众参与行动计划。现场聘任的第三届北京环保公益大使演员海清、与先期聘任的篮球明星马布里成为第三届北京市环保公益大使，全市政府机关、企事业单位、社区、学校代表近千人参与活动并以徒步的方式向全社会发出了践行绿色生活的倡议。

1991 年至 2015 年，各区县环保局结合自身特色及环保中心工作，开展游园、表彰、知识竞赛、演讲比赛、征文、报告会等宣传活动。

2.“世界地球日”相关环保主题活动

1999 年 4 月 22 日，北京市环保宣教中心组织北京市环境科学学会、北京市环保基金会、地球村环境文化中心、野生动物保护中心等 13 家在京主要环保民间组织在北海公园举行了“让我们共同行动，还京城碧水蓝天——公众参与环境保护百日行动”大型环保咨询服务活动。2000 年 4 月 22 日，北京市环保局、北京市科协、北京市教委等十余家单位发起了大型环境科学实践活动“北京市青少年‘三海一河’环境保护活动”，1 万多名青少年参与。

2001 年 4 月 22 日，北京市环保局、东城区人民政府联合举办“绿色北京绿色奥运”地球日宣传活动，“绿色奥运自行车宣传队”宣布成立并进行了环城骑行宣传。2005 年 4 月 18 日，美国著名环保人士丹尼斯·海斯先生来到北京东四奥林匹克社区，参加以倡导“绿色生活”为主题的公民环保论坛。

2009 年至 2010 年，北京市世界地球日活动以巩固绿色奥运年成果为主题。2009 年 4 月 22 日，由共青团北京市委、北京市发改委、北京市委教育工委、北京市教委等共同举办的“节能环保，绿色生活”北京青少年节能环保主题活动正式启动，并成立了“北京节能环保大学生志愿服务队”。2010 年 4 月 22 日，北京市人口计生委、北京市国土资源局、北京市环保局等单位在国际雕塑园共同主办了“我们只有一个地球”大型主题宣传活动。

3. 国家重大事件或其他环境纪念日相关环保主题活动

1989 年，北京市环保局与北京人民广播电台联合举办了“迎接亚运会环境保护征文活动”，共收到来稿 100 篇。1990 年，北京市又分别开展了迎亚运 200 天、100 天和 50 天等环保宣传活动。

1995 年 9 月 16 日是联合国确定的第一个“国际保护臭氧层日”。当日，北京市环保局与国家环保局、轻工部、化工部、公安部、西城区政府等部门，在西单文化广场开展了纪念活动。时任国家环境保护局局长解振华、联合国环境规划署委员及有关部委的领导同志参加了纪念活动。2015 年 9 月，北京市环境保护宣传中心联合北京市固体废物管理中心联合开展了“国际臭氧层保护日”宣传周活动。宣传队走进企业、学校、社区向公众传播保护臭氧层知识、理念、相关法律法规及北京消耗臭氧层物质淘汰能力建设成果，倡导绿色生产、生活方式。

1999 年 3 月 18 日，为宣传、纪念“世界水日”，北京市环保局、北京市教委、北京市节水办和北京电台在海军第三幼儿园联合举办了《争做节水护水的好娃娃——献给世界水日》少儿文艺演出活动。

2006 年 5 月 22 日，北京市环保局在北京市环保宣教中心举办国际生物多样性日专题报告会，近百名首都高校学生参加。

（二）组织开展的其他环保主题活动

1. 环境保护知识竞赛

1985 年初，北京人民广播电台和北京市环保局联合举办北京环境保护知识有奖竞赛，共收到答卷 6.3 万份。副市长张百发出席颁奖大会并讲话。1987 年初，北京电视台、《北京日报》《北京青年报》与北京市政管委、北京市计委等联合举办首都环境保护知识竞赛活动。时任国家环境保护局局长曲格平、北京市副市长张百发等领导向获得团体总分第一名的地铁公司队、第二名海淀区队和第三名驻京部队颁奖，并向全军环办等 10 个单位和中学生代表队颁发组织奖和希望杯奖。2014 年 9 月，北京市环境保护宣传中心依托“京环之声”微信平台（时为“北京环保宣传”微信）举行“清洁空气 我是专家”环保知识手机竞答活动，实际参赛人员达 7 万多人。截至 2016 年，已连续开展三年。

2. 保护母亲河行动——让首都的天更蓝、地更绿、水更清、环境更优美

2000 年 3 月 14 日，共青团北京市委、首都绿化委员会办公室、北京市人大城建环保委、北京市水利局等单位在首都开展了“保护母亲河行动——让首都的天更蓝、地更绿、水更清、环境更优美”的活动。活动开展后，全市各级共青团、少先队组织组织全市青少年开展了“保护首都生命水源”“构筑京郊绿色屏障”“绿色承诺天天环保”“保护母亲河生态监护”等系列“保护母亲河行动”。

3. “少开一天车”活动

2006 年 5 月 15 日，北京 112 家车友会、汽车俱乐部、民间环保组织、高校环保社团代表他们身后的 20 余万车友向北京市的有车族共同发出倡议：每月少开一天车，以绿色出行的实际行动来改善北京空气质量，为实现“绿色奥运”的承诺尽一份责任和义务。在 6 月 5 日世界环境日、“中非合作论坛北京峰会”“好运北京”奥运测试赛期间，分别有 20 万、41 万、62 万车友选择绿色出行。截至 2012 年，“少开一天车”的成员已由最初的 112 家发展到 1 300 多家。奥运会后，“少开一天车”相继开展了“少开一天车”之“骑行北京”、植建“少开一天车”生态林等活动。

4. 环保有奖举报活动

2002 年、2003 年，北京市环保局先后与《北京日报》《北京青年报》合作开办有奖举报专栏，刊登市民举报违法排污的信息，并对市民们举报的重大环保违法排污现象和违法单位进行曝光。

2004 年至 2010 年，每年 4 月初至 12 月 31 日，北京市环保局与北京人民广播电台新闻广播联合开展“‘少一缕烟尘，多一分健康’公众环保有奖举报活动”，鼓励公众监督举报柴油车冒黑烟、工地扬尘、烟囱冒黑烟、餐饮油烟违规排放行为。共收到举报信息 2.1 万多条，核发奖金 38 万多元。

2015 年，在电话举报基础上，北京市环保局开通 12369 环保微信平台。全年共有 21 名举报人符合奖励条件，发放奖金 2.1 万元。

2016 年 4 月 1 日正式实施《北京市环境保护局对举报环境违法行为实行奖励有关规定（暂行）》。

5. 京都大地环保行

根据全国人大环资委、中宣部、国家环保总局、财政部等 11 个部委局《关于在全国开展“中华环保世纪行”活动的通知》精神，北京市于 1996 年组织开展“京都大地环保行”活动。1996 年至 2004 年的 9 年间，“京都大地环保行”宣传活动先后宣传、报道先进典型 100 多个，公开曝光反面典型约 50 个。参加活动的新闻单位由最初的 7 家增加到 13 家，记者由最初的 11 人增加到 30 人。采访团足迹遍及京郊大地 18 个区县，发表各类稿件 700 多篇（条），其中 200 多篇（条）获各类奖项。2002 年，北京市“京都大地环保行”组委会被“中华环保世纪行”组委会评为优秀组织奖，受到全国人大环资委的表扬。

6. 小学生“我爱地球妈妈”演讲比赛

1997 年 6 月 2 日，北京环境保护基金会、朝阳区环境保护局、北京人民广播电台儿童台联合举办首届北京市小学生“我爱地球妈妈”演讲比赛。自 2012 年始，“我爱地球妈妈”演讲比赛由北京市环境保护宣传中心举办。历届演讲比赛围绕环保重点工作，每年策划不同的演讲主题，如“防治白色污染”“还京城蓝天”“绿色奥运在我心中”“绿色奥运我参与”“留住一桶水”“低碳生活从我做起”等。截至 2016 年，共计举办 20 届，全市约 300 多所学校、近 2 万名同学参加了演讲比赛活动。

7. 中学生中英双语演讲比赛

2001年，北京环保基金会与北京市环境保护宣传教育中心、北京人民广播电台文艺广播，联合举办首届北京市中学生“绿色奥运我参与”中英双语演讲比赛。2012年，该项比赛由北京市环境保护宣传中心负责。截至2016年，已连续举办16届。自2001年至2016年，全市共计100多所中学、近千名中学生围绕“绿色奥运在心中”“绿色奥运我参与”“留住一桶水”“参与垃圾分类 建设绿色北京”“共建共享一片蓝天”等主题参与演讲比赛。

8. 环保摄影比赛

自2004年开始，北京市环境保护宣传中心每年举办“自然与生命的瞬间”环保摄影比赛。2013年，更名为“牵手蓝天 你我同行”环保摄影比赛。截至2015年，共举办环保摄影比赛12届。围绕环保摄影比赛，凝聚了一大批关心、热爱首都环保事业的摄影爱好者，环保摄影比赛的获奖作品也多次被刊发到《中国环境报》《北京日报》等媒体，或被制成展览展示，在全市各大公园、广场、社区展出。

9. 首都高校环境文化季

首都高校环境文化季是北京市环保局、共青团北京市委针对首都高校大学生打造的活动品牌。截至2015年，已连续举办11届。历届首都高校环境文化季活动围绕节能减排、绿色北京建设和首都环境保护中心工作，在高校范围内通过组织环保社团交流展示、环保主题辩论赛、环保沙龙、绿色环保涂鸦等活动，吸引在校大学生们参与环境保护，并以此为平台，影响辐射更多人群关注环境、参与环保实践。截至2015年，首都高校环境文化季活动的参与单位已发展到50多所高校，80多个环保社团，直接参与师生近4万人。

10. “清洁空气·为美丽北京加油——建言献策”活动

2013年9月16日，北京市委宣传部和北京市环保局共同启动“清洁空气·为美丽北京加油——建言献策”活动，通过网络、微博、微信、邮件、电话、信件6种方式，公开征集广大公众对防治大气污染、倡导绿色环保可持续生活方式的建议。截至10月底，共征集建言5 400多条。

11. “清洁空气 绿色驾驶”活动

2013年9月26日，北京市环保局、北京市委宣传部、北京市公安交通管理局等部门联合各类环保组织、车友会等团体，在中石化天利加油站共同发起“清洁空气 绿色驾驶”主题活动。活动通过“绿色驾驶”车贴、海报、宣传折页进加油站、驾校、4S 店等形式，倡导“绿色选车、节能驾车、环保养车、文明行车”的环保理念。北京市副市长张工参加了活动启动仪式并现场贴出了首张“绿色驾驶”车贴。2014 年，在全市 104 所驾校和 28 个驾照考试场投放“绿色驾驶”教学片、公益广告及相关宣传资料；与神州租车公司合作，在京近 6000 辆机动车全部张贴“绿色驾驶”车贴。2015 年 6 月 5 日，51 名通过“京环之声”微信平台招募的绿色驾驶宣传员参与了在奥林匹克森林公园举行的“绿色驾驶 全城嗨跑”活动。

12. 北京环保公益大使聘任

自 2013 年起，北京市环保局于每年环境日期间聘任北京环保公益大使。截至 2016 年，已连续聘任四届。北京电视台节目主持人聂一菁、中国职业帆船赛手郭川、北京广播电台主持人李莉、著名诗人及书法家蔡祥麟、篮球明星马布里、演员海清、演员李晨、运动员杨扬先后担任北京环保公益大使。历届北京环保公益大使通过拍摄宣传片、广告，亲自参加环保实践等形式，影响、带动更多的人参与环境治理。

13. 环保明星评选活动

2006 年 12 月 30 日，北京市环境保护宣传教育中心和 11 家媒体共同在全市组织、发起首都环保之星评选活动。唐孝炎、张希文、江小珂、克里尼等十人被评为首都环保之星。2014 年 4 月 22 日，北京市环保局与北京市委宣传部、首都文明办、北京市发展改革委等单位共同开展了北京市首届“我是环保明星”评选活动。聂一菁、威廉 • 林赛、余佳玥等 10 名各界各年龄层人士获得了“环保明星”荣誉称号。

三、引导环保社会组织积极贡献力量

引导或联合环保社会组织开展环保宣传活动

1998 年 11 月 20 日，北京市环保局与 50 余家环保民间组织、志愿者代表举行环保工作会议，共同研讨如何发动全民参与环保工作。国家环保总局王玉庆副局长到会并讲话。1997 年、2001 年，北京市环保宣传中心与北京环保基金会等单位合作，先后开展了“我爱地球妈妈”小学生演讲比赛、中学生中英双语演讲比赛。2002 年 4 月 22 日，北京市环保宣教中心与延庆县环保局合作，举办了“在京环保民间组织及志愿者联谊会暨纪念地球日活动”。筹备奥运期间，北京市环保局与 8 家民间环保组织、112 家车友会等联合开展了“为首都多一个蓝天 我们每月少开一天车”的大型环保公益活动。此外，北京奥申委、北京市环保局先后聘请环保人士江小珂、梁从诫、廖晓义为奥申委环境顾问，共同编印《绿色奥运行动计划工作简报》。

自 2005 年始，北京市环保宣传中心与多家环保社会组织联合开展“首都高校环境文化季”活动、“生命与自然的瞬间”环保摄影比赛等。2013 年 4 月，北京市环保局副局长方力与来自公众环境研究中心、自然之友、北京市企业家环保基金会等环保组织代表，座谈交流重点污染企业实时监测结果公开等事项。

2014 年 4 月 22 日，北京市环保局会同共青团北京市委、北京市志愿服务联合会等单位，组织召开了北京市环保志愿者协会第一次会员大会暨成立大会。

2015 年 12 月 25 日，北京市环保志愿者协会召开了第一届理事会二次会议，并将协会正式更名为“北京市环保联合会”。2015 年，协会联合会员单位开展了 “绿色家园 • 绿色奥运”行动计划座谈会、空气重污染应急预案修订座谈会等。

在京主要环保社会组织开展环保宣传活动情况

在京各环保组织依托自身资源、优势，开展了多种宣传活动，其中，具有代表性的环保社会组织及其开展的公众参与活动如下。

1. 北京环境科学学会及环保宣传活动情况

北京环境科学学会成立于 1979 年，是北京市环保科技工作者自愿组织起来的群众性社会团体。主要开展环保科普宣传活动如下：

一是利用北京市科技周开展环保科普活动，例如，从 2009 年至 2013 年，利用市科技周平台，开展了“低碳生活从我做起”“环境 • 低碳 • 健康”“关注 $PM_{2.5}$，关注食品包装安全”等活动。

二是开展“北京高校健康环保周”活动。自 2004 年开始，联合高校环保社团，每年设定不同主题，在大学校园开展“北京高校健康环保周”活动。例如，2010 年“低碳生活就在你我身边”、2011 年“健康环保——从理念到行动”、2012 年“1 减 1 行动”等。

三是编辑出版科普读物。先后组织或联合相关单位编写并印制了《空气中的颗粒物》《气候变化研究最新进展》等科普读本，《环境保护纪念日宣传手册》《北京市环境噪声污染防治办法宣传册》《低碳生活从我做起》等知识手册。

四是举办北京环保青年学术演讲比赛。与北京市环保局团委合作，自 2002 年开始连续举办北京环保青年学术演讲比赛，累计 200 多名青年参与。

2．自然之友及环保宣传活动情况

自然之友成立于 1994 年，是中国第一个在国家民政部注册成立的民间环保团体。截至 2016 年，累计发展会员 8000 多人。

1995 年，自然之友开始关注云南德钦县因原始森林被砍伐而危及滇金丝猴生存的问题。1997—1999 年，组织教师团队赴德国考察学习德国中小学的环境教育情况。2004 年 1 月，开始关注西南水电开发项目，并开展系列活动。2004 年，自然之友和北京地球村等六家组织发起并组织了“26℃空调节能行动”。2006 年开始，与中国社会科学文献出版社合作，每年出版年度环境绿皮书《中国环境发展报告》。

3．公众环境研究中心及环保宣传活动情况

公众环境研究中心成立于 2006 年 6 月，主要致力于通过实现环境信息公开推动中国环境治理理念的改变，公众参与环境监督和环境保护。主要开展工作为：

一是开发蔚蓝地图 APP。该 APP 汇总全国 390 个城市的空气质量信息、3 879 个站点的水质状况，以及 364 个城市、共计 15 074 家企业的重点污染源实时监测数据，并随时随地监督反馈。

二是开发污染源信息公开评价指数（PITI）。自 2009 以来，与自然资源保护协会（NDRC）连续 6 年对全国环保重点城市的污染源监管信息公开状况进行评价。

三是建立绿色供应链。2007 年启动绿色供应链项目，目前绿色采购流程和标准已为 IT、纺织等行业主要品牌广泛采用，推动供应商企业改善环境表现。

第四节 志、鉴、丛书的编纂

一、志、鉴、丛书常识

国家编史、地方修志、家族续谱，是我国绵延数千年的优秀文化传统。地方志作为全面系统记述我国自然、政治、经济、文化和社会的历史与现状的资料性文献，是传承中华文明的纽带和展示当代中国风范的载体，它为推动我国经济社会发展发挥着重要的存史、育人、资政作用。地方志，包括地方志书、地方综合年鉴。

地方志书，是指全面系统地记述本行政区域自然、政治、经济、文化和社会的历史与现状的资料性文献。地方志分为：省（自治区、直辖市）编纂的地方志，设区的市（自治州）编纂的地方志，县（自治县、不设区的市、市辖区）编纂的地方志。地方志的体例主要包括述、记、志、传、图、表、录、补、考、索引等。

志书渊源悠久，《周礼·春官》有“外史掌四方之志”的说法。到了西汉和魏晋时期，方志一词已屡见不鲜。在秦汉魏晋南北朝时期，方志尚处于形成阶段。当时，无论是体例内容，方志皆属地理书，其称谓亦多为地志、地记。其内容主要记叙地区的方域境界、山川物产、风俗民情。现存的第一部具有比较完整内容的方志书《越绝书》（相传为东汉袁康所撰），就出现在这个时期。隋唐两朝，图经盛行，以志、记为名的方志书也发展起来。所谓图经，开始多以图为主，表示疆域、山川、土地，经是图的说明，是图的附属物。隋唐时期，图经已以经为主，图反成为辅了，更加接近于后来所说的方志的性质。宋代，以记地为主的方志成为史学的一个分支。至此方志书始体例初备，自成一体。

元代所修的郡县志又多以图经形式出现。

明清两代，更重视修志。清代各地成立修志局，由学正检查质量。

民国时期的志书比清代又有所进步，主要表现：一是注意反映工、农业生产；二是增加了图表；三是反映人民的疾苦；四是收存了农民运动的资料；五是反映帝国主义的侵略和人民的反抗。黄炎培修的《川沙县志》，增设“概述”，开创了志书综合性篇目的先例。

新中国成立后，1958 年，毛泽东、周恩来等老一辈无产阶级革命家提出修志。1980 年及后几年，全国组织 10 余万人，其中专职人员 2 万余人，普修省、市、县三级志书，计划 6 000 多种。总字数在 50 亿左右。并大量编修各种专业志。这次修志规模之大，出版志书数量之多，志书质量之好，远远超出历代。

2006 年 5 月 18 日，国务院颁布《地方志工作条例》（以下简称《条例》），这是新中国建立以来国家第一次正式颁布地方志工作行政法规，标志着地方志工作走上了法治化轨道。

年鉴是以全面、系统、准确地记述上年度事物运动、发展状况为主要内容的资料性工具书。汇辑一年内的重要时事、文献和统计资料，按年度连续出版的工具书。它博采众长，集辞典、手册、年表、图录、书目、索引、文摘、表谱、统计资料、指南、便览于一身，具有资料权威、反应及时、连续出版、功能齐全的特点。属信息密集型工具书。年鉴大体可分为综合性年鉴和专业性年鉴两大类。

年鉴的编纂始于欧洲。英国哲学家培根在其 1267 年出版的《大著作》中已使用外国年鉴中有关天体运动的材料，这说明至少在 13 世纪中叶欧洲已有类似年鉴的出版物。中国的年鉴已有 600 多年的历史。成书于 14 世纪 40 年代的《宋史·艺文志》中，就有《年鉴》一卷，可惜已经失传。1978 年党的十一届三中全会以后，随着中国改革开放政策的实施，年鉴作为一种信息载体以其独特的优势，受到党和政府乃至社会各界的广泛关注，中国年鉴事业从此进入新的历史阶段。应该说，这 20 多年来，是中国年鉴事业真正的形成时期。中国年鉴出版工作大发展是在 80 年代。《中国百科年鉴》、《中国出版年鉴》和《世界经济年鉴》等年鉴首先问世，拉开了 80 年代中国“年鉴热”的序幕。1981 年，中国又新出版 7 种，1982 年为 13 种；1985 年中国年鉴种类已达 84 种。到 1992 年，全国出版的年鉴多达 522 种，相当于 1980 年的 87 倍之多。20 世纪 80 年代以后，中国方志编纂工作由隶属于国务院的中国地方志指导小组领导，到 1995 年，全国新出版的地方志已达 5 000 多部。

丛书是指由很多书汇编成集的一套书，按一定的目的，在一个总名之下，将各种著作汇编于一体的一种集群式图书，又称丛刊、丛刻或汇刻等。它通常是为了某一特定用途，或针对特定的读者对象，或围绕一定主题内容而编纂。一套丛书内的各书均可独立存在，除了共同的书名（丛书名）以外，各书都有其独立的书名；有整套丛书的编者，也有各书自己的编著者。一套丛书一般有相同的版式、书型、装帧等，且多由一个出版者出版，除少数丛书一次出齐外，多数为陆续出版。形式有综合型、专门型两类。中国的丛书，一般认为始于南宋，俞鼎孙、俞经的《儒学警语》可算为丛书的鼻祖，它刻于1201年，以后各代多有编纂，比较有名的丛书如《四库全书》《四部丛刊》《四部备要》等。其中《四库全书》的部头之大，堪称中国古代丛书之最，共收书三千五百零三种，七万九千三百三十七卷，约九亿九千七百万字。当时，《四库全书》没有刻印，全书只缮写七部。曾分藏于清代的七大藏书阁。

二、环境保护志

（一）环境保护志编纂体系

新中国成立初期，修志任务列入了国家《十二年哲学社会科学规划（草案）》。1958年，北京市启动了《北京志》编修工作，后因“文化大革命”中途废辍。1988年10月，北京市再次启动《北京志》和各区县志的编修，也称为第一轮修志。第一轮《北京志》共计35卷、154部书，上限从事业发端记起，下限原则到1990年底。按照《北京志》架构设计，《北京志·市政卷·环境保护志》为卷16、第69部志书，北京出版社2003年12月出版。

2008年10月6日，市委办公厅、市政府办公厅印发《关于第二轮地方志编纂工作的通知》（京办字[2008]16号）；同年12月15日，北京市召开北京市第六届地方志编委扩大会议，完成编委会换届，正式启动北京市第二轮地方志书编纂工作。第二轮修志规划《北京志》66部、区县志18部，上限原则与第一轮下限相衔接，所有志书下限原则到2010年底。按照第二轮《北京志》架构设计，环境保护志单独成部，为《北京志·环境保护志》。

（二）编纂组织和主要成果

1990年12月26日，市环保局印发《关于成立北京市环境保护地方志编纂委员会的通知》，由局长江小珂任编委会主任，设委员5人，编委会下设工作组。1992年1月5日，市环保局成立环保志办，综合处处长兼任主任。1993 年 1 月，编委会充实到 14 人，分别是机关有关处室、直属各单位主要负责人，志办增加到 5 人。1995 年 3 月，市环保局向市市政管委报送《关于〈北京环境保护志〉有关情况的报告》，根据市市政管委系统的修志工作会议精神，市环保局调整充实了编委会，委员增加了 4 人。经过审定，2003 年 6 月 30 日，首轮环保志送交北京出版社出版。第一轮环保志编纂工作顺利完成。9 月 28 日，任命研究室主任为志办主任，志办减为 2 人。

2007 年 3 月，北京市筹备第二轮环保志编纂准备工作。环保志办设在研究室，研究室主任兼任志办主任，志办共 3 人，完成了第一轮志中最后一部志《北京志・政府志》第四篇第二章第三节“环境保护”编纂供稿。12 月 27 日，环保志办改设在局办公室，办公室副主任、调研员专任志办主任，志办有 4 人。

2009 年 7 月，市环保局印发《关于推荐环保志编辑人员的通知》，要求直属单位选调人员参加北京环保志编纂工作。9 月 23 日，市环保局召开《环境保护志》和《北京环境保护丛书》（以下简称《两书》）编纂工作启动会议，邀请市地方志办专家对地方志编纂内容和要求进行培训，局机关各个处室、直属单位共计 35 名主管领导及负责收集资料的同志参加会议培训。

2010 年 1 月 13 日，市环保局党组书记、局长史捍民主持召开局党组会议，会议决定，为确保第二轮修志工作按时完成，原由局办公室管理的地方志办公室改为局独立的临时机构，环保志办原主任、人员不变。

2010 年是全面展开资料收集工作的一年。3 月，环保局印发了《关于〈北京志・环境保护志〉资料征集有关问题的通知》（京环发[2010]56 号），对资料搜集的方法、类型、质量、时限等提出了具体要求。7 月，根据资料搜集进度和质量的实际情况和存在的问题，又印发了《关于进一步做好北京环境保护志和北京区域环境保护丛书编纂资料搜集有关工作的通知》（京环发[2010]219 号），进一步强调了资料搜集的内容、质量、时限和重点。这一年共搜集资料近 6 900 件，总字数约 1 200 万字左右。收集资料的主要渠道是局系统内业务处室提供、档案资料、座谈会等。系统外的资料，通过给相关委、办、局和科研院所、重点企业等有关部门发函征集，这部分资料所占比例很少。搜集到的资料，志办还编辑出版大事记、会议文件汇编等材料。

2010 年 9 月 25 日，市环保局印发《关于调整〈北京志·环境保护志〉编纂委员会及其办公室组成人员的通知》（京环发[2010]286 号）。市环保局局长陈添任编委会主任，市纪委驻市环保局纪检组长吴问平任主编，志办主任不变，志办成员 9 人。

2011 年初开始进入资料长编阶段。资料长编是编纂过程中的一个重要环节，是一种科学、合理、便捷的资料管理和使用办法，也是消化、吸收资料的过程，为正式编写志稿做准备。通过编写长编，对资料进行了系统化的梳理，弄清事业、事件发生的背景、过程和结果，发现每个时间段的资料是否齐备与完整，并随时对手头资料进行查漏补缺。10 月 1 日前，志办完成资料长编初稿。

2012 年 4 月末，完成资料长编修改稿。7 月 5 日—6 日，请市地方志办公室对《环保志》流动源的污染防治、首钢搬迁、空气质量预报三个目级试写样本进行评审。

2013 年 3 月 25—26，召开初稿《流动源污染防治》评议会。

2013 年 11 月 14 日，北京市环境保护局印发《关于调整〈北京志·环境保护志〉编纂委员会及其办公室组成人员的通知》，市环保局领导周扬胜（副局级）任主编，研究室负责人任志办主任，志办成员 4 人。

2014 年 1 月 16 日，按照调整后的北京环保志篇目，依据《北京环保丛书》七个分册的相应内容，重新组合、提炼精简、修改编辑，形成了《北京环保志》初审稿（草稿）（总字数 82 万字）、大事记及相关资料（光盘），提交北京市地方志办公室，并进行业务交流。

（三）篇目设置

篇目是志书的设计蓝图、收集资料的向导、编写初稿的提纲、最后成书的目录，篇目的调整贯穿于志书编纂的全过程。

首轮环保志。篇目设置共 7 篇、33 章、120 节、209 目。改善环境质量是环保工作的出发点和落脚点，是政府的重要职责，也是环保工作的核心。根据志书“横排竖写”“横不缺项”“竖不断档”的原则，第一轮《环保志》在篇目设计时围绕改善环境质量这一目标，通过污染治理和生态保护等措施，管理、科研、监测、宣教等手段谋篇布局，将环境质量作为第一篇，凸显重要性和核心地位。第二篇“环境污染防治”和

第三篇“自然生态保护”是为了改善环境质量所采取的污染治理和防治措施，体现了环保工作初期以末端治理为主的特点。第四篇“环境管理”、第五篇“环境科研”和第六篇“环境监测”是环境质量的管理、科研、监测等法制、制度保障与技术手段，第七篇“宣传教育与交流”是为了提高公众的环境意识，加强舆论宣传等。这七篇属于同一层次，具有统一的标准。在章和节的编排上，基本按照环境要素标准分类。比如第一篇“环境质量”下属的六章（大气、水、声、土壤、电离辐射环境质量、环境污染对人体健康的影响）和第二篇“环境污染防治”下属的六章（水、大气、噪声、固体废物、辐射污染防治、工业企业调整），这种以环境要素为标准的分类立目方式，较好地体现了环保工作的主体及其系统性和合理性。但是，环境管理工作涉及面广，第四篇环境管理的条目按照体制机构、法制、制度、计划、统计、信访来分类；科研篇的章节是考虑环保工作的发展所进行的前瞻性工作，分类自然不能只考虑环境要素。当然，有个别篇章分类由于特定历史条件影响，其分类标准还值得商榷。比如第三篇“自然生态保护”下属的四章：农业生态保护、自然环境保护、水源保护、遗迹保护。之所以把农业生态保护列为第一章，是由于当时北京的农业生态保护走在了全国的前列，几个生态农业试点模式在全国进行试点宣传，特别是留民营生态农业模式在国际上都有影响。水源保护一章主要是针对北京市饮用水水资源紧张和密云水库水源保护问题，为了提高人们的认识，从保护北京的饮用水水源考虑，单独作为一章以引起重视。

第二轮环保志。是续志，续志必须是前志的延续，时间上不仅要与前志的下限衔接，内容上也要尽可能与前志衔接，才能保障续志的连续性和保持志书内容发展阶段的完整性的要求，第二轮志的时间断限是1991—2010 年。这 20 年又是北京环保事业深化改革和快速发展的 20 年，与首轮志相比，北京环保工作在环境质量改善、环境管理职能、大气污染治理、机动车污染防治、环境意识、宣传教育等方面都有显著的变化，特别是编写时间上的区别。写首轮志时，所记述的事都是发生过的，而第二轮志所记述的事有的还正在进行。因此，二轮志的篇目虽然以一轮志的篇目为基础，但是考虑到与时俱进、专志贵专的续志要求，科学合理、切实可行地设计了二轮志的篇目，部分章节设置相比首轮志有了较大的改变。截至2015年，二轮志篇目设置依然保持共8篇、43章、172节的体系结构，除概述、大事记外，8篇是：环境质量、环境污染防治、环境管理、环境监测、环境科研、国际合作、宣传教育和奥运环保。

三、年鉴

（一）《北京年鉴》供稿

1990年起，北京市地方志办开始编撰《北京年鉴》，将“环境保护”设在“城市管理”篇章下，并由市环保局负责供稿，字数在2 000～3 000字不等。按照市环保局职责分工，1990—2000年，局综合处负责《北京年鉴》供稿，条目主要包括综述、大气污染防治、水污染防治、噪声污染防治、生态保护建设、环境管理等等。2001—2005年，局综合规划处负责《北京年鉴》供稿，条目基本没有变化。2006年以来，由局研究室负责《北京年鉴》供稿，条目保持连续性。2014年，应市地方志办要求，市环保局《打响大气污染治理攻坚战》专文，并作为三篇专文之一入登《北京年鉴（2013年）》。

2015年，为全面客观及时反映北京市经济社会发展情况，记录京津冀协同发展、环境保护等方面的最新进展，适应新形势下新闻出版事业的新要求，提高《北京年鉴》的资料价值和使用体验，北京市地方志办公室、北京年鉴社对《北京年鉴》进行全新改版。其中，“环境保护”部分独立成章，不再设在“城市管理”篇章下，由市环保局供稿，字数增加到10 000字左右，篇目包括综述、环境质量、污染减排、大气污染防治、水污染防治、环境安全监管、生态环境保护建设、环境法治、生态文明体制改革等有关环境管理的内容。

（二）《中国环境年鉴》供稿

1990年以来，原国家环保局开始组织编纂《中国环境年鉴》，以记录我国环保事业的发展。按照《中国环境年鉴》编委会及编辑部的架构设计，北京市环境保护局局长为编委，先后分别是江小珂、赵以忻、史捍民、陈添；北京市环境保护局承编处室主要负责人为特约编辑。

1990年以来，市环保局按照原国家环保局、原国家环保总局、环境保护部的要求，提供北京环境保护的供稿，条目包括综述、政务运行、规划财务、大气污染防治、污染减排、水污染防治、环境安全监管、生态保护建设、环境法治、科技监测、国际合作等内容，字数在3 000字左右。

2016年，因供稿质量较高、发行数量较多，北京市环境保护局被评为《中国环境年鉴》编纂出版先进单位，北京市环境保护局研究室主任被评为先进个人。

四、有关环境保护的丛书

（一）《当代中国城市发展丛书·北京卷》

2004年，中央书记处决定立项编纂《当代中国城市发展》丛书。同年，北京市委决定立项编纂《当代中国城市发展·北京卷》丛书，成立编委会。按照任务分工，市环保局牵头，原市园林局、原市林业局等部门配合，承编第十一章“城市生态环境建设”、第二十一章第六节“环境可持续发展”。2005年1月，市环保局启动编纂工作。历经近五年的编纂，形成报审稿，并修改完善后成稿，共有3万字左右。2011年3月北京出版社正式出版。

第十一章“城市生态环境建设”共有三节，第一节“北京城市生态环境建设的历史回顾”，从环境保护地位不断提升、环境保护内容不断拓展、污染治理方式不断深入、环境保护手段不断强化、环境保护能力不断提升、全社会环境意识不断提高、环境质量总体上得到改善、成功举办绿色奥运盛会等八个方面详细阐述了北京市生态环境建设的历史。

第二节“改革开放以来北京解决各类生态环境问题的主要措施及效果”，系统介绍了北京市在大气污染防治、水污染防治、噪声污染防治、固体废物污染防治、辐射安全监管、农村环保工作、园林绿化等方面采取的措施、取得的成效。

第三节“北京城市生态环境建设中应把握好的几个问题”，认真梳理、科学分析了几个问题，总结了几条经验教训，以更好地推动环保工作。分别是环境与发展综合决策、从城市规划入手抓好生态环境建设、“整体推进、重点突破”的生态环境建设策略、运用综合保障措施。

第二十一章第六节“环境可持续发展”借鉴了发达国家的经验，分析预测了北京市可持续发展的环境问题，提出了北京市可持续发展的环境目标，以及环境可持续发展的对策。

（二）《北京环境保护丛书》

2008 年 3 月，环境保护部印发了《关于编纂中国区域环境保护丛书的通知》（环办函[2008]33 号），决定组织编纂《中国区域环境保护丛书》。环境保护部给各省、市主管环保工作的省、市、区发了函，组织各省市区编纂本地环境保护丛书，形成《中国区域环境保护丛书》系列。

2008 年 10 月，市环保局印发《北京环境保护丛书》编委会及其办公室组成人员名单的通知（京环发[2008]271 号文）。11 日，市环保局印发了《北京环境保护丛书》编纂工作方案及任务分工的通知（京环发[2008]272 号文），该文件强调要将《丛书》的资料收集和编纂工作与北京环保志二轮续修工作结合起来，一并考虑，统筹安排，为环保志续修工作打下基础。《北京环境保护丛书》编纂实行总编负责制，局长史捍民为总编，各位局领导为副总编，并分别担任各分册主编、副主编。各分册实行主编负责制，每分册由一位主管局领导任主编。但是，2011—2012 年之间《丛书》编写进展不大。

2013 年 5 月 24，为加快《北京环保丛书》初稿的编写进度，市环保局新的分管领导要求改进工作方式，各章节或目的草稿完成后，可随时反馈相关业务处室征求意见，修改完善，以节约时间，保证进度。

2013 年 9 月 10 日，市环境保护局办公室关于印发《北京环境保护丛书》编纂方案的通知（京环办[2013]51 号），将提供初稿的任务调整到各相关处室、直属单位。《丛书》共设置《环境规划》《环境管理》《环境污染防治》《大气污染防治》《生态环境保护》《环境科研和监测》《奥运环保》等七个分册，由局长陈添任编纂领导小组组长，有关局领导任各分册主编。之后，各主编分别召开分册编委会会议，部署编写任务，加快编纂进度。2013 年，共召开 15 次编写调度会，完成了《丛书》七个分册征求意见稿（总字数 138 万字）。

2014 年，完成了七个分册的初审。

2015 年，完成了《环境管理》《大气污染防治》《环境规划》《环境科研和监测》四个分册的报审稿。

第八章　信息化建设

新的世纪，首都环境信息化迎来了全方位、深层次发展的新时期。北京市环保局按照环境信息化总体建设规划，积极开展环境信息化建设，将信息化工作从北京市环保局拓展至全市环保系统，工作重点从工作信息数据化转移至数据资源化；环境信息化由点到面，从原来主要面向信息系统开始面向政府管理，进而发展为面向环境保护业务和社会公众需求，拓宽了工作领域，丰富了工作内容，环境信息化工作已经成为环境管理中一项不可或缺的组成部分。通过长期不懈的努力，北京市环保局在网络建设、业务信息系统建设、电子政务建设等方面取得了明显成效，网络及信息安全等基础设施建设基本完成，环境质量在线监测体系日臻完善，重点污染源在线监控得到广泛应用，13 项行政许可事项实现网上办理，环保核心业务不同程度得到信息化支撑，环境信息化水平不断提高，提升了环境管理能力。北京市环保信息化工作也受到上级部门的认可，多次获得了国家和北京市的表彰，市环境信息中心获得 2010 年、2013 年度国家环境保护部颁发的全国环境信息化工作优秀集体称号；北京市环保局政府网站分别获得国家环境保护部颁发的 2009 年、2010 年、2011 年度省级环保厅（局）优秀政府网站称号；北京市环保局获得北京市信息化工作领导小组颁发的 2011 年度电子政务绩效考核公共服务奖。

第一节　发展历程

一、机构沿革

为了建立全市范围的环境信息网络，逐步实现信息资源共享，提高现代化环境管理水平，适应环境保护与经济协调发展，1996 年 1 月，经北京市编办同意，北京市环境保护局设立环保信息服务中心，为正处级全民所有制事业单位，编制 15 人，领导职数 1 正 2 副，经费自收自支，相关业务工作由市环境保护监测中心承担。主要负责建立维护全市环保信息网络，为北京市环保局机关办公自动化提供服务，负责环保系统计算机软件开发工作，逐步向社会提供环保信息服务。

1998 年 11 月 6 日，北京市机构编制委员会办公室《关于北京市环境信息中心更名的函》明确：北京市环保信息服务中心更名为北京市环境信息中心，更名后规格、编制、经费形式不变。

2003 年 7 月，环境市环境信息中心从市环境保护监测中心分离出来。同年 12 月，经市编办核准为全额拨款事业单位，编制 10 人，领导职数 1 正 1 副。主要负责推进北京市环保局电子政务、办公自动化建设。负责编制北京市环保局有关电子政务、网络建设方面的规划、计划。负责环境保护信息的管理、整合及发布工作。建立并运行设计全局环境保护业务的数据库，承担设计全局的网络建设、运行管理并逐步完善北京市环保局网站，向社会提供环保信息服务。制定北京市环保局有关信息管理方面的规章制度，并负责实施。制定应用软件开发及相关技术标准。负责局机关网络系统和计算机设备的管理与维修保养。联系上级信息管理部门，处理相关业务，并对局系统直属单位及区县环保局的信息化建设工作进行指导。负责组织北京市环保局工作人员在电子政务、信息安全方面的培训，以及其他与信息化相关的工作。

2011 年 12 月 29 日，市环境信息中心增加全额拨款事业编制 6 名，编制从 10 名增至 16 名，处级领导职数从 1 正 1 副增至 1 正 2 副。

二、业务发展

自主建设阶段。该阶段为 2000—2004 年，建设主体为北京市环境保护监测中心，建设内容以环境质量在线监测与污染源在线监控为主。期间，建设并运行了锅炉烟气在线监测系统、工地扬尘视频监控系统、尾气检测联网监控系统、污水处理厂水质自动检测系统、医院污水水质自动监测系统，以及空气质量自动监测系统、地面水环境质量监测系统。2003 年 7 月，针对局机关信息化发展需求，进行了局域网改造，开发了 2004 年新版政务网站，完成了办公自动化系统开发工作。

规划实施阶段。该阶段为 2005—2006 年，为北京市环保局信息化建设快速发展期。2005 年初，根据市委、市政府关于“职责清、情况明、数字准”的信息化工作要求，编制了《北京市环境保护局信息化建设三年规划（2005—2007）》，明确了“以内养外，以外促内，全面提升环保局信息化水平”的环境信息化建设方针，规划了环境信息化建设方向与重点领域。经过两年大规模的建设，在局机关各处室、直属各单位的配合与支持下，实现了北京市环保局与直属各单位及各区县环保局的互联互通，完成了以下应用系统建设工作：综合信息平台、政务网站等门户；办公自动化系统、档案管理系统等行政办公类系统；污染源数据仓库、应急指挥信息系统、北京市环境保护局市领导决策信息服务平台、地理信息系统等决策支持系统；机动车车型目录审批系统、建设项目管理系统、专项资金管理系统、排污申报与收费管理系统、12369 信访管理系统、固体废物管理系统、监察管理系统、空气质量分析系统、锅炉管理系统等业务应用系统；北京市环保系统视频会议系统。

资源整合阶段。本阶段为 2007 年至 2009 年。《北京市环境保护局信息化建设三年规划（2005—2007）》的有效实施，为北京市环保局信息化工作奠定了坚实的基础。在此基础上，开始了《北京市环境保护局信息化建设三年规划（2007—2009）》的实施。该规划将信息化建设的范围由北京市环保局拓展到全市环保系统，以环境管理核心业务为基础，以实现全市环境业务数据集中管理为目的，以实现环保信息资源共享为目标，构建了全市环保系统信息化建设总体框架。截至 2008 年底，环保核心业务信息化支撑达到 88%，实现除 1 项不宜在网上申报的行政许可事项外的全部 13 项行政许可事项网上受理。通过电子政务综合信息平台、建设项目综合管理系统、12369 信访管理系统等多个市、区县两级环保部门共用系统的投入使用，基本实现了北京市环保局与各区县环保局环境管理核心业务的协同办理、核心业务数据的集中管理。

综合应用阶段。自 2009 年开始，在前三个阶段建设的基础上，进一步确定了围绕北京市环保局环保中心工作，按照有利于提高业务水平、有利于加强监督管理、有利于提升工作效率、有利于强化阳光行政的工作方针。确立了以继承成果、加强共享、方便高效、求实创新、深化应用为原则，通过信息化手段的建设和应用，全面提升北京市环保局环保业务能力。明确了按照“金字塔”结构搭建三级平台，以各处室、单位部门主页为基础平台，生产并整合相关信息资源，满足各部门内部办公和管理需求；以局综合办公平台为共享平台，依托基础平台和相关办公系统，实现“行政办公、信息发布、综合服务、信息共享”；以局政务网站为发布平台，依托共享平台和相关业务系统，实现“政务公开、网上服务、政民互动、信息共享”。围绕行政权力六个关键环节，根据监察部门及相关部门需求，新建或改造现有环保业务信息系统，以信息化手段，强化监督，实现阳光行政的工作目标。提出了根据北京市环保局信息化现状以及亟须解决的问题，按照“三步走”的方式，明确责任，细化分工，抓紧推进的工作步骤，即第一步以部门主页应用和信息生成、发布为重点，把目前能够使用的系统功能用好、用足，充分发挥信息化的效能；第二步以实际应用需求为重点，加快急需的和通过短期开发就能使用的系统功能的改进完善，丰富信息化手段；第三步按照北京市环保局信息化建设总体目标，围绕六项行政权力，一是对涉及行政执法权力的 5 个应用系统进行改进，增加执法过程留痕和处罚依据的显示，使执法过程公开透明；二是对使用较少的应用系统调研原因，视情改进。三是根据业务处室需求，开发新的应用系统，力争覆盖全部六项行政权力。

截至 2010 年，北京市环保系统的环境质量管理、污染源管理、环境监察管理、信访投诉管理、辐射环境管理、突发环境污染事故应急处理，生态环境管理，专项资金管理八大核心业务中，除生态环境管理尚无完整的业务应用系统支撑外，主要业务环节基本实现信息化支撑，核心业务信息化的深度和广度进一步提高。同时，还开发和运行了污染源清查管理、视频会议和快照通等系统。

随着“十二五”时期环境保护信息化规划的实施和“智慧环保”顶层设计工作的开展，确定以环境数据中心建设为龙头，以物联网技术为依托，以信息安全建设、标准规范建设、运行维护建设为保障，建立环境信息感知准确全面、IT基础支撑安全可靠、决策应用智能有效的北京市“智能环保”体系。努力推动环境信息化建设的三大转变，即环境信息资源分散到跨部门共享转变；从信息化建设各自为政、分散建设，向信息中心统筹、集约化建设模式转变；从信息化作为环境管理工具，向逐步发挥综合决策作用转变。

依据“智慧环保”顶层设计，环境信息系统总体架构概括为“一中心、三体系、三平台、三服务”，“一中心”即建立环境数据中心，集成各类环境信息数据，为环境信息服务和决策支持提供有效数据支持，实现环境信息资源交换、共享、管理、应用和分析；“三体系”即建立环境信息标准规范体系、环境信息安全保障体系和环境信息运维管理体系；“三平台”即环境信息感知平台、基础支撑平台和综合应用平台；“三服务”即综合管理决策服务、信息资源共享服务和社会公共服务。

第二节　基础建设

一、机房建设

签订IDC机房项目合同，在歌华大厦租用了歌华有线公司87 m^2、26个机柜的独立机房和连接局机关原有机房的2条百兆光纤线路；完成了IDC机房部分网络设备和环境保护部《国家环境信息与统计能力建设项目》部分设备的安装调试；初步制定了机房设备和应用系统的搬迁实施方案。

根据局机房空调长期超负荷运行故障频发以及UPS电池老化故障的情况，2012年，更新了机房精密空调和UPS电池，并将加装机房背板空调。完成了背板空调室外主机、水泵和CDU的安装和室外管道的连接工作。加强了消防系统的监察，同年9月，对消防设备进行了巡检并更换了主机电池。

二、网络建设

内部局域网。1996 年，北京市环保局局域网络建成并运行，网络传输带宽为 10M。2003 年，局计算机网络管理及网站的日常工作转移到新机房。2004 年 2 月，完成了全局网络线路的改造，9 月所有网络用户由旧网切换到新网。通过网络改造，实现了核心交换机对局机关所有用户的交换控制，并与市环保监测中心机房连通；办公内网千兆到达桌面，满足局内所有用户连接到互联网的需求；会议室可提供无线局域网接入，访问互联网；通过使用防火墙，实现对内网、互联网、无线局域网接入区和 DMZ 区的安全隔离；为所有局域网用户提供病毒防护，同年 11 月通过验收。

2012 年，北京市环保局对局域网进行了升级改造。该项目与市重点污染源自动监控能力建设（一期）数据中心建设项目中综合布线部分同步实施。完成了网络备份中心机房内 9 个机柜的更换，机柜内所有配线架的更新，配线架到交换机连接线的重新跳接；同年 10 月，完成市环保局机关内所有办公室网络面板和模块的更换；完成三层机房到主楼六层机房的光缆铺设和光纤熔接，完成三层机房和西配楼机柜的更换，机柜内所有配线架的更新，配线架到交换机连接线的重新跳接。

环保政务网。2005 年，完成北京环保政务网一期建设工作，实现北京市环保局与异地直属单位以及城八区环保局的网络联通。2006 年，完成北京市环保政务网二期建设工作，实现北京市环保局与远郊区县环保局的互联互通。环保政务网的运行，为全市环保系统构建了一个高效、安全、扩展性强的办公网络平台，实现了北京市环保系统之间的数据传输、信息共享、应用集成和信息服务，为进一步加快环境管理信息化建设打下了坚实基础。2006 年 11 月，北京市环保局颁布实施《北京市环保政务网管理规定》。

三、安全建设

2006 年 8 月至 11 月开展了信息安全风险评估工作，共提交了风险评估报告 35 份。对北京市环保局 12 个应用系统进行了全面评估。完成了安全定级，并对网络与信息系统所面临的问题制订了整改计划。

2007年开展了信息安全加固工程。项目涉及网络层安全建设中分域分级保护、访问控制、安全预警与审计，系统层安全建设中的计算机病毒综合防范、重要服务器及终端防护，以及应用安全、容灾备份、集中管理等内容。经升级改造的新版网站使用更先进的本机防火墙软件，采用动态更新，静态发布的信息更新机制，并加强了定期备份，对突发情况做好应对准备。

随着北京市环保局应用系统数量的增加、覆盖范围的扩大及重要程度的提升，身份认证、用户管理、访问控制、系统维护等问题成为影响信息化整体推进的关键环节。为构建有效的网络信任体系，针对各类工作人员，特别是内部工作人员，按照内部组织层次关系，构建起独立于各应用系统的统一认证平台，进行环保局内网范围内的统一身份管理和标识管理，实现严格的身份认证及授权访问控制和灵活方便的单点登录，降低管理与维护的复杂度，提升用户权限管控能力，为各应用系统之间的互联互通和资源共享奠定安全基础。统一认证平台部署在环保局内网之中，仅限于内部应用系统使用，主要为北京市环保局机关工作人员、各区县环保局工作人员、各相关委办局工作人员访问综合政务信息门户、行政许可网上审批系统、辐射中心业务管理系统、市环境信息中心业务管理系统，并提供安全的身份认证及访问控制服务。

为保证环境信息化建设和管理工作的正常进行，先后制订了《IT项目管理规范——硬件及系统软件项目》《IT项目管理规范——软件开发项目》《数据库设计规范》《数据库数据字典规范》《元数据标准》《综合信息平台应用系统集成标准》《GIS地理信息系统集成标准》《应用系统测试标准》《信息系统综合安全预案》和《机房管理规定》等多项工作标准与管理规定。

信息安全能力建设。2009年，作为信息化建设的重点工作之一，主要从防病毒管理、终端管理和数据安全备份等方面实现安全加固，从而为各应用系统之间的互联互通奠定安全基础。防病毒管理。购买了冠群金辰公司的KSG3500防病毒网关，替换原有的KSG500防病毒网关，部署在北京市环保局办公互联网出口，提高其硬件性能，以保证北京市环保局日常办公不受网络病毒侵害。替换下来的KSG500防病毒网关部署在网络服务 DMZ 区，以保证北京市环保局提供申报审批服务器的安全；终端管理。在现有基础上对终端管理软件进行扩容和升级，购买了相关产品并与集成公司签订了合同，与北京市环保局局域网改造工作一并实施。结合预算批复的情况，将原有的数据集中存储，镜像备份调整为数据集中存储，服务集群，在现有基础上最大限度地保障了数据和服务的安全。

安全服务外包工作。自 2007 起，每年与专业化信息安全服务公司签订安全服务外包合同。涉及范围包括日常巡检、漏洞扫描、安全加固、渗透测试、应急响应等内容。通过安全服务外包项目，有效地加强了北京市环保局信息安全的日常管理，提高了及时发现问题能力，并进行相应整改。

网站安全。为了保障网站内容的准确性和安全性，在原有网站 Web 服务器的基础上，从 2009 年起增加一台后台维护服务器，充分发挥网站系统软件、页面防篡改软件和防火墙软件的优势，实现了网站静态页面访问，静态页面实时保护和服务器端口严格控制的功能，形成了“动态维护—静态发布”的网站更新模式，进一步提高了网站防篡改能力。2010 年为进一步提高北京市环保局政务网站的防篡改能力，网站完成了“尾气超标车辆查询”“在京环评单位查询”“建言献策”“网上调查”和“北京市社会化环境监测机构查询”等应用的数据库分离工作，提高了网站的信息安全系数；为进一步完善网站各项管理制度，提高网站管理能力，同年，重新修订了网站管理规定，同时颁布了网站技术管理规定和网站应急管理规定。

安全巡检和漏洞扫描。针对北京市环保局网站及减排专网可能存在的信息安全漏洞和隐患，自 2007 年起，市环境信息中心协调相关部门进行 1～2 次安全巡检和漏洞扫描，重点对网络设备运行、使用情况进行巡查，对相关计算机进行了安全检查和漏洞扫描，针对在巡检中发现的问题，及时提出整改意见，规范设备及相关网络的运行管理。

完善应急响应机制。为确保信息系统的安全稳定运行，市环境信息中心认真落实北京市环保局《网站管理规定》《网站应急预案》《网站安全保障方案》等制度，不断强化应急机制，做好应急准备，提高应急反应能力。2011 年对相关制度规定进行修订完善，提高了信息系统防攻击、防篡改、防病毒的能力。

加强机房安全检查。市环境信息中心坚持工作日机房巡检，节假日值班制度，不断落实安全责任，中心人员轮流每日检查机房的温湿度、设备运行情况及供电系统，并进行详细的登记，如发现网络异常或设备故障，能够及时报告并处理。针对机房供电 UPS 设备存在的问题，对机房供电设备进行了调整，保证了机房供电的连续性和稳定性。

落实等级保护要求。2011 年，按照市公安局、经济信息化委、保密局、密码管理局四部门联合印发的《关于印发北京市开展信息安全等级保护安全建设整改工作实施方案的通知》的要求和《关于开展北京市环保局信息安全等级保护安全建设整改有关工作的通知》的工作进度安排，由北京市环保局信息化工作办公室组织，委托第三方安全评估机构，对监测中心、机动车中心、辐射中心 3 个单位共 9 个信息系统进行了安全风险评估工作。按照局等级保护和信息系统安全整改工作计划，采用“统一招标，分签合同，分别实施，统一验收”的方式完成安全风险评估，并开展安全建设整改工作，由北京市环保局信息化工作办公室负责对项目进行了整体招标和最终验收工作。2012 年随着北京市环保局重要信息系统迁移至专业的 IDC，为保证安全，更好地利用资源，市环境信息中心在迁移过程中对系统进行虚拟化整合，并聘请专业的信息安全专家对北京市环保局信息系统进行信息安全测评支持和协助备案工作。有效提高了系统抗风险能力。

四、标准和制度建设

1. 标准建设

随着环境信息化程度的加深，为有效地对“海量”的数据进行规范管理和共享服务，市环保局在进行数据中心建设的同时，建立了《环境数据中心公共代码规范》《环境数据中心数据采集更新规范》《环境数据中心数据传输与交换规范》《环境数据中心数据访问接口规范》《环境数据中心污染源基本档案数据元规范》《环境数据中心门户集成规范》等 6 个规范。

2. 制度建设

为了规范信息中心的工作，按照年度工作计划，市环境信息中心开展了工作制度修改完善工作。在梳理现有规章制度基础上，结合信息中心工作的现状，搭建了制度框架，将工作制度分为信息化业务、内部管理两大类，信息化业务类又划分为网络、机房管理、项目建设管理、门户网站管理、信息安全管理、运维管理、资源使用管理等6种，内部管理划分为行政管理、人事管理、财务管理等3种。

五、软件正版化

在2004年购买大批Windows、Office软件的基础上，2005年对软件正版化工作进行了进一步的规范。在2006年6月全市行政机关正版化工作检查中，北京市环保局正版化工作因“有制度保证、有资金支持、有专人负责”受到检查小组的好评。为进一步加强正版化工作，2007年在坚持每月一次正版软件检查的同时，在全局进行了正版软件需求调研。按照调研结果采购了相关软件。在后续的工作中，做到按需制定采购更新计划，提前申请预算，经费得到了保障。近年来，在做好保证软件正版的基础上逐步提高国产软件使用率。

2011年，根据《北京市政府机关软件正版化专项检查整改工作方案》和《关于使用正版软件情况自查工作的通知》的部署和要求，市环保局明确了具体任务和工作要求，由局办公室负责组织，市环境信息中心具体承办，开展了使用正版软件情况自查工作。同年2月，北京市环保局按时完成了自查整改工作，局机关共408台计算机使用的软件全部为正版软件，是全市完成自查整改工作并达到100%使用正版软件的20个单位之一。

第三节　门户建设

一、综合办公平台

综合办公平台是北京市环保局信息化的内网门户。它集系统应用、数据共享和信息服务于一体，提供环境应用系统的集成环境和架构支撑平台。它是市环保系统内部办公、领导决策、信息发布、文档及数据资料查询以及个人信息管理的基础性电子政务综合平台，在北京市环保政务网上运行。目前综合办公平台共集成了业务应用系统 14 个，重要业务处室直接通过这些系统工作，产生的数据进入数据库为相关部门共享。

2005 年底，综合信息平台在原有办公自动化系统的基础上，增加了局内政务、通知公告、电子邮件等功能。2007 年，电子政务综合平台进行了升级。为进一步发挥“协作办公、信息共享、工作展示”的功能，在局内网搭建了《市领导决策信息服务平台》的映射服务器，新开《环境形势分析》，增加了《节能管理》等栏目。增加了在线实时监测的内容及监测简报、周报，并将空气质量查询分析曲线图集成到平台。随着污染监控、执法专项检查等工作的开展，新增加了 19 区县相关的业务用户。平台门户增加了局领导专页、工作共享频道、区县交流频道。增加了行政复议管理模块。增加并改进了处室收发文登记、督办管理、信息化应用考核、培训教室、处室内部工作管理、信息共享平台、工资查询等模块。

2008 年，开发了奥运环境保障信息汇总平台。汇集各类奥运保障工作方案、日报、周报、月报，监测、分析等，实现奥运环境保障信息的集中管理与按权限共享。

2009 年，综合信息平台进行了升级改版，采用全新的技术构架、功能定位，包括行政办公、信息发布、综合服务三大功能。新版办公平台设置首页、综合服务、环境质量、污染源监管和部门主页 5 个频道。新建了公文制发管理、环保信息报送、征求意见、考勤管理、会议室申请、折子工程管理、会议活动通知、短信发送、PC 客户端、网络传真等多个办公模块。同时，新建了全部局机关和直属单位的部门主页。改版工作完成后，北京市环保局综合信息平台整合现有环境信息资源和应用系统，局内用户及各区县环保局用户可根据不同权限访问不同的信息资源，跨系统、跨部门的信息通过平台被有序地整合和管理，用户可以方便地通过平台获得需要的信息，提高了信息的资源化水平和信息资源的共享程度，方便环境信息资源在平台上的展示和自动更新，为局内工作人员提供了便捷的办公手段。

1. 信息发布

2012 年，综合办公平台使用更加广泛。全年共上传信息 6 492 条，阅读量 566 308 人次，流转处理公文 7 795 件，很好地实现了“部门基本信息上网、部门重点工作上网、工作进展情况上网以及共享文件信息上网”的工作要求，方便了业务处室之间以及与区县环保局之间的工作交流、数据传输和信息传递，提高了办公效率和行政办事能力，节约了行政成本。

2. 公文处理

为促进局办公自动化系统应用的规范化、标准化、制度化，提高工作效率，推动电子政务建设，加速信息传递，2003 年市环境信息中心提出办公自动化系统与网上审批同步建设。2004 年办公自动化（OA）系统建设经过前期的调查准备，边调研边开发。2005 年北京市环保局办公自动化（OA）项目一期开发基本完成并运行系统有：个人办公系统，包括电子邮件、待办事宜、日程安排、代办设置等；行政办公系统，包括发文、收文、信访管理、会议纪要、请示报告、督办查办、大事记等；内部管理系统，包括工作计划、规章制度、信息、值班、考勤等；政策法规系统，包括法律法规、环境标准等；公共信息系统，包括电子公告、会议通知、党群工作、新闻中心、简报、通信录、专家库、人员信息；资源管理系统，包括资产、文档、会议室管理，搜索统计；系统配置库等。

2011 年，市环境信息中心负责对公文处理系统进行升级改造。2011 年上半年与局办公室共同进行了需求调研论证，制定了公文处理系统升级改造实施方案，经局领导审查，并报市经信委、财政局的审批，同年 9 月获批复，2011 年 10 月完成签订合同准备工作。在办理项目审批工作的同时，项目开发工作已提前启动，软件编制调试工作进行顺利，通过对收文管理系统改进完善，与现有的发文管理系统、签报管理系统等实现对接，进一步优化了公文办理流程，公文办理更加简便、直观、高效，基本实现了收发文处理全流程的网络化。该项目 2011 年 12 月底上线试运行，基本实现了市环保局公文处理全流程信息化处理。

3. 办公辅助

会议管理系统（值班管理系统）。于 2012 年 10 月完成，经过之前近 4 个月的完善，该系统实现了从传真接收到会议活动事项审批，到最终参会人查看电子版传真，包括参会人员手机短信提醒，实现了全流程电子化。系统正式上线大幅度减轻了市环保局值班人员的工作量，减少了工作失误的概率，保证了市环保局对外会议活动的审批、流转、落实等工作事项的高效、便捷。

人事管理。新的电子考勤管理系统经调整后于 2012 年 8 月上线试运行，同年 10 月开始正式在全局范围内使用，该系统实现了市环保局人员上下班签到、请销假和因公外出等功能的全流程电子化管理，既加强了员工考勤管理，又方便了考勤信息统计。

公务员绩效管理系统。2012 年 10 月正式上线，目前已使用了年度工作计划管理、月工作记实和绩效考核打分 3 大模块，结合考勤管理系统自动生成的考勤数据，实现了市环保局公务员季度考核、年度考核和日常管理的电子化。

二、政务网站

北京市环境保护局政务网站建设起步于 1999 年，先后经历了几次升级改版。网站设计及网站内容得到了环境保护部及市委市政府的充分肯定，2009—2011 年连续三年获评省级环保厅（局）优秀政府网站。

1999 年，北京市环保局开始建设门户网站，同年 6 月 5 日“世界环境日”第 1 版上线正式运行，网站内容主要为法律法规。

2001 年，对原网站进行了更新设计和结构调整，形成了第 2 版网站。第 2 版网站内容更加充实，设计了中英文版面，新增空气质量日报数据的信息公开，信息发布方式全部为手动。功能方面增加了有关数据的查询和网站信息检索。

2004 年 6 月，第 3 版网站正式上线，除在政务公开、在线服务、公众参与等方面的栏目设置外，还增加了电子地图、个性化定制等功能。2005 年 5 月，又对网站进行了较大的调整。新的页面根据内容进行了功能分区，将版面分成了网上办事区、信息发布区与生活指导区，还增设了一批新的栏目。

2006 年 10 月，第 4 版网站开始向全社会提供环境信息服务。新的网站为政务公开、网上办事、公众参与设立单独频道；为方便公众办事，对 6 项网上申报服务进行了整合，每项申报都有相应的业务系统的支撑，实现网上申报、网上受理、网上办事的无纸化办公。同时，设置了空气质量、尾气超标、环评单位等查询功能，方便公众查询；投诉举报、典型回复、网上论坛使公众参与更加便捷，其中投诉举报工作由12369信访系统作为支撑，保证对信访事件的及时办理及回复。在运维和信息安全方面，新网站提供与前台一致的管理后台，使维护与管理网站更加直观、便捷；该版网站使用先进的NET技术进行开发，安全性更高。2010年，按照信息公开、网上办事、政民互动三大政府门户网站功能定位，分别设置了相应的功能区域，其中主动公开55类环保信息，实现了25项办事事项的网上申报与结果查询，建立了在线投诉、建言献策、网上调查等政民互动栏目。实现了每日自动为网站传输并更新空气质量数据，进一步推动了信息公开水平。

2011年，根据环境保护部、北京市政府对政务网站的考核要求，市环境信息中心开发了第5版网站。针对近年来环境保护部、北京市政府对市环保政务网站考核中发现的问题，按照“信息公开、在线服务、政民互动”的三大功能定位，梳理业务分类和流程，重新划分栏目，编制了网站改版方案。改版方案在2011年8月底经局长办公会讨论通过后，新版网站于2011年11月初正式上线试运行。新版网站最突出的特点是站在浏览者角度考虑问题、进行栏目设置和建设，如网站突出了“财政资金”“政府采购”“人事任免”“环境质量”等群众关心的政务信息的展示；设立个人在线办事页面和企业在线办事页面，并提供办事指南、表格下载、网上申报、状态查询、结果反馈等全流程服务，使网站为民服务的功能更加便捷和直观，界面更加亲民友好。实现了打造北京市环境保护局政务门户网站改版目标。

1. 信息公开。在信息公开方面，设立有曝光台、空气质量查询、环评单位查询、超标车辆查询等特色栏目的“北京市环境保护局网上公开信息目录”，涉及公开信息9大类33项，涵盖16个处室和直属单位的相关工作。

2. 网上办事。目前，北京市环保局门户网站已成为网上办事、受理投诉、答复咨询、环境宣传、向社会公开环境信息的主渠道。网站以业务应用系统为基础，具备完善的公开审核机制，有一整套较为规范的审核发布流程，保障相关信息及时准确地发布到政务网站。通过整合信息资源，提供了丰富的具有环保特色的在线查询服务。通过强化在线办事功能，实现了“外网申报—内网办公—外网公示”的工作机制；完善的网上办事功能，满足13项行政许可事项的网上受理，占业务量99%的许可事项实现全流程网上办理。通过开通12369投诉举报咨询频道，为公众提供了投诉、举报与咨询的网上入口。此外，还设置了网上调查和建言献策等公众参与渠道，引导公众广泛参与，发挥了社会公众服务的电子政务平台作用。

除网站内容的职能检索外，设置了空气质量日报和预报、尾气超标车辆、在京环评单位等查询，方便公众和办事人查询；设立了完备的下载中心，办事人可在其中找到在北京市环保局办事时需要的所有表格和资料。

3. 政民互动。在公众参与方面，为方便公众对环境保护方面的投诉、举报、咨询，北京市环保局专门为市环境保护投诉举报电话咨询中心建设了12369信访管理系统。同时，在网站开通了“网上12369”频道，投诉举报、典型回复、热点问答等统一由12369系统负责更新和维护，保证群众信访实现一站式办理。网上论坛、网上调查根据需要随时更新，广泛收集群众的意见和建议，公众参与更加简单、快捷。

第四节 信息资源共享建设

一、宏观经济与社会发展基础数据共享

2011年，北京市环保局向市统计局提供了环境统计宏观数据库内容，包括工业生活主要污染物排放量、自然保护区的个数和面积、突发环境事件的情况、工业污染治理项目情况、排污费收入情况、“三同时”完成验收项目环保投资情况、分区县环境质量情况等，为共同改善本市环境质量及领导决策提供了依据。

二、数据中心建设

2011年，信息中心配合环境监察总队完成了该建设的可行性调研和经费预算。在充分论证基础上，细化了技术实施方案，该方案综合考虑了市环保局信息化建设的总体要求、应用需求和发展空间；编制完成数

据中心项目招标文件，通过了招标领导小组审核，做好了招标工作的各项准备。

2012年，北京市重点污染源自动监控能力建设（一期）项目中数据中心建设进入实施阶段。为确保项目的顺利开展和按期完成，市环境信息中心成立了项目实施工作组，明确了工作机制和任务分工，每周召开项目例会，研究解决相关问题，议定部署相关事项，督促落实工作计划。

数据中心建设即充分利用云计算、虚拟化、ETL、数据挖掘等技术，加强网络、安全、服务器、系统软件及存储等基础设施的统一规划，以数据管理为核心，整合原有信息化设备与信息资源，优化资源的使用率，达到按管理对象整合环境数据，形成整体效益，打造通畅的环境管理数据沟通渠道，体现环保数据的共享应用能力、决策支持能力及应用支撑能力，为环境管理提供服务支持的总体目标。实现环境保护工作信息资源的集中存储和计算中心，同时担负对业务应用的支撑、与区县及其他机构的共享与交换、集中的展现与分析等功能。

2012年，按规定程序完成了招投标工作及项目合同签订，对各类款项进行了分阶段支付；完成了设计方案的初定以及不断优化、深化，期间局领导多次听取项目进展情况汇报，最终通过了内部评审、局领导审核和专家评审。在具体实施方面，完成了污染源数据传输网络建设，通过光纤的铺设搭建起直属单位和区县环保局与市环保局网络联通的物理链路；完成了部分单位的网络接入建设，使用网络设备通过移动光纤链路和市政务外网实现了全部异地直属单位与市环保局的双链路联通，区县环保局双链路联通工程正在实施中；完成了数据处理中心和网络备份中心的网络建设和系统迁移，基于双活架构构建起具有冗余性、可靠性、安全性的网络平台，采用虚拟化技术搭建起虚拟化平台，实现了原有系统到虚拟化平台的平滑迁移，具有异地存储备份能力的数据存储备份中心的建设也在紧张地进行中。

三、数据中心管理平台建设

2012年，市环境信息中心承担数据中心管理平台建设。按照规定程序完成了合同签订和各类款项的支付；完成了对局内相关处室和直属单位的需求调研，对应用需求进行了分析和原型设计；完成了相关数据共享交换标准规范的编制，通过了专家评审；完成了需求分析规格说明编制和概要设计及数据库设计，通过了专家评审；完成了重点污染源门户、数据资源管理、排放清单等原型制作修改；基本完成重点污染源门户、资源管理主体功能开发，同时进行了初步的功能模块的集成。同年底，系统进入集成测试阶段。

第五节　系统建设

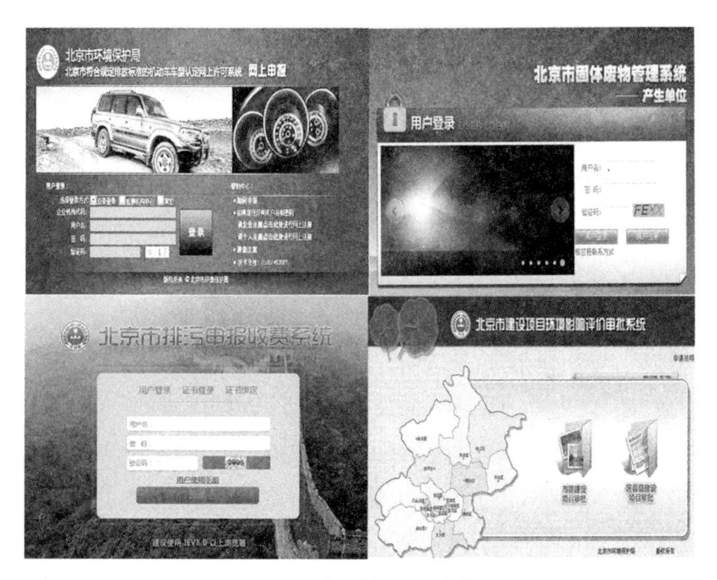

环保业务信息管理系统截图

一、行政许可审批类系统

建设项目管理系统。2006 年 1 月 1 日开始试运行，同年 4 月 27 日通过验收。主要实现从项目登记、申请、受理、审批、“三同时”检查、监督、项目验收等进行全过程管理，实现对整个项目管理的全面监控。该系统由外网申报与公示、内网受理与审批两部分组成，全部审批和验收项目实现网上运行，全部数据进入数据库，与其他业务系统、决策支持系统相关联，成为信息化业务工作系统的一个重要支撑。2007 年，建设项目综合管理系统进行了现行审批系统的功能扩展与升级，实现市区两级联网审批功能。2008 年 1 月，建设项目综合管理系统在朝阳、海淀、丰台、石景山 4 个区县开始使用，同年 6 月，全部区县均实现建设项目网上审批。

符合规定排放标准的机动车车型认定系统。2005 年 7 月开始建设，同年 9 月投入运行。该系统分为外网申报和内部审批两大部分，外网申报部分包括 7 种车型的新车申报、视同车型申报、企业更名及增补配置、用户管理；内网审批包括审批流程管理、统计查询、生成车型目录审批结果文件、企业管理等。网上办理率达到 80%以上，实现了所支持车型的申报和审批无纸化办理。2006 年 10 月起，除欧 4 标准车型和发动机的申报维持纸质文件审批外，其他所有审批件全部实行网上办理。

2012 年，机动车车型目录网上申报管理系统升级。新系统增加了“国Ⅴ”标准机动车相关的审批功能，同时取消了企业提交纸质审核内容，方便了所有在京销售汽车制造企业办事，提高了在线办理率，不再需要汽车企业的办事人员来北京市环保局报送纸质材料，方便了企业办事。

辐射安全许可证管理系统。主要实现了辐射安全管理业务的网上申报、网上受理、网上审查、网上公示的全流程网上办理，形成了北京市域动态持证单位数据库、业务管理对象数据库（放射源、非密封放射性物质、射线装置）等，为北京市辐射安全管理工作提供了信息化支撑。

该系统于 2007 年完成首次开发，并于 2008 年正式上线运行，主要实现了辐射安全许可证审批和转让放射性同位素审批 2 项行政许可证事项和放射性同位素备案 5 项行政办事事项的网上审批系统。

2010 年，为进一步提高辐射管理的公共服务能力和内部办事效率，市环保局对辐射安全许可证管理系统实施了二期开发工作，修改后的系统使用了全新的办事界面，更加清晰地展示了辐射安全管理的相关业务，并由原来的 7 项在线办理业务扩展到现在的 5 类 14 项在线办理业务，全面实现了北京市辐射安全管理业务在线办理。同时按照权限分工，结合建设项目环境影响评价系统市区两级环保部门公用的先进经验，将辐射安全管理的部分业务下放至各区县办理，取得了良好的效果。在提高公共服务能力的同时，系统还通过对内部审批流程的重新梳理和定位，进一步提升了内部办事效率，并配合审批系统开发了全新的辐射安全监察系统，为北京市辐射安全管理工作全面信息化打下了良好的基础。

固体废物管理系统。2006 年 5 月固体废物管理系统开始试运行，实现了对危废产生单位及处置利用单位相关信息的电子化管理，同时将危废转移联单的办理提交至网上。系统还可定期为污染源管理处提供危废污染源监管月报。

二、日常业务管理类系统

全程代办事项登记系统。为实现年业务少于 100 件的办事事项的信息化管理，市环保局开发了该系统。并于 2007 年首次投入使用，系统主要实现网上申报与登记功能。经过几年的发展，系统内包含的全程代办模块已超过 20 个。主要流程为办事企业网上申报，之后携带纸质材料到市环保局办事窗口办理，窗口服务人员查收纸质材料并受理，然后将纸质材料转交到相关业务处室审核并办理，办理完毕告知企业。

行政处罚系统。2012 年 2 月，由市环保局法制处牵头完成了行政处罚系统的合同签订工作，经过 4 个月的开发测试工作，2012 年 6 月通过了专家评审，完成了验收工作。

综合监察系统。该项目由市环保局监察处牵头建设，经过前期大量的需求考察、调研、开发、调试，10 月底上线使用。届时将实现对市环保局建设项目系统、辐射安全许可证系统、机动车目录审批系统、行政处罚管理系统中动态风险点（监察点）信息的自动获取和告警，再由监察处发起监察督办，全程跟踪，依靠信息化手段加强廉政风险防控。

地理信息系统。该系统是针对北京市环保局的各项环境业务数据和实际地理信息结合的综合展示平台。实现了针对北京市环保局各类环境业务数据的专题图制作和管理。主要实现的环境业务数据管理包括重点污染源的分布、排污申报、排污收费、环境统计、环评审批以及环境质量评价等。能够实现地理数据与环境业务数据的衔接，并实现对环境业务数据的分析、对比，对地图的测量、标绘、缓冲、打印以及高级查询等各种操作。并与其他已开发的应用系统相关联。随着业务应用系统的应用，能够迅速产生相关电子图层。目前已经有各类信息图层 146 个，还在根据业务需求不断增加。该系统在 2010 年 12 月完成初步验收，已经正常运转了一年多之后，在 2012 年上半年完成了第三方软件测评。根据软件测评中的缺陷报告，结合软件使用过程中的存在的不足，经过相关人员严格把关，多次联系开发商进行优化和改进，已经进一步更新了系统功能。

排污申报、排污费征收管理系统。在 2004 年，北京市环保局结合实际的工作方法，对排污申报、排污费征收管理系统进行了一次改进，2006 年，改进后开始正式使用。该系统实现了区县上传排污申报和排污收费业务数据，市环保局进行统计查询，分析数据，统计季报、年报数据等功能。同时，完成环境保护部要求的排污量、排污费季报、年报的统计上报和汇审等工作。

环境监察管理系统。2007 年，监察管理系统开始试运行。该系统包括“监察内部管理系统”和“移动监察管理系统”两个独立项目，为环保监察队的业务管理和执法中的信息查询及数据传输等工作提供信息化支撑。经过不断的功能改进与完善，监察内部管理系统已上线运行，部分业务数据实现了与北京市城管执法大队的共享。

环境质量自动监测系统。包括空气质量自动监测系统（1 个主控中心和 35 个自动监测子站）、水环境质量自动监测系统（22 个自动监测子站）、噪声自动监测系统（108 个噪声自动监测子站）、辐射环境自动监测系统（8 个大站，24 个小站），通过实时连续自动监测，可以及时掌握全市各区县、各地区的空气质量、水环境质量等状况，预报预警环境污染。

污染源自动监测系统。它是主要针对本市重点污染源建立的专项检测系统，具体包括：一是大型燃煤锅炉烟气在线监测系统，已在 144 个单位安装锅炉烟气在线监测设备 244 余套，联网监控 300 多台锅炉；二是建筑工地扬尘污染监控系统，包括 28 个施工工地的扬尘视频监控点、1 个市级监控中心和 8 个分中心以及 19 个相关监测点；三是污水处理厂水质自动监控系统，包括 23 个污水处理厂的 27 个进出口水质自动监测站；四是机动车年检场排放管理系统，采用先进的检测过程和检测数据跟踪技术，以及 RFID 读写技术，与配套的视频监控等系统组成了集远程在线视频监控、数据分析处理等功能，实现了从参检车辆进场到检测合格后发放环保标志的全过程监控；五是重点传染病医院污水自动监控系统，目前已在佑安医院、地坛医院等 4 个医院安装了总余氯自动监测系统。

综合档案管理系统。2006 年，北京市环保局开始使用综合档案管理系统进行档案的收集、管理和利用工作。截至 2010 年，系统内的档案数据从几千条发展到案卷级、文件级目录近 35 万条。2010 年，对档案系统进行了升级，实现了一站式登录、用户同步等集成工作。同时，完成了档案系统与 OA 系统、建设项目审批系统和综合平台的接口，实现了公文系统的收发文自动将电子版文档归档到档案系统里，建设项目审批系统的最终批复文件的自动归档。2011 年，档案系统进行了升级改造，为确保档案系统的一致性和延续性，采用单一来源方式选定了开发公司，制定升级改造方案并完成了项目合同的签订。同年底项目改造完成。

“12369”信访信息系统。为方便公众对环境保护方面的投诉、举报和咨询，北京市环保局成立了北京市环境保护投诉举报电话咨询中心，并开发了“12369”信访信息系统，同时在政务网站开通了“12369”投诉举报咨询频道。“12369 信访信息系统”是北京市环境信访、环保有奖举报和市局依申请信息公开的网络办公平台。2005 年，北京市环保局开始开发投诉、举报和咨询系统，2006 年投入使用。该系统全天运行，最多可开通 30 条电话线路，同时支持人工接听、留言、自动语音、传真等多项服务，可实现监听、插话、电话会议等功能；与外网信箱对接，可自动接收群众的投诉举报和咨询，并在网站设立的“热点问答”“典型回复”等栏目解答群众关心的问题，回复投诉举报的办理结果，实现了政务信息公开；该系统与市局综合办公平台对接，内部信息可以通过网络互联互通，转办件可利用网络进行提醒和督办，实现了全程无纸化办公。

市领导决策信息服务平台。决策信息服务平台，是为了帮助市长更准确、更快捷地了解北京市环保局的政务及业务信息，以便更加科学高效地做出决策。决策信息服务平台建立在北京市环保局的各业务信息系统基础上，按照一定的逻辑将现有的业务信息组织起来，以供市长通过浏览器查看、批复意见。

从 2005 年 10 月开始，经过 2 个多月建设，接入政府外网投入试运行4个多月。因当时大部分信息没有信息系统支持，导致多数信息维护都采用手工方式。随着北京市环保局信息化建设的深入进行，有多个业务系统已经建成，具备了自动更新信息的基础。为了解决老版本动态信息少，运行和维护工作量大，缺乏自动化更新信息等问题，以及在系统扩展性等方面需要改进的要求，2007年重新架构决策信息服务平台。新版决策信息服务平台是由北京市各委办局在同一平台上分别提供各自信息的平台，整合了各业务系统，实现信息自动更新，并与其他委办局共享信息。

决策信息服务平台的建设，是根据领导决策需要组织的各类业务信息，有利于梳理市局业务，有利于整合市局各类业务信息和业务系统资源，支持领导决策。

市长决策信息服务平台由三部分组成：

信息发布系统：主要实现多种类型信息的发布。包括文档文件类信息发布、图形信息发布、数据信息发布。

后台维护系统：负责维护待发布的信息。包括信息目录维护、发布信息维护、数据信息维护、统计查询、系统管理等。

业务系统接口：实现各类业务系统数据上传接口。包括固废系统数据接口、辐射许可证系统数据接口、监察执法系统数据接口、排污申报和收费系统数据接口、环境质量信息维护子系统、机动车绿标管理。

第九章　综合政务

第一节　政府环境信息公开

一、基本情况

2008 年 5 月起，北京市环保局按照《中华人民共和国政府信息公开条例》（简称《政府信息公开条例》）、《环境信息公开办法（试行）》，以及北京市政府的有关规定和要求开始实施政府环境信息公开工作。近年来，按照“阳光行政、服务公众、依法公开、规范办理”的总体思路，市环保局注重加强组织领导，通过健全公开目录、完善公开机制、拓展公开渠道、规范公开管理等手段，环境信息公开工作逐步走上了规范化、制度化轨道，得到了上级与社会各界的肯定与认可：在历次市政府组织的政府信息公开考核中均获得优秀成绩；在中国社会科学院发布的《中国法治发展报告（2012）》中，北京市环境信息公开工作在参评的 26 个省、直辖市环保部门中排名第一；2013—2015 年的三年间，在由公众研究中心（IPE）和自然资源保护协会（NRDC）联合发布的重点城市污染源监管信息公开指数（PITI）评价中，北京市在参评的省级环保部门中均排名第一；在重庆两江志愿服务发展中心开展的环评信息公开情况调查中，北京市也在全国省级环保部门中排名第一。

二、组织机构

市环保局成立了由党组书记、局长任组长，主管局领导任副组长，办公室、法制处、规财处、监察处、监测中心、信息中心主要负责人为成员的信息公开工作领导小组，统一领导全局的信息公开工作。领导小组办公室设在局办公室，具体负责信息公开的组织实施工作，主任由局办公室主任兼任。

三、制度建设

1. 制定并组织实施《北京市环境保护局环境信息公开暂行办法》。2008 年市环保局印发《北京市环境保护局环境信息公开暂行办法》，并于 2014 年结合贯彻落实《北京市政府信息公开规定》进行修订，重新印发了《北京市环境保护局政府环境信息公开暂行办法》，建立了主动公开、依申请公开、监督反馈、评议考核和责任追究等信息公开工作制度，以及保密审查、信息发布、协调会商、虚假不完整信息澄清等信息公开工作机制。

2. 公开政府信息公开年度报告。按照《政府信息公开条例》的规定，市环保局从 2008 年起逐年编制政府信息公开工作年度报告，在政务网站公开发布并提供下载服务。

3. 制订信息公开目录。2012 年 8 月，在市级政府部门中率先印发信息公开目录。《北京市环境保护局信息公开目录（试行）》以四级目录的形式对本市市级环保部门应公开的内容进行细化和分解，一级目录为“组织机构”“法律法规及标准、公文”“规划计划”“人事信息”“财政信息”“动态信息”“环境质量状况”和“环境管理”8 级结构，并进一步细化为 45 级二级目录、92 条具体项目，同时明确了内容规范、公开属性和责任单位等，使信息公开工作更加规范化。2014 年和 2015 年，又先后修订印发了目录的 2014 年版和 2015 年版，将原 8 级结构的一级目录调整为“机构职能”“法规文件”“规划计划”“行政职责”和“业务动态”5 级结构，增加了目录的可维护性和实用性。

4. 开展信息公开工作考核。2012 年 10 月，印发《北京市环境保护局办公室关于开展信息公开工作年度考核的通知》，自此逐年开展信息公开考核工作。

5. 实现依申请公开网上受理。为规范依申请公开工作，2012 年，基于综合办公平台和 12369 投诉举报咨询中心的工作平台，研制开发了依申请公开办理系统，将依申请公开的接收、分发、办理、审核、签发等工作流程全部纳入系统之中，进一步提高了工作效率，规范了依申请公开的办理工作。

四、主动公开渠道

1. 以市环保局政务网站为主渠道，大力开展主动公开工作。政务网站以“信息公开、网上办事、政民互动”三大功能为主，将公众最为关心的环境质量状况、环境政务动态、环境管理、行政执法、行政审批等的内容作为重点，并按热点问题设置多个专门的信息公开专栏，不断扩大公开范围，提高公开时效，充分发挥了信息公开主渠道的作用。从 2008 年 5 月至 2015 年底，市环保局政务网站共主动公开各类政府环境信息 23 900 余条，页面浏览量达 5 600 余万次。

2. 通过多种渠道开展信息公开。主要包括通过北京人民广播电台和北京市电视台“每日空气质量播报”、移动电视《绿动北京》环保栏目、组织环保监测中心和机动车中心对公众开放、在北京市市民主页发布空气质量监测数据、开发空气质量发布手机版，以及通过各位局领导和主要业务处室参加《市民对话一把手》《城市零距离》、中央人民广播电台《政务直通》、北京市政风行风热线《走进直播间》节目等方式，全程办事代理窗口接受咨询、12369 投诉举报热线咨询服务、各类报刊报道等渠道方式加大主动公开信息力度。

3. 开通微平台，充分发挥新媒体的作用。从 2011 年起，市环保局、市环保监测中心、市环保宣传中心陆续开通“环保北京”“环境监测”和“京环之声”官方微博，组成本市环保微博群，利用微博灵活高效的特点，快速发布环境信息，并通过开展微访谈活动、专题制作系列微博话题、同步转播新闻发布活动、实时发布环境现场执法检查情况等方式，充分发挥微博短平快的特点，使微博成为政务网站公开信息的有力补充。至 2015 年，市环保局“环保北京”政务微博的覆盖量超过 7 亿人次，粉丝总数超过 66 万。2013 年，市环保局通过市环保宣传中心开通“京环之声”微信公众号，再次拓宽了通过微平台发布环境信息的手段，至 2015 年，“京环之声”微信公众号关注量已超过 5 万人，平均每条信息阅读量数千人次，位列全国政务绿色公众号榜首。

五、依申请公开办理情况

自2008年5月至2015年底，市环保局共接收办理依申请公开759件，全部按时限、按要求答复申请人。

表9-1　2008—2015年依申请信息公开分类情况表

年份	数量	申请行政审批类信息	申请监测数据	申请财政信息	申请环境执法监察信息	申请总量及污染防治信息
2008	17	11	5	0	1	0
2009	26	15	5	2	4	0
2010	13	8	3	0	2	0
2011	61	39	13	2	3	4
2012	97	80	13	1	2	1
2013	116	70	11	6	15	14
2014	184	106	17	3	41	17
2015	245	171	20	3	31	20
总计（比例）	759	500（65.9%）	87（11.5%）	17（2.2%）	99（13.0%）	56（7.4%）

1. 申请数量逐年增多。特别是2011年后，数量快速上升，比2010年增长达335.7%，至2015年，申请量已达245件，是2008年开始实施政府信息公开工作当年申请量的14.4倍。

2. 申请范围越来越广。在最初的申请中，主要为申请行政审批和监测数据类的信息。至2015年，申请公开的内容已经基本涵盖了环保工作的所有业务范围。

3. 申请人身份多样化。从2011年起，律师、教师、学生、环保组织（NGO）为申请人的情况明显增多。普通公民申请信息公开时聘请专业律师代理申请的现象普遍。

4. 办理工作越来越复杂。至2015年，在承办单位处理公开申请时，已有约三分之一的申请在办理过程中需协调会商或多单位会签，共同研究讨论答复问题。

第二节 建议、提案办理

一、基本情况

1978年起，市环保局开始承办全国及市人大代表、政协委员的建议和提案。1978－1990年，承办人大代表批评建议231件、政协委员提案101件。此期间的代表委员建议提案数量不多，主要反映大气污染和水污染问题。各部门、各单位在办理代表委员建议提案过程中，解决了一批环境污染问题。

1991年以来，北京的环保工作进入了一个新的发展时期，环境保护工作逐渐为社会各界所重视，人大代表和政协委员也越来越多地关注环保问题，建议提案数量逐年增加。

1. 数量不断增多。数量从“九五”时期（1996—2000年）的二三十件，和“十五”时期（2001—2005年）的五六十件，至“十一五”和“十二五”（2006—2015年）的10年间，平均年办理量已在百件左右。

2. 内容越来越广泛。不仅涉及大气污染、水污染、噪声污染、固体废物污染，还涉及环境综合管理、环保法制建设、环保宣传教育以及环保行政管理工作等各个方面。

3. 宏观性、综合性增强。比如：“十一五”期间，代表委员提出的“关于科学编制北京市‘十二五’发展规划的提案”“关于从多个具体操作层面大力推进‘绿色北京’建设的提案”“关于北京市环境保护工作的提案”等，以及“十二五”期间，代表委员提出的“制定综合措施，防止应对多源污染的建议”“加快制定《北京首都环境总体规划》，大力推进绿色低碳北京建设”“关于加快设立北京首都人口—资源—环境红线体系的建议”和“关于深化科学管理破解城市病的议案”等。这些建议提案内容涉及面广，提出的问题比较深入，不但提出了改进本市环保和生态文明建设的具体问题，还探讨了加强和改进我市环保工作的措施建议，对我市“绿色北京”的建设具有极大的参考意义。

4. 大气污染治理成为热点问题。随着北京市政治、经济、文化等方面的快速发展，大气污染日益严重，问题迅速凸显。近年来，关于大气污染治理的建议提案始终占年建议提案办理的数量第一名。尤其是1998年，由69位代表联名提出了“大气污染防治议案”，成为市环保局办理的第一个市人大议案，直接推动了本市自1998—2010年实施了16个阶段的控制大气污染措施。2012年，市人大197位代表再次联名提出了“进一步治理大气污染，提升首都空气质量”的议案，由市环保局牵头办理。反映出代表委员和社会公众对本市改善大气环境的迫切需要。

5. 噪声污染问题受到持续关注。从2000年开始代表委员反映噪声污染的建议提案逐年增多，2005年达到最多，计37件，从2005年到2015年，市环保局平均每年受理噪声污染的建议提案量均在20件以上，约占每年全部建议提案受理量的四分之一，成为代表委员持续关注的问题。这些建议提案主要涉及三环路、四环路、五环路、莲石路等城市主干道和市内部分高速公路路段以及五号线、十三号线等轨道交通线路，问题点多面广，治理难度非常大。

6. 生态环境建设引起关注。近几年来建议提案涉及生态环境建设数量增多，主要是建议从涵养北京生态环境、保护城市生态和郊区农业生态功能、北京与周边“三带”和谐共处等方面加强生态建设。如2007年提出的“关于加强北京郊区环境治理，保护首都水资源安全的建议”，2008年提出的“关于实施生态北京工程，加强宜居城市建设的建议”、2013年提出的“关于推进我市生态文明建设，建设美丽北京的议案”“关于首都生态文明建设重点工作的议案”和“关于科学把握生态文明内涵全面提升‘绿色北京’建设的议案”等。

二、办理制度

1978—1982年，提案办理工作尚未走上正轨，缺乏规范的办理要求，各承办单位答复也比较简单。

1983年，市政府要求各单位加强领导，增强公仆意识，以对人民负责的精神，严谨的态度办理批评建议和提案。建议提案办理工作逐渐开始规范化。

1985年，市环保局在建议提案办理工作中确定了“四定一包”责任制，即定主管领导、定承办处室、定办理人员、定完成日期，一包到底，要求各单位在办理建议和提案时，必须征求代表和委员的意见，提高办理质量。

1989年，市政府发布《北京市人民政府办理人民代表大会代表建议、批评、意见和人民政治协商会议委员提案暂行办法》。明确了市政府、各区县建议提案办理工作的主管部门、责任单位及办理原则和办理程序。1992年，市环保局根据此办法制定了《北京市环保局办理人大代表建议和政协委员提案暂行办法》。提出了我局的建议提案办理工作主管部位、办理原则和程序，从而使市环保局建议提案办理工作逐步正规化。

2002年，市环保局制定《北京市环境保护局实行领导干部接待人大代表、政协委员工作日制度的暂行办法》。

2006年，市政府发布《北京市人民政府办理人民代表大会代表建议、批评、意见和人民政治协商会议委员提案办法》。同年，市环保局对本局暂行办法进行修订完善，印发《北京市环境保护局办理人民代表大会代表建议、批评、意见和人民政治协商会议委员提案暂行办法》，从建议提案的交办、办理、答复、组织、协调、监督、检查等各个方面进行了规范，为全面做好建议提案的办理工作提供了制度保证。

2012年，为规范工作程序，保证办理工作的质量和效率，市环保局依托综合办公平台，开发了建议提案网上办理系统，固化办理流程和公文格式，全部办理报告（答复意见）均经网上起草、流转和审批，从而使办理工作进一步规范化，极大地提高了办理工作质量。

2014年12月，市政府修订发布《北京市人民政府办理人民代表大会代表建议、批评、意见和人民政治协商会议提案办法》（市政府令第263号）。2015年，市环保局根据市政府新的办法再次对本局的暂行办法进行修订，印发了《北京市环境保护局办理人民代表大会代表建议、批评、意见和人民政治协商会议提案办法》，进一步健全了工作制度。

三、工作机制

建议提案的办理工作经过几十年的不断完善和发展，逐渐形成了较为成熟的工作机制。主要是：

1. 分工负责制。市环保局建议提案办理工作由局长负总责，主管副局长分管。局办公室是建议提案工作的主管部门，各相关处室和单位是建议提案办理工作的承办部门。

2. 交办机制。市环保局接受市政府办公厅建议提案交办任务以后，对建议提案进行分析归纳和整理，根据各处（室）的工作职责提出交办意见，经各分管局领导同意后，召开市环保局建议提案办理工作会议，将任务布置到各相关处室和单位。

3. 办理机制。各承办处室和单位建立建议提案办理工作责任制，一把手亲自抓，将承办的建议提案进行任务分解，明确分工，细化措施，责任到人。选派政治素质强、业务精干的同志办理建议提案。

4. 答复机制。建议提案承办人在形式办理报告（征求意思稿）后，及时与代表委员沟通，征求意见。经主管局领导同意后，正式答复代表委员。

5. 督办机制。明确要求建议提案办理的关门时间，无特殊情况必须提前市政府要求一个月完成办理任务。局办公室组织跟踪督办，在建议提案办理的前一个月内每两周出一次督查通报，时间过半后，每周出一次督查通报，临近办结日期时，每天出一期督查通报，以确保建议提案保质按时办结。

6. 复查机制。建议提案办复后，各承办处室和单位对承诺代表、委员在期限内解决的问题进行跟踪检查，解决后再次答复代表委员；因情况变化未能按期解决的，形成书面报告，经主管局领导审核签发后向代表、委员通报有关情况，说明原因，并报送市政府办公厅，同时报送市人大常委会代表联络室、市政协提案委员会。

四、主要成效

（一）促进首都环保工作

1. 加快首钢污染问题治理的步伐

“关于首钢特殊钢公司污染亟待治理的提案”（1993 年）、“关于进一步加大石景山区重点污染企业治理力度的建议”（1999 年）、“关于尽早批复首钢结构调整规划方案，促进石景山区加快发展的建议”（2004 年）等建议提案的提出和办理，促进了本市重点污染企业首钢的搬迁工作。1993 年，首钢轧辊厂列入搬迁计划；1994 年 8 月，首钢总公司第一线材厂轧钢车间停止生产迁出原址；1995 年 8 月，首钢公司特钢南厂炼钢车间停产；至 2007 年，首钢卢沟桥钢渣消纳工作完成。

2. 加强了交通噪声治理

针对代表和委员反映比较大的环路等主干线交通噪声污染，结合“关于治理惠新西街跨四环桥扰民以及物美地段交通混乱的问题”“关于西三环北路主路为公桥至苏州桥段东侧加装隔音墙的建议”“关于在京承高速北三环终点前 300 m 西侧设置隔音墙的提案”等大量环路噪声污染建议提案的办理，2001—2007 年，市环保局联合相关部门以治理四环路、五环路为重点，加大交通噪声污染的治理力度。组织召开城市交通噪声污染控制研讨会，对交通噪声敏感点进行系统监测，对多处城市主干路噪声污染问题开展调研，提出治理对策，落实治理资金，治理工作取得明显成效。

3. 推进大气污染治理工作的深入开展

1998 年办理“防治大气污染议案”后，本市制定《北京市防治大气污染目标及对策》，从 1998 年至 2010 年，连续实施了十六个阶段大气污染控制措施，推动了北京市空气质量的改善。2012 年，市人大 197 位代表再次联名提出“进一步治理大气污染，提升首都空气质量”议案，直接推动了本市于 2014 年发布实施《北京市大气污染防治条例》，使本市大气污染治理进入新的阶段。

（二）代表委员对环保工作加深理解

要求承办人员深入全面了解代表、委员的真实意图和办理意见，通过多种形式与代表委员取得联系，及时报告办理进展情况，听取工作意见。例如，在办理全国人大黄代表的建议时，曾先后 5 次与代表联系，沟通交流情况，黄代表表示：“谢谢你们的答复，我很满意。近几年我很高兴看到北京发生了巨大的变化，也看到北京市在治理污染方面所作的很大努力。”

五、典型案例

（一）市人大改善北京大气污染问题的议案

1998 年北京市人大十一届一次会议上，由 69 位代表联名提出了 5 件关于大气污染治理的建议，经合并形成“大气污染防治议案”，这是市环保局历史上第一次办理市人大议案。市环保局成立议案办理小组，各方面提出工作措施，汪光涛副市长五次到市环保局现场办公，组织有关部门专家反复研究，并经专家论证，制定了《北京市防治大气污染目标及对策》。9 月 15 日，市环保局局长赵以忻在市十一届人大常委会第五次会议上汇报并提交了《关于北京市大气污染防治议案办理情况的报告》，获得会议审议通过。该件议案的提出和办理使我市进入了防治大气污染的新阶段。

（二）关于建立北京市环境风险监测体系的建议

2006 年，沈杰委员提出“关于建立北京市环境风险监测体系的建议”。市环保局组织专人对提案内容与建议进行深入研究，针对北京市环境资源现状及潜在风险，从保护国家和社会安全、落实中央对北京做好“四个服务”的工作要求来认识环境安全的重要性，仔细梳理和认真分析了环境风险监测体系的运行现状，查找不足，提出了新的构想和针对性较强的措施，进一步完善了环境风险监测体系。委员对办理工作非常满意。

（三）关于加强北京郊区环境治理，保护首都水资源安全建议的党派提案

2007 年，民革北京市委员会提出的“关于加强北京郊区环境治理，保护首都水资源安全的建议”的党派提案，提案指出，由于长期城乡二元化管理机制，我市郊区基础设施建设滞后，生态环境问题较为突出。市委、市政府责成市环保局牵头，市发展改革委、市规划委、市市政管委、市水务局、市农委共同办理，经过认真调查研究，提出了加强郊区环境治理、保护水资源安全 5 项对策。我局领导带领承办人员登门当面答复了民革北京市委，他们表示满意。

（四）为迎接奥运应快速治理北京西部卢沟桥畔一个重大粉尘污染源的建议

2007 年，钟和代表提出的“为迎接奥运应快速治理北京西部卢沟桥畔一个重大粉尘污染源”的建议，反映首钢卢沟桥渣场自 20 世纪 60 年代开始堆积钢渣，当时已堆存钢渣约 300 万 t，成为北京西部地区一个重大粉尘污染源，影响了市区空气质量。由于该钢渣堆地处五环路内，与北京对环境的要求非常不适应，解决难度很大，市政府领导多次召开协调会，与市环保局、市发展改革委、市交通委、市建委、首钢总公司等单位研究制定了解决方案，通过多方努力，首钢卢沟桥钢渣消纳工作

已完成。

（五）关于实施生态北京工程，加强宜居城市建设的建议

2008年，民盟北京市委提出的党派团体提案“关于实施生态北京工程，加强宜居城市建设的建议”。时任市委书记刘淇、市政协主席阳安江、市委常委李士祥、牛有成批示，要求“市环保局牵头，会同市发改委、市农委、市园林绿化局、市科委认真研究办理”。市环保局认真落实市领导有关批示，深入开展调研，与民盟北京市委有关领导召开了提案答复预备会，就提案有关问题进行了充分沟通，提案相关人员和主办、会办单位召开了提案办理座谈会，就有关问题展开深入讨论。在充分吸纳各方意见和建议的基础上，认真细致地对近年的工作进行了认真梳理总结和分析研究，最终形成提案办理报告。民盟北京市委对办理意见非常满意，并给予高度评价。

（六）2012年“进一步治理大气污染，提升首都空气质量”的议案

2012年北京市人大十三届五次会议上，由197名代表联名提出了9件关于本市大气污染治理的建议，经审议合并成为“进一步治理大气污染，提升首都空气质量”议案。该议案内容涉及以降低$PM_{2.5}$为重点，进一步提升首都空气质量；在公共服务领域开展传统燃油汽车节油减排技术的示范应用；大力优化我市空气质量；发展天然气汽车，降低$PM_{2.5}$排放，实现汽车燃油多元化；提升空气质量，让市民知情，接受市民监督等问题。本市成立由市政府周正宇副秘书长任组长的提升空气质量议案办理工作协调小组，市环保局牵头主办，市发展改革委、市科委、市经济信息化委等14个单位协助办理。历经筹备部署、集中办理、形成报告、征求意见、汇总修改5个阶段的精心工作，2012年5月29日，主管本市环保工作的洪峰副市长在市十三届人大常委会第三十三次会议上汇报并提交了《关于进一步治理大气污染，提升首都空气质量议案办理情况的报告》，经会议审议通过。该议案的提出和办理，直接导致了《北京市大气污染防治条例》和《北京市2013—2017年清洁空气行动计划》的制订实施，推动本市大气污染治理工作向深入发展，使本市大气污染治理工作进入了攻坚阶段。

（七）集中办理市政协加强本市大气污染治理的提案

在2014年市政协十二届二次会议上，多名市政协委员提出有关加

强本市大气污染治理的提案，经与市政府和市政协协商，市环保局确定将 11 位政协委员提出的关于大气污染治理的提案集中进行办理。在市委宣传部、市发展改革委、市科委等会办单位的协助下，市环保局成立由陈添局长任组长的政协提案集中办理协商工作领导小组，持续与市政协和提案委员保持沟通，起草集中办理报告初稿后多次征求各方意见，于 2014 年 5 月 27 日，召开了由市政府办公厅、市政协提案委员会、各位提案委员和市政府有关委办局共同参加的集中办理协商座谈会。陈添局长主持会议，汇报了本市大气污染治理工作的最新进展，针对各委员提出的问题进行现场答复，与各位委员面对面进行交流。会议结束后，市环保局汇总委员现场提出的意见，重新修改形成了最终报告，分别向各位提案委员进行了答复，取得了良好的办理效果，开辟了市政协提案办理工作的新形式。

表 9-2　1978—1990 年市环保局承办的建议提案统计表

年份	人大建议							政协提案						
	合计	大气污染	水和生态	固废污染	噪声污染	综合问题	其他	合计	大气污染	水和生态	固废污染	噪声污染	综合问题	其他
1978	4	0	2	0	0	2	0	3	1	1	0	0	1	0
1979	8	4	1	0	0	3	0	0	0	0	0	0	0	0
1980	19	7	2	0	2	7	1	11	3	4	1	1	2	0
1981	12	4	7	0	0	1	0	3	1	0	0	1	0	1
1982	14	5	5	0	1	3	0	8	5	2	0	1	0	0
1983	26	25	0	0	0	0	1	12	6	6	0	0	0	0
1984	20	12	3	0	2	1	2	8	5	3	0	0	0	0
1985	23	13	4	0	2	1	3	5	2	2	0	0	1	0
1986	24	7	12	2	2	1	0	22	6	14	0	0	2	0
1987	20	0	12	1	3	4	0	9	4	4	0	1	0	0
1988	15	5	4	0	1	5	0	4	2	2	0	0	0	0
1989	27	3	13	0	1	2	8	8	0	5	0	0	1	2
1990	19	4	7	1	3	1	3	8	2	1	1	0	3	1
总　计	231	89	72	4	17	31	18	101	37	44	2	4	10	4

表 9-3　1991—2015 年市环保局承办的建议提案统计表

年度	人大建议							政协提案						
	合计	大气污染	水和生态	固废污染	噪声污染	综合问题	其他	合计	大气污染	水和生态	固废污染	噪声污染	综合问题	其他
1991	19	5	8	0	3	0	3	10	2	3	0	1	0	4
1992	10	3	0	0	1	0	6	8	3	2	0	0	0	3
1993	12	8	4	0	0	0	0	10	8	1	0	1	0	0
1994	21	10	5	0	2	0	4	13	9	2	0	0	0	2
1995	16							11						
1996	35							25						
1997	27							33						
1998	23							31						
1999	55	18	14	6	5	5	7	51	16	12	7	2	7	7
2000	50	18	8	8	4	5	7	44	16	6	6	3	4	9
2001	42	10	4	9	8	6	5	29	5	6	10	3	4	9
2002	51	15	5	7	14	3	7	27	8	1	5	9	1	3
2003	43	14	4	5	12	5	3	32	8	5	1	10	4	4
2004	31	5	6	8	2	3	7	38	8	4	11	7	6	2
2005	71	11	8	4	30	9	9	45	8	3	8	7	8	11
2006	45	6	3	5	19	5	7	32	4	3	6	6	5	8
2007	49	9	0	12	17	4	7	49	10	5	12	9	2	11
2008	55	11	5	2	22	4	11	49	13	1	12	12	4	7
2009	41	5	4	6	17	2	7	41	8	0	18	13	2	0
2010	29	6	1	1	14	2	5	32	4	3	3	7	7	8
2011	25	9	1	3	8	1	3	21	5	2	8	3	1	2
2012	31	10	4	2	13	0	2	46	16	7	6	11	2	4
2013	59	19	6	8	8	12	6	32	16	4	7	3	0	2
2014	56	26	1	10	13	2	4	55	37	4	6	3	2	3
2015	52	20	4	7	15	0	6	34	17	11	1	3	0	2
总　计														

第三节　来信、来访办理

随着环境意识的增强，广大市民认识到环境污染问题与自身健康息息相关，对身边的污染也越来越敏感，通过信访渠道方式寻求解决问题，也成为更多市民的选择。市环保局开通“12369”环保热线、网上投诉举报网站，建立信访办理制度，不断完善办理机制，回应市民环境诉求。

据统计，“八五”期间北京市环保系统受理的来信来访共 18 295 件，“九五”期间为 42 687 件，“十五”期间为 54 810 件，“十一五”期间达到 112 322 件，而“十二五”期间达到 153 487 件，信访的数量显著增加。市环保局高度重视群众的来信来访，通过受理大量来信、来访，及时了解环境污染造成的危害，促进了污染源的治理，为广大群众排忧解难，受到上级有关部门的表彰。北京市环境保护投诉举报电话咨询中心于 2010 年 3 月被环境保护部评为全国环境信访工作优秀集体，2012 年 6 月被环境保护部评为全国“12369”环保举报热线“为民服务创先争优”优质服务窗口；2010 年 12 月被中共北京市委、北京人民政府评为北京市信访排查调处工作先进集体。

“12369”投诉举报中心

一、来信、来访情况

（一）总体情况

北京市环境保护机构成立初期，人民来信来访每年仅有几十件。1972—1990 年，市环保局共受理人民来信、来访 7 027 件次，其中，反映噪声污染的 3 211 件、占 45.7%，反映大气污染的 2 496 件、占 35.5%；区县环保局共受理 2.39 万件次，其中，反映噪声污染的占 48.8%，反映大气污染的占 33.6%。期间全市环保系统受理人民来信、接待人民来访情况见表 9-4。

表 9-4　1972—1990 年全市环保系统受理人民来信、接待人民来访统计表

单位：件

年份	项目							
	受理单位	污染类别						
		综合性污染	大气	水	固废	噪声	其他	合计
1972	市环保局	—	2	—	—	1	—	3
1973	市环保局	—	5	1	—	1	—	7
1974	市环保局	—	4	3	—	—	—	7
1975	市环保局	—	1	—	—	3	—	4
1976	市环保局	—	—	1	—	2	—	3
1977	市环保局	—	5	5	—	—	—	10
1978	市环保局	—	8	9	—	8	1	26
1979	市环保局	—	8	6	—	—	1	15
1980	市环保局	—	383	47	—	346	64	840
	区、县环保局	—	555	89	—	670	47	1 361
1981	市环保局	—	332	64	—	269	64	729
	区、县环保局	—	813	155	—	694	78	1740
1982	市环保局	—	357	43	—	365	73	838
	区、县环保局	—	936	87	—	1 001	20	2 044

年份	项目							
	受理单位	污染类别						
		综合性污染	大气	水	固废	噪声	其他	合计
1983	市环保局	—	383	54	—	418	40	895
1984	市环保局	—	407	62	—	738	53	1 260
	区、县环保局	—	803	54	—	1 222	116	2 195
1985	市环保局	—	280	97	—	502	68	947
	区、县环保局	—	778	98	—	1 264	198	2 338
1986	市环保局	172	226	93	2	458	72	1 023
	区、县环保局	408	841	225	20	1 089	179	2 762
1987	市环保局	37	34	8	—	35	53	167
	区、县环保局	286	924	164	52	1274	196	2 896
1988	市环保局	9	22	18	1	18	26	94
	区、县环保局	204	760	280	51	1 605	175	3 075
1989	市环保局	11	24	8	4	21	21	89
	区、县环保局	222	712	85	10	1 382	82	2 493
1990	市环保局	11	15	6	—	26	12	70
	区、县环保局	273	917	179	61	1 481	102	3 013
合 计	市环保局	240	2 496	525	7	3 211	548	7 027
	区、县环保局	1 393	8 039	1 416	194	11 682	1 193	23 917

20 世纪 90 年代以后，随着群众的环境意识增强，对环境问题的关注度不断加深，反映环境污染扰民的来信、来访、来电逐年上升，信访总量仍然高位运行。2008 年之前信访总量总体呈现上升趋势，2008 年信访总量达到 2 万余件，2009 年、2010 年连续两年实现下降；2011 年以来呈逐年上升趋势。期间全市环保系统受理人民来信、接待人民来访情况见表 9-5。

表 9-5　1991—2015 年全市环保系统受理人民来信、接待人民来访统计表

单位：件

年份	受理单位	项目						
		污染类别						
		水	大气	噪声	固废	电磁辐射	其他	合计
1991	市环保局	27	217	186	14	—	88	532
	区、县环保局	162	576	1 186	59	—	153	2 136
1992	市环保局	17	240	269	2	—	51	579
	区、县环保局	192	928	1 383	13	—	220	2 736
1993	市环保局	15	85	32	1	—	16	149
	区、县环保局	140	951	1 497	32	—	146	2 766
1994	市环保局	14	65	67	1	—	19	166
	区、县环保局	161	1 233	2 211	15	—	44	3 664
1995	市环保局	65	159	330	11	—	55	620
	区、县环保局	130	1356	3319	59	—	83	4 947
1996	市环保局	117	392	542	12	—	153	1 216
	区、县环保局	202	2 240	3 295	36	—	60	5 833
1997	市环保局	180	320	501	28	—	96	1 125
	区、县环保局	265	1 962	3 276	34	—	494	6 031
1998	市环保局	86	395	445	21	—	269	1 216
	区、县环保局	258	2 435	4 273	58	—	196	7 220
1999	市环保局	135	725	387	6	—	694	1 947
	区、县环保局	208	3 353	3 614	51	—	99	7 325
2000	市环保局	134	517	348	4	—	482	1 485
	区、县环保局	319	3 527	5 249	44	—	320	9 459
2001	市环保局	86	456	295	8	—	275	1 120
	区、县环保局	289	3 955	4 534	34	—	56	8 868
2002	市环保局	54	220	202	5	—	264	745
	区、县环保局	369	5 396	6 607	96	—	98	12 566
2003	市环保局	171	3 159	2 386	10	—	356	6 082
	区、县环保局	315	3 230	2 987	35	—	141	6 708

年份	受理单位	污染类别						
		水	大气	噪声	固废	电磁辐射	其他	合计
2004	市环保局	175	3 464	2 994	63	—	571	7 267
	区、县环保局	262	3 567	3 006	36	—	57	6 928
2005	市环保局	424	6 246	4950	59	—	106	11 785
	区、县环保局	297	4 045	3 410	41	—	64	7 857
2006	市环保局	528	7 684	6 098	70	111	15	14 506
	区、县环保局	538	4 292	4 930	7	0	46	9 813
2007	市环保局	666	9 630	6 756	77	318	68	17 515
	区、县环保局	99	3 729	991	25	51	0	4 895
2008	市环保局	730	16 368	6286	83	240	25	23 732
	区、县环保局	324	2 333	2 637	44	11	93	5 442
2009	市环保局	421	8 296	5 286	95	293	10	14 401
	区、县环保局	337	3 356	2 529	59	19	93	6 393
2010	市环保局	382	5 512	3 235	52	40	3	9 224
	区、县环保局	406	3 243	2 565	24	13	150	6 401
2011	市环保局	507	5 698	2 864	100	32	4	9 205
	区、县环保局	437	3 700	2 698	40	44	197	7 116
2012	市环保局	372	5 588	3 057	103	97	1	9 218
	区、县环保局	485	4 197	3 418	182	123	193	8 598
2013	市环保局	1 239	11 272	3 812	257	135	0	16 715
	区、县环保局	637	6 660	3 345	103	187	254	11 186
2014	市环保局	1 520	19 483	4 738	300	264	11	26 316
	区、县环保局	846	10 456	3 969	72	300	411	16 054
2015	市环保局	1 467	23 528	4 562	222	224	11	30 014
	区、县环保局	891	12 439	4 954	111	180	490	19 065
合计		18 101	222 878	142 511	2914	2682	7801	396 887

备注：1991—2005 年电磁辐射问题归类在“其他”统计。

（二）信访特点

季节性强。环境信访总量受季节性影响较大，每年 4—9 月为投诉举报高峰，4—6 月风沙多，群众反映扬尘污染的较多；7—9 月，气温高，人在室外活动多、时间长，开窗通风频率增加，群众反映餐饮业油烟噪声污染、社会生活噪声问题较多。10 月至次年 3 月，气温低，主要以锅炉烟尘、工业废气污染为主。执法监察等工作，也根据群众反映问题相应进行调整，以适应形势变化。

地域差异明显。环境信访总量地域分布差异明显，城区约占全市投诉量的 65%，而朝阳、海淀、丰台 3 个区由于人口多、面积大、城乡结合部区域大，投诉比例占全市的 50%左右。

群众诉求期望值增高。随着人们生活水平的提高及环保意识的增强，人们对环境的期望值也明显增高。有的举报经过监测，污染物排放均已达标，但群众对环境质量要求提高，信访数量仍居高不下。

（三）信访制度

1. 信访工作领导责任制。一是领导接访制度。每月第一、三周周五上午为领导接待日，主要领导每季度安排 1 次接待。结合实际情况，采取重点约访、带案下访、结案回访和联合会访等方式，作为领导干部接访的补充和延伸。二是领导阅批制度。局领导阅批群众来信达到受理来信总量的 45%；局领导阅批群众写给本人的来信达到 100%。三是领导包案制度。对信访重要案件实行领导“三包、四定”，即包案件调查、包问题处理、包人员稳定，定责任领导、定责任单位、定解决方案、定完成时限。

2. 信访问题排查化解制度。重点排查群众反映强烈的热点、难点问题，并严格落实“三明确一限期”的化解责任，将矛盾化解在基层、化解在萌芽状态。

3. 信访工作督查制度。建立和完善信访督查专员制度，市环保局信访办专人负责对信访事项办理情况进行督办。

4. 信访信息研判制度。针对群众反映的突出问题和带有普遍性、规律性的环境问题，在及时妥善处理的同时，从加强环境管理工作入手，提出制定有关办法和管理措施的工作建议，为领导科学决策服务，从源头上减少信访问题。

5. 信访办理回访制度。对上级机关交办的案件100%进行回访，对市环保局受理的案件按5%的比例抽查回访，重点回访带倾向性、热点、难点、可能造成不良影响或已经造成不良影响的案件。

6. 信访信息公开制度。在首都之窗网站、局官方网站均公布了通信地址、信访信箱、咨询电话、信访接待时间和地点以及有关法律法规。对典型信访案件的办理情况通过网站向社会公开。

（四）办理机制

1. 重大决策风险评估机制。2009 年，研究制定《北京市环境保护局关于对涉及群众利益的重大决策信访风险评估的实施办法》，明确了评估范围，规范了评估程序，细化了责任主体及责任追究等措施。确保决策最大限度地反映不同群体的合理要求，从源头上减少了矛盾的发生。

2. 重点疑难问题会商机制。对涉及多个地区和部门、解决难度大、区县环保局自身难以解决的问题，由市环保局牵头协调、会商、约访，共同研究化解方案，成立由相关责任单位参加的专项工作组，定人员、定责任、定时限、定措施，限期解决，形成条块结合、上下联动合力排查化解矛盾纠纷的工作机制。

3. 信访分级转办机制。按照《信访条例》关于“属地管理、分级负责”的原则，健全环境信访分级转办机制。一般信访事项转送区县环保局办理，特殊复杂信访案件转送市环境监察总队及相关处室办理。

4.信访办理律师参与机制。2008 年以来，与东泽律师事务所建立合作关系，每个工作日安排 1 名律师常驻局信访接待室，与信访干部共同接待群众来访并直接参与矛盾化解工作，充分发挥律师在法制宣传教育、引导群众理性表达诉求、缓解群众情绪等方面的重要作用。

5. 环境诉求首接负责制。主动协调工商、城管等部门建立了首接负责制。对不属于环保职责的问题，依据职责分工，转相关单位办理。

6. 信访突出问题应急处置机制。修订完善信访突出问题应急处置预案，明确责任分工，规范工作流程，遇有情况及时启动预案，迅速控制局面，组织力量妥善处置。

7. 疑难案件实地督办机制。定期梳理群众反映强烈的信访问题，加大现场督办频次和力度，督促依法办理疑难信访问题。

二、信访机构沿革

2002 年 1 月 1 日，按照原国家环保总局要求，市环保局信访办开通“12369”环保热线。局信访办设在局办公室。

2006 年 5 月，经北京市机构编制委员会办公室批准，成立北京市环境保护投诉举报电话咨询中心，为全额拨款事业单位，编制 15 人，处级领导 1 名，挂靠在北京市环境保护宣传教育中心，归市环保局信访办业务指导。

2011 年 8 月，将局办公室的信访职责调整到市环境监察总队（环境监察处），信访办挂在市环境监察总队（环境监察处）。

2012 年 11 月，经北京市机构编制委员会办公室批准，市环境保护投诉举报电话咨询中心独立设置，为正处级全额拨款事业单位，编制 18 人，处级领导 1 正 2 副。

2013 年 2 月，市环保局印发《关于调整信访工作机构的通知》，对信访工作领导小组进行了调整，信访办职责由市环境监察总队（环境监察处）调整到市环境保护投诉举报电话咨询中心，信访工作力量得到了进一步加强。

2014 年 12 月，投诉举报中心纳入规范管理事业单位，市环保局信访办设在投诉举报中心。

三、信访信息化建设

2006 年，市环保局投入专项资金，配置了话务大厅，开发了“12369 信访信息系统”，近年来通过追加资金、完成升级改造，目前，该系统拥有信访办理、有奖举报、信息公开、在线学习、话务评价、办理报告和统计查询等 9 个模块，实现网上受理、网上转办、网上督办、网上反馈、网上考评、网上培训等功能。

2006 年 7 月，开设了市环保局 12369 环保投诉举报网站。随着“阳光信访”新模式的探索与实践，目前，该网站设有“机构简介”“工作制度”“信访处理情况回复”“工作动态”“热点问答”“知识窗”“网上投诉举报咨询”“信息公开申请”“有奖举报”等栏目，实现了网上投诉、网上建议、网上查询、网上评价等功能，能够随时接受社会公众的监督。

我局信访工作信息化建设在全国环保系统和市政府委办局系列起到了较好的示范作用。2007 年以来，先后 7 次在全国环保系统和全市信访系统介绍经验。环保部先后推荐天津、上海、河北、山东、山西、江苏、内蒙古、新疆等 12 省市环保局到我局参观调研，共计 43 人次；北京市信访办和非紧急救助服务中心先后推荐工商、地税、卫生、安监、人保、文化局等部门到我局参观调研，共计 21 次。

四、典型案例

（一）西城区西直门葱店胡同 14 号居民住房受致癌物污染问题

1979 年 5 月，市环保局收到国环办和市革委会转来的西直门葱店胡同 14 号患癌症的化工局职工及该院 32 位居民来信，反映该院原为化工局兴华染料厂生产酸性大红、二萘酚等产品的车间，1963 年改做化工局职工宿舍。十多年来，全院 49 户中有 12 人患癌症，死亡 10 人，迫切要求有关部门及领导关心他们的生命安全。市环保局立即组织调查，经核实，该车间自 1958 年至 1962 年生产上述产品，使用的主要原料苯胺、联苯胺以及中间体偶氮类化合物等，均为致癌物质。根据市委领导的指示精神，1980 年 4 月，市建委副主任杨冠飞召集专门会议再次研究，决定将葱店 14 号院旧有房屋全部拆除，原地翻建，并采取妥善措施防止有害物质继续污染新建房屋，从而彻底解决了危及人民生命的污染问题。

（二）丰台区长辛店地区饮用水水源污染问题

1986 年初，丰台区长辛店地区居民纷纷向市政府来电，强烈反映饮用水发黄有异味，近 30 万人饮水受到影响。经调查，水质系因永定河引水渠受到污染所致。常务副市长韩伯平当即召开紧急会议，决定组织力量迅速在长辛店自来水厂安装活性炭及臭氧等净水设备，对供水进行深度处理；立即对排入永定河引水渠的污水进行截留，并由官厅水库放水稀释，解决了长辛店地区居民的安全饮水问题。

（三）宣武区南线阁一带恶臭污染问题

1985 年 10 月，南菜园商业部宿舍王某等 5 人代表 110 户居民反映橡胶七厂等企业污染严重，要求该车间停产搬迁。经市环保局与市计委、市经委等部门多次研究，将该车间列为 1985—1987 年限期治理搬迁项目。1987年，北京财贸学院等数十个单位盖章，3万名群众联名向国务院反映南线阁一带工厂严重污染问题，引起国务院及市领导的高度重视。国务院领导李鹏、万里亲自批示，城乡建设环境保护部副部长廉仲亲临现场视察，市环保局多次会同市经委、市化工总公司调查、研究，经市政府决定，将橡胶七厂、橡胶八厂、造纸厂等列入搬迁计划，要求污染最大的橡胶七厂再生胶车间于1987年底搬迁，但因资金问题未能实现，当年底再生胶先行停产。1988年11月全厂停产，基本解决了污染扰民问题。

（四）朝阳区红领巾湖污染问题

20世纪70年代后期，红领巾公园湖水变黑发臭，附近居民失去了休闲的场所，群众反映强烈。经调查，这是由于湖水之源——通惠河污染日益严重，加上北京第一热电厂循环冷却水和酒精厂废水大量排入所致。市、区政府高度重视。1988年，由市、区政府和有关部门集资600多万元，对红领巾湖进行综合整治。1989年9月，在红领巾公园内举行工程竣工典礼。红领巾公园湖水清澈，再度成为人们休息、娱乐的场所。

（五）东城区王府井饭店噪声扰民问题

1989年2月，《人民日报》社宿舍30余人联名给东城区区长写信，要求解决王府井饭店噪声扰民问题。市环保局局长江小珂亲自组织现场调查。经检测，邻近居民处最高噪声昼夜间分贝均超过规定标准。市环保局要求该饭店立即进行治理，并约见王府井饭店中外方负责人，宣布《关于限期王府井饭店消除噪声污染源的决定》。4月底，该饭店安装了消声设备，基本解决了噪声扰民问题。

（六）朝阳区新源里副食店和餐厅噪声、油烟污染扰民问题

1993年，朝阳区新源里东7楼居民联名来信反映新源里副食店和餐厅噪声、油烟污染扰民问题。市环保局即刻派人到现场进行了调查，并进行了检测。居民反映的情况基本属实，市环保局对这两个单位下达了限期治理通知书。新源里餐厅将灶间改在距居民较远的临街处，并改用液化气，副食店堵死后门，冷库经验所噪声达标。居民对处理结果满意。

（七）密云县放马峪铁矿尾矿发生泄漏事故

1994年8月7日，市环保局接到群众反映密云县放马峪铁矿尾矿发生泄漏事故的举报后，市环保局副局长余小萱立即带领有关人员赶赴现

场，对放马峪铁矿尾矿泄漏事故进行调查处理。由于该铁矿尾矿库发生事故，大量尾矿砂排出，淹没了坝下的玉米地后排放入潮河，部分流入密云水库，造成了一定的污染。市环保局除对放马峪铁矿处罚外，责令该尾矿库立即停止使用，并进行安全加固及复垦工作，防止再次发生外泄事故，对农民造成的损失由铁矿负责赔偿。

（八）平谷县大华山镇西域村志强造纸厂院内进口“洋垃圾”污染问题

1996年4月29日，市环保局接到群众反映，在平谷县大华山镇西域村的志强造纸厂院内有大量进口“洋垃圾”现场，市环保局副局长史捍民同志亲自带领有关人员调查，经了解确认后，立即向市政府和国家环保局报告，为防止洋垃圾污染扩散，采取了紧急措施。此事被新闻媒体曝光后，在社会上引起强烈反响，国务院领导对此事非常重视，并做出重要批示，为及时查处“洋垃圾”事件，推动全国范围内查处“洋垃圾”发挥了重要作用。

（九）顺义区北京首钢京顺轧辊有限公司燃煤窑炉黑烟污染问题

2004年4月，顺义区环保局接到顺义区李桥镇群众举报北京首钢京顺轧辊有限公司锅炉烟囱正在冒黑烟。经现场检查，发现该公司铸造车间在生产过程中擅自改变了其烘干炉燃料种类，用燃煤替代了焦炭，致使锅炉排放的烟气黑度达到了林格曼4级，超过《工业炉窑大气污染物排放标准》中规定的烟气黑度标准。顺义区环保局依据《中华人民共和国大气污染防治法》第十三条的规定，责令其限期治理，并予以1万元行政处罚。

（十）通州区渔经公司擅自倾倒医药废物污染环境问题

2005年5月17日，市环保局接到居民举报通州区渔经公司将剧毒农药埋入土壤，散发异味污染环境。市环保局有关人员赴现场调查发现，该单位对于生产中产生的废弃渔药及兽药，未按照国家有关规定处置，私自将其倾倒在公司院外的沟中，污染了周边环境。市环保局依据《中华人民共和国固体废物污染环境防治法》第五十五条的规定对该单位下达了《责令限期改正通知书》。2005年6月17日，该单位将0.64 t丢弃废药全部运至有危险废物处置资质的红树林公司，并按规定填写了危险废物转移联单。

（十一）昌平区北京城建集团沥青厂异味污染扰民问题

2006年，昌平区北七家居民反映北京城建集团沥青厂异味污染扰民问题。在调查处理期间，居民又十余次反映此问题。为此，市投诉举报中心下发了《重要信访事项督查通知单》，同时抄报北京市环保局各位局领导、抄送昌平区政府信访办公室，限时办结，及时、妥善处理了此事，有效解决了群众反映强烈的问题。

（十二）西城区黄寺大街超市剁排骨噪声扰民问题

2008年，西城区黄寺大街居民多次反映超市剁排骨噪声扰民问题，由于缺少可操作性强的法规依据，西城区环保局多次协调处理，群众仍不满意。驻市环保局纪检组长周新华亲自接待来访群众后，召集有关处室、单位主要领导一起分析案情、研究法规、制订解决方案。市、区环保部门会同当地街道办事处一起，确认剁排骨噪声是否构成扰民，并指导超市经营单位对剁排骨进行了降噪处理，较好地解决了剁排骨噪声扰民问题。

（十三）海淀区西山枫林500 kV输变电工程电磁辐射问题

2010年上半年，海淀区西山枫林小区居民多次反映500 kV输变电工程电磁辐射问题。6月10日，市环保局副局长庄志东带领有关处室、单位负责人就海淀区500 kV输变电工程与群众进行了约谈。约谈会上，前来的10余名群众纷纷表达了对于该变电站建设的意见及建议，主要认为其选址方面不尽合理，其可能带来的辐射环境污染问题具有长期性，同时以一些媒体的宣传为例，对该变电站的建设提出较多顾虑。庄志东副局长结合实际情况，一方面从辐射知识方面讲解变电站建设安全性，由责任处室进行专业性解释，并发放辐射知识宣传小册子，安抚群众情绪；另一方面在会后联合有关部门进行深入调研，分析建设选址中更可行的方案，最终妥善解决了此事。

（十四）通州区漷县镇马头村“北京市创导高科绝热材料有限公司”排放粉尘、废水污染问题

2012年，通州区漷县镇马头村多名村民向环保部、市政府等多部门反映：北京市创导高科绝热材料有限公司生产过程产生粉尘、废水，导致村周边饮用水、土壤受到严重污染，要求环保部门调查处理。经环保部门调查，情况基本属实。通州区环保局依法责令该公司立即停止生产

或者停止使用产生污染的设备设施，并消除污染。在通州区政府支持下，环保、公安、城管等部门联合执法，24 小时进驻厂区，监督停产。最终使该企业在最短时间内淘汰了煤气发生炉，更换成燃气炉，同时对粉尘、噪声等进行了治理。

（十五）昌平区天通苑四区 16 号楼底商“福奈特洗衣店”设备噪声扰民问题

2013 年初，市民李先生、杨女士夫妇来电反映昌平区天通苑四区 16 号楼底商“福奈特洗衣店”设备噪声扰民问题，并称年事已高，身体不好，日夜受设备噪声困扰，已多次住院，曾找该单位协商未果，希望环保部门彻底解决。经昌平区环保局调查，被举报单位有一台压缩气泵没有采取隔声降噪措施，运行时存在噪声扰民。昌平区环保局当场要求该单位限期整改，同时控制营业时间，避免噪声扰民。为进一步减少噪声对周围居民的影响，昌平区环保局多次与该单位协商，最终该单位同意迁址经营，彻底解决了这起群众反映强烈的噪声扰民案件。

后 记

本书《北京环境管理》是《北京环境保护丛书》(以下简称《丛书》)环境管理分册，记述了 40 多年来北京市环境管理历史，包括环境管理的体制机构、法规、标准、制度、经济政策、宣传教育、信息化、综合政务以及行政执法 9 个方面。尽管环境规划属于环境管理范畴、环境监测和科研也在一定程度上划入环境管理的范畴，但因《北京环境规划》分册和《北京环境监测科研》分册单独成书，有关内容不纳入本书。此外，本套丛书还包括《北京大气污染防治》《北京环境污染防治》《北京生态保护》《奥运环境保护》等分册，也有涉及部分相关环境管理内容。

本书采用史料性记叙文体，采取横分门类纵写史、详近略远的编写方法。资料主要来源于北京市环保局工作中形成的各种档案资料，包括文件、大事记、工作总结，以及座谈会口述、《中国环境年鉴》《北京年鉴》等。1990 年前的早期资料主要源自《北京志·市政卷·环境保护志》(江小珂主编，北京出版社，2003.12)，考虑到全书的章节结构和整体协调性，主编及有关撰稿人对 1990 年以前的材料进行了补充、删减、修改和加工。本书大部分资料截至日期为 2015 年底，市环保局负责人更迭情况截至日期为 2016 年 12 月，个别章节材料截至日期早于 2015 年底，请读者注意鉴别。

本《丛书》总编审定了本书章节设计并对本书难点问题提出了决策意见；本书主编负责全书策划、章节结构设计和全书统稿；各副主编负责本单位稿件的修改和审核；执行编辑负责协助主编工作。全书撰稿人如下：

第一章《管理体制和机构》第一节周扬胜，第二节董春燕、周扬胜、宋英玮，第三节董春燕，第四节周扬胜；

第二章《环保法制》第一节法制处、第二节郭秋霖、第三节宁敦芳、第四节相华林、第五节肖文倩；

第三章《环保标准》第一节、第二节周扬胜、李丽娜，第三节李丽娜、周扬胜、艾毅、王晔、张国宁、闫静、李靖；

第四章《行政执法》第一节梁文玥、马洪刚、张宇，第二节第一部分王晔，第二、三、四部分刘浏、闫岩，第五部分刘浏、沈述梅，第六部分刘浏、肖宇，第七部分刘浏、曹宏林；

第五章《管理制度》第一节周扬胜，第二节第一、二、三、四部分杨红宇，第五部分王岩，第三节第一、二部分杨红宇，第三部分王岩，第四节梁文玥、马洪刚、刘晓燕、姜潇、李斌、第五节梁文玥、尹学庆、马洪刚，第六节刘新平，第七节孙进，第八节祁金龙，第九节刘新平、于艳；

第六章《经济政策》郑定伟；

第七章《宣传教育》第一节王小明、翟晓晖，第二节、第三节祐素珍、张鹏；

第八章《信息化建设》第一节第一、二部分陈海宁，第三部分王元哲，第二节第一、二部分黄广平，第三、四、五部分潘飞，第三节第一部分蒋昕，第二部分蒲铮，第四节第一、二部分陈海宁，第三部分陈华，第五节第一部分蒋昕，第二部分张光怡；

第九章《综合政务》第一节刘彤、白臣平，第二节韩亚明、刘彤、白臣平，第三节杜凤军。

本书在编写过程中得到北京市环保局多位退休干部的热情支持和大力协助，顾家橙参与了本书有关章节文稿补充和修改，庄树春口述了有关历史。此外，张鹏、江明、王晔、王鸿岑、王雅心、黄玲玲、杨泳臣等参与了本书前期资料收集和整理工作。在此一并表示感谢。

《北京环境管理》主编　周扬胜

2017 年 1 月